자연에 대한
온전한 이해2

이론 물리학, 옴에서 아인슈타인까지

Intellectual Mastery of Nature: Theoretical Physics from Ohm to Einstein,
Volume 1: the Torch of Mathematics 1800-1870
by Christa Jungnickel and Russell McCormmach
ⓒ 1986 by The University of Chicago Press
All Rights reserved.

Korean translation edition ⓒ 2014 by Korea Research Foundation
Published by arrangement with The University of Chicago Press, Chicago, IL
Through Bestun Korea Agency, Seoul.
All rights reserved.

이 책의 한국어 판권은 베스툰 코리아 에이전시를 통하여
The Chicago University Press와 독점 계약한 (재)한국연구재단에 있습니다.
저작권법에 의해 한국 내에서 보호를 받는 저작물이므로
어떠한 형태로든 무단 전재와 무단 복제를 금합니다.

본 책은 (재)한국연구재단의 지원으로 한국문화사에서 출간, 유통을 한다.

1부 수학의 횃불, 1800년~1870년

한국연구재단 학술명저번역총서 서양편·726

자연에 대한 온전한 이해:
이론 물리학, 옴에서 아인슈타인까지
1부 수학의 횃불, 1800년~1870년

2

발 행 일　2013년 1월 10일　초판 인쇄
　　　　　2013년 1월 15일　초판 발행

원　　제　Intellectual Mastery of Nature:
　　　　　Theoretical Physics from Ohm to Einstein,
　　　　　Volume 1: The Torch of Mathematics, 1800 to 1870
지 은 이　크리스타 융니켈(Christa Jungnickel)
　　　　　러셀 맥코마크(Russell McCormmach)
옮 긴 이　구 자 현
책임편집　이 지 은
펴 낸 이　김 진 수
펴 낸 곳　한국문화사
등　　록　1991년 11월 9일 제2-1276호
주　　소　서울특별시 성동구 아차산로 3(성수동 1가) 502호
전　　화　(02)464-7708 / 3409-4488
전　　송　(02)499-0846
이 메 일　hkm7708@hanmail.net
홈페이지　www.hankookmunhwasa.co.kr

책값은 18,000원입니다.

잘못된 책은 바꾸어 드립니다.
이 책의 내용은 저작권법에 따라 보호받고 있습니다.

ISBN 978-89-6817-103-1　94420
ISBN 978-89-6817-101-7　(세트)

이 도서의 국립중앙도서관 출판시도서목록(CIP)은
서지정보유통지원시스템 홈페이지(http://seoji.nl.go.kr)와
국가자료공동목록시스템(http://www.nl.go.kr/kolisnet)에서
이용하실 수 있습니다. (CIP제어번호 : CIP2014000882)

'한국연구재단 학술명저번역총서'는 우리 시대 기초학문의 부흥을 위해
한국연구재단과 한국문화사가 공동으로 펼치는 서양고전 번역간행사업
입니다.

우리 부모님께

■ 역자 서문

『자연에 대한 온전한 이해: 이론 물리학, 옴에서 아인슈타인까지』 Intellectual Mastery of Nature: Theoretical Physics from Ohm to Einstein의 한국어판이 나오기까지 어려운 일이 많았다. 힘든 만큼 일에는 보람이 있어 역자의 지적 여정에 하나의 이정표를 남기는 경험이 되었다. 19세기부터 20세기 초까지 독일 물리학의 가장 중요한 시기에 물리학이 어떻게 독일적 맥락에서 형성되었는지를 새로운 접근법으로 살핌으로써 기념비적인 저작이 된 책을 번역할 수 있었던 것은 특권이었다.

20세기 초 현대 물리학은 양자 역학과 상대성 이론이라는 양대 기둥에 의해 우뚝 섰다. 그 이론들이 독일적 맥락에서 주로 이루어졌다는 것은 이러한 놀라운 성과를 이룩하기 위해 독일인들이 불과 한 세기 전의 미약했던 물리학의 토대 위에서 어떠한 노력을 기울였는가에 의문을 품게 한다. 그런 점에서 이 책은 기존의 연구와는 차별되는 접근법, 즉 과학 내적 흐름보다는 제도적 흐름에 주목함으로써 탁월한 이론 물리학의 성과들이 어떻게 독특한 배경 속에서 출현하게 되었는가를 서술한다. 이 책은 19세기와 20세기 초를 거치면서 물리학 교과서에서 흔히 접하는 상당수 물리학자들의 개인적인 면모를 볼 수 있는 남다른 즐거움을 선사한다. 교과서에서 위대한 물리학의 창조자로 나오는 이들이 현대 사회의 어떤 물리학자보다도 어려운 연구 형편에서 연구에 매진하여 이룩해낸 위대한 성과를 현재 우리가 접하고 있다는 사실을 통해 독자들은 큰 감동을 느낄 것이다. 인력과 지식이 원만하게 흐를 때 그 사회의 과학은 성공적으로 발전할 수 있다는 것도 배우게 될 것이다. 또한 독자들은 두 저자가 탁월한 연구를 수행하기 위해 참고한 방대한 자료에 놀라고 이러한 대단한 저작이 나올 수 있도록 여러 가지로 지원한 사회의 지적 배경에 또한 부러운 시선을 보내게 될 것이다.

이제 우리나라도 과학의 수혜자 지위에서 과학의 창조자로서 지위로 서서히 나아가고 있다. 이 시점에서 과학의 발전에 대한 이러한 심오한 논의는 우리나라 과학 종사자들의 과학에 대한 관점을 새롭게 하는 데 보탬이 되리라고 기대해 본다. 책의 존재 의미는 적절한 독자를 만날 때 실현될 수 있다. 이 번역서가 과학자를 비롯한 많은 지적 대중에게 사랑받으며 한국어의 지적 풍요를 확대하는 책이 되기를 바란다. 이 책의 번역 출판을 지원해준 한국연구재단에 감사한다. 또한 책이 나오기까지 여러 차례의 교정으로 큰 도움을 준 아내 최윤정에게 감사하며, 마지막으로 멋진 책이 나오도록 꼼꼼하고 진지하게 책을 만들어 준 한국문화사 여러분의 노고에도 감사를 드린다.

2013년 12월 1일
천성산 기슭에서 구자현

■ **차례**

■ 역자 서문 ··· v

07 물리학에 기여한 수학자들: 디리클레, 리만, 카를 노이만 ············ 1
    물리학에서 가우스의 중요성 ··· 2
    가우스의 후임자 디리클레 ··· 4
    리만의 강의와 연구 ·· 9
    카를 노이만의 강의와 연구 ·· 23

08 스위스와 오스트리아에서의 독일 물리학의 발전 ······················ 32
    스위스의 새로운 종합기술학교의 물리학 ····························· 33
    취리히의 이론 물리학자 클라우지우스 ································ 46
    취리히의 실행 물리학자 클라우지우스 ································ 56
    오스트리아에서 "과학적" 물리학자의 훈련 ·························· 64
    빈 대학의 이론 물리학자 볼츠만 ······································· 75

09 독일 대학의 물리학: 1840년부터 1870년까지 ························ 85
    "하나뿐인" 대학에서의 물리학 ·· 87
    지방 대학의 물리학 ·· 97
    노동의 분화 ··· 124
    문제 ··· 136

10 베를린의 물리학: 중등 교육과의 관계 ··································· 148
    베를린 물리학과 베를린의 김나지움 ································· 149
    베를린의 군사 교육 중의 물리학 ····································· 160
    베를린 기술학교의 물리학 ·· 164
    1840년 이후의 베를린 물리학자들 ··································· 166

11 뮌헨의 물리학: 기술과의 관계 ················· 185
　옴, 바이에른으로 돌아오다 ················· 185
　광학 기구 제조에서 프라운호퍼의 연구 ················· 190
　뮌헨 대학과 바이에른 과학 아카데미의 물리학 ················· 199
　뮌헨의 옴과 슈타인하일 ················· 208
　옴 이후 뮌헨의 물리학 ················· 213

12 하이델베르크의 키르히호프와 헬름홀츠:
　화학과 생리학에 대한 물리학의 관계 ················· 220
　키르히호프 이전의 하이델베르크 ················· 222
　하이델베르크의 키르히호프 ················· 227
　키르히호프의 탄성과 전기 연구 ················· 238
　키르히호프와 분젠: 스펙트럼(빛띠) 분석과 복사열 연구 ········· 244
　역학과 키르히호프 ················· 255
　하이델베르크의 헬름홀츠: 생리학 연구 ················· 257
　헬름홀츠의 물리 연구 ················· 263
　과학 간의 관계에 대한 헬름홀츠의 견해 ················· 268

- 참고문헌 ················· 270
- 해제: 독일 이론 물리학 수립의 대서사시 ················· 312
- 찾아보기 ················· 328

・일러두기・

1. 논문이나 기사는 「 」로, 책은 『 』로, 신문이나 잡지는 《 》로 표기했다.
2. 로마자 서지사항을 그대로 쓴 부분은 책 제목을 기울임꼴(이탤릭체)로 표기했다.
3. 옮긴이 주는 [역주]로 표기했다.
4. 고유명사는 외래어 표기법에 따랐고, 일부는 학계에서 통용되는 바에 따라 표기했다.

1권 차례

01 대학에 물리학을 확립하다
  빌둥(Bildung)의 이상과 철학부의 임무
  물리학 교수들의 임무와 시련
  초기 교재를 통해 보는 물리학의 세계

02 1830년 이전의 독일 물리학자들
  물리학 연구
  물리학자의 경력과 물리학 이론

03 새로운 물리학의 진흥: 괴팅겐의 지자기 연구
  지자기 연구에 대한 가우스의 관심
  지자기에 관한 가우스의 물리적 원리
  수학적 및 도구적 기술의 발전
  지자기 관측의 조직화
  전기 기술로 확장되다

04 대학 물리 교육 개혁:
  1830년대와 1840년대의 세미나와 실험실의 발전
  물리학을 위한 세미나
  세미나의 용도
  세미나의 운영
  물리학을 위한 다른 새로운 제도

05 1840년대 "포겐도르프의 ≪물리학 연보≫"로 보는 물리 연구
  외국에서 독일 물리학자들의 명성
  ≪물리학 연보≫에 나온 물리학자와 물리학
  ≪물리학 연보≫에 나온 과학의 공통적 토대
  실험 연구
  이론 연구

06 연결하는 법칙들: 1840년대의 경력과 개별 이론
　　괴팅겐과 라이프치히에서 이루어진 전기 동역학 연구
　　쾨니히스베르크와 베를린의 전기 연구자들
　　베를린 대학에서 이루어진 힘과 열 이론에 대한 연구

3권 차례

2부 이제는 막강해진 이론 물리학, 1870년~1925년

13 ≪물리학 연보≫와 다른 학술지의 물리 연구, 1869년부터 1871년까지
　기고자와 내용
　연구소 소장들의 연구
　실험 연구
　이론 연구
　기타 학술지

14 헬름홀츠, 키르히호프와 베를린 대학의 물리학
　헬름홀츠, 물리학자가 되어 프로이센으로 옮기다
　헬름홀츠의 전기 동역학
　헬름홀츠의 실험실에서 이루어진 전기 동역학 연구
　베를린의 키르히호프

15 이론 물리학 부교수직의 개설
　프로이센 대학들의 새로운 부교수직
　독일 기타 지역의 새로운 이론 물리학 교수 자리
　새로운 이론 물리학 교수 자격 요건
　전문가로 이론 물리학을 담당하다
　고등공업학교와 기술 물리학 교육을 통한 제도적 강화

16 그라츠 대학의 볼츠만
　그라츠의 수리 물리학 교수직
　볼츠만의 분자 이론 연구
　새로운 그라츠 대학 물리학 연구소
　학위 논문 지도 교수 볼츠만
　열역학 제2법칙에 대한 볼츠만의 새로운 해석

17 전기 연구
    괴팅겐의 베버
    본의 클라우지우스
    카를스루에와 본의 헤르츠

18 ≪물리학 연보≫와 ≪물리학의 진보≫에서의 물리 연구
    기고자와 내용
    분자 연구
    광학 이론
    전기 동역학
    물리 지식의 분야: ≪물리학의 진보≫

19 괴팅겐 이론 물리학 연구소
    쾨니히스베르크와 괴팅겐의 포크트
    빛의 탄성 이론에 관한 포크트의 연구
    포크트의 임무 분담
    측정 대 실험
    포크트의 세미나 교육과 교재

20 역학 연구와 강의
    베를린의 키르히호프
    베를린의 헬름홀츠
    본의 헤르츠
    쾨니히스베르크의 폴크만

21 뮌헨의 이론 물리학 교수직
    뮌헨 교수직의 설치와 볼츠만의 임용
    뮌헨의 물리학 교육
    맥스웰의 전자기 이론에 대한 볼츠만의 글과 강의
    볼츠만의 자리가 없어지다
    1890년대 독일 물리학에서 이론 물리학의 위치

22 라이프치히 대학의 이론 물리학
드루데의 초기 연구와 교육
라이프치히 대학의 이론 물리학자 드루데
이론 물리학 정교수직의 설립: 볼츠만의 임용
볼츠만 이후 라이프치히 이론 물리학 연구소: 데쿠드레의 임용

23 빈 이론 물리학 연구소
빈 대학 물리학의 재조직과 볼츠만의 귀환
볼츠만의 교육과 집필

4권 차례

24 20세기 전환기의 이론 물리학의 새로운 기초
역학적 기초
물리학의 분자 역학적 기초에 대한 열역학적 의문
물리학의 에너지학적 기초
물리학의 전자기적 기초
물리학의 상대론적 기초

25 세기 전환기 이후 이론 물리학의 제도적 발전, 연구, 교육
베를린과 괴팅겐의 이론 물리학
뮌헨의 새 이론 물리학 연구소
이론 물리학 부교수 자리
새 이론 물리학 정교수 자리

26 이론 물리학의 전성기: 양자론, 상대론, 원자 이론, 우주론
독일 과학자 협회의 잘츠부르크 회의에서의 양자 이론
양자 이론, 다른 이론들, ≪물리학 연보≫, 솔베이 회의
상대성 이론과 ≪물리학 연보≫
아인슈타인의 일반 상대성 이론과 우주론
수학의 횃불을 든 아인슈타인

27 새로운 대가들의 출현
원자 이론: 상대론과 양자론이 만나다
양자역학

20세기 초의 독일 대학들
지도 원본:
Franz Eulengburg,
"Die Frequenz der deutschen Universitäten."

07 물리학에 기여한 수학자들: 디리클레, 리만, 카를 노이만

19세기 전반 물리 이론의 진보로 독일 물리학자들은 그들의 분야에서 강력한 수학적 기법의 중요성을 깨닫게 되었다. 어떤 기법은 독일의 수학자 가우스 덕택에 얻어졌다. 그는 그 기법들을 개발했을 뿐 아니라 물리 문제에 적용했다. 가우스의 말년과 사후에 다른 독일 수학자들은 물리학에 유용한 수학적 기법들을 개발했고 가우스처럼 그것들을 응용했다. 이 장chapter에서 우리는 이 수학자 중에서 19세기 중반부터 가장 중요한 두 명을 논의할 것이다. 디리클레와 리만Bernhard Riemann[1]은 둘 다

---

[1] [역주] 독일의 수학자 리만(1826~1866)은 기하학과 수리 해석학에 폭넓은 영향을 미쳤다. 특히 유클리드 기하학을 뛰어넘는 새로운 공간 기하학은 현대 이론 물리학의 발전에 지대한 기여를 했으며 특히 상대성 이론에 개념적 기초를 제공했다. 괴팅겐 대학과 베를린 대학에서 수학하고 자연철학주의(Naturphilosophie)의 영향을 받아서 수학 이론이 자기·빛·중력·전기 사이에 어떠한 연관을 밝힐 수 있다고 생각했다. 1851년 「가변복소함수 일반론의 기초」(Grundlagen für eine allgemeine Theorie der Functionen einer veränderlichen complexen Grösse)라는 논문으로 괴팅겐 대학에서 박사학위를 받았다. 그는 이 연구로 가우스의 극찬을 받았는데 그의 생각은 복소 변수의 다가함수(多價函數)를 단가함수(單價函數)로 해석할 수 있는 리만면에 대한 생각으로 발전되었다. 이 생각은 나중에 측정과 양 대신 위치와 장소로 공간을 다루는 위상수학의 방법에 기여했다. 1859년에 가우스의 자리를 이어받은 디리클레의 뒤를 이어 괴팅겐의 수학 교수가 되었다.

가우스의 뒤를 이어 괴팅겐 대학 수학 교수로 그들의 경력을 마쳤다. 그 자리에서 그들이 수학과 물리학의 연결점에 관한 그들의 전임자의 연구를 지속한 것은 적절했다. 우리는 또한 라이프치히 대학의 수학자 카를 노이만Carl Neumann에 대해 논의할 것이다. 카를 노이만은 물리적 문제들에 대한 그의 연구에 대해, 19세기 말과 그 이후까지 가우스와 디리클레와 리만의 전통을 잇는 것으로 여겼다.

물리학에서 가우스의 중요성

1855년 괴팅겐 대학에서 가우스의 후임을 찾으려는 논의를 통해 물리과학에 대한 수학의 중요성이 부각되었다. 가우스는 고등 수학 및 천문학 교수였기에 가우스가 죽자 천문학자나 수학자 중에서 누가 그의 자리를 이어받아야 할지 문제가 되었다. 그때에는 과학자가 전문 분야를 선택하는 것이 필요에 따라 누구에게나 허락되는 상황이었으므로 아무도 가우스처럼 두 분야 모두에서 자격을 갖춘 또 한 사람을 발견하기를 기대하지 않았고, 천문대를 사용하지 않고 방치할 수는 없었으므로 천문학자를 임용할 필요가 확실히 있었다. 그렇지만 가우스가 받던 고액의 봉급을 받을 만큼 뛰어난 천문학자를 찾아야 하느냐 아니면 뛰어난 수학자를 찾아야 하느냐는 까다로운 문제였다. 그 문제는 베버에게 맡겨졌고 그에게 해답은 명쾌했다. 베버는 그 해답을 제시하면서 물리과학을 위한 고등 수학의 가치를 상술했다. 그러한 가치 평가는 베버가 거의 30년 이상 최고의 독일 수학자들과 가까이 교류하면서 얻은 것이었다.

베버는 대학 교육을 위하여 고등 수학이 천문학보다 더 많이 필요하다고 주장했다. 고등 수학은 "모든 엄밀 과학의 고등 교육과 엄밀 과학의 응용에서처럼 실제 수학자의 교육뿐 아니라 천문학자와 물리학자를 교육하는 데 아주 중요하고 필수불가결했다." 그는 더 나아가서 고등 수학자의 임용이 괴팅겐 과학회를 향상시킬 것이라고 주장했다. 좋은 수학자는 과학계에서 그 학회의 "빛나는" 지위를 보장해줄 것이지만, 좋은 천문학자를 학회가 얻는 것은 즐거운 일일 수는 있을지라도 좋은 천문학자는 학회의 명성을 드높이는 일을 할 수 없을 것이라고 했다. 베버는 고등 수학과 "이론적인" 자연 과학에 관련된 그 학회의 분과에서는 자연 현상이 "수학적 법칙에 의해 서로 인과적으로 연결"되어 제시된다고 설명했다. 이 "과학 분야들은 가우스가 명명한 대로 과학의 여왕인 고등 수학의 지배를 받는다. 왜냐하면 수학은 추상적 기초와 엄밀한 철학적 연역에 있어서 완전히 독립적이며 다른 과학들에서 모든 연구를 관통하는 실타래의 끝이 수학에서 모이기 때문"이라는 것이다. 고등 수학은 관련된 주제들을 심화시키는 데 천문학보다 훨씬 중요했다. 하나의 과학이 다른 과학에 중요하기 위해서 본질적으로 두 과학이 가까워야 하는 것은 아니었다. 또한 두 과학은 서로를 보완하는 방식으로 서로 달라야 한다. 그러므로 물리학자와 천문학자가 협동 연구를 수행하려고 한다면, 이러한 논거에 따라 누구도 상대방의 연구에 새로운 것은 아무것도 가져다주지 못할 것이다. "반면에 수학자는 적당하게 선택된 천문학이나 물리학의 탐구를 천문학자나 물리학자와 함께 수행하면서 자신의 과학 분야의 모든 풍요와 자신의 연구 결과를 제시할 수 있고 그것을 통해서 그는 보답으로 수학적 문제의 새로운 영역을 탐구할 동기와 자극을 얻게 된다." 고등 수학자의 임용 필요성에 대한 베버의 최종 논증은 괴팅겐 대학의 명성과 관계가 있었다. 베버의 관점에서 아르키메데스나 뉴턴과 동급인 가우스는 괴팅겐에 "세계에서 지배적인 위치"를 부여했고 그러한 지위를 유지하려면 가우스의 교수직은 "고등 수학의 창조적 천재"에게 돌아

가야 했다.²

가우스의 후임자 디리클레

가우스 이후 세대 수학자들은 가우스의 엄청난 수학적 유산만을 물려받은 것이 아니었다. "오일러, 라그랑주, 라플라스의 연구가 달성한 엄청난 위업은 누군가가 단지 그 표면에서 맴돌지 않고 그 업적의 내적 본성을 꿰뚫기를 원한다면 사고의 엄청난 힘과 노력을 요구한다. 대가가 되어 매초 그것에 압도당하기를 두려워하지 않으려면, 그 위에 올라서서 전체 연구를 개관할 수 있게 되기까지 쉬지 않는 열정에 의해 추동되어야 한다."³ 현대 수학에 대한 이러한 평가는 1823년에 수학에 헌신하려고 하고 있었던 19세의 야코비가 쓴 편지에 나와 있는 것이다.

미래에 야코비의 친한 친구가 될 디리클레는 1822년에 17세의 학생으로서 독일을 떠나 파리로 가서 5년 동안 야코비의 말대로 "엄청난 위업"을 통달하기 위해 5년간 공부했다. 거기에서 그는 푸리에와 친해졌고 그가 장차 성공적으로 추구하게 될 수리 물리학에 흥미를 갖게 되었다.⁴

---

² 베버가 바른슈테트(Warnstedt)에게 보낸 편지, 1855년 4월 5일 자. Dirichlet Personalakte Göttingen UA, 4/V b/134.

³ 야코비가 그의 삼촌 레만(Lehmann)에게 보낸 편지, Koenigsberger, *Jacobi*, 8에서 인용.

⁴ Koenigsberger, *Jacobi*, 9; Hermann Minkowski, "Peter Gustav Lejeune Dirichlet und seine Bedeutung für die heutige Mathematik," in Minkowski, *Gesammelte Abhandlungen*, ed. David Hilbert, 2 vols. (Leipzig and Berlin: B. G. Teubner, 1911), 2: 447~461 중 449. E. E. Kummer, "Gedächtnissrede auf Gustav Peter Lejeune Dirichlet," in *G. Lejeune Dirichlet's Werke*, ed. L. Kronecker and L. Fuchs, 2 vols. (Berlin, 1889~1897), 2: 311~344 중 319.

훔볼트의 충고에 따라 독일로 돌아가서 디리클레는 본 대학에서 학위를 따고 브레슬라우 대학에서 잠깐 가르친 후 베를린 대학과 베를린에 있는 군사학교인 종합군사학교Allgemeine Kriegschule에서 여러 해를 가르쳤다. 그는 가우스를 포함한 독일의 수학자들과 개인적으로 접촉하게 되었다. (그는 이미 이전의 수학 연구와 연관하여 가우스와 접촉한 적이 있었다. 그 연구는 가우스의 『산술 연구』Disquisitiones Arithmeticae[5]에서 시작된 것이었다.) 일찍부터 그는 베버와 친구가 되었다. 베버는 1828년 겨울의 여러 달을 그의 연구를 진척시키기 위해 베를린에서 보냈고 많은 시간을 디리클레와 수학자 야콥 슈타이너Jacob Steiner[6]와 함께 보냈다. 디리클레는 푸리에의 열 이론에 대한 그의 강의에 청강생으로 베버를 받았다. 나중에 특히 베버가 더는 가우스와 일하지 않게 된 후에 그의 전기 이론의 수학적 문제를 가지고 베버를 도운 이가 디리클레였다. (베버가 베를린에 있는 포겐도르프를 방문하면 항상 디리클레를 방문했고 디리클레의 처가인 멘델스존Mendelssohn 가家도 방문했다. 이 집은 "베를린에서 예

---

[5] [역주] 이 책은 가우스가 1798년 21세 때 쓰고 1801년에 출판된 정수론에 관한 책이다. 그는 페르마, 오일러, 라그랑주, 르장드르 같은 수학자들이 얻은 수 이론의 결과를 통합하고 자신의 새로운 연구 결과를 추가했다.

[6] [역주] 스위스의 수학자인 슈타이너(1796~1863)는 14세가 되도록 교육을 받지 못해서 글자 하나 제대로 쓰지 못했다. 17세 때 그는 유명한 스위스 교육자 페스탈로치의 제자가 되었고 이때부터 수학에 흥미를 갖게 되었다. 그 후 1818년에 슈타이너는 하이델베르크 대학에 입학해 수학적 재능을 발휘했다. 1834년 야코비, 크렐레, 훔볼트의 추천으로 베를린 대학 교수가 되어 나머지 교직 생활을 그곳에서 했다. "아폴로니우스 시대 이래 가장 위대한 기하학자"로 묘사되는 슈타이너는 기하학의 종합적 논법에 탁월했다. 종종 증명을 적을 시간도 없을 만큼 빠르게 새로운 기하학을 창조했는데, 그 결과 그가 찾아낸 많은 발견이 수년 동안 증명을 찾는 사람들에게 수수께끼로 남았다. 그의 저서 『체계적 발전』(Systematische Entwickelunger)은 1832년에 발간되자 곧바로 명성을 떨쳤다. 그의 이름은 말파티 문제의 슈타이너 해와 일반화, 슈타이너 체인, 슈타이너의 계, 신비한 육선형 성단의 슈타이너 점에서 발견된다.

술과 과학이 만나는 가장 특별한 장소"였다.)[7]

　1855년에 가우스의 사망으로 괴팅겐 대학에서 가우스의 자리가 공석이 되자 베버의 판단으로는 디리클레가 그 자리를 위한 유일한 후보자였다. 베버의 주장에 따르면, 수학 연구의 최고봉에 독일은 오랫동안 오직 한 사람, 가우스만 있었다. 가우스의 위대함은 오직 외국, 주로 프랑스의 수학자인 라그랑주와 라플라스가 알아볼 수 있었다가 1820년대 말에야 비로소 디리클레, 야코비, 고트홀트 아인슈타인Gotthold Einstein, 아벨Niels Henrik Abel[8]이 거의 동시에 등장하면서 독일의 수학은 갑자기 풍부해졌다. 이 네 사람 중에서 오직 디리클레만이 아직 살아 있었고 그는 가우스의 뒤를 이을 자격이 있는 유일한 수학자였다. 베버의 관점을 반영하여 공식적 요청이 디리클레에게 갔다. 디리클레는 고등 수학과 "수학적 법칙에 토대를 둔 자연 과학"의 지속적인 진보를 위해 괴팅겐 대학은 "긴급하게" 탁월한 수학자가 필요하다는 말을 들었다. 마침내 디리클레는 수락했다. 베를린을 떠나 괴팅겐으로 가려는 그의 결심에 기여한 것은 가우스가 그랬던 것처럼 베버와 과학적 협력을 할 수 있으리라는 전망 때

---

[7] Minkowski, "Dirichlet," 4449~4450. Heinrich Weber, *Weber*, 11~15, 96~97. Koenigberger, *Jacobi*, 34, 57, 100. 베버가 바른슈테트에게 보낸 편지, 1855년 4월 5일 자에서 인용.

[8] [역주] 노르웨이의 수학자 아벨(1802~1829)은 5차 방정식의 일반적 풀이가 없음을 증명했다. 왕립 프레데릭 대학에 21세에 들어가 22세에 졸업했다. 독일과 프랑스의 수학자들을 만나기 위해 독일어와 프랑스어를 공부하는 중에 1824년에 첫 논문「대수 방정식에 대한 논문: 일반 5차 방정식 풀이의 불가능성에 대한 증명」(Mémoire sur les équations algébriques ou on démontre l'impossibilité de la résolution de l'équation générale du cinquième degré)을 써서 1825년에 정부 장학금을 받아 여행을 하게 되었다. 크렐레를 만나고 가능성을 인정받아 함수론에 대하여 깊은 연구를 했다. 1826년에 파리로 가서 10개월 동안 유명한 수학자들을 만났으나 인정을 받지 못하고 결핵만 얻어 노르웨이로 돌아갔다. 1829년의 그의 때 이른 죽음을 르장드르는 애도했다.

문이었다. 디리클레는 또한 그 이직을 연구 시간을 더 많이 얻을 기회로 보았다. 왜냐하면 그는 베를린의 군사학교에서 추가로 강의를 하지 않아도 될 것이기 때문이었다. 무엇보다도 디리클레는 가우스의 후임자가 되는 "가장 큰 영광"을 거절할 수 없었다.[9]

이 당시 디리클레는 오랫동안 독일 수리 물리학을 육성한 학자 중 하나였다. 푸리에의 열 이론이 무한급수와 정적분에 대한 그의 수학적 연구에 영감을 주었듯이 수리 물리학 분야의 연구에도 영감을 주었다. 디리클레는 1837년에 도베와 모저의 『물리학의 보고寶庫』*Repertorium der Physik*에 최신의 "수리 물리학"에 대한 항목을 썼다. 그 항목에서 디리클레는 다른 주제와 더불어 사인과 코사인 급수로 임의의 함수를 표현하는 푸리에의 방법을 제시했다. 도베는 이 글이 수리 해석학을 물리적 문제에 응용하는 방법을 아주 많이 찾아냈으므로 그 급수의 기초가 된 수학적 고찰을 체계적으로 설명할 필요가 있다고 언급했다.[10]

디리클레는 수학에서 발전하는 분야로 곧 인정받게 된 주제인 퍼텐셜에 대한 가우스의 연구에 영감을 받았다.[11] 그는 가우스의 연구를 더 발전시켰고 그것에 대하여 가장 빨리 특별 강의들을 개설했다. 그리고 이후에 모든 독일 대학이 그것을 따라 했다. 디리클레가 1856년 겨울에 괴팅겐 대학에서 수행한 퍼텐셜에 관한 강의들은 채록되어 "거리의 역

---

[9] 베버가 바른슈테트에게 보낸 편지, 1855년 4월 5일 자. 바른슈테트가 하노버 정부 부처에 보낸 편지, 1855년 4월 21일 자; 괴팅겐 대학 감독관이 디리클레에게 보낸 편지, 1855년 4월 23일 자; Dirichlet Personalakte, Göttingen UA, 4/V b/134.

[10] Kummer, "Dirichlet," 325, 333; Heinrich Wilhelm Dove, "Vorwort," and Dirichlet, "Ueber die Darstellung ganz willkührlicher Funktionen durch Sinus- und Cosinusreihen," in Heinrich Wilhelm Dove and Ludwig Moser, eds., *Repertorium der Physik*, vol. 1 (Berlin, 1837), 각각 iii~vi 중 iv, 152~174.

[11] Hans Salié, "Carl Neumann," in *Bedeutende Gelehrte in Leipzig*, ed. G. Harig, vol. 2 (Leipzig: Karl-Marx-Universität, 1965), 13~23 중 21.

제곱에 따라 작용하는 힘"의 수학적 취급을 다루는 한 권의 교재로 출간되었다.[12] 임의의 수의 질점이 다른 질점에 미치는 작용에 대한 분석에서 디리클레는 퍼텐셜에 대한 그의 일반 이론이 기초하는 두 개의 결론을 끌어냈다. 첫째, 질점 m의 작용으로 다른 질점 M에 미치는 힘의 각 성분은 단일한 함수인 "퍼텐셜" v의 편미분이다. 그 힘의 x성분은 다음과 같이 표현된다.

$$\chi = kM \frac{d}{dx} \sum \frac{m}{r} \text{ 또는 간단하게 } \chi = M \frac{d}{dx} v$$

여기에서 k는 상수이고 r은 질점 m에서 M까지의 거리이다. 둘째, 그 퍼텐셜은 라플라스의 방정식 $d^2v/dx^2 + d^2v/dy^2 + d^2v/dz^2 = 0$을 만족시킨다. 질점의 퍼텐셜을 위한 방정식을 유한한 물체의 퍼텐셜로 일반화하기 위해 디리클레는 유한합을 적분으로 대체했다. $v = \int k/r dT$, 여기에서 k는 물질의 밀도이고 dT는 체적 요소이다. 전반적인 수리 물리학에 대하여 이러한 방정식의 의미는 그것이 뉴턴의 중력에만 적용될 뿐 아니라 전기력과 자기력에도 적용된다는 것이다. 세 개의 힘 전부에 적용되는 수학적 표현의 형태는 $Mmf(r)$이다. 전기력과 자기력에 대하여 그 힘은 음(−)이고 중력에 대하여 그것은 양(+)이다.

디리클레가 괴팅겐 대학에서 활동적으로 보낸 3년은, 그의 전기 작가에 따르면, 물리적 문제에 대한 생각으로 "특별히 채워졌다." 그는 우리 행성계의 안정성에 대한 엄밀한 증거를 찾아냈고 역학의 미분 방정식들을 취급하고 풀이하는 새로운 일반적 방법을 찾아냈다. 그러나 디리클레는 이제, 항상 그랬듯이, 그의 결과를 기록하기 시작하는 것을 꺼렸고

---

[12] Gustav Lejeune Dirichlet, *Vorlesungen über die im umgekehrten Verhältniss des Quandrats der Entfernung wirkenden Kräfte*, ed. F. Grube (Leipzig, 1876).

그의 연구에 대한 몇 가지 힌트만이 알려지게 되었는데 그마저도 1859년에 그의 사망으로 끝나버렸다. 수리 물리학에 대한 그의 말년의 기여는 강의를 통해서 이루어졌다. 그는 강의에서 전기에 아주 중요한 어떤 수학적 문제들을 다루었다. 디리클레의 강의는 괴팅겐 대학에서 그의 자리를 이어받은 리만이 계승했다.[13]

리만의 강의와 연구

베른하르트 리만Bernhard Riemann은 디리클레보다 거의 20년 연하였다. 그리하여 그가 1846년에 괴팅겐 대학에 들어갔을 때 독일에서 고등 수학의 1급 교육을 받을 수 있었다. 리만은 슈테른의 과목을 둘 들었고 두 번째 학기에 최소 제곱법에 대한 가우스의 강의를 들었다. 그러나 가우스가 있었음에도 괴팅겐 대학은 당시 독일에서 열성이 있는 수학도에게 최선의 대학은 아니었다. 왜냐하면 가우스는 단지 제한된 범위의 과목만 가르쳤고 그의 수학자 동료들은 다른 곳, 주로 베를린 대학에 있는 최고 수준의 수학자에 이르지 못했기 때문이다. 그리하여 다음 2년 동안인 1847년부터 1849년까지 리만은 베를린 대학에서 디리클레, 야코비, 아이젠슈타인[14]에게 수학 교육을 대부분 받았다. 그다음에 그는 괴팅

---

[13] Minkowski, "Dirichlet," 459. Felix Klein, *Vorlesungen über die Entwicklung der Mathematik im 19. Jahrhundert*, pt. 1, ed. R. Courant and O Neugebauer (New York: Chelsea, 1967), 99.

[14] [역주] 독일의 수학자 아이젠슈타인(Ferdinand Gotthold Eisenstein, 1823~1852)은 개신교로 개종한 유대인 가정에서 태어났으며 어려서 수학과 음악에 재능을 보였으나 병약했다. 김나지움 시절인 15세 때에 학교 과정을 뛰어넘어 오일러와 라그랑주의 미분을 공부했다. 17세에 졸업하기도 전에 베를린 대학의 디리클레에게

겐 대학으로 돌아와 자연 과학과 철학에 대한 강의들을 들음으로써 그의 공부를 마무리 지었다. 자연 과학 중에서 베버의 실험 물리학 강의는 그에게 "매우 흥미로운" 것이었으며, 나중에는 헤르바르트Johann Friedrich Herbart[15]의 철학에도 집중했다. 강의 과목을 마친 후에 그는 교육학 세미나와 수학 물리학 세미나에 모두 들어갔다. 리만은 그 세미나에 1851년에 졸업할 때까지 속해 있었는데 그것은 중등학교 교사로서 생계비를 벌려는 의도가 있었기 때문이 분명하다.[16] 수학 물리학 세미나에서 그는 즉시 두각을 나타내었는데 특히 그 세미나의 리스팅의 반에서 광학적

수학을 배우기 시작했고 영국 여행 중에 만난 해밀턴에게서 아벨의 5차 방정식 풀이의 불가능성 증명에 관하여 알게 된 후 수학 연구에 흥미를 갖게 되었다. 그 후 베를린 아카데미에 논문을 써내기 시작했고 알렉산더 훔볼트를 만나 후원을 받았다. 그는 3차, 4차 상반 법칙 등에 관한 논문을 썼다. 이 시기에 야코비와 과학적 발견의 우선권으로 다투었고 1847년에 베를린 대학에서 교수자격논문 심사를 통과하고 강의했다. 1848년에 혁명에 참여한 혐의로 투옥되고 하루 만에 풀려났지만 건강에 심한 손상을 입었다. 1851년에 베를린 아카데미 회원으로 선출되었으나 이듬해 29세에 결핵으로 사망했다. 가우스는 시대를 바꿔놓은 3인의 수학자로 아르키메데스, 뉴턴과 함께 아이젠슈타인을 거론했다고 한다.
[15] [역주] 독일의 철학자, 심리학자 헤르바르트(1776~1841)는 헤겔과 대조를 이루는 후기 칸트 철학자이다. 교육법의 훈련에 끼친 그의 기여는 매우 크다. 그는 칸트 철학에서 인식 능력이라는 개념을 모두 거부하고, 정신활동을 기본적 감각 단위들의 현시, 즉 표상(Vorstellungen)으로 파악했다. 이 감각 단위들의 상호관계에 대한 연구를 통해 뉴턴 역학과 비슷하게 수학 공식으로 표현할 수 있는 정신의 정역학과 동역학을 만들어냈다. 관념은 의식을 필요로 하지 않으며 서로 결합하여 합성된 결과를 만들거나, 서로 갈등을 일으켜 '의식역 아래'에서 일시적으로 억제된다. 조직적이지만 무의식적인 연합 관념은 통각 덩어리를 형성하는데 이는 새로운 지식을 해석하는 데 필요한 관념들의 체계이다. 그러한 체계는 새로운 표상을 받아들여 더욱 풍부한 의미를 만들어낸다. 이러한 사고 위에 헤르바르트는 교육 이론을 응용 심리학의 한 분야로 발전시켰다.
[16] Richard Dedekind, "Berhard Riemann's Lebenslauf," in *Bernhard Riemann's gesammelte mathematische Werke und wissenschaftlicher Nachlass*, ed. H. Weber (Leipzig, 1876), 507~526. 이 전기와, Göttingen UA, 4/V b/137에 있는 리만의 개인 서류철(Personalakte)이 그의 경력의 세부 사항에 대해 우리가 사용하는 주된 출처이다.

문제에 대하여 탁월한 연구를 수행하여 첫해에 장학금을 받았다. 이듬해에 베버는 세미나의 그의 반에 새로 들어온 구성원들을 실험실 실습을 위해 준비시키는 일을 리만에게 맡겼다. 그 일로 리만은 약간의 봉급을 받았다.[17] 세미나의 구성원이자 조수로서 그는 "탁월한" 연구와 강의로 칭찬을 받았다.[18]

세미나 장학금과 조수의 급료는 그의 연구를 격려하고 보상하기보다는 리만에게 몹시 필요한 재정적 도움을 주려고 의도된 것이었다. 베버가 나중에 언급했듯이 이때에 이미 리만은 오래전부터 학생이 아니었고 이미 "진정한 전문 학자"였다. 가우스는 리만의 연구를 아주 높게 평가하여 1851년에 가우스가 "기계적"이라고 부른 천문대의 관측 일에 리만이 약간의 관심을 보였을 때 가우스는 리만이 할 수 있는 "더 고상한 임무"에서 그가 벗어나는 것을 허락하지 않았다. 가우스는 리만을 "우선적으로 고등 수학 연구자로서 재능을 가진 소수 중 하나이므로 그의 능력을 제대로 발휘하도록 그에게 걸맞은 높은 요구를 해야 한다"고 생각했다. 그는 특히 "고급 수리 물리학 분야에서 수학적 연구를 위한 새로운 문제와 관점을 찾아내고 그 위에 이론을 세우는 리만의 창조적 재능"을 가치 있게 보았다.[19]

괴팅겐 대학에서 사강사가 되기 전에 4년 동안 리만이 찬사를 얻은 연구는 몇 가지 다른 수학 세부 분야와 물리학 분야를 다루었다. 함수 이론에 복소 변수의 도입, 삼각급수, 기하학 기초, 물리학 분야들의 기본

---

[17] "Jahresbericht 1850/51"; 울리치가 괴팅겐의 감독관에게 보낸 편지, 1851년 8월 2일 자; Göttingen UA, 4/V h/20.
[18] "Jahresbericht 1651/52," Göttingen UA, 4/V h/20.
[19] 베버가 괴팅겐의 감독관에게 보낸 편지, 1855년 3월 10일 자, Riemann Personalakte, Göttingen UA, 4/V b/137.

법칙들 간의 연결 추구, 베버와 콜라우시의 베버 상수 c의 측정 등이 있었다. 리만에게는 이렇게 따로 떨어진 수학적 및 물리적 연구 영역이 분명히 궁극적으로 연결된 것으로 보였다. 그러한 유사성은 그가 1850년에 교육학 세미나를 준비하는 논문 「김나지움에서 자연 과학 지도의 범위, 배치 및 방법에 관하여」에서 제안된 것이었다. 그 논문에서 그는 모든 물리학 분야를 통합하는 수단으로 수학을 이해하고 있음을 밝혔다. "우리는 완전히 자족적인 수학 이론을 구축할 수 있다. 그 이론은 다루는 것이 중력이든 전기든 자기든 열 평형이든 구분 없이, 개별적인 점point에서 유효한 기본 법칙들에서, 실제적으로 주어지는 연속으로 채워진 공간에서의 과정들로 나아간다."[20]

이즈음 리만의 수학 연구는 학자적 자격을 인정받으려는 의도로 이루어졌다. 그는 자신의 학위 논문을 "가변 복소량의 함수 일반 이론의 토대"에 관하여 썼다. 그 주제에 관해서는 그가 베를린에서 아이젠슈타인과 논쟁을 벌인 적이 있었다. 그는 편미분 방정식이 복소 변수 함수의 본질적인 정의라고 주장했었다. 그의 다음 수학 연구는 1853년 겨울에 그의 교수 자격 심사를 통과하기 위한 것이었다. 거기에서 그는 "물리학을 위해 그렇게 중요한" 수학의 분야인 삼각급수에 의한 함수 표현 가능성을 취급했다. 교수 자격 논문 심사는 그에게 또 다른 연구로 시범 강의를 할 것을 요구했다. 그는 "기하학의 기초 가설들에 관하여" 강의했다. 가우스는 리만이 제출한 세 주제 중에서 이 주제를 택했다. 왜냐하면 그는 그런 젊은이가 그런 어려운 주제에 대해서 말하려는 것이 무엇인지 알고 싶어 했기 때문이었다. 가우스는 "리만의 생각의 깊이에 대해 특별히 흥분하여 말하며" 그 강의실을 나왔다.[21]

---

[20] Dedekind, "Riemann's lebenslauf," 513.

이런 수학적 연구와 동시에 리만은 베버가 말했듯이 "주로 광학과 전기 이론 사이의 내적 연관성을 아무도 전에 생각한 적이 없는 방법으로 확립하려는 의도로 방대한 양의 연구"를 전개했다. 베버는 리만이 그러한 연관성을 발견하리라 기대하면서 그 기대의 실현은 "대단히 중요하고 정말로 새 시대를 여는 것"이라고 말했다.[22] 리만은 그의 연구가 훨씬 더 야심적인 전망이 있는 것으로 "전기, 동전기, 빛, 중력의 연결에 대한 연구"라고 말했다.[23]

리만이 그의 물리 이론을 완성하기도 전인 1866년에 40세의 나이로 죽자 미출간 원고를 포함한 리만의 연구 전집이 사후에 출간되어 그의 목적은 더 충분하게 드러났다. 1850년대 초에 쓴 글들에서 그는 자신의 주된 임무가 자연의 알려진 법칙에 관한 새로운 개념들을 개발하는 것이라고 말했다. 그것은 법칙들의 연관성에 대한 탐구에서 열, 빛, 자기, 전기 사이의 상호 작용에 대한 실험 데이터를 사용할 수 있게 해주는 것이었다. 그는 한편으로는 뉴턴과 오일러의 연구로 또 한편으로는 헤르바르트의 심리학으로 이러한 이해에 도달하게 되었다.[24] 그의 새로운 개념은 물질로 연속적으로 채워진 세계 공간world-space을 요구했다.[25] 그는 이 물

---

[21] Bernhard Riemann, "Grundlagen für eine allgemeine Theorie der Functionen einer veränderlichen complexen Grösse" (1851): "Ueber die Hypothesen, welche der Geometrie zu Grunde liegen" (1854); *Werke···Nachlass*, 3~47, 213~253 중 214, 254~269. Dedekind, "Riemann's Lebenslauf," 517.
[22] 베버가 괴팅겐 대학 감독관에게 보낸 편지, 1855년 3월 10일 자.
[23] 리만이 그의 형제 빌헬름에게 보낸 편지, 1853년 12월 28일과 1854년 6월 26일 자. Dedekind, "Riemann's Lebenslauf," 515에 인용.
[24] Bernhard Riemann, "Fragmente philosophischen Inhalts," in *Werke···Nachlass*, 475~506 중 475.
[25] 데데킨트는 리만과 나눈 대화에서 리만이 벤틀리(Bentley)에게 보낸 뉴턴의 세 번째 편지를 칭송한 것을 회고했다. 거기에서 뉴턴은 직접적인 원격 작용에 대해 "황당"하다고 말했다. Dedekind, "Riemann's Lebenslauf," 521. 리만은 중력과 빛

질을 압축할 수 없는, 관성이 없는, 균질의 유체라고 생각했다. 그 유체는 무게 있는 원자로 흘러들고 현상세계에서 사라져서 정신세계로 들어간다. 우리가 빛과 열로 지각하는 진동이 그 물질을 통과해서 전달되며 무게 있는 물질에 대한 유체의 압력은 중력 현상을 일으킨다. 그는 자신의 이론 첫머리에서, 두 부분을 갖는 수학적 법칙을 제시했다. 한 부분은 중력과 정전기 인력과 척력을 기술하며 다른 부분은 빛과 열의 전파와 전기 동역학적 및 자기적 인력과 척력을 기술한다.[26] 리만의 목표는 포괄적인 단일한 수학적 법칙에 기초한 물리학의 총체적 이론이었다.

1854년 봄에 루돌프 콜라우시는 베버의 법칙의 상수 c의 결정에 관하여 베버와 협력하려고 2주 동안 괴팅겐 대학에 왔다. 그들은 리만을 초청하여 그들의 실험에 참여시켰다. 리만은 그 기회를 이용하여 레이던병의 전기 잔량residue에 대한 콜라우시의 실험을 전기, 빛, 자기 사이의 연관성에 대한 자신의 연구에 근거하여 설명하고 콜라우시와 토론했다. 콜라우시는 이 현상에 대한 이론을 만들어내도록 리만을 격려했다. 이것은, 리만이 그의 형제에게 설명했듯이, 그에게는 중요한 기회였다. "왜냐하면, 그것이 내가 나의 연구를 이전에 알려지지 않은 현상에 적용할 첫 기회였기 때문이다. 나는 이 연구를 발표해서 내가 할 더 큰 연구를 우호적으로 받아들이게 하는 데 도움이 되기를 바란다."[27] 그것이 전기

에 대한 뉴턴의 사후 출판물에 있는 편지에서 그 구절을 인용했다. Riemann, "Fragmente," 498.

[26] 리만은 "Neue mathematische Principien der Naturphilosphie"라는 제목이 붙은 글에서 이런 생각을 발전시켰다. 거기에 그는 "1853년 3월 1일"에 발견했다는 메모를 남겼다. 이것은 그가 이 원리들을 중요하다고 생각했음을 암시한다. (그는 "Naturphilosophie"라고 말한 것은 자연철학을 의미한다는 것을 즉시 명확히 했다.) Werke⋯Nachlass, 502~506.

[27] 리만이 그의 형제 빌헬름에게 보낸 편지, 1854년 6월 26일 자. Dedekind, "Riemann's Lebenslauf," 516~517.

의 운동에 관한 리만의 법칙에 대한 바람직한 검증이 된 것은 그 현상에 대한 콜라우시의 정확한 측정을 통해서였다.[28] 리만은 그것에 관한 논문을 《물리학 연보》에 제출했고 결국에는 그가 원하지 않는 변경 요구 때문에 그 논문을 철회했다. 대신에 그는 노빌리Nobili 색 고리 이론에 대한 논문을 게재했다.[29] 그 주제는 역시 "매우 정확한 측정"을 염두에 두는 "중요한" 주제였고 "전기 운동의 법칙들이 그 측정으로 매우 정확하게 시험될 수 있었다."[30]

1854년 겨울은 리만이 사강사로 보낸 첫 학기였다. 그때에 괴팅겐 대학의 한 동료가 그를 연구에서 "선구적인 천재"로 새로 설립된 취리히 연방 종합기술학교Zurich Polytechnic의 교수 자리에 추천했다.[31] 그러나 괴팅겐의 수학자들과 물리학자들은 그를 잃기를 원하지 않았다. 그들은 가우스의 사망이 멀지 않았음을 알고 있었고 리만을 가우스가 괴팅겐에 세운 진보된 수학의 "학교", 어떤 경우에도 무너지도록 방치할 수 없는 학교를 위하여 "꼭 필요한" 사람으로 생각했다.[32] 물리 문제에 적용되는 편미분 방정식의 이론에 관한 리만의 첫 강의는 그런 과목으로서는 "매우 많은" 7명의 수강생이 수강했다.[33] 그를 괴팅겐 대학에 확실히 머무르

---

[28] Bernhard Riemann, "Neue Theorie des Rückstandes in electrischen Bindungsapparaten" (1854), in *Werke···Nachlass*, 345~356 중 345.
[29] Bernhard Riemann, "Zur Theorie der Nobili'schen Farbenrige," *Ann.* 95 (1855): 130~139. *Werke···Nachlass*, 54~61에 재인쇄.
[30] 리만이 그의 누이 중 하나에게 보낸 편지, 1854년 10월 9일 자, Dedekind, "Riemann's Lebenslauf," 518에 인용.
[31] 자르토리우스 폰 발터스하우젠이 [슈투더(Studer)?]에게 보낸 편지, 1854년 12월 22일 자, A. Schweiz. Sch., Zurich, 1855년 파일의 문서 번호 31.
[32] 자르토리우스 폰 발터스하우젠이 괴팅겐 대학 감독관에게 보내는 편지, 1855년 2월 11일 자, Riemann Personalakte, Göttingen UA, 4/V b/137.
[33] 베버가 괴팅겐 대학 감독관에게 보내는 편지, 1855년 3월 10일 자.

게 하기 위해 그에게는 약간의 봉급이 지급되었고 1857년에는 베버의 요청으로 부교수로 승진이 이루어졌다. 사강사로서, 다음에는 부교수로서 리만은 "순수수학과 응용수학"을 가르쳤다.[34] 순수한 수학적 주제에 더해 그는 고급 역학과 중력, 탄성, 전기, 자기, 선택된 물리적 문제들에 관한 수학적 이론들에 관해 강의했다.[35] 1859년 여름에 리만은 가우스의 후임이었던 디리클레의 뒤를 이었다.[36]

리만은 베를린에서 들었던 디리클레의 강의를 본받아 물리학의 편미분 방정식에 관해 강의했다. 그는 "과학적 물리학"은 미분의 발견 이후에만 존재했다는 언급으로 이 강의들을 시작했다.[37] 가속도와 인력 중심과 같은 물리학의 기초 개념들은 갈릴레오와 뉴턴 이후로 변한 적이 없을지라도 물리학의 수학적 방법들은 바뀌었다. 리만은 공간적 및 시간적 점point에 관한 물리학의 기본 법칙들을 우리가 인지하는 공간을 차지하는 물체와 시간 간격에 관한 법칙으로 확장하는 방법을 특별히 마음에 두었다. 이 방법에는 편미분 방정식이 필요하다. 그 주제를 역사적으로 개관하면서 리만은 달랑베르가 편미분 방정식으로 이끄는 최초의 물리 문제를 푼 것은 뉴턴의 『프린키피아』*Principia*[38]가 나온 지 60년이 지나서

---

[34] 괴팅겐 대학 철학부에서 감독관에게 보낸 편지, 1854년 6월 11일 자; 괴팅겐 대학 감독관이 라민에게 보낸 편지, 1857년 11월 9일 자; Riemann Personalakte, Göttingen UA, 4/V b/137.

[35] "Verzeichnis der von Riemann angekündigten Vorlesungen," in *Bernhard Riemann's gesammelte mathematische Werke. Nachträge*, ed. M. Noether and W. Wirtinger (Leipzig: B. G. Teubner, 1902), 114~115. 리만의 정교수 임명장의 초안에 있는 리만 강의들에 대한 여백의 메모 1859년 6월 30일 자. Riemann Personalakte, Göttingen UA, 4/V b/137.

[36] 리만의 임명장, 1859년 7월 29일 자. Dedekind, "Riemann's Lebenslauf," 522.

[37] Dedekind, "Riemann's Lenenslauf," 518. Bernhard Riemann, *Partielle Differentialgleichungen unaderen Anwendung auf physikalische Fragen*, ed. Karl Hattendorff (Braunschweig, 1869). 재판(1876), p. 1에서 인용.

였다고 말했다. 푸리에가 열전도에 대한 그의 이론에서 물리적 문제를 푸는 일반적인 방법을 전개하여 편미분 방정식에 이르기까지 다시 60년이 걸렸다. 그 후로 실험으로 시험될 수 있는 물리학의 기본 법칙들은 모두 편미분 방정식으로 구성되었다.[39]

리만은 그의 강의의 전반부를 정적분, 푸리에 무한급수, 상미분 방정식, 그리고 가장 중요한 편미분 방정식처럼 순수한 수학적 주제로 채웠다. 리만에 따르면 "우리가 관찰하기를 원하는 물리적 현상들과 함께" "[하나보다] 더 많은 독립적인 가변량, 가령, 시간과 세 공간 좌표"가 개입하므로, 그것들과 함께 편미분 방정식이 등장한다. 이 중에서 "2차 선형 편미분 방정식은 물리 문제 대부분이 그런 방정식으로 가기 때문에 가장 흥미롭다." 물리학에서 가장 중요한 편미분 방정식의 일반적인 형태는 x성분에 대하여

$$l\frac{\partial^2 u}{\partial x^2} + m\frac{\partial^2 u}{\partial x \partial y} + n\frac{\partial^2 u}{\partial t^2} + p\frac{\partial u}{\partial x} + q\frac{\partial u}{\partial t} + ru = s$$

---

[38] [역주] 원제목이 『자연철학의 수학적 원리』(*Philosophiae Naturalis Principia Mathematica*)인 이 책은 1789년에 출판된 뉴턴의 주저이다. 뉴턴의 세 가지 운동 법칙이 제시되었고 중력 법칙을 제시하여 케플러의 행성 운동의 법칙과 달의 운동을 기술해 냄으로써 근대 역학의 완성작으로 평가를 받는다. 기하학적 서술 방식을 취하고 있어서 난해하다. 초기 수리 물리학의 대표적인 성과로 기념될 책이다.

[39] [역주] 이렇게 편미분 방정식이 물리학에서 차지하는 비중이 커지는 과정을 일컬어 알베르트 아인슈타인은 "편미분 방정식은 물리학에 하녀로 들어왔다가 여주인이 되었다."고 말했다. 뉴턴의 물리학에서 사용된 미분 방정식은 상미분 방정식뿐이었으나 편미분 방정식은 달랑베르, 오일러, 다니엘 베르누이에 의해 18세기부터 진동하는 계의 운동을 기술하기 위해 제한적으로 쓰이기 시작했다가 전기, 자기, 빛으로 그 영역이 확장되어, 맥스웰의 방정식, 슈뢰딩거 방정식, 일반 상대성 이론 방정식이 모두 편미분 방정식이다. 그러므로 편미분 방정식의 이론을 발전시킨 수학자들의 공로는 이후 물리학의 발전에 지대한 영향을 미쳤다고 할 수 있다.

이고 *y*성분과 *z*성분에 대하여 해당하는 방정식이 있다.[40] 리만은 그의 강의 후반부 상당 부분을 몇몇 물리학 분야에서 이러한 일반 방정식의 특별한 경우들을 살펴보는 데 할애했다. 특히 열운동의 이론, 탄성체의 진동, 유체의 운동, 전기, 자기, 중력 등을 다루었다.[41]

원래의 형태로 출판된 리만의 강의들은(나중에 다른 사람들이 확장된 판본들을 내놓았다.[42]) 물리학자들에게 물리 문제를 푸는 데 유용한 수학적 방법의 모음집이었다. 리만의 강의들은 그보다 더 많은 일을 했다. 그의 강의들은 물리학의 다양한 분야에서 방법들을 일반화하고 통일하는 능력을 발휘했다. 원리상 물리 세계의 현상 대부분을 계산하기 위해 물리학자들은 적절한 초기 조건과 경계 조건에서 일반적인 편미분 방정식의 특별한 경우 중 하나를 풀어야 했다.

리만은 수학이 물리 이론의 최근 역사적 발전에서 주도적인 역할을 했다고 수강생과 독자에게 말했다. 그에게서 배운 물리학자들은 최소한 그들에게 고급 수학 훈련이 필요하다는 것을 인정했다. 리만의 강의가 1869년에 출간되었다는 것은 주목할 가치가 있다. 이때 즈음에는 이론 물리학을 담당하는 정교수가 독일 대학들에서 등장하기 시작하고 이론

---

[40] Riemann, *Partielle Differentialgleichungen*, 107~108.
[41] 하텐도르프(Karl Hattendorff)는 1876년에 두 권으로 된 리만의 강의집을 내어 놓았다. 제2권에서 리만은 편미분 방정식을 물리학의 다른 분야에 적용하기를 계속했고 그 제목을 *Schwere, Elektricität und Magnetismus, nach den Vorlesungen von Bernhard Riemann* (Hannover, 1876)로 정했다.
[42] 리만의 강의집은 고전적인 독일어 텍스트 중 하나가 되었다. 편집자에서 편집자로 넘겨지면서 개정되었지만 원래 저자의 이름은 그대로 유지되어 그의 명성의 혜택을 받았다. 하텐도르프가 리만이 강의한 학기들이 분리되어 있음에 기초하여 분리된 두 권으로 내놓은 것이 나중에 하인리히 베버에 의해 두 권으로 이루어진 하나의 저작으로 나왔다. *Die partiellen Differential-Gleichungen der mathematischen Physik. Nach Riemann's Vorlesungen*, 4th rev. ed., 2 vols. (Braunschweig: Vieweg, 1900~1901).

물리학에 대한 물리학자들의 출판된 강의들이 나타나기 시작했다. 그 강의들은 이론 연구에서 수학적 도움을 줄 뿐 아니라 초기의 중요한 교재로 기능했다.

리만은 물리학의 모든 분야를 결합하는 이론의 일반적 토대 위에서 연구할 뿐 아니라 전기, 광학, 음향학에서 몇몇 수리 물리학 분야의 특수한 문제들에 관하여 연구했다. 그때에도 몇몇 이런 연구에서 그의 의도는 우리가 본 것처럼 그의 일반적인 이론을 시험하는 것이었다. 다른 예들에서 그는 수학에 도움을 주기 위해 특별한 물리적 사례를 사용했다 (그것은 궁극적으로 다시 물리학에 도움이 되었다). 그는 유한한 파장의 평면 공기파의 전파에 대한 논문 공고문에 "이 탐구가 실험 연구에 유용한 결과들을 제공한다고 주장하지 않겠다. 필자는 이 탐구가 비선형 편미분 방정식의 이론에 대한 기여로만 고려되기를 희망한다."라고 썼다.[43] 그의 접근법은 선례를 따랐다. 선형 편미분 방정식의 적분을 위한 가장 효과적인 방법은 문제의 일반적인 개념을 발전시킴으로써 발견된 것이 아니라 특별한 물리적 문제를 다룸으로써 발견되었다. 그리고 이런 식으로 자신이 알아낸 문제들은 더 일반적인 문제들의 연구에 혜택을 줄 것이라고 기대했다.

리만의 전기 동역학 연구는 물리학의 총체적 이론에 대한 그의 목표와 가장 직접적으로 관련이 되어 있었다. 그가 1858년에 괴팅겐 과학회에 제출한 "전기 동역학에 대한 기여"라는 제목의 논문에서 그는 자신의 높은 기대를 드러냈다. 그는 시작하는 말에서 이 연구가 "전기와 자기

---

[43] Bernhard Riemann, "Selbstanzeige der vorstehenden Abhandlung" (1859), in *Werke* ···*Nachlass*, 165~167 중 165.

이론을 빛 이론과 복사열 이론과 긴밀하게 연관 짓는다고 밝혔다.[44] 그때 한 편지에서 리만은 "전기와 빛 사이의 연관성을 발견"했다고 주장했고 비록 그는 가우스가 이미 그 연관성을 발견했다고 들었지만 자신의 발견은 그와 다르며 옳다고 생각했다.[45] 이 논문에서 리만은 그것에 퍼텐셜의 2계 시간 도함수를 더함으로써 정전기 퍼텐셜에 대한 푸아송 방정식을 일반화하여 전달 방정식, 즉 원천source 항을 갖는 파동 방정식에 도달했다. 리만은 소위 지연 퍼텐셜retarded potential을 사용하여 방정식을 풀어서 그것이 실험적으로 확증된 결과에 도달하는 것을 보여주었다.[46] 그 논문은 미출간 논문이었으나 그의 사후에 출간되었을 때 그것은 즉시 클라우지우스에게 비판을 받았다. 그는 그 안의 수학적 오류를 지적했고 리만이 그 오류 때문에 논문을 철회했다고 주장했다.[47] 그러나 그 이론은 널리 알려졌고, 우리가 앞으로 살펴보겠지만, 카를 노이만은 그 이론에 자극을 받아 자신의 전기 동역학 이론을 전개했다.

자신의 전기 동역학 이론을 소개하면서 리만은 전류를 운반하는 두 도체 사이의 퍼텐셜에 관한 "실험법칙"을 진술했다. 그는 전류의 본성에 관한 베버의 가정을 끌어냄으로써 그 법칙을 재구성했다. 그다음에 그는 같은 퍼텐셜이 자신의 "새로운 이론"에서 나오는 것을 보여주었다. 그것의 근본 방정식은 퍼텐셜 함수 U에 대한 다음의 편미분 방정식이다.

---

[44] Bernhard Riemann, "Ein Beitrag zur Elektrodynamik" (1858), 사후에 *Ann.* 131 (1867): 237~243에 출판되고 *Werke···Nachlass*, 270~275 중 270에 재인쇄.

[45] Dedekind, "Riemann's Lebenslauf," 521. 데데킨트가 날짜를 기록하지 않은 이 편지는 리만의 누이인 이다(Ida)에게 보낸 것이다.

[46] 리만은 분명히 지연 퍼텐셜을 최초로 사용한 사람이었다. 그러나 그 연구의 출간을 늦추었기에 그것의 사용을 최초로 출간한 사례는 1861년에 로렌츠(Ludwig Lorenz)의 것이었다. Rosenfeld, "The Velocity of Light," 1635.

[47] Rudolph Clausius, "Ueber die von Gauss angeregte neue Auffassung der elektrodynamischen Erscheinungen," *Ann.* 135 (1868): 606~621 중 613~618.

$$\frac{\partial^2 U}{\partial t^2} - \alpha^2 \left(\frac{\partial^2 U}{\partial x^2} + \frac{\partial^2 U}{\partial y^2} + \frac{\partial^2 U}{\partial z^2} \right) + \alpha^2 4\pi\rho = 0$$

여기에서 ρ는 전기 입자의 밀도이고 α는 속도의 단위를 갖는 상수이다. 퍼텐셜에 대한 두 가지 표현, 즉 실험적으로 확증된 것과 자신의 것을 구별하기 위해 그는 단지 α와 $c/\sqrt{2}$를 같다고 놓아야 했다. 여기에서 c는 베버의 상수이다. 베버와 콜라우시의 값 $c/\sqrt{2}$와 광속의 근접성에서 리만은 전기 입자 간의 상호 작용은 실험의 정확성 안에서 빛의 속도로 전파된다고 결론지었다.[48]

1861년에 괴팅겐 대학에서 이루어지고 1876년에 출간된 강의에서 리만은 전기 동역학의 새로운 "기본 법칙"을 제안했다.[49] 이 법칙은 베버의 법칙의 또 하나의 변형이었는데 한 쌍의 전기 입자의 전체 상대 속도가 그 입자들 사이의 선을 따라서만 상대 속도의 자리에 들어간다는 점에서 베버의 법칙과는 달랐다. 이번에 리만은 전기 동역학적 작용을 퍼텐셜 함수의 유한한 전파에서 유도하지 않고 라그랑주의 법칙에서 유도했다. 그는 그것을 전기계의 운동 에너지 T, 위치에만 의존하는 퍼텐셜의 정전기 부분 S, 위치와 속도에 모두 의존하는 퍼텐셜의 전기 동역학 부분 D로부터 구성했다. 맨 나중의 부분은 위치와 속도에 모두 의존하므로 라그랑주 함수Lagrangian function[50]에서 운동 에너지나 퍼텐셜 에너지에 속하는 것으로 고려할 수 있을 것이었다. 중력형 힘에 대한 함수는 운동

---

[48] Riemann, "Ein Beitrag zur Elektrodynamik," 272, 275.
[49] Riemann, *Schwere, Elektricität und Magnetismus*, 313~337.
[50] [역주] 라그랑주 함수는 동역학적 계의 일반 좌표와 속도의 함수로서 이것에서 운동 방정식을 유도할 수 있다. 라그랑주 함수 $L=T-V$로 표시된다. 여기에서 T는 운동 에너지, V는 퍼텐셜 에너지이다.

에너지에서 퍼텐셜 에너지를 빼서 얻었는데 이것은 속도 의존 퍼텐셜의 기호를 결정하는 데 도움이 되지 않았으므로 리만은 에너지 보존 원리에 호소함으로써 방정식을 결정했다. 만약 전기 운동이 에너지가 보존되는 형태라면 퍼텐셜 D 또는 그것의 음의 값인 퍼텐셜 에너지는 라그랑주 함수에서 T와 묶여야 한다. 정확히 하자면, 에너지 보존을 위한 필요충분조건은

$$\delta \int (T - D + S) dt = 0$$

이다. 그것은 리만이 라그랑주의 확장된 법칙이라고 부른 것이었다.[51] D에 하나의 형태를 제공함으로써 그는 라그랑주의 법칙이 전기 작용에 대한 베버의 기본 법칙을 내놓는다는 것을 보여주었다. 그는 D에 또 하나의 형태를 제공함으로써 그것이 자신의 기본 법칙을 내놓는다는 것을 보여주었다. 리만은 확장된 라그랑주 함수 형식을 전기 동역학에 적용할 가능성을 예시하고 이런 방식으로 역학과 동일한 최초 원리들에서 전기 동역학을 전개함으로써 전기 동역학적 힘은 속도 의존 퍼텐셜을 갖지 않는 친숙한 힘들처럼 취급될 수 있다는 것을 보여주었다. 일반적으로 전기 동역학에 대한 연구에서 리만은 이렇게 빠르게 발전하는 분야가 물리적 문제에 관심이 있는 수학자들에게는 도전적인 분야가 된다는 것을 보여주었다.

카를 노이만의 강의와 연구

리만의 전기 동역학 연구는 또 한 명의 수학자인 카를 노이만Carl

---

[51] Riemann, *Schwere, Elektricität und Magnetismus*, 316~318.

Neumann을 자극했다. 그는 물리학에 기여한 수학자의 마지막 예이다. 리만처럼 노이만은 전기 동역학적 작용의 유한한 전파에 기초한 이론을 전개했다. 물리학자들은 리만의 이론처럼 그의 이론을 진지하게 받아들였다. 그들 중에 적어도 둘, 베버와 클라우지우스는 그 이론에 대해서 그와 서신 교환을 했다.

그의 긴 경력 내내 카를 노이만은 물리학자가 아니라 수학자로서 일했다. 그러나 쾨니히스베르크 대학의 학생으로서 그는 자신의 아버지인 프란츠 노이만에게 수학과 함께 물리학을 배운 적이 있었고 나중에 현직 수학자로서 거의 전적으로 물리학에서 생기는 수학적 문제들을 다루었다. 1868년부터 시작해서 43년 동안 그는 라이프치히 대학의 수학 교수직 둘 중 하나를 맡았다. 그 자리는 이전에 뫼비우스가 맡았던 자리였는데 베버는 그 자리를 "본질적으로 수리 물리학을 포함하는 고등 역학"을 가르치는 교수 자리라고 불렀다.[52] 노이만의 물리적 관심은 그가 고용되던 시점에는 심사의 대상이 되지 않았지만[53] 라이프치히 대학에서 그의 강의는 퍼텐셜 이론, 역학, 그리고 모든 수리 물리학 분야를 섭렵했다. 그의 연구 주제도 똑같이 넓은 영역에 걸쳐 있었지만 접근법에 있어서는 항상 수학적이었다. 그는 때때로 실험 결과들과 그의 수학적 가설의 결과들을 비교했지만 직접 실험을 하지는 않았고 물리학자들이 실험하도록 남겨두었다.[54] 그는 교육을 강조한 덕택에 라이프치히 대학의 학생 중에서 물리학자를 다수 키워냈다.[55]

---

[52] 베버가 괴팅겐 대학 감독관에게 보낸 편지, 1848년 5월 22일 자, Weber Personalakte, Göttingen UA, 4/V b/95a.
[53] 노이만은 수리 물리학자가 아니라 "고급" 수학을 가르칠 수 있는 수학자로 고용되었다. Neumann Personalakte, Leipzig UA, Nr. 774와 다른 문서들.
[54] O. Hölder, "Carl Neumann," *Verh. sächs. Akad. Wiss.* 77 (1925): 154~180 중 167.
[55] Salié, "Carl Neumann," 15.

라이프치히 대학을 떠나기 전에 노이만은 튀빙겐 대학에서 수학을 가르쳤다. 1865년 그의 취임 강연을 위해 그는 "수리 물리학의 현재의 관점"이라는 주제를 선택했다. 그는 자연 과학이 빠르게 진보하고 있다는 널리 퍼진 주장에 이의를 제기하지 않았으나 진보가 발견의 개수뿐 아니라 이론에도 적용된다는 주장에 대해서는 이견이 있었다. 어떤 물리학 분야에서 이론은 아주 잘 확립되어 있는 것 같았다. 그러나 전기와 자기와 같은 어떤 다른 분야에서 기존의 이론들은 그렇게 오래 지속될 것 같지 않았다. 가령, 베버의 전기력에 관한 법칙이 아주 정확하게 관찰된 현상들을 설명했지만 이 물리 영역에서 원리들은 여전히 의문시되었다. 베버가 영구적 자기를 설명하기 위해 생각해 낸 회전하는 기본적인 전기계는 노이만에게 과도하게 복잡한 것으로 보였기에 그것은 새로운 물리적 사고가 필요하다는 신호일 뿐 아니라 마찬가지로 새로운 수학적 사고, 특히 "공간과 시간"에 대한 사고가 필요하다는 신호로 보였다.[56]

그의 연구와 강의에서 노이만은 전기와 자기에 대한 이론적 필요를 퍼텐셜 이론에 연관지었다. 퍼텐셜 이론이라는 수학 분야는 그가 가장 중요한 일을 하게 될 분야였다.[57] 1868년에 그는 퍼텐셜을 제대로 사용하여 새롭고 완전한 전기 동역학 이론을 제시했다.[58] 그는 물리학의 분야들이 현상들을 설명하는 데 사용되는 기초적인 힘에 따라 두 종류로 나뉜다는 견해에 따라 그 이론을 도입했다. 즉, 입자들의 상대적 위치에 따라 결정되는 힘, 가령, 중력, 탄성력, 모세관력 등을 다루는 분야와,

---

[56] Carl Neumann, *Der gegenwärtige Standpunct der mathematischen Physik* (Tübingen, 1865), 4~5, 18~19, 29~32.
[57] Hölder, "Carl Neumann," 156, 168.
[58] Carl Neumann, "Die Principien der Elektrodynamik" (1868), *Math. Ann.* 17 (1880), 400~434.

상대적 위치에 추가하여 속도나 가속도 같은 조건들에 의존하는 힘을 다루는 분야들이 있었다. 첫 번째 종류의 힘과 달리, 마찰력, 자기력, 그리고 아마도 광학적 힘, 그리고 무엇보다도 전기 동역학적인 힘을 포함하는 두 번째 종류의 힘들은 "활력"의 보존 법칙을 반드시 따르지는 않는다. 그 보존 법칙이 반드시 운동 에너지와 위치 에너지에 관계되는데 두 번째 종류의 힘에 대하여 퍼텐셜 에너지는 알려지지 않았으므로 전기 동역학 이론 문제는 퍼텐셜 에너지를 결정하는 문제라고 노이만은 결론지었다.

노이만은 전기 작용에 대한 베버의 법칙을 공부하고 그것의 퍼텐셜을 찾은 후에 전기 동역학의 새로운 "원리"에 도달했다. 그는 그 퍼텐셜을 힘 자체보다 더 근본적인 것으로 간주했다. (그는 베버가 1848년에 자신의 법칙에 대한 퍼텐셜을 발견했다는 것을 모르고 있었다.) 1867년에 출간된 리만의 전기 동역학 이론은 두 번째 종류의 힘인 전기 동역학적 힘이 첫 번째 종류의 힘인 정전기적 힘의 퍼텐셜에서, 퍼텐셜이 유한한 속도로 전파된다고 가정함으로써, 어떻게 유도될 수 있는지 노이만에게 보여주었다. 노이만은 리만의 점진적 전파propagation와 함께 통상적인 정전기적 또는 뉴턴식의 퍼텐셜은 자신이 이미 발견한 베버의 법칙에 대한 퍼텐셜의 식이 된다는 것을 발견하고는 놀랐다. 노이만은 그의 이론의 주된 혁신을 리만의 이론처럼 퍼텐셜로 결정되는, 움직이는 전기 충격 electrical impulse의 진행적 본성이라고 보았다.[59]

노이만은 이러한 몇 가지 생각을 끌어모았다. 상대적으로 운동하는 한 쌍의 전기점 사이의 퍼텐셜은 상수 c로 전파되며 방출되는 퍼텐셜은 뉴턴의 형태 mm_1/r을 취한다고 가정하고서 "실효적으로" 수용되는 퍼텐

---

[59] Neumann, "Die Principien der Elektrodynamik," 402.

셜로 베버의 법칙을 위한 퍼텐셜

$$\frac{mm_1}{r}\left[1+\frac{1}{cc}\left(\frac{dr}{dt}\right)^2\right]$$

을 유도했다. 노이만은 해밀턴의 변분 원리는 "무조건 유효"하다고 선언하고 그 원리의 적용을 동역학에서 전기 동역학으로, 첫 번째 종류의 힘의 퍼텐셜에서 두 번째 종류의 힘의 퍼텐셜로 확장하면서 작용 적분 action integral의 변분에서 전기 인력과 유도에 관한 알려진 법칙을 유도했고 동시에 전기 동역학을 아우르는 활력 보존 원리의 한 형태를 유도했다.[60]

노이만의 이론에 반응한 이들은 예상했다시피 그가 동역학의 원리들을 비정통적인 방식으로 사용한 것과 그의 전파되는 퍼텐셜을 문제 삼았다. 영국 과학 진흥 협회에 발표할 전기 이론에 대한 보고서의 저자는 노이만의 에너지 개념에 놀랐다. 그 에너지는 퍼텐셜 에너지도 아니고 운동 에너지도 아니어서 "우리가 지금까지 경험해온 어떤 것과도 상당히 다른" 종류였기 때문이었다.[61] 퍼텐셜의 유한한 전파에 관하여 베버는 노이만에게 보낸 편지에서 그것은 "**고등 역학**의 가정(가령, 공기 역학의 토대 위에서만 공기 파동의 전파를 말할 수 있는 것처럼)하에서만 언급될 수 있을 것"이라고 썼다. 베버는 마음속에 매질을 통해서 일어날

---

[60] Neumann, "Die Principien der Elektrodynamik," 405, 420. 그 당시에 노이만은 리만이 더 일찍이, 그의 괴팅겐 강의에서 변분 원리를 통해 전기 동역학 퍼텐셜에서 전기력을 유도했지만 출판하지 않고 있었음을 몰랐다. 1868년 논문의 끝에 1880년에 추가된 노이만의 주석.

[61] J. J. Thomson, "Report on Electrical Theories," *Report of the Fifty-Fifth Meeting of the British Association for the Advancement of Science* (London, 1886), 97~155 중 122~123.

수 있는 물리적 전파를 생각하고 있었다. 응답에서 노이만은 자신이 시간상으로 분리된 작용들을 "1차적"인 것(더는 설명할 수 없는 것)으로 보고 싶지 "2차적"인 것(더 단순한 과정으로 돌릴 수 있는 것)으로 보고 싶지 않다고 말했다.[62] 이것은 물리적 설명에 대한 노이만의 이해와 상통했다. "설명한다"는 것은 현상을 자체적으로는 설명되거나 "이해되지 않는" "가장 적은 수의 근본적인 생각들"로 환원하는 것이다.[63]

클라우지우스는 노이만에게 보낸 편지에서 "전기 동역학 법칙과 정전기 법칙의 확고한 통합은 오랫동안 물리학에서 이루어진 가장 위대한 진보에 속할 것"이라는 데 동의한다고 밝혔다.[64] 그러나 노이만이 이 목적을 실현하려고 노력하는 방식은 클라우지우스의 마음에 들지 않았다. 클라우지우스는 그 이론을 수학적으로 틀린 것으로 간주했다. 그에 대한 방어로서 노이만은 전파propagation의 본성에 대한 클라우지우스의 오해를 밝히려고 노력했다. 노이만은 리만의 이론에 대한 역사적 언급 때문에 클라우지우스가 전파propagation를 빛의 전파와 유사한 것으로 여긴다고 추측했다.[65] 노이만은 이제 자신이 너무 그림을 그리듯이 표현했다는 것을 인식했다. 그는 무언가의 "전파"에 대하여 생각하기보다는 전기 물체 사이에서 시간이 걸리는 "명령"의 "전달"에 대해서 생각하고 있었다. 의미를 명쾌히 하기 위해 노이만은 빛과 그의 이론의 전기 퍼텐셜의 차이를 분명히 했다. 빛은 방출하는 물체와 무관하지만 퍼텐셜은 방출하고

---

[62] 카를 노이만은 그의 1868년 논문, "Die Principien der Elektrodynamik," 433~434의 후기에서 베버가 그에게 보낸 편지를 인용했다.

[63] Carl Neumann, *Der gegenwärtige Standpunct*, 17.

[64] 클라우지우스가 카를 노이만에게 보낸 편지, 1869년 11월 1일 자. Gustav Wiedemann Personalakte, Leipzig UA, Nr. 1061.

[65] Carl Neumann, "Notizen zu einer kürzlich erschienenen Schrift über die Principien der Elektrodynamik," *Math. Ann.* 1 (1869): 317~324 중 324.

받아들이는 물체의 상대적 위치에 의존한다. 빛의 세기는 거리에 따라 약해지지만 퍼텐셜은 변하지 않는다. 빛은 물체에 부딪히면 부분적으로만 흡수되지만 퍼텐셜은 완전히 흡수된다. 빛과 노이만의 퍼텐셜은 단 하나의 유사성이 있다. 둘 다 엄청나게 빠른 일정한 속도를 가진 특성이 있지만 두 속도는 동등하지 않기 때문에 이런 유사성조차 정확하지 않다. 이 모두에서 노이만은 전기 동역학과 광학 사이의 유비가 피상적임을 강조했다.[66] 노이만의 전기 동역학의 개념과 원리는 광학의 개념과 원리에 충분히 가깝지 않아서 노이만에게 이 두 물리학의 분야 사이에 연결을 암시해주지 않았다.[67]

노이만은 전기 작용의 유한한 속도를 설명할 매질의 물리적 특성에 관심이 없었다. 오히려 그는 가령, 공간과 시간이 퍼텐셜의 수학적 구성에 들어가는 유사한 방식에 관심이 있었다. 전기 동역학 이론에 대한 이러한 추상적인 연구는 기존 법칙의 토대가 되는 원리를 결정하는 데 관계되는 역학에서의 어떤 수학적 연구를 닮아 있었다. 그 유사성은 그 이론의 본질에까지 미쳐 있었다. 사실상 전기점에 관한 노이만의 동역학 개념들은 질점의 동역학 개념들과 아주 유사해서 노이만은 전기 입자와 물질 입자를 구분하는 것을 무시했다가 그 실수를 다음 출판본에서 수정하기도 했다.[68] 노이만은 역학 이론처럼 전기 동역학 이론이 해밀턴의 변분 원리[69]에서 전개될 수 있다는 것을 보여주었다.[70] 동시에 그는 베버,

---

[66] Sommerfeld and Reiff, "Standpunkt der Fernwirkung. Elementargesetze," 51~52.
[67] 노이만은 광학을 전기 동역학에 결합한 맥스웰의 이론에 대하여 예고를 한 셈이다. 기껏해야 그는 맥스웰 방정식을 "**임시** 토대(중간 단계)"로 보았다. 좀머펠트(Arnold Sommerfeld)에게 보낸 편지, 1903년 5월 30일 자, Sommerfeld Papers, Ms. Coll., DM.
[68] Neumann, "Notizen," 318.
[69] [역주] 해밀턴의 변분 원리를 사용하면 마찰이나 다른 에너지의 소모를 일으키는

리만, 클라우지우스와 다른 경쟁하는 이론의 저자들과 마찬가지로, 역학의 개념과 원리는 전기 동역학에서 확장된 의미를 부여받아야 한다는 것을 알게 되었다. 19세기 후반에 전기 동역학에서는 이전에 역학에서 그랬듯이 물리학을 탐구하는 수학적 방법을 개발하는 일이 그 주제의 물리적 기초를 분석하는 일과 병행되었다.

노이만은 지성과 외부 세계 간의 조화를 믿었다. 그 조화 때문에 수학, 천문학, 물리학, 광물학, 화학이 그에게는 "단일한 큰 전체"의 부분들로 보였다. 그에게는 실망스럽게도 이러한 과학들은 점차 19세기 동안 분리되었다.[71] 야코비, 디리클레, 리만은 수학과 물리학에서 똑같이 일했다. 그러나 노이만은 그들 이후에는 수학을 수학자만, 물리학을 물리학자만 연구하게 되었다고 생각했다.[72] 결과적으로 쌍방 모두에게 빈곤이 찾아왔다. 노이만은 수학이 역학과 자연 과학에서 지속적으로 영양분을 받을 필요가 있는 분야라고 생각했다. 그는 이것을 의심하는 것이 주제넘은 짓이며 진보를 일으키는 데 해로운 것이라고 생각했다.[73]

원인이 없을 때 고전적인 동역학 계의 운동 방정식을 유도할 수 있다. 특수한 계의 일반화된 좌표를 설정하고 특정한 초기 시각의 배열을 정한 후에 최종 시각의 배열을 얻어내기 위해 경로를 찾아낸다. 이 과정은 마치 기하학자가 곡면 위에 있는 두 점을 연결하는 곡면 위의 최단 경로를 찾아내는 과정과 유사하다. 운동 에너지와 퍼텐셜 에너지의 차에 해당하는 라그랑주 함수를 적분하여 최솟값이 되는 경로를 찾아내는 것이다.

[70] 노이만은 자신이 탄성의 역학적 이론에 대한 그의 초기 연구를 통해 전기 동역학 이론의 변분 방법으로 나아갔다고 말했다. 노이만이 좀머펠트에게 보낸 편지, 1903년 5월 30일 자.

[71] Carl Neumann, "Worte zum Gedächtniss an Wilhelm Hankel," *Verh. sächs. Ges. Wiss.*, 51 (1899): lxii~lxiv.

[72] Salié, "Carl Neumann," 18.

[73] Heinrich Liebmann, "Zur Erinnerung an Carl Neumann," *Jahresber. d. Deutsch. Math.-Vereinigung* 36 (1927): 174~178 중 175.

수학과 물리학에서 진전되는 전문화에 대하여 노이만이 느낀 유감의 원인들은 고쳐질 조짐이 없었다. 노이만과 관점이 같은, 다른 수학자들이 있었겠지만 결코 많지는 않았다. 우리가 곧 살펴본 학자들, 민코프스키Hermann Minkowski[74], 그로스만Marcel Grossmann[75], 힐베르트David Hilbert[76]는 그런 수학자들에 속했다. 그들은 물리학에 수학적 연구 방법을 제공했고 물리 문제를 가지고 물리학자들과 함께 연구했다. 리만이 원래 작성한 물리학의 편미분 방정식에 대한 편람manual에 들어가지 않았던 수학 지식도 물리 이론의 필요성 때문에 포함되게 되었으므로 수학자는 물리학자에게 계속해서 도움이 되었다. 그러나 리만이 맡았던 것으로 보이는, 수학과 물리학 사이의 중개자 자리는 점차 새로운 종류의 전문가인 이론 물리학자가 차지했다. 이론 물리학자는 수학자에게 묻거나 심지어 그들

---

[74] [역주] 독일의 수학자인 민코프스키(1864~1909)는 기하학적 정수론을 발전시켰고, 정수론, 수리물리, 상대성 이론 등의 어려운 문제들을 기하학적 방법을 써서 풀었다. 3차원 물리 공간에 시간 차원을 결합한 그의 4차원 공간(민코프스키 공간)이라는 개념은 아인슈타인의 일반 상대성 이론의 수학적 기초가 되었다. 그는 러시아에 거주하는 독일인 부모에게서 태어났다. 1872년 부모와 함께 독일에 돌아와 쾨니히스베르크에서 젊은 시절을 보냈고 1885년 그곳 대학에서 박사학위를 받았다. 1885~1894년에 본, 1894~1896년 쾨니히스베르크, 1896~1902년 취리히, 1902~1909년 괴팅겐 대학에서 수학을 가르쳤다.

[75] [역주] 독일의 유대계 수학자 그로스만(1878~1936)은 알베르트 아인슈타인의 친구이자 급우였다. 취리히 연방 종합기술학교에서 수학 교수가 되었고 화법 기하학을 전공했다. 아인슈타인에게 타원 기하학이라는 비유클리드 기하학의 중요성을 강조했고 텐서 이론을 가르쳐주었으며, 일반 상대성 이론은 그것을 바탕으로 한다.

[76] [역주] 독일의 수학자 힐베르트(1862~1943)는 기하학을 일련의 공리로 환원했고 그 뒤 수학의 형식주의 기초를 세우는 데 공헌했다. 1909년에 이룬 적분 방정식의 성과는 20세기 함수 해석학을 낳았다. 그는 1884년 쾨니히스베르크 대학에서 박사학위 논문을 끝내고 거기에서 교수가 되었다. 1895년 괴팅겐 대학 수학 교수가 되어 그곳에서 여생을 보냈다. 그는 매우 독창적인 방법으로 수학의 불변량을 광범하게 수정했고 모든 불변량이 유한수로 표현된다는 불변량의 정리를 증명했다. 그는 1900년 파리에서 열린 국제수학자회의에서 발표한 23가지의 연구과제로 명성을 얻었다.

과 공동 연구를 했을 수도 있으나 항상 수학자보다는 물리학자로 일했다. 이론 물리학자는 물리학자로서 수학을 알았고 수학에서 독창적인 연구를 하지 않았지만 물리학에 사용하기 위해 새로운 수학을 채용할 수 있었고 그 과정에서 수학자에게 새로운 수학적 연구 기회를 제공할 수 있었다.

이 장에서 우리는 퍼텐셜 이론, 또는 종종 그렇게 불렸듯이 "인력 이론"과 물리학의 편미분 방정식을 연구한 수학자들에 대해 논의했다. 두 주제, 즉 퍼텐셜 이론과 편미분 방정식은 자주 독일 대학들에서 특별 강좌의 주제가 되었는데 주로 수학자가 그것을 가르쳤고 가끔 물리학자가 가르치기도 했다. 이 강의는 이론 물리학의 모든 분야에 관한 강의에 통합되었기에 특별 강좌의 수는 이 두 주제에 대해 제공된 교육의 양을 적절하게 드러내지는 않는다.[77]

---

[77] 가령, 1886~1887학년도에 퍼텐셜 이론은 10개 독일 대학에서, 물리학의 편미분 방정식은 6개 대학에서 특별 과정의 주제로 발표되었다. 특별 과정의 수는 점점 줄어들었다. 가령, 퍼텐셜 이론에 관한 8개의 특별 과정이 1900~2001학년도에 개설되었지만 1913~1914학년도에는 2개만 개설되었다. *Deutscher Universitäts-Kalender.*

08 스위스와 오스트리아에서의 독일 물리학의 발전

스위스에서는 이 시기에 새로운 물리학 교수 자리가 생겨나, 독일 물리학의 발전에 대한 우리의 연구 범위에 속하게 된다. 그 자리는 신설 취리히 연방 종합기술학교의 수리 물리학 교수 자리로, 최초의 교수는 독일의 뛰어난 젊은 이론 물리학자인 클라우지우스였다. 취리히 연방 종합기술학교에서 클라우지우스는 여러 해에 걸쳐 기술 물리학technical physics과 수리 물리학을 가르치는 동안 이론 물리학에서 그에게 가장 중요한 연구를 상당히 많이 수행했다. 클라우지우스 이후에 그 자리는 계속 독일 출신의 뛰어난 이론 물리학자가 차지했다.

오스트리아는 여기에서 다른 이유로 우리의 연구에 속하게 된다. 그곳의 대학들은 독일의 이론 물리학에 크게 기여할 물리학자인 볼츠만 Ludwig Boltzmann을 배출했기 때문이다. 19세기가 끝나기 전에 볼츠만은 독일 대학에서 이론 물리학 정교수 자리 중 가장 중요한 세 자리에 초빙될 것이고 그중에서 두 자리를 차지할 것이다.

스위스의 새로운 종합기술학교의 물리학

1854년에 독일 과학자 사회는 스위스 연방 정부가 취리히에 기술학교를 설립하고 있다는 소식으로 술렁였다. 그 새 학교는 유럽의 일간지에 40개 이상의 교수 자리를 광고했고 석 달 동안 189통의 지원서를 받았다. 그중 절반 이상이 독일에서 왔다.[1] 그 자리 중 둘이 물리학 과목이었다. 하나는 "일반" 물리학이었고 다른 하나는 기술 물리학이었다. 이 학교는 모집 분야의 요강에서 "순수 수학"에서 "고급 공학"에 이르는 "수리 물리적" 주제 중에서 "수리 물리학"은 포함했을 뿐 그 분야를 지정하지는 않았다.[2]

특히 취리히 산업학교의 교장으로 취리히 연방 종합기술학교의 첫 교장이 될 데슈반덴Deschwanden에게 영향을 받은 새로운 학교의 기획자들은 그들의 모범으로 프랑스의 기술학교가 아니라 독일의 학교, 특히 카를스루에와 슈투트가르트의 종합기술학교를 선택했다. 그 학교들에 대해서 데슈반덴은 잘 알고 있었기 때문이었다. 독일 모형에 대한 기획자들의 선호가 취리히 연방 종합기술학교에 미친 주된 효과는 그 학교가 다양한 공학 분야와 건축, 과학과 수학 과목 중등 교육을 위한 전문 교육을

---

[1] Gottfried Guggenbühl, "Geschichte der Eidgenössischen Techischen Hochschule in Zürich," in *Eidgenössische Technische Hochschule 1855~1955* (Zürich: Buchverlag der Neuen Zürcher Zeitung, 1955), 3~260 중 68. *100 Jahre Eidgenössiche Technische Hochschule Sonderheft der Schweizerischen Hochschulzeitung* 28 (1955), 46.

[2] 부프(Heinrich Buff)가 무명의 스위스 동료에게 보낸 편지, 1854년 10월 26일 자; 슈투더(B. Studer)가 스위스 교육 평의회 의장인 케른에게 보낸 편지, 1854년 12월 10일 자; 발터스하우젠(W. Sartorius von Waltershausen)이 무명의 스위스 동료에게 보낸 편지, 1854년 12월22일 자; 루돌프 콜라우시가 케른에게 보낸 편지, 1855년 1월 23일 자; A. Schweiz. Sch., Zurich.

담당할 전공 학과들, 즉 분과들Fachabtheilungen의 집합이 되었다는 것이다. 그 기술학교의 공학과 건축학 학과들은 주로 필수 과목으로 이루어진 프로그램들을 개발했다. 그 과목들은 매주 30~40시간의 수업 시간을 차지했다.[3] 필수 과목 중 하나는 기술 물리학이었는데 처음에는 1학년을 위해 기획되었다. 일반 물리학 과목은 교육학과에 남았는데 거기에는 처음에 특별한 요구 사항이 없었다.[4]

그 종합기술학교의 물리학자들은 그 학교가 자체 연구소들을 확보하고 설립할 때까지 기구 컬렉션과 방들을 중등학교인 취리히 칸톤 학교 Kantonschule의 물리학 교수와 함께 써야 했다. 스위스 교육 위원회는 지혜롭게도 현재의 칸톤 학교 물리학 교수인 무손Albrecht Mousson을 그 종합기술학교의 첫 일반 및 실험 물리학 교수로 임용했다.[5] 기술 물리학 교수 자리에 그들은 처음에 마르부르크 대학에서 물리학 부교수가 되기 전에 카셀Kassel의 기술학교에서 가르쳐 본 적이 있었던 루돌프 콜라우시 Rudolph Kohlrausch를 원했다. 1855년 초에 콜라우시가 취리히의 자리를 제안받았을 때 그는 베버와의 공동 연구를 끝마친 직후였다. 베버는 콜라우시를 후보로 지지하는 편지를 쓰면서 그 기술학교는 "능력이 최대한 개발된 중요한 과학 인재"를 얻게 될 것이라며 그로 인해 그 학교가 처

---

[3] Guggenbühl, "Zürich," 19, 35. 슈투더가 케른에게 보낸 편지, 1855년 6월 12일 자, A. Schweiz. Sch., Zurich.
[4] 콜라우시가 케른에게 보낸 편지, 1855년 2월 12일 자, A. Schweiz. Sch., Zurich. A Frey-Wyssling and Elsi Häusermann, *Geschichte der Abteilung für Naturwissenschaften an der Eidgenössischen Technischen Hochschule in Zürich 1855~1955* ([Zürich], 1958), 8.
[5] 알브레히트 무손이 케른(추정)에게 보낸 편지, 1855년 8월 30일 자. 콜라우시가 케른에게 보낸 편지, 1855년 1월 23일 자; "Auszug aus dem Protokoll der 112. Sitzung des schweizerischen Bundesrathes" to "Schulrath der polytechnischen Schule, in Zürich," 1855년 8월 24일 자; A. Schweiz. Sch., Zurich.

음부터 더 높은 과학적 중요성을 보장받게 될 것이라고 했다. 베버는 그 자리에 더 나은 적임자를 발견하는 것은 어려울 것이라고 덧붙였다. 그 종합 학교의 기획자들은 곧 베버의 말이 옳다는 것을 발견하고는 실망했다. 왜냐하면 콜라우시가 "목적 없는 물리학"[6]에 대한 사랑 때문에 그들의 제안을 거절했을 때 그들은 콜라우시 같은 후보자가 없기에 그 계획을 바꾸지 않을 수 없었기 때문이었다.[7]

콜라우시는 스위스 교육 평의회의 케른Kern 의장에게 제안을 거절하면서 공학도를 위해 계획된 물리학 교과 과정에 대해 비판했다. 그는 그 학교가 프로그램의 첫해에 다섯 개의 기술학과들에서 기술 물리학을 가르칠 작정이라면 학생들은 먼저 실험 물리학의 기본 과목을 들을 기회를 얻지 못할 것이라고 지적했다. 그들에게 기술 물리학이 전제하는 "자연의 법칙들에 대한 지식"을 제공하는 임무는 그 당시에 자연스럽게 기술 물리학 교수에게 부과될 것인데 그는 기초 물리학으로 그 과목을 시작해야 할 것이라고 했다. 결과적으로 교수는 "파동 이론과 광학의 상당 부분", 그리고 "더 깊이가 있는 이론적인" 일반 과목들을 다룰 시간이 없을 것이다. 콜라우시는 또 한편으로 그 학교가 학생들에게 먼저 실험 물리학 과목을 듣게 하고 그 후에 기술 물리학을 듣게 할 작정이라면

---

[6] [역주] 취리히 연방 종합기술학교의 물리학 교수직은 '목적 없는 물리학'을 추구하기에는 적합하지 않다는 콜라우시의 판단은 그곳의 교수 자리가 '기술 물리학'을 위주로 가르치는 공학 교육의 연장이었기 때문이었다. 물리학을 자체의 탐구에 의의를 두고 추구하겠다는 의식이 1850년대 독일의 물리학계에서는 이미 싹이 텄기 때문에 종합기술학교의 교육은 이러한 목적을 달성하기에 적합하지 않다는 생각이 콜라우시가 거절한 이유였다. 그러나 이후 클라우지우스가 그 자리에서 성공적으로 이론 물리학을 발전시킨 사례는 그러한 콜라우시의 판단이 지나친 것이었음을 보여준다.

[7] 콜라우시가 케른에게 보낸 편지, 1855년 1월 23일 자와 2월 12일 자; 빌헬름 베버가 케른에게 보낸 편지, 1855년 1월 1일 자; 슈투더가 케른에게 보낸 편지, 1855년 5월 30일 자; A. Schweiz. Sch., Zurich.

자신과 같은 순수 물리학자를 찾을 것이 아니라, 순수 물리학자임과 동시에 "이론적으로 철저하게 훈련받은 물리학자"를 찾아야 할 것이라고 케른 의장에게 충고했다. 그런 사람은 이해력이 있는 학생들과 잘 들어맞을 것이고 물리학 응용에 대한 내적 동기가 있는 물리학자일 것이다. 종합기술학교는 "가설 속의 쓰레기를 선호하는 물리학자"를 원하지 않을 것이다. 왜냐하면 "그런 쪽에서 시작한 순수하게 이론적인 연구"는 "그의 마음을 심하게 사로잡아 그의 직책이 그에게 짐이 될 것"이 당연하기 때문이다. 기술 물리학의 이점을 확실히 누리기 위해서는 과학적으로 훈련받은 전문가를 그 자리에 고용해야 한다고 콜라우시는 권고했다.[8]

콜라우시의 친구 베버는 강의와 연구의 엄격한 일치를 주장하는 경향이 적어서 단지 물리학자의 물리학 연구를 위해 적당한 이론적 기초만 요구했다. 베버에 따르면 "물리학은 기술학교 과학의 주요한 두 도구인 수학적 연구와 엄밀한 실험 연구를 위한 결속과 통일점을 형성하여 중심점을 제공한다." 그리고 "이러한 관계에서 **수리 물리학**과 **고급 역학**의 관점에서 물리학을 취급하는 것은 종합기술학교의 과학적 지위를 더 높이기 위해 특히 중요하다."[9] 베버는 콜라우시가 기술 물리학에서 잘 해나가는 동안, 종합기술학교의 실용적 방향은 "이론적 관심에서 비롯된 새로운 연구를 그가 추구"하도록 허용할 것이라고 믿었다.[10] 이런 상황에서 기술 물리학이 피해를 볼 수도 있다는 생각은 베버에게 들지 않았다. ("이론적"이라는 말은, 이 논의에서 콜라우시와 베버가 사용했듯이, "기

---

[8] 콜라우시가 케른에게 보낸 편지, 1855년 2월 12일 자.
[9] 베버가 케른에게 보낸 편지, 1855년 1월 1일 자.
[10] 베버가 케른에게 보낸 편지, 1855년 5월 9일 자, A. Schweiz. Sch., Zurich.

술적" 또는 "응용적"이라는 말에 대립되지 않았다. 콜라우시가 한 실험 연구는 기초 이론 물리학을 확립하는 일이었고 이런 의미에서 긴밀하게 연결된 실험 연구와 이론 연구는 그들의 관점과 용어로는 모두 "이론적"이었다.)

취리히 연방 종합기술학교의 기획자들은 이제, 아마도 베버에게 영향을 받고, 확실히 그들의 모델인 카를스루에 종합기술학교의 물리학 교과 과정에 영향을 받아서, 두 번째 물리학 교수 자리의 분야를 기술 물리학에서 수리 물리학으로 대체하기로 결정했다. 겨우 2년 전인 1853년에 카를스루에 종합기술학교의 물리학 교수인 아이젠로어Wilhelm Eisenlohr는 수리 물리학을 그 학교에 도입했다. 그는 정규적인 4시간짜리 실험 물리학 강좌를 연결된 두 과목으로 보완했다. 즉, 물리 문제의 수학적 취급에 관한 세 시간짜리 상급 과목(겨울에 강의)과 서너 시간짜리 물리학 실습 과목(여름에 강의)이 그것이었는데 여름 강의 과목을 그는 겨울 강의 과목을 온전히 이해하는 데 필수적인 것으로 간주했다. 실습에서 학생들은 절대 척도에 따라 길이, 시간, 무게뿐 아니라 파장, 열전도율, 팽창 계수, 자기력 같은 모든 물리학 분야에서 나온 양들을 재는 법을 배웠다. 그들은 또한 기구의 눈금을 넣는 법, 망원경, 현미경, 대부분의 표준 광학 기구 쓰는 법, 온도계와 인공 자석 만드는 법을 배웠다. 간단히 말해서 그들은 측정 물리학을 배웠고 그것을 가르치는 것은 수리 물리학 선생의 책임 일부였다.[11]

취리히 연방 종합기술학교가 기술 물리학자보다는 수리 물리학자를 고려할 또 하나의 (아마도 결정적인) 유인이 있었다. 즉, 실제로 그랬듯이, 뛰어난 수리 물리학자인 클라우지우스가 그 일을 기꺼이 맡고자 한

---

[11] Lehmann, "Kahlsruhe," 245~246.

것이었다. 베버가 수리 물리학이 종합기술학교의 과학적 입지를 위해 중요할 것임을 지적했을 때 그는 수리 물리학이 분리된 물리학 교수 자리를 차지한 교수가 담당해야 한다는 뜻이었다. 왜냐하면 그는 클라우지우스를 기획자들에게 추천한 후보자 목록에 올려놓았기 때문이었다. 베버는 클라우지우스에 대해서 "쾨니히스베르크 대학의 노이만과 하이델베르크 대학의 키르히호프 다음"으로 그가 "이 방면[수리 물리학], 특히 열 이론에 대한 논문에서 탁월하다"고 말했다. 포겐도르프도 "당신이 후보자, 특히 수리 물리학 교수 후보자를 찾고 있고" 클라우지우스는 "수학 방향으로 돌아섰으므로" 역시 클라우지우스가 그 자리에 "가장 적합"하다고 생각했다. 그는 "만약 기술 물리학이 기계 이론 같은 것을 의미한다면, 기술 물리학을 클라우지우스에게 맡기는 것이 아주 적절하다고 믿는다."라고 덧붙였다. 취리히 기획자들에게 가장 중요한 것은 클라우지우스가 이미 포겐도르프에게 적합한 조건이라면 취리히로 기꺼이 오겠다고 말했다는 것이었다.[12]

그 종합기술학교의 기획자들이 두 번째 물리학 교수로 클라우지우스를 정한 후에 무손은 강의 의무 할당에 대해 그와 협의했다. 무손은 5개의 기술학과에서 기술 물리학을 가르치고 교육학과에서 실험 물리학을 가르치고 물리 장치를 감독하겠다고 제안했다. 그는 클라우지우스가 수리 물리학, 물리 지리학을 가르치고 물리 세미나를 인도하라고 제안했다. 클라우지우스는 그렇게 하면 아무것도 가르칠 것이 없다는 것을 알지 못하고 동의했다. 수리 물리학은 어떤 학과에서도 필수가 아니었고

---

[12] 베버가 케른에게 보낸 편지, 1855년 1월 1일 자; 포겐도르프가 브루너에게 보낸 편지, 1855년 5월 18일 자; A. Schweiz. Sch., Zurich.

기술 전공 학생들에게 필수 과목을 부과해야 한다는 요구 때문에 많은 학생이 여분의 과목을 들을 시간이 있을 것 같지 않았다. 데슈반덴Deschwanden이 과목 스케줄에서 할당할 시간을 찾지 못한 물리 지리학도 마찬가지였다. 그리고 물리 세미나는 아직 결정되지 않았다. 기획자 중 하나는 클라우지우스의 동의가 아마도 "실제적"이기보다는 "이론적"이 었을 것임을 알아차렸다. 그는 "스위스인의 정직성"으로 무손이 학생들 수강료의 가장 큰 몫을 갖고 클라우지우스는 "주 교수 앞에서 텅 빈 벤치를 향해 강의하는 부교수"와 같을 것임을 클라우지우스에게 말하라고 요구했다. 그 기획자는 불만을 느낀 클라우지우스가 취리히를 떠날 것이며 정말로 과목이 무손이 제안한 대로 나뉜다면 그 종합기술학교는 두 번째 물리학 교수가 없어도 괜찮을 것이라고 경고했다.[13]

클라우지우스에게 뭔가 할 일을 주어 무손과 그가 동급임을 확실히 해주고 그들 사이의 갈등을 예방하기 위해서 클라우지우스는 "우선적으로 수리 물리학과 기술 물리학 교수이자 물리 실습의 지도 교수"로 임용되었다.[14] 임명장의 어구에도 불구하고 기획자들은 기술 물리학을 클라우지우스의 주과목으로, 수리 물리학을 보조 과목으로 고려했다. 그의 기술 전공 학생들은 이제 "전문화된 기술"보다는 "기술적 응용을 곁들인 물리학"을 교육받을 것이 기대되었는데 이는 그들이 종합기술학교에 들어가기 전에 일반 물리학 과목을 들었을 것으로 간주되었기 때문이었다. 기획자들은 클라우지우스가 기술 물리학 과목에서 "어린 학생들이 물리학의 개별적 분야로 더 쉽게 들어가도록 자극할 수 있을 것"이라고

---

[13] 슈투더(Studer)가 케른에게 보낸 편지, 1855년 6월 12일 자. 무손의 동기는 존경할 만했다. 그는 항상 오직 스위스 교육 평의회에 대한 호의 때문에 기술 물리학을 맡는다고 말했다.
[14] "Auszug aus dem Protokoll," 1855년 8월 24일 자.

생각했다.[15] 클라우지우스의 임용 조건은 기술 물리학과 실험 물리학을 교대로 가르칠 수도 있다는 조건을 포함했다. 베버나 포겐도르프 같은 독일 물리학자나 괴팅겐 대학의 과학자 발터스하우젠 W. Sartorius von Waltershausen[16]이 최고의 수리 물리학자들이 채용될 기회로 본 것이(발터스하우젠은 리만, 데데킨트 Richard Dedekind[17], 셰링 Ernst Schering을 수학 자리뿐 아니라 수리 물리학 자리에도 추천했다.) 재고의 대상임이 드러났다.[18] 그 물리학 교수 임용은 구태의연했다. 베를린은 클라우지우스에게 취리히의 정년 비보장 자리와 비슷한 정년 보장 자리, 즉 베를린 무역학교 교수 자리를 제안하면서 그를 붙들어 두려고 시도했지만 그것은 너무 늦었다. 클라우지우스는 이미 취리히의 제안을 받아들인 후였기 때문이다.[19]

1857년 3월에 클라우지우스는 취리히 대학 철학부 정교수로도 임용되었다. 취리히 대학 학생들이 종합기술학교에서 그의 강의를 들었기 때문에 이 자리를 얻으면서 그에게는 새로운 의무나 추가 수입은 주어지

---

[15] 슈투더가 케른에게 보낸 편지, 1855년 6월 12일 자.
[16] [역주] 독일의 지질학자인 발터스하우젠(1809~1876)은 괴팅겐에서 태어나 거기에서 대학을 나왔고 광물학에 특별한 관심을 가졌다. 1834~1835년 사이에 유럽 여러 곳에서 지자기 관측을 수행하고 시칠리아로 가서 에트나 화산에 대하여 철저히 연구했으며 아이슬란드에 가서 깊은 연구를 지속하여 빙하기는 지구 표면의 배열 변화 때문에 생긴다는 주장을 제시했다. 괴팅겐 대학의 지질학 광물학 교수가 되어 죽을 때까지 30년간 봉직했다.
[17] [역주] 독일의 수학자 데데킨트(1831~1916)는 추상 대수학, 대수 이론, 실수 기초론에서 중요한 업적을 세웠다. 1850년에 괴팅겐 대학에 들어가 가우스에게 배웠고 1852년에 "오일러 적분 이론"에 대하여 박사학위를 받았다. 평생 독신으로 지내며 결혼하지 않은 누이와 살았다.
[18] 자르토리우스 폰 발터스하우젠(Sartorius von Waltershausen)이 무명의 스위스 동료에게 보낸 편지, 1854년 12월 22일 자
[19] 클라우지우스가 스위스 교육 평의회에 보낸 편지, 1857년 11월 27일 자, A. Schweiz. Sch., Zurich.

지 않았다.[20]

1855년 가을에 취리히 연방 종합기술학교가 개교한 이후 처음 몇 년 동안 물리 교육은 다음과 같은 형태를 띠었다. 즉, 무손과 클라우지우스는 둘 다 1년 과정의 주과목을 개설했다. 무손은 1학년이 듣는 실험 물리학 기초 과목(모두에게 필수는 아니었다), 클라우지우스는 기술 전공 학생에게 필수이고 적절한 준비 후에 2학년에 듣게 되는 기술 물리학 과목이 주과목이었다. 추가로 클라우지우스는 수리 물리학에 특화된 강좌를 개설했다.

무손의 강의는 주당 6시간을 차지했다. 추가로 정규 학생들과 "많은 수"의 청강생이 레페티토리움Repetitorium, 즉 복습 시간에 출석했다. 무손은 그의 과목을 나누어서 "역학 물리학" 음향학, 열 이론을 겨울 학기에 다루고 빛 이론, 자기 및 전기 이론을 여름 학기에 다뤘다. "모두가 실험에 토대를 두고 기초 수학을 쓰지 않는" 분야였다.[21]

클라우지우스는 기술 물리학을 4시간 과정으로 가르쳤다. 처음에 그의 학생들은 5개의 기술 관련 학과, 즉 기술학과, 공학과, 기계기술학과, 화학기술학과, 임업과에서 온 2학년생들이었고 추가로 청강생으로 들어온 중등학교 교사 지망생, 대학에서 온 의학생 몇 명이 있었다. 그는 "필수 실험과 결합한" 강의를 했는데 그는 실험 중에는 학생들에게 질문을 하지 않았다. 그는 또한 내용을 학생들에게 전달하는 데에도 시간을 썼

---

[20] 취리히 칸톤 교육감들의 임명장, 1857년 3월 2일 자. 클라우지우스 파일, STA K Zurich, U. 110B. 1, Nr. 14.
[21] Mousson, "Bericht über das Fach der Experimental-Physik 1856~1857," 1857년 11월 27일 자(문서에 적힌 날짜는 1854년 11월 27일로 되어 있으나 단순한 실수로 보인다.) A. Schweiz. Sch., Zurich.

다. 처음에 그는 학생들에게 매 수업 시작할 때 이전 강의의 요약을 말하도록 매번 하나 또는 몇 개의 질문을 던졌다. 나중에 그는 자신의 과목의 한 부분을 마친 후에는 다시 내용을 복습하는 데 따로 시간을 떼어놓았다. 그는 실행에서 응용을 찾아낸 물리학 분야들을 철저하게 다루었고 응용을 위해 별로 중요하지 않은 부분은 뛰어넘었다. 가령, 음향학 전체, 결정에서의 편광과 회절에 관련된 광학 일부는 건너뛰었다. 하지만 광학 기구를 이해하는 데 필요한 광학 분야들은 다루었다. 특히 증기 이론을 강조하면서 그는 열 이론은 "응용 사례가 많으므로 확장된 형태로" 다루었다. (그의 학생인 린데Carl Linde는 나중에 열 이론 제2법칙의 중요한 응용 사례들을 찾아낸 최초의 인물 중 하나가 되었는데 그는 클라우지우스가 물리학의 다른 부분보다 열 이론에 더 많은 시간을 들인 것으로 기억했다.) 클라우지우스는 열heat만큼 자세히는 아니었지만, 또한 전기와 자기 전 분야, 즉 기계 전기, 동전기, 자기, 전자기를 다루었다. 왜냐하면 그가 일부만을 다룬다면 학생들은 그것을 이해할 수 없었을 것이기 때문이었다. 그는 추가 시간을 이 과목들의 응용, 특히 "갈바노플라스틱스"galvanoplastics[22]와 전신에 할애했다고 말했다.[23]

대학에서처럼 종합기술학교에서도 클라우지우스는 무슨 특별 주제를 선택했든 그의 강의를 수리 물리학에 할애하는 데 자유로웠다. 그는 수리 물리학의 연구 방법을 강조하기로 결심했다. 가령, 1856년과 1857년에 걸친 겨울 학기에 그는 "수리 물리학과 탄성 이론 개론"을 개설했고

---

[22] [역주] "갈바노플라스틱스"는 금속이나 비금속의 물건에서 전해 침전의 방법으로 정확하게 금속으로 된 복제본을 얻는 방법을 말한다.
[23] Clausius, "Bericht über den Unterricht in der *technischen Physik*, ⋯ während des Schuljahres 1855/56," 1856년 11월 6일 자, A. Schweiz. Sch., Zurich. Grete Ronge, "Die Züricher Jahre des Physikers Rudolf Clausius," *Gesnerus* 12 (1955): 73~108 중 82.

다음 여름 학기에는 "수학적으로 취급한 자기와 전기"를 개설했다. 그는 첫 번째 과목의 대부분은 수리 물리학에 사용된 해석 역학analytic mechanics 분야를 연결하여 취급했다고 보고했다. 그것들은 "주로 코시와 푸아송의 방식을 따라" 탄성 법칙을 이론적으로 유도하고 그 법칙에 기초를 둔 가장 중요한 현상들을 이론적으로 유도하면서 마무리되었다. 두 번째 과목에서는 "오로지 자기와 전기에서 광범하게 사용되는" 퍼텐셜 함수 이론을 라플라스, 그린[24], 가우스의 이론을 따라서 취급했다. 그다음에 그는 기계 전기, 동전기, 그리고 시간이 허락하면 전기 동역학을 논의했다.[25] 이듬해 클라우지우스는 첫 학기를 음향학과 광학에 할애했다. "여기에서 반사, 굴절, 간섭, 편광, 복굴절(두번꺾임) 같은 소리와 빛의 상이한 현상들이 파동 이론의 기본적인 원리에서 유도된다." 여름 학기에 그는 모든 것을 다시 시작했다. 이번에는 "수리 물리학과 퍼텐셜 이론 개설"이라는 과목에서 해석 역학을 퍼텐셜 이론과 결합했다. 그는 이 과목을 전기 동역학과 자기에 관한 그의 강의의 준비 과정으로 의도했다.[26] 그는 매번 그의 강의에는, "그런 경우가 늘 그렇듯이" 많지는 않지만 열정적인 학생들이 있었다고 보고했다.[27] 그의 가장 부지런한 학생들은 교육학

---

[24] [역주] 영국의 수학자인 그린(George Green, 1793~1841)은 빵 제조업에 종사하면서 수학을 독학했다. 그는 학자들과 교류가 없었기에 연구가 알려지지 않다가 그 일부가 우연히 어떤 학자에게 발견되어 윌리엄 톰슨에 의해서 세상에 알려지게 되었다. 그는 전자기 현상의 수학적 이론을 만들려고 시도하면서 퍼텐셜 함수를 도입하여 '그린의 정리'(적분 정리)를 유도했다. 이로써 그는 전자기학의 해석적 취급에 결정적으로 기여했으며 퍼텐셜 이론을 수학의 일부가 되게 했다.

[25] Clausius, "Beitrag zum Jahresberichte der 6ten Abtheilung über das Schuljahr 1856/7, in Bezug auf die mathematische Physik," 1857년 11월 18일 자, A. Schweiz. Sch., Zurich.

[26] Clausius, "Beitrag zum Jahresberichte der VIten Abtheilung über das Schuljahr 1857/58 in Bezug auf die mathematische Physik," 1858년 12월 8일 자, A. Schweiz. Sch., Zurich.

과 학생들이었고 몇 명은 취리히 대학에서 온 청강생 중에 있었다.

기술 물리학을 논의하든 이론 물리학을 논의하든, 강의 자료를 준비하든, 연구를 수행하든, 클라우지우스는 철저하게 과학을 지향했다. 나중에 헬름홀츠가 보고했듯이 이미 베를린에 있었을 때에 클라우지우스는 "자신의 사고 세계"에 "갇혀" 있어서 특별히 의사소통을 잘한 것은 아니었지만 그와 그 그룹의 다른 이들에게 "수학적 사고의 날카로움과 그의

---

[27] Clausius, "Beitrag," 1857년 11월 18일 자. 제안된 물리 세미나는 처음 몇 년 동안 클라우지우스에게 사용 가능한 공간과 수단으로 가시적으로는 실현될 수 없었다. 그와 무손은 학생이 실습할 공간이 부족하다고 반복해서 불평했다.
    1857년에 스위스의 물리학자이자 프란츠 노이만의 제자인 빌트(Heinrich Wild)는 스위스 교육 당국에 그가 취리히 연방 종합기술학교의 물리 교육에서 알려지지 않은 필요라고 생각한 것을 충족하라고 제안했다. 그는 거기에서 "수리 물리학의 선별된 장(chapter)"들을 가르치고 물리 화학에 대해 강의하고 "노이만과 키르히호프의 세미나의 모범을 따라 측정하는 관찰을 동반하는 물리학 실습"을 구축하기 위해 물리학 강사가 되게 해달라고 요청했다. 빌트가 카펠러(Kappeler) 총장에게 보낸 편지, 1857년 12월 1일 자; 빌트의 이력서, 1857년 12월 1일 자.
    빌트의 출판물들을 평가해 달라는 요청을 받은 클라우지우스는 빌트의 광량기와 편광계를 가치 있는 발명품으로 서술했다. 클라우지우스는 또한 빌트의 다른 저작에서 비록 "본질적으로 새로운 결과를 내지는 못했지만" "수학적으로 엄밀하게 식을 다룬 것과 어려운 계산을 수행한 점"을 칭찬했다.
    클라우지우스는 빌트가 사강사가 되기 위해 "완전히 자격을 갖추었다"고 생각했지만 빌트가 제안한 과목들에 대해서는 논평하지 않았다. 그것들은 "주제넘으며 종합기술학교의 어려운 상황에 대한 빌트의 무지를 드러내는 것"으로 클라우지우스를 놀라게 했음이 틀림없다. 클라우지우스가 카펠러에게 보낸 편지, 1857년 12월 20일 자. 빌트는 3학기 후에 떠났고 다음 물리학 사강사는 새 연구소가 완공되기까지 위촉되지 않았다.
    1867년에 다시 물리학을 위한 무손의 제안은 세미나를 개설하려는 그와 클라우지우스의 의도를 반영했다. 그는 제6학과 프로그램의 3학년에 "우선 물리 실습이나 물리 세미나"를 포함했다. 그것은 두 번째, "더 높은" 물리학 교수, 즉 클라우지우스의 후임자의 주된 책임 중 하나가 될 예정이었다. 무손이 스위스 교육 평의회 의장에게 보낸 편지, 1867년 9월 14일 자. 모든 문서는 A. Schweiz. Sch., Zurich에 있다.

지식으로" 강한 인상을 주었다. 취리히 연방 종합기술학교의 기술 물리학 학생 중 하나는 헬름홀츠의 말을 반복했다. 그는 클라우지우스를 깊이가 있지만 조용하고 다소 냉담한 사람으로 기억했다.[28]

취리히 연방 종합기술학교에서 과학은 강조하지 않는 것이 상례가 되었다. 무손의 실험 물리학 과목은 예비 과목의 지위를 갖는 것으로 강등되었다. 그 과목은 "단순한 물리 법칙에 제한되었고 과학적 의미가 있는 모든 것을 회피하여 훌륭한 김나지움이나 더 나은 산업학교 [과목] 수준에 머물렀다." 민감한 실험은 불가능했을 것이다. 무손은 냉소적으로 이렇게 설명했다. "그 실험들이 단지 게임으로 의도된 것이 아니라면, 그것들은 이론으로 즉각적인 진입을 요구할 것인데 그들은 이론이 우리 기술학교에 침투하지 않기를 원한다." 무손은 그런 실험이 확실히 그들이 생각하는 기관의 과학적 측면의 "목록에 들지" 못한다면, 그 기관은 "현대 기술의 증가하는 수요도 동급의 다른 기관의 수준을 따라가지 못할 것"이라고 학부에 경고했다.[29]

콜라우시가 예견한 기술 물리학 과목의 문제는 훨씬 더 일찍 발생했다. 그 과목은 기술직을 위한 과학적 기초를 기술 학생들에게 제공하기 위해서 설계되었고 클라우지우스는 학생들이 "일반 물리학 첫 과정에서 가르치는 기초 물리학의 주된 이론"에 대한 지식을 가지고 그 과목을 수강하기를 기대했다. 그는 또한 학생들이 "미분이나 적분을 사용하지 않고는 수행될 수 없는 계산들을 따라 갈 수 있을 만큼 수학에 친숙"해지기를 기대했다.[30] 그는 특히 화학 전공 학생들이 그의 과목에 준비가

---

[28] Helmholtz, "Clausius," 2. Ronge, "Clausius," 82.
[29] 무손이 종합기술학교의 학장에게 보낸 편지, 1860년 6월 28일 자, A. Schweiz. Sch., Zurich.
[30] 클라우지우스가 스위스 교육 평의회에 보낸 편지, 1857년 6월 10일 자, A.

되어 있지 않은 것을 발견했다. 1857년에 그는 필수 과목의 변화를 제안했고 그러한 기초 위에서 화학과 임학 전공 학생들은 그때부터 기술 물리학 대신에 무손의 실험 물리학 과목을 필수 과목으로 듣게 할 것을 제안했다.[31] 1860년에 역학기술학과의 학생들은 기술 물리학(그리고 데데킨트의 미적분학 과목)을 면제시켜 주고 도로 및 수로 건설과 같은 실용적인 과목으로 대체해 달라고 요청했다.[32] 그러한 요청들 때문에 물리학자들이 진정으로 무엇을 목적으로 하고 있는지 거의 이해하지 못한 학부와 학교 당국은 반복해서 물리학을 위한 더 "유용한" 프로그램을 추구하게 되었다. 클라우지우스가 1867년에 취리히 연방 종합기술학교를 떠났을 때 무손은 물리학 프로그램 개편을 스위스 교육 평의회에 제안했다. 무손의 "여러 해에 걸친 경험"에 기초하여 그 프로그램은 기술 물리학을 "소수에게만 요구하는" 2시간 과목으로 편성했다.[33]

취리히의 이론 물리학자 클라우지우스

기술 물리학과 이론 물리학은 강의뿐 아니라 연구에서도 모두 클라우

Schweiz. Sch., Zurich.

[31] "Auszug aus dem Protokoll der Special-Conferenz der Abtheilung IV des schweizerischen Polyterchnikums. X. Sitzung 24 Juni 1857," 1857년 6월 26일 자; "Bemerkungen zum Programm 1857/58," 스위스 교육 평의회 의장에게 보낸 글, 저자, 일자 미상; A. Schweiz. Sch., Zurich.

[32] 초이너(Gustav Zeuner)가 종합기술학교의 학장에게 보낸 편지, 1860년 4월 18일 자, A. Schweiz. Sch., Zurich.

[33] 볼리(Bolley) 학장이 스위스 교육 평의회에 보낸 편지, 1860년 6월(?) 17일 자, A. Schweiz. Sch., Zurich. 무손이 스위스 교육 평의회 의장에게 보낸 편지, 1867년 9월 14일 자, A Schweiz. Sch.

지우스의 일에 관계되었다. 그는 자신이 이론적으로 연구하고 있었던 물리학의 분야들을 응용하는 데 집중했다. 가령, 1852년의 연구 논문에서 그는 전기 방전의 역학적 당량에 대하여 썼다. "이 모든 현상 자체는 이미 매우 흥미롭다. 그 현상들을 이용하는, 또는 이용할 실제적 응용을 생각하면 훨씬 더 흥미롭다. 게다가 이러한 효과들은 엄밀하게 수학적인 취급이 가능하고 그 효과들 간의 내적 연관성과 작용 원인과의 내적 연관성을 연구하는 데 특히 적합한 것 같다."[34] 클라우지우스가 실제적으로 응용하는 데 가장 중요하다고 생각하고 그러기에 그의 기술 물리학 과목에서 강조한 주제들이 그가 연구에서 다룬 주제들이다. 그것에는 기계 전기(역학적 작용을 일으키는 전기를 의미했다), 전기분해, 그리고 무엇보다도 열 이론이 있었다.

취리히로 옮긴 직후 클라우지우스는 열의 본성에 대한 학술 강연을 했다. 그 강연에서 그는 자신이 헌신한, 그리고 최고의 전문가가 된, 자연의 주요 개념에 대한 그의 이해를 표현했다. 클라우지우스는 열은 복사열이든 물체에 있는 열이든 입자 운동의 한 형태라고 설명했다. 물체의 무게를 가진 분자[35]가 진동할 때 미세한 입자상의 에테르에서 진행파를 형성하고[36] 이 파동이 또 다른 물체에 부딪힐 때 다시 무게를 가진 분자에서 진동을 형성한다. 모든 물체를 구성하는 움직이는 분자들은

---

[34] Rudolph Clausius, "Ueber das mechanische Aequivalent einer elektrischen Entladung und die dabei stattfindende Erwärmung des Leitungsdrahtes," *Ann.* 86 (1852): 337~375 중 337.
[35] [역주] '분자'로 번역된 단어인 'molecule'은 여기에서 현대적인 의미로는 '입자'에 해당한다. 그러므로 molecule에는 원자, 분자, 이온이 모두 해당한다.
[36] [역주] 클라우지우스는 복사열을 미세한 입자로 이루어진 에테르의 연속체 속에서 진동이 퍼져나가는 것으로 이해했다. 빛의 파동설에서도 에테르를 매체로 한 진동의 전파를 상정한 점에서 클라우지우스는 복사열과 빛 사이에 근본적인 차이가 없다는 인식을 가지고 있었다.

모든 방향으로 진행하는 에테르의 진동으로 우주를 채운다. 자연 현상의 통일성은 훨씬 더 확장된다. 열 복사에서 파동은 본질적으로 광파와 같은데 유일한 차이는 눈이 후자를 인지할 수 있지만 전자는 그렇지 못하다는 것이다. 더욱이 열은 "진정으로 움직이는 원리"라서 열이 없으면 모든 물체는 상호적 힘에 의해 평형 상태로 들어갈 것이고 지구는 죽을 것이고 변화가 없게 될 것이라고 클라우지우스는 설명했다. 운동이나 생명이 있는 곳은 어디에나 열이 있다. 열은 증기 기관을 구동하고 날씨의 원인이 되며, 일반적으로 말하자면 "위대한 자연의 기계"를 돌린다.[37] 그것은 열의 위대하고 보편적인 의미이며 그 법칙을 결정하는 물리학자와 그 법칙을 응용하는 엔지니어에게 모두 흥미롭다.

취리히에서 클라우지우스는 이전 연구에서 다루지 않았지만 오랫동안 생각해 왔던 열 이론의 한 측면으로 관심을 돌렸다. 그것은 열을 구성하는 분자 운동이다. 역학적 열 이론의 기초를 놓은 1850년 논문에서 클라우지우스는 분자 운동에 대해서 논의하지 않았었다. 왜냐하면 그는 일반적인 원리에 의존하는 결과들을 분자의 가정에 의존하는 결과들에서 분리해 두기를 원했기 때문이었다. 그러나 1857년에 그는 그 주제를 활자화했는데 이는 1년 전에 크뢰니히 August Krönig[38]가 발표한 논문에 의해 촉발되었다. 그 논문은 다소 간단하지만 클라우지우스의 것과 유사한 분자 개념을 개진했다.[39]

---

[37] Rudolph Clausius, Ueber *das Wesen der Wärme, verglichen mit Licht und Schall* (Zurich, 1857). 29, 31에서 인용.
[38] [역주] 독일의 화학자이자 물리학자인 크뢰니히(August Karl Krönig, 1822~1879)는 워터슨(John James Waterson)의 논문을 읽고서 1856년에 기체 운동론에 대한 설명을 발표했다. 이는 분자 운동 이론을 발전시키는 토대가 되었다.
[39] Rudolph Clausius, "Ueber die Art der Bewegung, welche wir Wärme nennen," *Ann.* 100 (1857): 353~380. 이 글과, 운동론에 관한 클라우지우스의 이후 다른 글들은

클라우지우스는 기체 분자가 평형 위치 주위에서 진동하지 않고 다른 분자나 용기 벽에 충돌할 때까지 등속 직선 운동한다는 크뢰니히의 관점을 공유했다. 클라우지우스는 분자와 그것의 힘과 운동에 대한 세 가지 가정, 즉, "분자는 너무 작아서 그것이 차지하는 부피는 무시될 수 있다. 충돌의 지속 시간은 충돌 사이의 시간에 비하여 작다. 분자 사이의 인력은 무시할 만하다."를 도입했고 그와 더불어 이상 기체를 정의했다. 이러한 가정과 일치하는 수학적 이론을 발전시키기 위해 클라우지우스는 단일한 평균 속도 u를 용기 속 기체의 분자 모두에 부여했다. 물론 그는 다른 분자가 다른 속도를 가질 것임을 알고 있었다. 분자 역학적 추론에서 그는 그 이론의 기본 방정식, 즉 이상 기체 법칙을 유도했다.

$$p = \frac{nmu^2}{3v}$$

여기에서 p는 기체의 압력이고 v는 부피이며 n은 분자 전체의 수이고 m은 개별 기체 분자의 질량이다. 클라우지우스는 핵심적인 분자의 양 n과 m 어느 것도 알지 못했지만 두 값의 곱, 즉 기체의 전체 질량은 알았다. 거기에서 그는 정상적인 대기 상태에서 서로 다른 기체의 속도의 평균을 계산할 수 있었다.

이 이론을 써서 클라우지우스는 물리학 분야의 역학적 연결성을 강화

다음에서 논의된다. Stephen G. Brush, *The Kind of Motion We Call Heat: A History of the Kinetic Theory of Gases in the 19th Century*, vol. 1, *Physics and the Atomists* (Amsterdam and New York: North-Holland, 1976), 168~182; Edward F. Daub, "Rudolph Clausius and the Nineteenth Century Theory of Heat" (Ph. D. diss. University of Wisconsin-Madison, 1966); "Atomism and Aspects of the Development of Kinetic Theory and Thermodynamics" (Ph. D. diss. Case Institute of Technology, 1966); "Clausius and Maxwell's Kinetic Theory of Gases," *HSPS* 2 (1970): 299~319; Klein, "Gibbs on Clausius."

했다. 그는 역학의 법칙에 따라 다수의 분자들의 충돌을 분석함으로써 다른 결과와 함께 이상 기체 법칙을 유도했다. (동시에 평균값을 말함으로써 각각의 분자 운동을 개별적으로 분석하는 불가능한 임무를 우회했다.) 클라우지우스는 그의 분자 역학적 추론이 보이지 않는 분자 세계 자체의 제한된 지식을 양산할 수 있다고 주장했다. 분자를 질점이나 단순한 탄성 구가 아니라 복잡한 물체로 간주할 필요성을 알게 된 것이 예이다. 클라우지우스는 그의 수학 이론에서 분자의 병진 운동만을 사용했지만, 다른 운동 방식을 인지했고[40] 병진하는 살아있는 힘이 기체 안의 모든 열을 설명하지 못한다는 것을 보이고 그 논문을 마무리 지었다. 클라우지우스는 전체 활력에 대한 병진 운동의 활력의 비율은 일정한 부피와 압력을 갖는 기체의 비열들의 함수이고, 비열값은 더 복잡한 기체에서 전체 살아있는 힘의 더 많은 부분이 내부 분자 회전과 진동으로 설명되어야 한다는 것을 보여준다고 주장했다. 클라우지우스에게 분자는 진정한 물리적 물체physical body이며 1857년에 분자에 대한 그의 연구는 물리학의 두드러진 분야가 될 기체 운동론의 형성에 기여했다.

이듬해 연이은 출판물에서 클라우지우스는 기체 분자 이론에 대한 가장 독창적인 기여인 "평균 자유 경로"mean free path 개념을 소개했다. 맥스웰은 그것을 두고 "수리 물리학의 새 분야"를 열었다고 말했다.[41] 클라우지우스는 줄이나 크뢰니히뿐 아니라 자신의 분자 이론에 대한 최근의 비판에 대응하여 그것을 발표했다. 특히 클라우지우스는 부이발로C. H. D. Buys-Ballot[42]가 제기한 의문에 진지하게 반응했다. 전에 클라우지우스는

---

[40] [역주] 분자가 구형일 때에는 병진 운동만 고려하면 되지만 구형이 아닌 경우에는 회전 운동과 진동 운동에 대한 운동 에너지(활력)도 고려해야 한다. 에너지 등분배의 원리에 따르면 각각의 운동의 자유도마다 동일한 양의 에너지가 분배된다.
[41] Daub, "Rudolf Clausius," 127에서 인용.

분자가 빠른 속도로 직선으로 움직인다면, 서로 접촉하는 다른 기체는 빠르게 섞여야 한다고 결론지은 적이 있었다. 그에 대한 의문은 이러했다. 왜 담배 연기는 층을 이루며 머무는가? 염소 Cl_2를 방 저편에 방치했을 때 왜 냄새를 감지하는 데 몇 분이 걸리는가? 이에 대한 답변에서 클라우지우스는 확률적 근거들을 통해, 분자가 충돌 사이에 움직이는 경로는 방의 규모에 비하여 짧다고 주장했다. 우선 분자가 다른 분자의 작용구 sphere of action[43]에 들어가지 않고 기체, 즉 방의 공기를 통과해서 거리 x를 움직일 확률은 얼마인가 물었다. 기체의 분자가 정지해 있고 일정한 밀도로 분포되어 있다고 가정하면 그 확률은 $e^{-\alpha x}$이 될 것임을 클라우지우스는 보여주었다. 여기에서 α는 결정되어야 할 상수이다. 많은 자유 분자가 기체에 분사되면 일부는 고정된 분자의 첫 번째 층과 충돌할 것이고 또 다른 일부는 두 번째 층과 충돌할 것이고 계속 그런 식으로 충돌이 일어날 것이다. 이러한 부분 각각을 해당하는 경로 길이로 곱하고 그 곱의 합을 자유 분자의 전체 개수로 나누면, 그 결과가 충돌 사이의 "평균 자유 경로"이다. 클라우지우스는 이것이 $l'=1/\alpha=\lambda^3/\pi\rho^2$임을 보여주었다. 여기에서 λ는 이웃하는 분자들 사이의 평균 간격이고 ρ는 분자의 밀치는 작용이 일어나는 구의 반지름이다(만약 이러한 예에서 고정된 분자가 공통의 속도로 움직인다고 가정하면, l로 지칭된 경로는 3/4배로 줄어든

---

[42] [역주] 네덜란드의 기상학자인 부이발로(Christophorus Henricus Didericus Buys-Ballot, 1817~1890)는 도플러 효과에 대한 가장 유명한 확증 실험을 수행했다. 한 그룹의 악기 연주자들을 기차에 태우고, 기차역의 플랫폼에서 정지하고 지나가는 기차 안에서 연주자들이 일정한 높이의 음을 내도록 했을 때, 기차가 통과하기 전과 후의 음높이의 차이를 감지했다.

[43] [역주] 기체 입자가 유효한 접촉(충돌)을 할 수 있는 범위에 들어가는 최대 반지름의 구를 말한다. 가령, 동일한 단원자 기체 원자가 접촉하면 두 원자의 중심 사이의 거리의 절반이 작용구의 반지름에 해당한다.

다). λ나 ρ 중 어느 것도 알지 못하므로 클라우지우스는 최선의 추측으로 기체의 부피는 작용구 전체의 부피보다 1,000배 크다고 가정했다. 그 경우에 $l=61\lambda$였다. 모든 물리적, 화학적 증거는 α에 극히 작은 값을 부여했으므로 분자의 평균 자유 경로 역시 작아야 하고 분자가 그것의 평균 자유 경로를 초과하여 움직일 확률은 낮았다. 클라우지우스는 이 결과가 왜 방의 연기가 오랫동안 그 모양을 유지하고 왜 기체의 분자 이론이 믿을만한지 보여준다고 결론지었다.[44]

분자 충돌에 대해 클라우지우스가 분석하면서 제안한 통계적인 방법은 맥스웰에게 채택되었고 둘은 비판적 서신 교환에 들어갔다. 그 과정에서 클라우지우스는 평균 자유 경로를 기체에서 열전도의 엄밀한 취급을 제시하는 데 사용했다.[45] 기체 분자 중에 모든 값의 속도를 분포시키는 맥스웰의 유명한 법칙의 유도에 클라우지우스는 반대했다. 1874년에 단 한 번 클라우지우스는 맥스웰의 분포 법칙을 사용했고 결국에는 그 법칙을 거부한 것으로 보인다. 클라우지우스는 분자 운동의 무질서 개념을 받아들였고 일직선상에서 탄성구들 사이의 중심 충돌에서 야기되는 운동처럼, 분자 운동을 질서있는 운동으로 비유하면 잘못이라는 점을 인식했다. 그러나 맥스웰이나 볼츠만과는 달리, 클라우지우스는 결코 통계적 접근을 충분히 가치 있게 보지 않았고 열의 역학적 이론에 대한

---

[44] Rudolph Clausius, "Ueber die mittlere Länge der Wege, welcher bei der Molecularbewegung gasförmiger Körper von den einzelnen Molecülen zurückgelelegt werden; nebst einigen anderen Bemerkungen über die mechanische Wärmetheorie," *Ann.* 105 (1858): 239~258.

[45] 일반적으로 평균 자유 경로는 기체의 다양한 현상, 가령 확산이나 점성을, 적어도 1차 근사로 탐구하는 데 가치 있다는 것이 입증되었다. Daub, "Rudolf Clausius," 134~143. Garber, "Clausius and Maxwell's Kinetic Theory," 304~306. Stephen G. Brush, *Kinetic Theory*, vol. 1, *The Nature of Gases and of Heat* (Oxford and New York: Pergamon, 1965), 23~25.

계속된 연구에서 분자 가정과 해석 역학에 의존했다. 그는 무질서가 아니라 질서를 연구하기를 좋아했다. 1862년부터 그는 "엔트로피"의 분자 역학적 해석으로 나아갔다. 엔트로피라는 용어는 그가 1865년에 제2법칙에 등장하는 양과, 이제는 잊혔지만, "해산"disgregation이라는 연관된 개념을 위해 도입했다.[46]

1864년에 클라우지우스는 열의 역학적 이론에 관한 그의 논문들을 모은 논문집을 『역학적 열 이론 논문집』*Abhandlungen über die mechanische Wäremetheorie*이라는 제목으로 출판했다. 그 이론에 대한 관심이 물리학 학술지, 특히 그가 논문 대부분을 게재한 《물리학 연보》의 독자를 뛰어넘어 확산되었기에 그는 논문집을 내라는 요구를 많이 받아온 터였다. 그 이론에 대한 그의 논문들은 그가 말했듯이 "그 이론의 기초와 발전에 핵심적 기여"를 했기 때문에 그 논문집은 그 기여에 대한 초기의 철저한 개론서의 역할을 했다. 그는 그 주제에 대한 그의 논문들 모두를 재출간하지 않고 "단순한 기본 법칙들"에서 기초 이론을 발전시킨 내용을 담은 것만을 뽑아서 재출간했다. 그는 분자 운동에 대한 가설을 사용하거나 전기를 다룬 다른 논문들은 싣지 않고 미래에 나올 예정인, 연결되고 포괄적인 여러 권의 논저를 위하여 보관해 두었다. 12년 후에 그는 재판을 내놓았는데 그 판본은 역학적 열 이론이 이제는 원래의 논문들을 모아 놓은 것에서 쉽게 배울 수 없는 "광범하고 독립적인 과학 분야"가 되었기 때문에 요청을 받아 이루어졌다고 그는 설명했다. 이번에 그는 그것을 완전히 재작업하여 "연결된 하나"로 만들어서 그 논문집은 이제

---

[46] Klein, "Gibbs on Clausius," 148. Daub, "Rudolf Clausius," 142~143. Garber, "Clausius ad Maxwell's Kinetic Theory," 307~309, 317. Brush, *Motion We Call Heat* 1: 181~182.

그 주제에 대한 적합한 "교재"가 되었다.[47]

역학적 열 이론은 "과학에 새로운 생각을 도입"했고 그것과 함께 "독특한 수학적 고찰"도 도입했다. 그 이론에 대한 클라우지우스의 연구는 비판을 받았고, 오독되었으며, 클라우지우스는 자신의 연구가 오독되리라는 것을 예견하고 있었다. 그 주제에 대한 그의 책에서 그는 개념들의 "오해"를 일으킨, 친숙하지 않은 수학적 요점들과 표현법을 명쾌하게 제시했다.[48] 그는 역학적 열 이론이나 다른 물리학 이론을 확립하기 위해서는 수리 물리학의 방법들을 명확하게 제시하는 것이 핵심이라는 것을 알고 있었다.

"수리 물리학에 대한 기여"는 클라우지우스가 1859년에 출간한 그의

---

[47] Rudolph Clausius, *Abhandlungen über die mechanische Wärmetheorie. Erste Abtheilung* (Braunschweig, 1864). "Vorrede," v~x에서 인용. 두 번째 개정판은 *Die mechanische Wärmetheorie*, vol. 1, *Entwickelung der Theorie, soweit sie sich aus den beiden Hauptsätzen ableiten lässt, nebst Anwendungen* (Braunschweig, 1876). 그것의 재판을 브라운(W. R. Browne)이 영역한 *The mechanical Theory of Heat* (London, 1879), vii~viii, 서문에서 인용.

[48] 일반적으로 19세기 중엽에 전기와 열 이론이 광범위하게 수학적으로 전개된 것과 함께 다양한 수학적 표기법이 문헌에 나타났다. 클라우지우스는 열 이론에 대한 그의 책에서 이것에 주의를 기울였다. 방정식 $dz/dx=dz/dx+dz/dy \cdot dy/dx$의 좌변의 항과 우변의 첫째 항을 구분하기 위해서 많은 저자가 $1/dx \cdot dz$ 또는 $d(z)/dx$ 또는 dz/dx를 제안했다고 클라우지우스는 말했다. Clausius, *Abhandlungen*, 4. 우리는 다양한 표기법이 전기 이론에서도 사용된 것을 주목한다. 베버는 2계 도함수를 나타내기 위해 더 간략하고 나중에 표준이 된 d^2 대신에 dd를 썼다. 프란츠 노이만은 그 당시의 표준 도함수와 적분 기호인 d와 $\int$에 더해, 친숙하지 않은 기호인 D와 S를 사용했다. 키르히호프는 편미분을 위하여 ∂를 사용했고 그것은 나중에 표준 표기법이 되었다. 반면에 여전히 d를 쓰는 이들도 있었다. Wilhelm Weber, "Elektrodynamische Maassbestimmungen," *Ann.* 73 (1848): 193~240 중 가령 229. Franz Neumann, "Inducirte elektrische Ströme" (1845), 가령, p. 10 (별쇄본) Gustav Kirchhoff, "Ueber die Anwendbarkeit der Formeln für die Intensitäten der galvanischen Ströme in einem Systeme linearer Leiter auf Systeme, die zum Theil aus nicht linearen Leitern bestehen," *Ann.* 75 (1848): 189~205, 가령 191.

책 『퍼텐셜 함수와 퍼텐셜』 *Die Potentialfunction und das Potential*에 붙인 부제였다. 퍼텐셜 이론은 그 당시에 그의 수리 물리학 강의의 주된 주제였다. 그의 책은 "퍼텐셜 함수"와 "퍼텐셜" 사이의 구분과 같은 유용한 구분을 명쾌하게 하여 퍼텐셜 이론에 물리학자들이 더 쉽게 접근하게 하려는 의도로 쓴 것이었다. 그는 그 이론이 기본적인 힘의 작용을 써서 현상을 설명하는 것과 현상들을 "단순한 역학적 원리"로 환원하는 것을 통해서 물리학에서 큰 중요성을 얻게 되었다고 말했다. 퍼텐셜은 수리 물리학의 필수 불가결한 도구가 되었다. 클라우지우스는 노이만, 키르히호프, 헬름홀츠, 그리고 이론적으로 연구한 다른 이들과 함께 물리학의 여러 곳에서 퍼텐셜을 계속하여 사용했다. 1870년에 클라우지우스는 이 책의 두 번째 판을 내놓았다. 그것은 수학적 논문의 모습을 드러내는 어떤 특징들이 수정되어 이제 그의 의도대로 확실히 물리학도를 위한 교재가 되었다.[49]

물리학자들이 현상의 올바른 이해를 더듬어 찾을 때 연구 과정에서 오해가 피치 못하게 발생했다. 결국 물리학자들은 용어, 정의, 단위, 표준, 표시법, 개념과 같은 문제들의 범위에 대하여 합의에 도달해야 했다. 그들의 연구가 진척됨에 따라 이런 마무리 작업은 반복해서 수행되어야 했다. 19세기 중엽에 이론 물리학이 빠르게 발전하자 클라우지우스가 한 것과 같은 재작업이 필요했다. 그러한 정리 작업의 결과 체계적이고 유용한 최신 교재가 출간되었다.

---

[49] Rudolph Clausius, *Die Potentialfunction und das Potential. Ein Beitrag zur mathematischen Physik* (Leipzig, 1859)와 2판 (Leipzig, 1870). 인용은 1판, iii~vi.

취리히의 실행 물리학자 클라우지우스

취리히에서 클라우지우스의 자리는 그 당시에 수리 물리학 선생의 몫이라 하기 힘든 책임을 담당해야 했다. 그는 무손과 함께 물리 컬렉션의 공동 관리자였고 그 종합기술학교의 새로운 물리학 연구소의 공동 창립자로서 일했다. 그는 또 한 측면에서 그 분야의 다른 선생들과 달랐다. 다른 선생들이 보통 연구를 진척시키려고 기구와 실험실에 접근하려 한 반면에 그는 사용 가능한 실험 수단을 사용하지 않고 자신의 연구를 했다.

베를린에서 그의 경력 초기부터 클라우지우스의 연구는 순수 이론 연구자라는 명성을 그에게 안겨주었다. 분젠은 1854년에 클라우지우스에 대해서 "그의 논문 전체는 다른 이들의 기존의 관찰에 토대를 두었기에 순수하게 수리 물리학적인 특성을 갖는다."라고 말했다. "그가 비록 실제적 경험에서 실험 물리학에 친숙하다 하더라도 그는 실험 논문을 전혀 쓰지 않았는데 그 사실이 [당시 교수 자리를 위해 클라우지우스를 고려하고 있었던 하이델베르크] 대학의 학부에는 알려지지 않았다."[50] 곧 베버는 취리히의 자리에 클라우지우스를 추천하면서 클라우지우스가 실험 물리학을 그의 연구의 특별한 대상으로 삼았는지는 알지 못한다고 언급했다.[51] 실제로 클라우지우스는 그렇게 하지 않았다.

그러나 클라우지우스는 실행에 대한 경험이 있었다. 왜냐하면 베를린에서 그는 당시에 실험 물리학을 가르치고 있었고 베를린의 한 동료에 따르면 그는 능숙한 실험 연구자로 칭찬을 받고 있었다.[52] 그는 베를린의

---

[50] 분젠이 바덴 내무부에 보낸 편지, 1854년 7월 26일 자. Bad. GLA, 235/3135.
[51] 베버가 케른에게 보낸 편지, 1855년 5월 9일 자.
[52] 게오르크 지들러(Georg Sidler)가 케른에게 보낸 편지. 1855년 3월 31일 자. A. Schweiz. Sch., Zurich.

실험 연구자들과 긴밀하게 교류하고 있었다. 그의 스승인 마그누스와 도베, 그리고 그의 연구를 계기로 리스와 잘 알고 지냈다.[53] 그가 취리히 연방 종합기술학교에 임용된 것은 실험 물리학 선생으로서 그의 경험을 인정받은 것이었다.

클라우지우스는 물리학의 실행적 지식을 즉시 사용해야 했다. 클라우지우스의 말을 들어보자. "내가 취리히로 부름을 받아 새로 설립된 기관인 연방 종합기술학교에 들어온 이후로 나는 나의 특별한 동료 무손 교수와 함께 새로운 물리학 기구실을 갖추는 일을 맡아야 했다. 그러기 위해 우리는 일시 지원금으로 4만 프랑과 연례 자금으로, 처음에는 2,000프랑, 나중에는 2,400프랑을 받았다. 이런 상황에서 자연스레 우리는 물리학 기구실을 잘 갖추려면 필요한 물건들이 무엇인지, 누구에게 그 물건들을 얻는 것이 가장 좋을지 답을 찾는 데 집중해야 했다."[54] 클라우지우스와 무손은 약 2년 이내에 새로운 연구소를 얻으려 했으므로 그들은 강의할 뿐 아니라 학생들을 위한 실험 실습, 특히 당시에 수리 물리학 교육의 일반적인 특색이 된, 측정 방법에 대한 실습을 수행할 온전한 연구소를 즉시 계획하기 시작했다. 그들의 계획은 그들뿐 아니라 그들의 학생도 몇 명 연구하는 것을 포함했다. 그들이 주문한 최초의 기구 중에는 실험 연구와 학생들의 실험실 실습에 도움이 될 비싼 측정 장치들이 있었다. 가령, 베버의 1846년 "전기 동역학적 측정 장치", 륌코르프H. D. Rühmkorff가 1850년에 만들기 시작한 유도장치, 동전기 저항을 측정할 가감저항기(그것은 휘트스톤이 1843년에 소개했다), 열 복사를 연구할 멜로니Melloni의 장치, 목록에서 가장 비싼 항목이었던 저울들이

---

[53] Clausius, "Ueber das mechanische Aequivalent," 365, 371.
[54] 클라우지우스가 뷔르츠부르크 대학 평의회에 보낸 편지, 1867년 5월 18일 자, Clausius Acte, Würzburg UA, Nr. 404.

있었다.55 그들은 그 연구소를 받기까지 9년을 기다려야 했다. 연구를 하려는 기회는 차치하고 학생들에게 실험실 기술의 실습을 제공하려는 그들의 노력도 연구소를 세울 준비를 계속하는 동안 공간이 없어 좌절을 겪었다. 1860년대 초에 새로운 연구소로 곧 이사하려는 그들의 희망이 되살아났을 때, 그들은 기본 측정 장비에, 더 많은 추, 망원경 한 대(그들은 2대를 더 요청했었다), 갈바노미터 한 대와, 비열을 결정하는 르뇨의 장치를 추가했다.56

취리히 연방 종합기술학교 물리학 연구소. *Festschrift zur Feier des fünfzigjährigen Bestehens des Eidg. Polytechnikums*, pt. 2, 336에서 재인쇄.

---

55 Mousson and Clausius, "Jahresbericht über die physicalische Sammlung der polytechnischen Schule für 1856," 1857년 1월 12일 자, A. Schweiz. Sch., Zurich. 취리히 연방 종합기술학교에서 쓰기 위해 획득된 많은 기구에 대한 설명은 Rosenberger, *Geschichte der Physik*, 513, 522에서 볼 수 있다.

56 종합기술학교의 물리 컬렉션에 대해 설명하기 위해 우리는 A. Schweiz. Sch., Zurich에 있는, 1856~1866년 무손과 클라우지우스의 연례 보고서를 참고했다.

클라우지우스와 무손이 마침내 이사했을 때 그들은 이제 가장 "중요한 목표"는 "정확한 측정 작업"이라고 설명했다.[57] "비록 몇몇 아름다운, 부분적으로는 매우 아름다운, 측정 기구들이 이미 확보되었지만", "우리는 물리학의 다른 영역에서 정확한 연구를 수행할 수단이 없다. 우리에게는 가장 기본적인 토대인 온전한 정밀 척도가 결여"되어 있다. 그들은 그들의 컬렉션의 완성을 가장 시급한 것으로 간주했다. 왜냐하면 그들은 전년도 가을에 상급생들을 위한 실습, 즉 무손이 "정확한 연구"에 대한 교육이라고 부른 실습을 이미 시작했기 때문이었다. 이러한 실습은 "선별된 다수의 신뢰할 만한 측정 장치 없이는 만족스럽게 수행되는 것이 거의 불가능했다."[58] 클라우지우스와 무손은 100분의 1도의 정밀성으로 "매우 정확한 온도 측정"을 수행하기 위해 최신의 정확한 온도계를 추가했다. "더 최신의 구조로 제작된, 동전기 저항 측정을 위한 가감저항기는 지금까지 사용되던 것들보다 더 정확하며"[59], "간단하고 독창적인 구면계는 가는 도선, 금속 박막, 판, 등의 두께를 측정하기 위한 것으로" 0.001밀리미터만큼 작은 폭을 잴 수 있었다.[60] 그들이 획득한 기본적인 장비들은 큰 자석(그들이 1862년에 산 큰 전자석은 지불 삭감만 허용되는 연례 예산의 3분의 1을 차지했다.)과 유도 장치들, 특히 룀코르프의 유도 장치는 "최근에야 만들어낼 수 있는 세기"를 갖고 있어서 24~27센

---

[57] Mousson, "Jahresbericht über die physicalische Sammlung der polytechnischen Schule für das Jahre 1864," 1865년 1월 4일 자. 클라우지우스의 보고서도 함께 썼다.
[58] 무손이 스위스 교육 평의회에 보낸 편지, 1867년 4월 5일 자. A. Schweiz. Sch., Zurich. Mousson, "Jahresbericht," 1865년 1월 4일 자.
[59] Mousson and Clausius, "Jahresbericht über die physicalische Sammlung des schweizerischen Polytechnikums für das Jahre 1865," 1865년 12월.
[60] Clausius and Mousson, "Jahresbericht über die physicalische Sammlung des schweizerischen Polytechnikums für das Jahre 1866," 1866년 12월 31일 자.

티미터의 스파크를 일으켰다(겨우 3~4센티미터의 스파크만을 일으킨 그들의 첫 번째 유도 장치와 비교된다).[61]

클라우지우스와 무손이 연구에 사용할 실험실을 계획하고 있었다는 것은 측정 기구의 확보뿐 아니라 최신 장비에 대한 그들의 관심에서 분명히 드러났다. 그들이 얻은 품목 중 몇몇은 1830년 이전에 만들어진 것이었는데 그런 것들은 보통 강의 시범을 하려고 확보되었다. 몇 번은 클라우지우스와 무손이 기구들이 물리학에 도입되자마자 주문한 적도 있었다. 그들은 파리와 런던의 국제 박람회에 참석해서 즉석에서 최신 장비를 보고 구입했다. 예를 들면, 1861년에 그들은 베크렐 인광계와 인광관 세트를 구입했는데 그에 대한 설명은 오로지 1859년에만 《화학 및 물리학 연보》 Annales de chimie et physique에 게재된 것이었다.[62]

그들은 물리학에서 가장 중요한 최신 연구에서 사용되는 장치를 얻는다는 의미에서 컬렉션을 최신으로 유지하는 데 신경을 썼다. 이것은 장치에 쓸 예산 대부분을 사용하는 물리학의 분야가 "전기와 동전기"였다는 것을 의미했다.[63] 이번에 그들 자신이 주된 연구를 한 분야에 대해서 1862년에 그들은 "열뿐 아니라 역학 물리학과 분자 물리학을 위한 최신 기구 획득은 중요하지 않다. 왜냐하면 가장 중요한 기구들은 이미 확보되어 있기 때문이다."라고 보고할 수 있었다.[64] 관계된 분야인 열 복사는

---

[61] Mousson and Clausius, "Jahresbericht über die physicalische Sammlung des schweizerischen Polytechnikums für das Jahr 1863," 1864년 1월 4일 자.

[62] Clausius and Mousson, "Bericht über die physicalische Sammlung des schweizerischen Polytechnikums 1861," 1862년 1월 6일 자. Rosenberger, *Geschicte der Physik*, 473

[63] 가령, Clausius and Mousson, "Bericht über die physicalische Sammlung der polytechnischen Schule für das Jahr 1858," 1859년 1월 11일 자.

[64] Clausius and Mousson, "Bericht," 1862년 1월 6일 자.

1860년대 초에 중요성이 커졌으므로 더 큰 수요를 창출했다. 처음 주문한 것 중에 있었던 멜로니의 장치는 1859년에 받아서 태양의 열 스펙트럼(빛띠)과 열 복사를 위한 다양한 물질의 투자율permeability을 연구하는 데 사용되었다.[65] 1861년에 그들은 "개선된 분광기"를 구했고 1865년에 그들은 룀코르프에게서 "선형 구조의 열전지thermoelectric pile"[66]를 구했다. 그것은 그들이 열 특성, 특히 태양 스펙트럼(빛띠)의 열 분포를 연구할 수 있는 "유일한" 기구였다. 그리고 "더 발전된 측정 분석"을 위해 몇 개의 프리즘이 있는 크고 정확한 분광기를 얻었다.[67]

무손의 공동 관리자로서 클라우지우스는 실험 물리학 일반 과정에 대한 강의 시범에 쓸 기구 컬렉션을 모으는 경험을 했다. (하지만 그가 취리히를 떠날 때까지 그는 다시 실험 물리학을 가르쳐야 할 필요가 없었다.) 구입한 기구에는 동전기 흐름이 서로에게 영향을 미치는 것을 보여주는 앙페르의 장치, 역학적 일을 만들어내어 전기 작용을 보여주는 패러데이의 회전 장치, 와트의 증기 기관 모형, 파동 운동을 보여주는 페셀Fessel의 파동 기계[68], 눈, 귀, 목구멍의 대형 모형이 포함되었다. 많이 거론된 장치로 암모니아를 증발시켜 얼음을 만드는 에두아르 카레Edouard Carré의 장치가 강의 도중에 1파운드 이상의 얼음을 만들어내자 관련된

---

[65] Rosenberger, *Geschichte der Physik*, 230.
[66] [역주] 열전퇴라고도 한다. 두 종류의 금속을 접촉시키고 빛을 쪼여 열이 발생하면 거기에서 기전력이 발생하게 만든 것을 열전쌍이라고 하는데 열전쌍 여러 개를 직렬로 연결하여 기전력을 더 높인 것이 열전기 더미 또는 열전지이다.
[67] Clausius and Mousson, "Bericht," 1862년 1월 6일 자; "Jahresbericht," 1865년 12월.
[68] [역주] 페셀(Friedrich Fessel)과 플뤼커(Julius Plücker)가 고안한 것으로, 파동 상자를 수평으로 움직이면 수직으로 세워진 핀들이 올라가고 내려오면서 횡파 운동을 만들어내게 되어 있다. 가시적으로 파동 현상을 이해하기 쉽게 만든 시범 실험용 장치이다.

원리가 충분히 해명되었다고 클라우지우스와 무손은 보고했다. 취리히에서 강의하기 위해 그와 무손이 구입한 여러 품목은 클라우지우스가 1867년에 뷔르츠부르크 대학에 물리학 정교수로 들어가면서 뷔르츠부르크 물리학 연구소에 필요한 장비 목록을 작성했을 때 그 목록에 다시 올라왔다.[69]

클라우지우스와 무손은 기구뿐 아니라 기구를 가지고 일할 공간도 필요했다. 그 칸톤 학교에는 "과밀한" 기구실[70](새로운 구역으로 이사할 수 있게 되기 전에 새 기구를 400점 이상 들여왔다)과 "많이 사용하는" 강당이 있었다. 그들의 유일한 연구 공간이었던, 가구와 난방 시설이 없는 작은 방은 그들에게 돌아누울 공간도 허락하지 않았다. 종합기술학교가 개교한 지 2년 후, 한 학생이 물리학을 전공하고 독립 연구를 할 수 있게 해달라고 요청했을 때 그들에게는 그 학생이 겨울 동안 연구할 공간이 없었다.[71] 클라우지우스와 무손은 스스로 실험 연구를 계획했다. (아마도 무손이 실행할 실험이었을 것이다.) 1859년에 그들은 "교육보다는 특별한 과학 연구 목적으로" 그들이 구입한 두 실험 기구에 대해 보고했다. 그들의 정당한 근거는 "실험 과학을 가르치는 기관에서는 일반적으로 선생들이 그들이 관리하는 컬렉션의 기구들을 그들 자신의 연구에 조심스럽게 사용할 권한을 얻는다"는 것이었다.[72] 그들은 이런 권리를 주장할 수 있다고 믿었다. 그러나 상황은 확실히 그들에게 적대적이

---

[69] 클라우지우스가 뷔르츠부르크 대학 평의회에 보낸 편지, 1867년 5월 18일 자.
[70] 무손이, 역시 클라우지우스를 대신한 것도 포함하여, 스위스 교육 평의회 의장에게 쓴 편지, 1857년 11월 16일 자, A. Schweiz. Sch., Zurich.
[71] 무손이 스위스 교육 평의회 의장에게 보낸 편지, 1857년 11월 16일 자; Clausius and Mousson, "Bericht über die physikalische Sammlung der polytechnischen Schule 1857," 1858년 1월 20일 자.
[72] Clausius and Mousson, "Bericht," 1858년 1월 11일 자.

었고 결국 교육에서 사용할 장치들을 확보한 것이 가장 중요했다. 그 종합기술학교에 지자기 관측소를 추가하기를 요청하면서 1860년에 그들이 설명했듯이 기술 교과 과정은 학생들의 시간을 많이 요구했으므로 지자기 측정을 할 여유가 있는 학생이 그리 많지 않았다.[73] 그들의 연구소를 조직할 때처럼 이 경우에도 클라우지우스와 무손은 그들 분야의 고급 과학 활동을 자극할 수 있는 어떤 수단도 거절하지 않았지만 그것이 종합기술학교에서 발전하리라 별로 기대하지 않았다. 그곳의 실행 물리학자로서 클라우지우스는 실험 연구의 담당자가 아니라 기구와 연구소 조직 전문가라는 역할이 우선이었다.

그럼에도 클라우지우스는 무손과의 연구에서 유익을 얻었다. 비록 그가 이론 연구를 했지만 그는 당시 대부분의 수리 물리학자와 달리 완전한 연구소를 운영한 오랜 경험을 주장할 수 있었다. 그것은 뷔르츠부르크 대학에서 그가 첫 번째 대학교수직을 얻는 데 도움이 되었다. 물리학에서 성공적인 경력을 얻기를 바라는 어떤 물리학자도 그 당시에 그러한 경험이 있어야 한다는 요구를 피할 수는 없었다. 성공이란 대학의 교수직과 연구소의 소장직을 의미했다. 그런 자리들은 항상 실험 물리학을 가르치는 책임을 포함했다. (항상 그렇듯이 뷔르츠부르크 대학의, 완전히 무시당한 물리학 기구실에서는 클라우지우스가 취리히에서 무손과 함께 한 것과 같은 일을 다시 해야 했다.)

무손도 그들의 협력에 만족했다. 클라우지우스가 떠나자 무손은 이번에 임용될 물리학자도 물리 컬렉션에 대하여 그와 동등한 권한을 가져야 한다는 규정을 세우며 그 종합기술학교에서 물리학 프로그램을 만들었

---

[73] 무손, 클라우지우스, 볼프(Wolf)가 의장 카펠러(Kappeler)에게 보낸 편지, 1860년 6월 26일 자, A. Schweiz. Sch., Zurich.

다.[74] 클라우지우스의 자리가 쿤트August Kundt와 콜라우시Friedrich Kohlrausch 처럼 이 분야에서 빠르게 떠오르는 젊은 물리학자로 채워진 후, 8년이 지나자 그 자리는 H. F. 베버에게 돌아갔고, 나중에 그의 실험실에서 학생 알베르트 아인슈타인Albert Einstein[75]이 연구하게 된다.

오스트리아에서 "과학적" 물리학자의 훈련

오스트리아에서 "과학적" 물리학 훈련은, 볼츠만Ludwig Boltzmann이 그 훈련과정을 이용하게 되기 15년 전에 성립되었다.[76] 1844년에 물리학 교수 에팅스하우젠Andreas von Ettingshausen[77]이 "고급 물리학"과 "이 과학의 최근의 진보"에 대하여 강의하기를 허락받았다.[78] 이것은 빈 대학에서

---

[74] 무손이 스위스 교육 평의회 의장에게 보낸 편지, 1867년 9월 14일 자.

[75] [역주] 역사상 독일 최고의 물리학자로 평가될 아인슈타인(1879~1955)은 클라우지우스처럼 젊은 시절에 스위스에 진 빚이 컸다. 독일 김나지움의 군국주의적 분위기에 싫증을 느낀 아인슈타인이 스위스 모르가우 칸톤 학교의 자유로운 분위기에서 그의 상대성 이론의 기초 개념을 착안하고 취리히 공과 대학에 진학하게 된 것은 특별한 인연이었다. 졸업 후에 스위스 베른의 특허국에서 특수 상대성 이론을 비롯한 중요 논문을 집필해 유명해져 베를린 대학 물리학 교수가 되기까지 스위스(아인슈타인은 국적을 스위스로 바꾸었다)는 그의 성장의 모태였다.

[76] 오스트리아 황제에게 보낸 "Vortrag des Staats-Ministers Richard Graf v. Belcredi", 1866년 9월 20일 자, Stefan file, Öster. STA, 4 Phil.을 근거로 에팅스하우젠을 오스트리아에서 물리학을 과학적으로 다루기 시작한 최초의 인물 중 하나로 본다.

[77] [역주] 1장의 끝 부분에서 물리학 교재의 저자로 소개된 에팅스하우젠은 빈 대학 물리학 연구소에서 학생들에게 물리학 연구를 조직적으로 가르침으로써 훌륭한 연구자들을 대거 배출해 내는 물리학 교육의 혁명을 이룩한다. 그가 키워낸 뛰어난 물리학자로는 슈테판, 마흐, 볼츠만이 있다. 이 장의 뒷부분은 그들의 이야기이다.

[78] "Vortrag…Belredi," 1866년 9월 20일 자. 또한 Geschichte der Wiener Universität

수리 물리학 교육의 시작이었다.

에팅스하우젠은 철학부에 속했고 그 학부는 여전히 2년의 예비 학교 과정으로 오스트리아 대학들에서는 독일 김나지움의 마지막 2년에 해당했다. 엄격하게 규정된 철학부의 교과 과정은 2학년에 주당 8시간의 물리학을 포함했다. 물리학 교수직은 사실상 김나지움의 교사가 차지하고 있었고 오직 에팅스하우젠의 과외 물리학 강의(그것은 "자유" 과목, 즉 필수 과목이 아니었다)만이 대학 수준이었다. 그의 혁신은 잘 수용되었고 3년 후, 그는 정규 물리학 교수직 대신에 고급 물리학 부교수 자리를 받았다. (그러나 그는 곧 그 자리를 사퇴하고 기술 교육을 하는 자리로 옮겼다.)

1849년부터 1850년 사이에 오스트리아에서 이루어진 일반 대학 개혁의 과정에서 "물리학 연구소"가 세미나와 실험 과정에 쓰일 목적으로 빈 대학에 설립되었다. 그것은 당시 쿤첵August Kunzek이 차지하고 있었던 물리학 교수직과 분리된 기관이었다. 쿤첵은 새로운 제도에서 교사 지망생, 약학 전공 학생, 그리고 나중에는 의학 전공 학생을 포함하는 일반 수강생에게 물리학을 강의하는 책임을 맡았다. 반면에 물리학 연구소는 물리학, 화학, 생리학을 가르치려는 소수의 "정규" 학생(처음에는 12명)에게 "성공적인 교습"을 하기 위해 충분한 물리학 지식을 획득하고 "물리 실험에서 기계를 다루는 기술"을 획득할 기회를 주게 되어 있었다. 동시에 그것은 그들에게 "물리학 분야의 독립적 연구자에게 필요한 가르침"을 주게 되어 있었다.[79] 그 프로그램이 성공하도록 돕기 위해 정부

---

von 1848 bis 1898, ed. Akademischer Senat der Wiener Universität (Vienna, 1898), 262~366. 여기에서 빈 대학의 물리학과 수학은 이 책이 다루는 50년간 철학부와 더불어 논의된다.

[79] *Geschichite der Wiener Universität*, 286~287, 289.

는 연구소의 최초의 소장인 도플러Christian Doppler에게 필요한 재정적 및 물질적 수단을 제공하려고 노력했다.

도플러가 소장으로 있는 동안 그 연구소의 과정에는 세 학기 동안 진행되는 주당 10시간의 "실험실 실습이 포함된 시범 실험 물리학"이 있었다.[80] 쿤첵은 그의 물리 장치의 대부분을 새 연구소로 넘겼으므로 이론 물리학을 강의하게 되었는데, 그는 그 분야를 "수학적 기초"와 함께 제시했다. 그의 수리 물리학 주요 과목들은 양이 많아 보통 1주일에 5시간을 차지했다. 도플러와 쿤첵 외에도 수학 정교수인 페츠발Joseph Petzval이 해석 역학, 탄성학, 파동론, 광굴절학과 같은 물리학에 관련된 수학 과목을 가르쳤다.

1852년에 도플러는 건강이 나빠져서 물리학 연구소의 소장직을 사임했다. 그의 자리를 대신한 에팅스하우젠(앞에서 우리는 그에 대해 다룬 적이 있다.)은 연구소의 3학기 프로그램을 2학기의 기초 훈련과 1학기의 연구로 나누었다. 첫 학기는 물리학의 실험 테크닉을 가르치는 데 썼고, 두 번째 학기는 물리학자가 물리 장치를 유지하고 제작하며, 실험을 준비하는 데 필요한 기술을 습득하게 하는 데 배정했고, 세 번째 학기는 "실제적인 물리 연구와 독립적인 연구"를 통한 고급 훈련에 배정했다. 처음 두 학기의 활동은 주당 10시간이 소요되었다. 세 번째 학기 동안에는 더는 정규 수업이 없었고 학생들은 온종일 연구소에서 일하면서 보냈다.

에팅스하우젠은 연구소의 실습 프로그램에 수리 물리학 강의 과정과 최신 물리학에 대한 콜로키엄으로 보이는 것도 추가했다. 물리학자 슈테판Joseph Stefan은 에팅스하우젠이 자신의 주위에 "수학 공부"에 관심 있는

---

[80] "Öffentliche Vorlesungen an der K. K. Universität zu Wien," 빈 대학 기록보관소. 우리는 1849년 여름 학기부터 1867년 겨울 학기까지(1851년 여름 학기는 분실되어 빠져 있음)를 망라한 권들을 사용했다.

나이 든 학생들을 소그룹으로 모아 "수리 물리학의 가장 어려운 영역을 특유의 명쾌함으로" 논의하는 모임을 반복했음을 이야기했다.[81] 강의 목록에는 학생들이 발표하기로 되어 있는 물리학의 최신 진보에 관한 과목들이 열거되어 있다. 에팅스하우젠은 이 과정들을 자신이 훈련한 젊은 물리학자들에게 곧 넘겨주었다.

에팅스하우젠이 물리학 연구소의 소장직을 맡았을 때 그는 그와 함께 학생 한 명을 데려왔다. 그는 수리 물리학과 결정 물리학을 전공한 그라일리히 Joseph Grailich였다. 1855년에 그라일리히는 결정학, 결정 물리학, 일반 물리학을 가르치는 사강사가 되었고 2년 후에는 그 대학의 고등(또는 수리) 물리학 부교수로 임용되었다.[82] 그라일리히가 연구소에서 수리 물리학 강의를 개설했지만 연구소 밖에서도 물리학과 수학 교수들이 수리 물리학을 계속 강의했다. 그라일리히는 연구소의 실제적인 일도 활발하게 수행했다. 그는 학생 연구를 지도하고 자신의 연구에 학생들을 참여시키고[83] 콜로키엄을 열었다. 에팅스하우젠이 그라일리히를 언젠가 소장으로 삼으려고 키우고 있었다고 생각하는 것이 타당해 보인다. 그러

---

[81] Joseph Stefan, 에팅스하우젠의 추도사, *Almanach Wiener Akad.* 28 (1878): 154~159 중 155.

[82] "Grailich, Joseph," *Österreichisches Biographisches Lexikon 1815~1950* 2 (Graz and Cologne: H. Böhlaus, 1959): 46~47. *Lexikon*의 항목은 그라일리히의 부교수 임용년도를 1855년으로 제시한다. 내부의 증거는 1857년을 지지하는데 그 연도는 *Geschichte der Wiener Universität*에 나와 있다.

[83] 가령, Joseph Grailich, *Krystallographisch-optische Untersuchungen* (Vienna and Clmüz, 1858), viii; Joseph Grailich and Edmund Weiss, "Über das Singen der Flammen," *Sitzungsber. Wiener Akad.* 29 (1858): 바이스(Edmund Weis)와 마찬가지로 그 물리학 연구소의 학생들이 쓴 Alois Handl and Adolf Weiss, "Untesuchungen über den Zusammenhang in den Änderungen der Dichten und Brechungsexponenten in Gemengen von Flüssigkeiten und Verbindungen von Gasen," *Sitzungsber. Wiener Akad.* 30 (1858): 389~441은 그라일리히의 연구에서 시작되고 그의 도움과 격려로 수행된 논문이었다.

나 1859년에 이 재능있는 물리학자는 30세의 나이로 사망했다.

1850년대 중반에 빈 대학 물리학 연구소에는 물리학자로 곧 주목받게 되는 세 명의 학생이 있었다. 1853년에 온 슈테판, 1855년에 온 랑Victor von Lang과 마흐Ernst Mach[84]가 그들이었다.[85] 셋은 물리학 연구소에 들어가자 바로 연구를 시작했다. 역시 뛰어난 실험 연구자가 된 슈테판은 처음부터 이론 물리학에 대한 선호를 드러냈다. (그의 제자 볼츠만이 나중에 쓴 것처럼 그는 "누가 뭐래도 이론 물리학자"였다.) 그는 에팅스하우젠의 연구 영역 중 하나를 잡아서 그의 첫 논문을 "파동 운동의 일반적인 방정식"에 대해서 썼고 그것을 1857년에 《물리학 연보》에 게재했다. 1857년에는 "기체의 흡수"에 관한 논문을 빈 과학 아카데미에 제출했고 그것으로 생리학자 루트비히Carl Ludwig[86]를 두 번째 후원자로 맞게 되었

---

[84] [역주] 오스트리아의 물리학자이자 철학자인 마흐(1838~1916)는 음속과 비교하여 나타낸 속도 척도인 마하 수, 충격파 연구로 유명하다. 과학철학자로서 논리실증주의에 주된 영향을 미쳤고 뉴턴에 대한 비판을 통해 아인슈타인의 상대성 이론의 선구자가 되었다.

[85] Eduard Süss, 슈테판의 추도사, *Almanach Wiener Akad.* 43 (1893): 252~257. "Commissions-bericht über den in der Sitzung vom 17. Juni I. J. gestellten-Antrag, die Errichtung einer ausserordentlichen Lehrkanzel der mathematischen Physik betreffend," 1863년 7월 2일 자. (랑, 마흐, 라이틀링어(Edmund Reitlinger)의 이력서가 들어 있다.), Öster. STA, 5 Graz Phil, Physik. 또한 John T. Blackmore, *Ernst Mach. His Work, Life and Influence* (Berkeley, Los Angeles, and London: University of California Press, 1972), 13.

[86] [역주] 독일의 생리학자 루트비히(1816~1895)는 1847년에 베를린 대학의 생리학자 요하네스 뮐러의 지도를 받으며 생리학을 생기력 개념에서 벗어나게 만들기 위해 물리학과 화학의 기초 위에 생리학을 세우기로 결의를 했다. 이에 따라 이후 생리학자로서 루트비히의 연구는 환원주의의 기조를 따라 이루어졌다. 루트비히는 심혈관계에 관한 연구로 유명하다. 그는 혈압 변화를 기록하기 위해 키모그래프라 알려진 장치를 고안했고(1847), 동맥과 정맥을 통과하는 혈액의 유속을 측정할 간단한 유량계인 슈트롬우어도 고안했다(1867). 미국의 생리학자 헨리 바우디치와 함께 자극의 종류에 상관없이 심장근은 완전히 수축하든가 아니면 전혀 수축하지 않는다는 심장근 운동의 '실무율(all-or-none)의 법칙'을 확립했다.

다. 슈테판은 그와 함께 다음 연구를 위해 협력했다.[87] 슈테판은 박사학위를 1858년에 받고 같은 해에 빈 대학에서 수리 물리학을 가르치는 사강사가 되었다.[88] 랑은 1856년에 연구를 출간하기 시작했다. 랑은 결정 물리학에 대하여 그라일리히와 긴밀하게 협력했지만 수리 물리학에 대해서도 논문을 출판했는데 특히 "새로운 광학 이론"에 관해 썼다.[89] 박사학위를 받은 후에 랑은 키르히호프 밑에서 공부하기 위해 하이델베르크 대학으로 갔고 그다음에는 르뇨와 연구하기 위해 파리로 갔다. (랑이 키르히호프에게 간 것은 에팅스하우젠의 모범을 따른 것이다. 에팅스하우젠은 몇 년 전에 특별히 키르히호프를 만나기 위해서 브레슬라우로 여행을 떠남으로써 그에 대한 존경심을 표현한 적이 있었다.[90] 후일 볼츠만도 키르히호프에게 가서 연구하게 된다.[91]) 1859년에 랑은 빈 대학의 사강사가 되었다. 마흐도 에팅스하우젠의 도움을 받아 연구했다. 마흐는 빈 물리학 연구소에서 학생일 때 소리의 도플러 효과에 관한 논쟁을 실험으로 해결하려고 노력했다.[92] 1860년에 그는 박사학위를 받았고 1861년에

---

[87] Boltzmann, "Joseph Stefan," 94, 97, 99. 쥐스(Süss)가 쓴 슈테판의 추도사, 253. Walter Böhm, "Stefan, Joseph," *DSB* 3: 10~11 중 10.
[88] 슈테판의 경력은 문화교육부 장관인 슈트레마이어(Carl von Stremayr)가 황제에게 보낸 "Vortrag", 1878년 10월 27일 자에 기술되어 있다. Stefan file, Öster. STA, 4 Phil.
[89] "Commissionsbericht," 1863년 7월 2일 자.
[90] 에팅스하우젠이 분젠(추정)에게 보낸 편지, 1854년 3월 14일 자, Bad. GLA, 235/3135.
[91] Engelbert Broda, *Ludwig Boltzmann. Mensch, Physiker, Philosoph* (Vienna: Franz Deuticke, 1955). 4; Ludwig Boltzmann, *Gustav Robert Kirchhoff* (Leipzig, 1888), 재인쇄는 *Populäre Schriften*, 51~75 중 52.
[92] Ernst Mach, "Über die Aenderung des Tones und der Farbe durch Bewegung," *Ann.* 112 (1861): 58~76 중 65, 76. Erwin N. Hiebert, "The Genesis of Mach's Early Views on Atomism," in *Ernst Mach. Physicist and Philosopher*, vol 6 of *Boston Studies in the Philosophy of Science*, ed. R. S. Cohen and R. J. Seeger

불과 얼마 전에 직책을 얻은 슈테판과 랑처럼 빈 대학의 사강사가 되었다.

그 연구소의 에팅스하우젠의 프로그램은 생산적이었다. 1861년이 되자 빈 과학 아카데미의 정기 간행물에 게재한 그의 학생들의 연구 논문이 거의 50편에 이르렀고 성공적으로 대학에서 경력을 시작한 몇 명의 학생을 배출했다. 즉, 사강사가 된 슈테판, 랑, 마흐와 다양한 과학 연구소의 조수들, 물리학 이외의 다른 과학에서 일하는 사람들이 있었다.[93]

자신의 연구소에서 젊은 물리학자들을 자유롭게 양성하던 에팅스하우젠은 박사학위를 받은 학생이 그 물리학 연구소에서 더는 연구할 수 없다고 한 규정을 수년간 피해 갔다. 1872년 이전에 오스트리아에서는 철학 박사학위를 얻는 데 최종 시험만이 필요했기에 쉽게 얻을 수 있는 학위였다.[94] 연구소에서 공부하는 세 학기는 대학에서 물리학 전공 학생의 3년 과정의 끝에 오는 경향이 있으므로 그 규정은 에팅스하우젠의 학생들이 독립적인 연구의 짧은 기간, 정규적으로는 한 학기만 보낸 후에는 공식적으로 그의 실험실 시설에서 배제되어야 함을 의미했다. 즉, 그 규정은 독일 대학에서 물리학자들이 박사학위를 받는 핵심적인 연구를 수행할 기회를 얻기 전에 그들을 배제했다. 1861년에 에팅스하우젠은 연구소가 소위 구성원들에게 개방되기를 제안하면서 그의 연구소에서 졸업 후 연구를 승인받으려고 노력했다. 구성원 자격은 대학에서 3년 과정 또는 완전한 기술 과정을 마치거나 정규 학생으로 물리학 연구소에서 이미 연구한 경험이 있거나 아카데미에서 출판을 승인받은 논문을

(Dordrecht-Holland: D. Reidel, 1970), 79~106 중 80.
[93] 에팅스하우젠이 오스트리아 국무부에 보낸 편지, 1861년 10월 21일 자, Öster. STA, 4 Phil, Physik.
[94] *Geschichte der Wiener Universität*, 268.

한 편이라도 쓴 오스트리아의 물리학자들에게 주려고 했다. 구성원들은 연구소의 정규 목적을 방해하지 않는 한도 내에서 연구소의 기구와 시설을 그들의 연구를 위하여 자유롭게 사용할 특권을 가지게 하고자 했다. 에팅스하우젠은 심지어 최초의 구성원으로 랑과 마흐와 다른 5명을 생각해 두었다.[95] 그러나 이듬해 에팅스하우젠에게 닥친 심각한 질병 때문에 연구소의 행정에 변화가 있을 수밖에 없었고 그의 계획은 당장에는 실현되지 않았다. 상급 학생이 모자라는 문제가 여러 해 동안 빈의 물리학자들을 따라다녔고 볼츠만이 오스트리아를 떠나 독일로 가기로 두 번 결심한 것도 이와 관계가 깊었다.

1860년대 초에는 슈테판, 마흐, 라이틀링어Edmund Reitlinger(라이틀링어는 베버와 괴팅겐 대학에서 공부한 적이 있었지만 당시는 빈 물리학 연구소에 있었다.)가 빈 대학에서 "고급" 물리학을 가르치는 핵심 멤버들이었다. 에팅스하우젠은 그의 건강상태가 괜찮을 때만 수업을 했다.

에팅스하우젠은 자신처럼 수리 물리학자인 그라일리히를 지지했었는데 그라일리히가 사망하자 에팅스하우젠의 계획에서 그를 대신할 사람은 슈테판이었다. 우선 슈테판은 연구소에서 그라일리히가 맡았던 수리 물리학 강의를 담당했다. 그의 첫 번째 강의들은 "분자력의 물리학"을 취급했고 이듬해에는, 여전히 사강사로서 "푸리에의 열전도 이론", "빛 이론", "열 이론", "탄성 이론"을 다루었다. 1862년에 에팅스하우젠이 병 때문에 조수가 필요하다고 요청하게 되었을 때 그는 슈테판을 추천했다. 조수가 언젠가 그의 자리를 이어받을 것을 기대하며 에팅스하우젠은 "물리학의 이론적 부분에 대하여 강의할 권한을 가진 대학 물리학 정교

---

[95] 에팅스하우젠이 오스트리아 국무부에 보낸 편지, 1861년 10월 21일 자.

수"로 임명될 수 있는 누군가를 원했다. 슈테판은 5년간의 강의뿐 아니라 출판한 연구로 그 자격을 갖추었다. 정부 부처도 슈테판을 선호했다. 왜냐하면 그는 그들의 생각에 "도무지 물리학의 이론적 부분을 담당할 사람이 없고 고등 수학에 관련된 과학이 충분히 다루어지지 않는"[96] 교과 과정상의 공백을 채울 수 있는 탁월한 수학자라고 생각되었기 때문이었다. (정부 부처가 그라일리히의 부교수 자리를 다시 채우지 않았기에 그 과목을 교수가 담당하지 않는다는 뜻으로 한 말이었다.) 1863년 1월에 슈테판은 그 물리학 연구소의 공동 소장이 되었고 "고등 수학과 물리학 정교수"가 되었다.[97] 3년 후에 에팅스하우젠이 은퇴하자 정부 부처는 슈테판이 빈 종합기술학교로 오라는 제의를 받아들이지 않고 빈 대학에 남아 있게 하려고 에팅스하우젠의 자리를 슈테판에게 제안할 수 있었다. 슈테판은 그 물리학 연구소의 단독 소장이 되었다.

이 시기에 빈에서는 마흐가 "물리 연구의 방법"과 "역학의 원리와 역학 물리학의 역사적 발전"과 같은 방법론적이거나 역사적인 주제로 강의했다. 1863년 겨울에 그는 심리 물리학과 감각과 지각 이론에 대한 강의를 추가했다. 그는 또한 의학생을 위해 특별히 마련한 물리학 강의를 개설했다. 자신의 관심을 충족할 뿐 아니라[98] 실용적인 목적도 충족하는 강의였다. 1840년대 말에 있었던 오스트리아 대학 개혁으로 의학부에서 가르치던 자연 과학 과정들이 철학부로 옮겨졌고[99] 1850년대에 의학생을 위한 물리학 과정과 약학생을 위한 물리학 과정이 빈 대학 강의

---

[96] 국무부 장관 슈메를링(Anton Ritter von Schmerling)의 "Vortrag," 1862년 12월 20일 자, Stefan file, Öster. STA, 4 Phil. 장관의 발표는 에팅스하우젠의 요청과 슈테판의 추천을 포함한다.
[97] 국무부의 임명장, 1863년 1월 26일 자, Stefan file, Öster. STA, 4 Phil.
[98] [역주] Blackmore, *Mach*, 14~15.
[99] *Geschichte der Wiener Universität*, 268.

목록에 등장했다. 마흐는 수입이 필요했기에 이미 확립되어 있는, 그래서 당연히 이익이 되는, 물리 교과 과정의 부분을 맡았다.

1859년부터 라이틀링어는 슈테판과 더불어 빈 대학에 수리 물리학 사강사로 있었고 물리학 연구소의 조수여서 슈테판처럼 때때로 에팅스하우젠이 할 일을 대신하곤 했다. 라이틀링어는 강의에서 괴팅겐 대학에서 훈련받은 것과 관련이 있는 관심사인 전기 기술electrotechnology과 전기의 최근 발전을 집중적으로 다루었다. 때가 되자 그는 자신의 수업을 물리학 일반 역사와 "물리 연구의 기초로서 귀납 논리"로 확장했다. 그는 마흐가 떠난 후에는 마흐가 맡았던 의학생을 위한 물리학 강의를 맡았고 "감각 지각의 물리학"과 "물리학과 심리학 또는 물리학과 논리학과의 관계" 같은 주제로 강의했다.

마흐와 라이틀링어가 물리학을 생리학이나 철학과 연합된 과목으로 분리한 것은 빈 대학에서 일종의 전통이 되었고 나중에 마흐와, 그를 뒤이어 볼츠만이 그런 전통을 강화시켰다. 그것은 부분적으로는 우리가 기술할 우연히 생겨난 제도 때문에 더욱 추진력을 얻었다. 졸업 후 공식적인 소속 없이 물리학 연구소에서 연구를 허용하는 제도가 없는 상태에서 에팅스하우젠과 철학부는 보통 사강사를 많이 채용해서 연구를 허용했다. 그러나 에팅스하우젠이 의도하지는 않았지만 그의 연구소 안에 이론 물리학의 주요 교육을 배치함으로써 괴팅겐 대학에서는 보통 사강사의 영역이었던 특화된 과목들을 빈 대학에서는 사강사들에게서 빼앗게 되었다.

1863년 슈테판이 빈 물리학 연구소의 공동 소장이 되던 해에 그라츠 대학은 수리 물리학 부교수 자리를 새로 요청했다.[100] 그 자리는 그 직함

---

[100] 그라츠 대학에서 수리 물리학 부교수 자리의 설치에 관련된 문서들은 1863년의

이 나타내는 것보다 더 중요했다. 왜냐하면 그것은 그라츠 대학의 물리학 교수가 더는 물리학을 제대로 가르칠 수 없게 되었다는 유일한 이유로 만들어졌기 때문이었다. 새로운 부교수는 사실상 그 대학의 대표 물리학자가 되는 것이었다.[101] 그 자리에 갈 후보자는 빈 대학에 있는 슈테판의 동료 사강사들인 랑, 라이틀링어, 마흐였다.[102] 수리 물리학과 실험 물리학에서 15편의 연구 논문을 출판한 랑이 그 자리를 얻었다. 1년 후에 마흐는 그라츠 대학의 수학 교수로 임명되었다. 그리하여 랑이 1865년에 물리학 정교수로 쿤첵의 후임자가 되어 빈 대학으로 돌아갔을 때, 마흐는 라이틀링어를 그라츠 대학의 랑의 후임자로 추천할 위치에 있었다.[103] 대신 마흐 자신은 1866년에 그라츠 대학에서 수리 물리학 정교수로 임명되었고[104] 라이틀링어는 같은 해에 빈 종합기술학교에 물리학 정교수가 되었다.[105] 이런 우여곡절 속에서 1866년은 에팅스하우젠에게 특별한 해임이 드러났다. 10년 전의 그의 학생 중에서 4명이 오스트리아의 중요한 물리학 교수 자리를 차지했고 프라하 대학의 물리학 교수 자리도 곧 그 목록에 더해질 예정이었다.[106] 더욱이 그해에 에팅스하우젠의 연구

자료가 담긴 두 파일에 담겨 있다. Öster. STA, 5 Graz Phil. Physik. Hans Schobesberger, "Die Geschichte des Physikalischen Institutes der Universität Graz in den Jahren von 1850~1890" (원고), Graz UA를 보라.

[101] 국무부와 재정부 보고서, 1863년 7월 10일 자, Öster. STA, 5 Graz Phil. Physik, a. o. Lehrkanzel.

[102] 그라츠 철학부가 국무부에 보낸 편지, 1863년 7월, Öster. STA, 5 Graz Phil. Physik. 또한 "Commissionsbericht," 1863년 7월 2일 자.

[103] 마흐가 그라츠 철학부에 보낸 편지, 1865년 10월 10일 자, Graz UA, N. 20 Phil. 1866년 12월.

[104] 국무부 장관인 벨크레디(Richard von Belcredi)의 "Vortrag," 1866년 4월 9일 자; 마흐의 임명장, 1866년 4월 19일 자; Öster. STA, 5 Graz Phil. Physik.

[105] *Geschichte der Wiener Universität*, 291.

[106] 마흐는 1857년에 프라하로 옮겨갔다.

소의 가장 훌륭한 성취가 물리학계에 나타났다. 여전히 학생이었던 볼츠만이 그의 논문 「역학적 열 이론 제2법칙의 역학적 의미에 관하여」로 성공적인 데뷔를 한 것이었다.

빈 대학의 이론 물리학자 볼츠만

볼츠만은 1863년에 빈 대학에 와서 랑과 슈테판뿐 아니라 쿤첵과 에팅스하우젠에게도 배웠다.[107] 1865년에 볼츠만은 물리학 연구소에 들어갔는데 거기에서는 이제 볼츠만의 주된 선생이 된 슈테판이 연구소의 자원을 연구에 투입하는, 에팅스하우젠이 확립한 실행을 계속하고 있었다.[108] 슈테판의 학생들의 연구는 멀리 잉글랜드에도 알려졌다. 잉글랜드의 맥스웰은 그들의 "탁월한 논문"과 빈 대학에서 제공되는 훌륭한 실험 훈련의 우수성에 대해 논평했다. 볼츠만은 주로 이론 연구자였지만 슈테판처럼 그는 훌륭한 실험 연구자였다. 나중에 슈테판의 연구소는 볼츠만에게 그의 남은 생애 동안 지성이 충만한 진지한 실험 연구의 상징이 되었으며 볼츠만은 그 정신을 자신의 연구소들에서 재창조하려고 노력하면서도 항상 성공적이지 못하다고 느꼈다.[109]

1865년에 볼츠만이 빈 대학 물리학 연구소에 들어갔을 때 그는 거기

---

[107] 문화교육부 보고서, 1869년 6월 28일 자, Öster. STA, 5 Graz Phil. Physik. 여기에 볼츠만의 이력서가 있다.
[108] [역주] 이 책의 가장 첫 부분인 서문에서 슈테판과 볼츠만의 특별한 관계가 소개되었다. 이론 물리학자로서 이 두 사람이 어떻게 교류했는가를 이 절에서 자세히 다룬다.
[109] Boltzmann, "Joseph Stefan," 100.

에서 10년 이상 교사와 학생의 연구를 지도해 온 과학 프로그램의 일원이 되었다. 에팅스하우젠은 문제 현상을 물질 "분자"와 에테르 "분자"의 분자 운동으로 환원하고 그것에 역학 법칙을 적용함으로써 물리학을 진보시키기를 추구했다. 가령, 1839년에 그의 교재에서 그는 빛의 파동 이론이 더 발전하려면 새로운 발견이 아니라 코시의 이론과 같은 "이론 역학의 진보"가 필요하다고 썼다.[110] 에팅스하우젠의 학생들은 생물을 제외한 자연의 영역을 할당하여 각자 스승의 프로그램을 발전시켰다.

첫 학생 중 하나인 그라일리히는 분자적 관점에서 결정의 물리적 특성 연구에 몰두했다. 1857년에 빈 과학 아카데미의 상을 탄 결정학적·광학적 탐구에 관한 그의 논문은 "오직 결정의 일반적 탐구만이 미래의 분자 이론의 기초를 창출할 수 있다."[111]는 모토를 따라 수행되었다. 그는 물리 과정의 분자 수준에서 어떤 일이 일어나는지 알아야 할 때가 되었다고 믿었고 자신의 연구에 그 연구소의 몇몇 다른 학생을 참가시켰다. 그는 수학적 이론을 개발했고 그다음에는 그 이론의 도움을 받아 그들과 협력하거나 그들이 독립적으로 일련의 측정을 수행하도록 했다. 그라일리히가 죽은 후에는 랑이 그의 프로그램을 수행했다.

마흐는 분자적 관점에서 유체를 연구한 연구소의 학생 중 하나였다. 그라일리히처럼, 그는 포괄적이고 중요한 임무를 시작한다는 생각으로 그 주제에 접근했다. 1862년에 마흐는 "현재의 소논문은 유체의 분자 작용에 관한 긴 일련의 연구의 시작으로 간주될 것이다. 이 연구는 적어

---

[110] 가령, Andreas von Ettingshausen, "Über die neueren Formeln für das an einfach brechenden Medien reflectirte und gebrochene Licht," *Sitzungsber. Wiener Akad.* 18 (1855): 369~391을 보라. Baumbartner and Ettingshausen, *Naturlehre*, 410에서 인용.

[111] Grailich, *Krystallographisch-optische Untersuchungen*, v.

도 기체와 결정의 연구처럼 중요할 것이다."라고 말했다.[112] 마흐는 그의 연구 주제가 그 연구소의 두 명의 탁월한 선배들의 주제인 그라일리히의 결정이나 슈테판의 기체와 동등한 중요성이 있기를 바랐을지 모르지만 마흐는 자신의 프로젝트를 수행하지 않았다. 왜냐하면 (추측건대) 그의 연구 영역이 원자 이론을 지지하는 데 핵심적이지 않았기 때문이다.[113] 1862년에 에팅스하우젠이 병이 들자 마흐에게 그 연구소에 대한 공식적 접근권을 제공하려는 에팅스하우젠의 노력은 중단되었다. 이런 상황에서 마흐는 사용할 장치가 없었으므로 그의 실험을 중단할 수밖에 없었다.[114] 마흐는 가르치는 일 때문에도 이 연구에서 멀어졌다. 당분간 마흐는 그가 가르치는 의학생들을 위하여 분자 역학의 관점에서 물리학 교재를 쓰느라 바빴다. 그는 에팅스하우젠의 정신으로 책을 썼고 그것을 그에게 헌정했다.[115]

슈테판도 그 연구소의 일반 프로그램을 따라 몇몇 분야에서 일했다. 그의 최초의 주제였던 "파동 운동의 일반 방정식"은 에팅스하우젠의 광학 연구와 빛 에테르를 진동하는 질점의 계로 보는 그의 개념과 관련이 있었다.[116] 슈테판의 두 번째 논문은 기체 흡수를 다루었다.[117] 그는 계속

---

[112] In Ernst Mach, "Ueber die Molekularwirkung der Flüssigkeiten," *Sitzungsber. Wiener Akad.* 46 (1863): 125~134. Hiebert, "The Genesis of Mach's Early Views on Atomism," 82에 인용됨.

[113] Hiebert, "Genesis," 95.

[114] Blackmore, *Mach*, 14.

[115] Hiebert, "Genesis," 86. 자신과 함께 빈 대학 물리학 연구소에 있었던 물리학자들의 입장과 대조를 이루었던 마흐의 입장에 대하여 우리가 제시한 의견과 다른 관점을 소개한 글은 Blackmore, *Mach*, 24이 있다.

[116] Joseph Stefan, "Allgemeine Gleichungen für oscillatorische Bewegungen," *Ann.* 102 (1857): 365~387.

[117] Joseph Stefan, "Bemerkungen über die Absorption der Gase," *Sitzungsber. Wiener Akad.* 27 (1857): 375~430.

하여 기체 이론을 연구했고 결국에는 그것을 확증할 실험적 수단을 개발했다. 특히 그는 서로 다른 기체의 열전도율을 측정하는 어려운 실험 문제를 풀었다. 그것은 열이 기체를 통해 퍼질 때 운동이 점진적으로 분자에서 분자로 전달된다는 가정에 토대를 둔 이론으로부터 계산되었다. 슈테판의 세 번째 관심사는 맥스웰의 전자기 이론이었다. (볼츠만은 자신이 아직 학생이었던 1865년에 슈테판이 그에게 읽으라고 맥스웰의 논문들을 주었던 것을 기억했다.) 슈테판은 맥스웰의 관점이 오래된 이론들과 화해 가능하다는 것을 보여주었다. 전기를 에테르의 운동 상태로 보는 것은 에팅스하우젠의 접근법에서도 양립 가능했다. 이것은 또한 분자 용어에 들어맞도록 맥스웰의 용어를 볼츠만이 번역한 것에서도 알 수 있었다. "역학적 열 이론은 물체의 무게 있는 분자들이 연속적으로 운동한다는 것을 가르쳐준다. 우리는 이 관점을 에테르 분자에도 적용할 수 있다."[118] (또 한 명, 에팅스하우젠의 초기 학생인 수비치Simon Subič는 「분자 물리학의 성격과 전기와 자기의 역학적 이론」이라는 논문을 1862년에 출판했지만 스스로가 무능한 물리학자임을 드러냈기에 그에 대해 슈테판의 조소만을 받았고 그의 자격을 평가하고 있었던 슈테판의 비판에 근거하여 그라츠 대학의 물리학 교수 자리를 얻지 못했다.[119])

볼츠만이 빈 물리학 연구소에 들어가서 곧 연구하기 시작한 역학적 열 이론 문제는 물리학에 대한 에팅스하우젠의 접근법에 잘 들어맞았다. 역학적 이론에서 열은 일종의 운동으로 정의되고 따라서 역학 법칙에

---

[118] Boltzmann, "Joseph Stefan," 96~98; "Über Maxwells Elektrizitätstheorie" (1873), in *Populäre Schriften*, 11~24, 인용은 20에서 함.
[119] "Commissions-Bericht" 그라츠 대학 철학부, 1869년 1월 15일 자: 슈테판이 문화교육부에 보낸 문서, 1869년 4월 8일 자; Öster. STA, 5 Graz Phil. Physik.

종속되지만, 볼츠만이 그 주제를 택했을 때 그 이론의 제2 기본 법칙인 엔트로피 증가의 법칙은 아직 순수한 역학적 원리에서 유도되지 않았다. 1866년에 볼츠만이 그것을 유도했다.[120]

역학적 열 이론의 두 기본 법칙 중 처음 것은 열과 역학적 에너지의 양적 동등성을 주장하는데, 열을 역학적 에너지의 형태로 해석함으로써 역학적 해석을 부여할 수 있었다.[121] 이와 더불어 제 2법칙을 역학적으로 해석

볼츠만. Stefan Meyer, ed., *Festschrift Ludwig Boltzmann*의 권두삽화에서 재인쇄.

하는 문제는 더 복잡했다. 그것을 풀기 위해 볼츠만은 그 법칙에 대한 그의 증명의 핵심인, 온도 개념에 대한 역학적 정의를 제시했다.

볼츠만은 같은 온도의 두 물체가 접촉할 때에는 "열, 곧 "원자" 운동의 활력living force"이 전달되지 않는다는 조건에 따라 평균적으로 한 물체의 원자는 다른 물체의 원자에서 활력을 받지 않는다는 조건을 유도했다.

---

[120] Ludwig Boltzmann, "Über die mechanische Bedeutung des zweiten Hauptsatzes der Wärme-theorie," *Sitzungsber. Wiener Akad.* 53 (1866): 195~220; *Wissenschaftliche Abhandlungen*, ed. Fritz Hasenöhrl, 3 vols. (New York: Chelsea, 1968), 1: 9~33(이후로 *Wiss. Abh.*로 인용하겠음)에 재인쇄. 이 논문은 René Dugas, *La théorie physique au sens de Boltzmann et ses prolongements moderns* (Neuchâtel-Suisse: Griffon, 1959), 153~157에서 자세히 논의되어 있다.

[121] 그 당시에 제1법칙의 수학적 진술 $dQ=dE+dW$에서 열 Q는 나머지 두 양인 내부 에너지 E와 외부의 일 W처럼 에너지 항이다.

그는 이 평형 조건과 다른 고려 사항을 통해 원자의 온도를 시간상의 평균적인 활력으로 이렇게 정의했다.

$$T = \frac{\int_{t_1}^{t_2} \frac{mc^2}{2} dt}{t_2 - t_1}$$

그는 또한 엔트로피에 도달하기 위해서 엔트로피를 정의하는 데 들어가는 다른 양인 열 Q를 원자의 운동에 의해 표현할 필요가 있었다. 이 목적을 위해 그는 무한히 작은 열, 즉 활력 δQ를 닫힌 경로에서 운동하는 원자에 더하는 효과를 자세히 분석했다. 최소 작용의 원리에서처럼 그는 원자의 활력의 적분의 변분을 취함으로써 그 효과를 분석했다. 그는 $1/T$이 δQ의 적분 인자임을 보이고 가역 과정과 비가역 과정을 고려함으로써 클라우지우스가 제시한 제2법칙의 일반적인 형태 $\int dQ/T \leq 0$를 유도했다. 이것은 열역학 제2법칙의 최초의 합리적인 역학적 해석이었다.[122] 볼츠만은 그의 증명을 열 이론이 아니라 그가 "더 일반적인 형태"를 부여한 일반적인 최소 작용의 역학적 원리에 의존하는 것으로 간주했다.[123]

클라우지우스도 열역학 제2법칙의 역학적 증명을 확보하기로 작정했다. 볼츠만의 연구를 모른 채로 클라우지우스는 몇 년 후에 유사한 증명에 도달했다.[124] 클라우지우스는 그 증명과 연관하여 최소 작용의 원리를 논의하면서 그가 해밀턴의 것과 유사하지만 더 일반적인 새로운 역학의 원리를 발견했다고 주장했다. 그와 볼츠만의 증명은 똑같이 변분 원리에

---

[122] Boltzmann, "Über die mechanische Bedeutung." Dugas, *La théorie physique*, 157.
[123] 볼츠만의 원리는 물체에 공급되는 활력의 변화뿐 아니라 적분 상·하한의 변화도 허용한다.
[124] Rudolph Clausius, "Ueber einen auf die Wärme anwendbaren mechanischen Satz," *Ann.* 141 (1870): 124~130.

에너지 원리의 의미와 비슷한 열의 역학적 이론의 의미를 부여했다. (유명한 동료나 자기 자신을 농담거리로 삼는 것을 개의치 않는 볼츠만은 1870년에 하이델베르크 대학의 키르히호프를 방문하는 동안 최신 논문에서 해밀턴의 원리를 사용했노라고 이렇게 편지에 썼다. "왜냐하면 이것이 지금은 유행이기 때문입니다. 외국의 최신 유행에 대해서 약간 배웠다는 것을 보여야겠습니다. 요즘 유행에 지팡이 없이는 나가지 않듯이 해밀턴의 원리 없이는 힘을 결정하지 않을 것입니다."[125]) 볼츠만은 그가 더 일찍이 내놓은 증명을 클라우지우스에게 주목하게 했고 결론이 나지 않는 우선권 논쟁을 일으켰다. 볼츠만은 그들의 증명이 공통점을 가진 것을 강조했고 클라우지우스는 그렇지 않다는 것을 강조했다.[126]

볼츠만은 그의 첫 번째 증명을 위해 너무 많은 것을 주장했다는 것을 깨닫게 되었다. 열역학 제2법칙을 역학적 용어로 표현하기 위해 그는 원자의 운동을 주기적인 경로로 제한했었는데 그것은 기체 입자의 복잡하고 개연성이 있는 운동이기에는 비현실적이었다. 그러던 중에 그는 기체 이론에 대한 맥스웰의 논문들에서 기체가 통계적으로 기술되어야 한다는 것을 알게 되었다. 1868년에 그는 분자 중의 속도 분포에 대한 맥스웰의 법칙을 새롭게 유도했고 그것을 가지고 맥스웰의 기체 이론을 일반화했다.[127] 그는 곧 그의 새롭게 얻은 통계적 이해를 열역학 제2법칙

---

[125] 볼츠만이 소장(슈테판?)에게 보낸 편지, 1870년 6월 26일 자, STPK, Darmst. Coll. 30.7.

[126] Ludwig Boltzmann, "Zur Priorität der Auffindung der Beziehung zwischen dem zweiten Hauptsatze der mechanischen Wärmetheorie und dem Prinzip der kleinsten Wirkung," *Ann.* 143 (1871): 211~230 in *Wiss. Abh.* 1: 228~236; Rudoph Clausius, "Bemerkungen zu der Prioritätsreclamation des Hrn. Boltzmann," *Ann.* 144 (1871): 265~274.

[127] Ludwig Boltzmann, "Studien über das Gleichgewicht der lebendigen Kraft zwischen bewegten materiellen Punkten," *Sitzungsber. Wiener Akad.* 58 (1868):

이라는 오래된 문제에 적용했고 1871년에 제2법칙의 두 번째 "수리 해석학적" 증명을 출간했다. 이번에 그는 주어진 상태에 분자가 있을 확률을 도입함으로써 비주기 운동 문제를 다루었다. 이제 열역학 제2법칙은 "새로워서 아직 이름이 붙지 않은 전문 분야인 통계 역학"의 정리theorem가 되었다. 이 분야에서는 확률 법칙이 역학의 법칙과 나란히 등장한다.[128] 볼츠만의 새로운 이해가 클라우지우스의 것이나 볼츠만 자신의 이전 이해에 비해 열 이론이 발전하는 데 더 생산적임이 곧 드러났다.[129]

볼츠만은 1866년에 박사학위를 받을 때 빈 물리학 연구소에서 조수가 되었다. 1868년에 그는 수리 물리학을 가르치는 사강사 자격을 얻었다.[130] 오스트리아의 사강사는 그들이 교수 자격 논문 심사를 요청할 때 의도하는 강의에 대하여 명시적으로 정부 부처의 승인을 구해야 했으므로, 볼츠만은 정부에 전체 계획을 제출했다. 그는 정부 부처에 "역학적 열 이론의 근본 원리"에 대한 첫 강의 과목에서 왜 역학적 열 이론이 칼로릭 이론보다 나은지 보여주고 제1, 제2 근본 법칙을 유도하고 이 법칙들에 비추어 고체, 액체, 증기, 기체의 본성과 특성을 논의할 것이라

517~560. *Wiss. Abh.* 1: 49~96에 재인쇄.

[128] Ludwig Boltzmann, "Analytischer Beweis des zweiten Hauptsatzes der mechanischen Wärmetheorie aus den Sätzen über das Gleichgewicht der lebendigen Kraft," *Sitzungsber. Wiener Akad.* 63 (1871): 712~732. *Wiss. Abh.* 1: 288~308에 재인쇄. Martin J. Klein, "Mechanical Explanation at the End of the Nineteenth Century," *Centaurus* 17 (1972): 58~82 중 61~62. Paul Ehrenfest, vol. 1, *The Making of a Theoretical Physicist* (Amsterdam and London: North-Holland, 1970), 97~100.

[129] Daub, "Rudolph Clausius," 180~181.

[130] 빈 대학에서 이루어진 볼츠만의 교수 자격 논문 심사에 관한 문서는 Boltzmann file, Öster. STA, 4 Phil.에 있다.

고 말했다. 후속하는 학기들에는 "이론 광학"을 가르칠 것을 계획했다. 거기에서는 에테르의 운동 이론, 하이흔스의 원리, 파면의 방정식 등을 다룰 것이라고 했다. 그는 추가로 "전기 이론"을 가르칠 계획이었다. 즉, 퍼텐셜 이론과 앙페르 이론, 전류의 상호 작용에 대한 베버의 공식, 이러한 상호 작용에 대한 패러데이의 관점과 전기 이론의 관계를 다룰 계획이었다.[131] 볼츠만의 주제 목록에는 경력 초기부터 그의 관심이 연구뿐 아니라 교육에서도 물리 이론의 근본적인 문제들을 향했다는 것이 드러나 있다.

1869년에 29세의 볼츠만은 그라츠 대학 수리 물리학 정교수로 승진했다.[132] 1873년에는 그 자리에서 빈 대학 수학 정교수로 자리를 옮겼다. 이 초기 교수 자리들은 볼츠만의 관심 전 범위를 나타내주지 않았고 그에게 자신의 관심사들을 발전시킬 적절한 기회를 주지도 않았다. 그는 빈 물리학 연구소에서 너무 철저히 훈련받았기에 "진정한 물리학자"는 실험 연구자이면서 이론 연구자라는 슈테판의 관점에 따라 실험 연구뿐 아니라 수리 연구도 병행했다. 그라츠 대학에서의 처음 몇 년 동안 그는 하이델베르크와 베를린을 방문하여 거기에서 실험 연구를 수행했다. 베를린 대학 헬름홀츠의 실험실에서 그는 "톰슨의 전위계를 가지고 축전기 중간의 절연층에 따른 용량의 변화에 대하여 탐구했다. 그것은 길고 시간이 오래 걸리는 연구였다. 나는 가능한 한 헬름홀츠와 긴밀히 접촉하기 위해 더 많은 실험을 했다. 내가 그 주제 자체에 특히 관심이 있었기 때문이 아니라 계산하는 물리학자는 결코 실험을 하지 않는다는 견해

---

[131] 빈 대학 철학부 학부장이 문화교육부에 보낸 편지, 1868년 3월 9일 자; Boltzmann, "Plan der Vorlesungen, welche der Gefertigte an der Universität zu Wien zu halten beabsichtigt," 1868년 3월; Boltzmann file, Öster. STA, 4 Phil.
[132] 그라츠 대학에 볼츠만이 임용된 문서들, Öster. STA, Phil. Physik.

를 가능한 한 배격하기 위해서였다." 그러나 볼츠만은 그가 사용하는 기구들의 정밀성에 매혹되었다.[133] 그라츠 대학으로 돌아간 후에 볼츠만은 헬름홀츠에게 베를린 대학에서 시작한 연구를 계속하고 있다며 그라츠 물리학 연구소에서 강의를 하지 않을 때에만 그 일을 할 수 있다고 편지에 적었다. 왜냐하면 교육과 연구 둘 다를 위한 충분한 공간이 없었기 때문이었다. 빈 대학에서 그의 새로운 일자리를 잡은 직후에 볼츠만은 다시 헬름홀츠에게 편지를 써서 그렇게 이직한 것 때문에 기체와 결정화된 물체의 유전성dielectricity[134]에 대한 그의 연구가 중단되었다고 말했다. 볼츠만은 이제 수학 교수였고 "나에게는 물리학보다는 항상 멀리 떨어져 있는" 과목에 책임이 있었다. 그는 "연구를 위해 물리학 기구실을 마음대로 쓸 수 있는 자리를 얻고 싶다는 소원"이 있었기에 실망했다. 그는 그런 자리가 그에게 "훨씬 더 적합하다"고 생각했다.[135] 자신에게 적합하지 않은 자리에 있었던 빈 대학에서도 볼츠만은 실험 연구를 계속했다. 그것은 슈테판과의 좋은 관계를 고려할 때 그렇게 어려운 일은 아니었을 것이다. 물리학 기구실에 대한 그의 소원은 1876년에 그가 그라츠 대학의 "실험 물리학" 교수로 임용되면서 이루어졌다.

---

[133] 볼츠만이 소장(슈테판?)에게 보낸 편지, 1872년 2월 2일 자, STPK, Darmst. Coll. 30.7.

[134] [역주] 축전기의 양극판 사이에 성질이 다른 절연 물질을 넣어보면서 축전기의 용량을 재서 물질의 유전체로서의 본성을 알아보는 연구를 말한다. 양극판 사이에 넣는 물질의 유전율이 높을수록 축전기의 전기 용량은 커지는데 이러한 유전율의 차이가 어디에서 비롯되는지 분자적 관점에서 탐구하는 일을 볼츠만은 하고 있었다.

[135] Gisela Buchheim, "Zur Geschichte der Elektrodynamik: Briefe Ludwig Boltzmanns an Hermann von Helmholtz," *NTM* 5 (1968): 125~131 중 126, 128, 129.

09 독일 대학의 물리학: 1840년부터 1870년까지

지금까지 우리가 논의한 물리학자들의 조직화 노력이 주효하여 1870년이 되면 대학들에서 독일식 물리학 교육과 연구 방식이 얼추 확립되었다. 베버나 마그누스 같은 이들의 진취성, 추진력, 창의성은 비범한 것이었다. 다른 물리학자들이 그에 견줄만한 제도를 얼마나 성취할 수 있었는가는 주로 개별 영방국가의 재정과 관심에 따라 달랐다. 몰Robert von Mohl이 바덴 대공국과 그 대학들에 대하여 말한 것이 전반적으로 이에 해당했으니, 과학자들은 과학의 필요를 충족하기 위해 국가 재정을 좌지우지할 수 있는 경우가 거의 없었다.[1] 이때가 되면 탁월한 연구를 한다는 명성을 가진 과학자가 그렇지 못한 동료보다 높게 평가받았지만 일단 임용된 후에 그 명성이 도움이 될지, 그 명성 덕택에 그의 연구를 계속할 적절한 수단을 제공받을 수 있을지 보장이 없었다. 드문 예를 제외하면 과학자가 얻은 자리가 현지의 필요나 교과 과정상의 요구에 휘둘리지 않는 것은 탁월한 연구로는 충분하지 않았다. 독일의 영방국가들은 대학의 학부들이 촉구하는 대로 최고의 과학자를 확보하는 영광만을 얻으려

---

[1] Robert von Mohl, *Lebens-Erinnerungen* (Stuttgart and Leipzig: Deutsche Verlags-Anstalt, 1902), 1: 221.

경쟁할 여건이 되지 않았다.² 또한 연구를 보상한다는 이유로 젊은 과학자를 승진시킬 수도 없었다. 이런 식으로 프로이센이 승진을 시킨 결과가 좋지 않았던 선례가 있었기 때문이었다.

특정한 대학에서 물리학의 운명은 상당한 정도로 그 국가에서 그 대학이 갖는 중요성, 즉, 그 대학이 그 국가에 있는 유일한 대학인지, 몇 개의 대학을 가진 국가의 지방 대학인지, 몇 개의 대학을 가진 국가의 수도에 있는 대학인지에 달려 있었다. 이 시기에는 19개의 독일 대학이 있었다. 베를린 대학과 뮌헨 대학은 프로이센과 바이에른의 수도에 있었다. 하이델베르크 대학은 바덴의 수도에 있지 않았으나 이 시기에 제1대학의 역할을 했고 프라이부르크 대학이 제2대학의 역할을 했다. 에를랑엔 대학과 뷔르츠부르크 대학은 바이에른의 지방 대학들이었다. 그라이프스발트, 할레, 브레슬라우, 본, 쾨니히스베르크 대학은 1866년 이전에 프로이센의 지방 대학들이었다. 마르부르크, 기센, 튀빙겐, 예나, 킬, 로스토크, 괴팅겐, 라이프치히 대학은 각각의 영방국가에 유일한 대학들이었다. 유일한 대학들은 그 국가의 전문 인력과 관료를 교육하고 자격을 부여하는 이권을 누렸다. 그 책임이 분할되지 않은 덕택에 이 대학들은 그들의 정부에 관심과 지원을 요청할 권리를 확보했다. 한 대학 이상을

---

² 예를 들면, 디리클레가 사망한 후 괴팅겐 대학의 학부 구성원 중 몇 명은 그의 월급으로 꼭 수학자는 아니더라도 또 한 명의 위대한 과학자를 그 대학으로 데려오려 했다. 특히 의학부는 그 당시에는 아직 생리학자였던 헬름홀츠를 원했다. 그러나 그것은 괴팅겐 대학에는 이미 루돌프 바그너(Rudolph Wagner)라는 훌륭한 생리학자가 있으니 대신에 수학자를 임용해야 하므로 이미 괴팅겐에 와 있는 리만을 승진시켜야 한다는 주장에 묻혀버렸다. Warnstedt, "Vortrag betr. Die Ausfüllung der durch das Ableben des Professors Lejeune-Dirichlet entstandenen Lücke auf der Universität Göttingen" (1859), Riemann Personalakte, Göttingen UA, 4/V b/137. 또한 바른슈테트가 루돌프 바그너에게 보낸 편지, 1859년 5월 18일자, R. Correspondence, Göttingen UB, Ms. Dept.

가진 영방국가의 대학들은 같은 책임을 가졌지만 어느 곳도 그에 대한 독점권을 누리지는 못했다.

"하나뿐인" 대학에서의 물리학

"하나뿐인" 대학에서의 물리학은 다른 곳보다 적절한 지원을 얻을 더 좋은 기회를 누렸다. 왜냐하면 물리학은 의학 교육을 위한 기초 과학 중 하나였기 때문이었다. 전문 분야로서 의학은 자연 과학보다 훨씬 더 학생들에게 인기가 있었다. 이 때문에 물리학자들은 오랫동안 그들의 주요한 실험 물리학 강좌의 수강생으로 의학생에 크게 의지해 왔다. 물리학자들은 물리 교육에 대한 새로운 관점에 따라 물리학 교과 과정을 향상시키려고 의학생들이 물리학 공부를 확실히 진지하게 생각하기를 원했다. 의학생들이 시험을 보도록 요구할 수 있었다면 그들을 강의뿐 아니라 실험실 실습 과목에도 불러들일 수 있었을 것이다. 이 시기 내내 물리학자들은 그들의 대학에 있는 의학부의 지원을 얻기 위해 투쟁해야 했다. 이 학부 모두가 물리학에 그렇게 많이 "긴급한 필요"가 있음을 인정하지도 않았고 그들 자신이 아니라 물리학 교수들이 관리하는 물리학 시험을 요구하도록 쉽게 설득되지도 않았다. 왜냐하면 그것은 의학생 훈련에 대한 통제권 일부를 외부인들에게 넘겨주는 것을 의미했기 때문이었다.[3]

라이프치히 대학은 의학생들에게 의학 과목들을 수강하도록 허락하

---

[3] 4장의 각주 121을 보라. 빌헬름 베버가 "내각 장관(Cabinets-Minister)"에게 보낸 편지, 1837년 2월 8일 자, Göttingen UA, 4/V h/15.

라이프치히 대학, 중간 파울리눔(Paulinum). 옛 수도원의 이 부분은 1835년까지 물리 컬렉션을 소장했다. *Die Universität Leipzig, 1409~1909*, 17에서 재인쇄.

기 전에 모든 "이론적" 기초 지식, "특히 물리학에 관한" 지식에 대한 시험을 통과하기를, 가장 일찍 요구한 대학 중 하나였다.[4] 그리하여 라이프치히 대학의 물리학자들은 학생이 모자라지 않았다. 1849년에 라이프치히 대학에서 베버의 뒤를 이은 항켈Hankel은 55명의 학생과 함께 그의 강의를 시작했고 이후 30년 동안 그 수가 400명으로 늘어나는 것을 보았다. 추가로 상당한 수의 학생들이 실험실 실습 과목을 들었고 그 수강생 수는 1862년에 42명에 달했다.[5] (대조적으로 근처인 프로이센의 할레 대학에서는 물리학자들의 수업에 아주 적은 수의 학생들만이 참여했다.

---

[4] 베버가 "내각 장관"에게 보낸 편지, 1837년 2월 8일 자; 라이프치히 대학 의학부 학부장인 쿨(Karl August Kuhl)이 베버(E. H. Weber)에게 보낸 편지, 1837년 5월 11일 자; Göttingen UA, 4/V h/15.

[5] *Festschrift zur Feier des 500 jährigen Bestehens der Universität Leipzig* (Leipzig: S. Hirzel, 1909), vol. 4, pt. 2, p. 58.

그 대학의 의대생들은 일반적으로 물리 강의를 다른 대학에서 들었다.[6]
뷔빙겐 대학에서는 라이프치히 대학에서처럼 물리학이 의학부의 지원을 누렸다. 그곳의 천문학, 수학, 물리학 교수인 뇌렌베르크J. G. C. Nörrenberg가 1851년에 은퇴했을 때 뷔르템베르크 정부는 그를 대신할 두 명의 정교수 자리를 위하여 기금을 마련해 놓은 상태였다. 이 교수 자리 중 하나는 물리학만을 담당하는 자리였다. 그 정부는 물리학이 "**실용적 중요성**"이 증가하고 있었기에 그런 결정을 내렸다. "자연 과학에 기초를 둔 그러한 전문직", 특히 의료직에는 "물리학의 독특한 연구 방법"이 이제 큰 영향력을 행사하고 있었기 때문이었다. 그들은 "실용적" 배경의 물리학자인 뷔르템베르크 사람 로이쉬Eduard Reusch를 선택했다. 그는 당시에 슈투트가르트에 있는 뷔르템베르크의 종합기술학교에서 가르치고 있었다. 로이쉬는 고급 수학을 잘 알지 못하는 학생들에게도 그의 과목을 명쾌히 제시하여 흥미를 북돋우는 선생이 됨으로써 기술학교 학생들에게 물리학의 방법을 전달했듯이 그것을 의학생들에게 전달하면 되었다.[7] 로이쉬는 당시 물리학자들처럼 일반 강의로는 충분하지 않으므로 물리학은 시험 요구 과목이 되어야 대부분의 학생들이 그 과목을 진지하게 공부하리라는 것을 알고 있었다.[8] 그리하여 뷔빙겐 대학에서 물리학 교육에 일어난 최초의 진보는 교육의 수준을 올리는 것이 아니라 단지

---

[6] 블루메(Blume)가 "Geheim-Cabinetsrath"에게 보낸 편지, 1831년 5월 17일 자, Weber Personalakte, Göttingen UA, 4/V b/95a.

[7] 국왕에게 보낸 종무 교육부의 보고서, 1851년 10월 25일 자, HSTA, Stuttgart, E14 Bü 1471.

[8] 로이쉬가 뷔빙겐 대학 철학부에 보낸 문서, 1859년 6월 16일 자, *Quellen zur Gründungsgeschichte der Naturwissenschaftlichen Fakultät in Tübingen 1859~1863*, ed. Wolf von Engelhardt and Hansmartin Decker-Hauff (Tübingen: J. C. B. Mohr [Paul Siebeck], 1963), 55~57.

분리된 교수 자리를 얻는 것뿐이었다. 1859년과 1863년 사이에 튀빙겐 대학의 물리학은 의학 측에서 더 많은 지원을 받았다. 의학부의 권장으로 자연 과학은 모든 의학생이 공부를 시작할 때 배당되는 별도의 학부가 되었다. 이 대학에서 의학생들은 물리학을 포함하는 자연 과학 시험을 통과했을 때에만 의학부로 진급할 수 있었다.[9] 이러한 변화들을 통해서 튀빙겐 대학의 물리학은 최고의 대학 물리학 교육을 위한 기준에 상당히 접근했다. 이제 이 대학은 물리학 정교수 자리를 확보했고 1865년부터 로이쉬는 정규적인 "실행 물리학 실습"을 제공했다.[10] 그러나 튀빙겐 대학에서 물리학이 학생 수급 때문에 의학에 그렇게 많이 의존했기에 로이쉬는 물리학의 수학적 측면을 똑같이 진전시키는 데 성공하지 못했다.[11] 로이쉬가 1868년에 카를 노이만을 잃은 후에 유감스럽게 인정한 것이지만 튀빙겐 대학은 아직 훌륭한 수학자가 연구할 만한 장소가 아니었다.[12] 수학 물리학 세미나가 이듬해에 설립되면서 이런 상황을 개선하는 데 도움이 되었다.[13]

---

[9] Klüpfel, *Tübingen*, 161.

[10] *Festgabe*, 1.

[11] 1859년에 로이쉬는 의사들의 물리학 지식은 "드물고 부적절했다"라고 말했다 (Quellen, 57). 대략 그때 즈음에 독일 어디에 있든 의학생들은 수학을 알지 못하고도 물리학의 가장 중요한 단원들을 배울 수 있을 정도로 물리학에 대한 이해가 불완전했다. 의학생을 위한 물리학 참고서를 쓴 한 저자는 다른 물리학 책에 나오는 수식을 장식이라고 말했다. Rudolph Wagner, *Taschenbuch der Physik* (Leipzig, 1851), 서문.

의학생인 헬름홀츠는 개인적인 공부를 통해 1840년대에 수학에 대한 포괄적인 지식을 얻었다. 그는 물리학을 그의 생리학 연구에서 사용할 생각이었기 때문이었다. 그의 동료 학생인 브뤼케와 뒤부아레몽은 그 프로그램에 똑같이 헌신했지만 그 지식을 얻지 못했고, 그들이 나중에 시인했듯이 그 지식 덕택에 헬름홀츠는 상당히 앞서나갈 수 있었다. Koenigsberger, *Helmholtz*, 1: 44.

[12] 로이쉬가 프란츠 노이만에게 보낸 편지, 1868년 10월 3일 자, Neumann Papers, Göttingen UB, Ms. Dept.

의학 외에도 학생들에게 물리학을 공부하기를 요구할 수 있는 다른 전문직은 교직이었다. 우리가 보았듯이 물리학자들은 그들의 분야 전반을 진보시키기 위해서 교사 훈련과 자신들이 연관 있다는 것을 이용했다. 의료직이나 교직 이외에 다른 전문직은 당시에 대학에서 물리학을 배워야 할 강한 논거를 제시하지 않았다. 정부 지원에 대한 호소가 있더라도 관료가 되려고 준비하는 학생들이 물리학을 알 필요가 있다고 말하는 경우는 거의 없었다.[14] 당시에 의학, 교육, 법률만큼이나 국가에 많은 봉사를 해온 기술 전문직에서 물리학을 활용할 필요는 인정되었지만 기술 전문직이 대학의 물리학에 별로 도움을 주지는 못했다. 왜냐하면 통상적으로 기술 전문직은 다른 곳에서 교육을 받았기 때문이었다. 대부분의 대학이 보통 "경제학" 전공의 일부로서 "기술" 과목들을 제공했지만, 기술은 좀처럼 대학에서 중요한 과목이 아니었다. 대부분의 영방국가 수도에는 기술학교가 있었고 그것은 이전의 궁정 군사학교에서 자라난 것이었다. 그래서 라이프치히 대학은 드레스덴 종합기술학교로 보완이 되었고 괴팅겐 대학은 하노버의 종합기술학교로, 튀빙겐 대학은 슈투트가르트에 있는 종합기술학교로, 마르부르크 대학은 카셀의 종합기술학교로 보완되었다. 대학이 하나 이상 있는 영방국가인 바덴, 바이에른, 프로이센 중에서 뒤의 두 국가에는 역시 종합기술학교도 하나 이상 있었다. 단지 기센, 킬, 로스토크, 예나 대학만이 이 시기에는 그들 국가의

---

[13] Tübingen, *Festgabe*, 14.
[14] 마르부르크 대학의 게를링은 수학과 자연 과학에 학생들이 별로 관심이 없는 것을 불평했다. 이는 이 과목들에 대한 지식을 국가 관리가 지녀야 한다고는 누구도 기대하지 않았기 때문이었다. 그는 새로운 법이 논의되는 것에 희망을 걸었다. 새 법은, 미래의 관리 자격 제도를 도입하기 위해, 일반 시험을 확립하고 정치 경제 학교에 수학과 물리학 지식을 반영할 것이었기 때문이었다. 게를링이 헤센 정부에 보낸 문서, 1831년 8월 15일 자, STA, Marburg, Bestand 307d, Nr. 21.

종합기술학교에 의해 보완되지 않았다. 결과적으로 이 네 대학은 이런저런 방식으로 기술 훈련에 관계하게 되었고 그것이 좋든 나쁘든 물리학 교육에 영향을 미쳤다.

기술 훈련에 관여하는 것이 로스토크 대학과 킬 대학에서는 물리학에 부정적인 영향을 미쳤고 기센 대학에서는 긍정적인 영향을 미쳤다. (예나 대학이 관여한 것은 이 시기 이후에 이루어졌다.) 로스토크와 킬은 항구 도시로서 해군 학교가 있었고 이 학교들은 지역 대학과 교수진을 공유했으며 대학의 자연 과학 교원들의 시간을 많이 빼앗았다. 로스토크 대학은 아주 작고 가난해서 물리학 교수가 아직 없는 유일한 독일 대학이었다. 거기에서 물리학은 수학 교수인 헤르만 카르스텐Hermann Karsten과 화학 교수인 슐체Franz Schulze가 일부를 맡아서 가르쳤다. 이들은 둘 다 해군 교육에 관련된 의무로 계속 바빴다. 카르스텐은 대학에서 항해술을 가르쳤고 항해 학교를 지도했고 "선원을 위한 천체력"을 편집했다. 로스토크 대학에는 물리 실험 과목이나 세미나가 없어서 일반 물리학 강의 이상의 교육이 없었다는 것은 물리학에 과학적 관심이 있는 학생이 거의 없었다는 것을 의미했고, 카르스텐과 슐체가 물리학을 더 철저하게 연구할 필요가 없었거나 그럴 의향이 부족했다는 것을 의미했다. 20세기로 들어설 때 로스토크 대학의 물리학 강의실은 여전히 48명의 학생만을 수용했다.[15]

킬 대학에서 1851년부터 물리학과 광물학 교수였던 구스타프 카르스텐Gustav Karsten은 그가 물리학에 쏟을 자원 대부분을 과학적인 기상학 서비스에 투입했다. 그도 대학에서 가르치던 같은 시기에 지역의 해군

---

[15] Gerhard Becherer, "Die Geschichte der Entwicklung des Physikalischen Instituts der Universität Rostock," *Wiss. Zs. d. U. Rostock, Math.-Naturwiss.* 16 (1967): 825~830 중 826, 829.

학교에서 가르쳤다. 카르스텐은 베를린에서 킬로 왔는데 베를린에 있을 때에는 헬름홀츠와 클라우지우스를 포함하는 젊은 과학자들로 이루어진 작고 배타적인 그룹의 구성원이었고 베를린 물리학회의 공동 창립자였다. 킬 대학에서 그는 예상대로 실험 물리학 과목을 가르쳤고 때로는 심지어 수리 물리학도 가르쳤다. 그는 실습을 이끌었고 몇 명의 학생이 수행하는 물리 연구를 지도했다. 그러나 물리학은 그 대학에서 번성하지 않았다. 심지어 큰 실험 강의 과목도 겨우 10명이나 15명만 수강할 정도였다. 그 대학에서 1894년까지 이어진 카르스텐의 오랜 재직 기간 대부분에 물리학에 투입될 지역적 자원은 본질적으로 다른 곳에 쓰였다.[16] 카르스텐은 물리학 이외의 다른 영역에서 자신의 조직 재능을 발휘할 분야를 찾아냈던 것이다. 킬의 지리적 위치와 해운의 기능을 고려할 때 그런 분야가 그곳에서 더 중요했고 결과적으로 더 많은 이익을 냈다.

물리학이 기술 훈련과 연결되어 혜택을 본 유일한 대학인 기센 대학은 국가를 위해 1837년부터 1875년까지 대학과 종합기술학교의 기능을 겸했다. 이 대학은 다른 대학처럼 기술 과목을 개설했을 뿐 아니라 학생들이 공학이나 기술을 전공하여 철학박사 학위를 받게 해주었다. 기센 대학은 그 당시에 독일에서 그렇게 한 유일한 고등 교육 기관이었다.

---

[16] Charlotte Schmidt-Schönbeck, *300 Jahre Physik und Astronomie an der Kieler Universität* (Kiel: F. Hirt, 1965), 65~73; B. Schwalbe, "Nachruf auf G. Karsten," *Verh. phys. Ges.* 2 (1900): 147~159 (관련된 많은 세부 사항은 불명확하다.); Leonhard Weber, "Gustav Karsten," *Schriften d. Naturwiss. Vereins f. Schleswig-Holstein* 12 (1901): 63~68; W. Wolkenhauer, "Karsten, Gustav," *Biographisches Jahrbuch und Deutscher Nekrolog* 5 (1900): 76~78. 킬 대학에서의 물리학 재정 지원의 세부 사항은 다음 보고서와 편지에 나와 있다. 괴팅겐 대학 감독관이 고슬러(Gossler) 장관에게 보낸 보고서, 1883년 10월 16일 자, Göttingen UA, XVI. IV. C. v; 이전에 코펜하겐의 관리였던 감독관 바른슈테트(Warnstedt)가 바그너(Rudolph Wagner)에게 보낸 편지 [1854?], Rudolph Wagner Correspondence, Göttingen UB, Ms. Dept.

이러한 제도는 1877년에 다름슈타트Darmstadt에 종합기술학교가 설립되면서 중단되었다.[17] 이미 1838년에 기센 대학은 물리학만을 위한 정교수 자리를 확보했고 그 자리에 부프Heinrich Buff가 임용되었다. 부프를 임용함으로써 기센 대학은 게이뤼삭과 리비히에게 실험 훈련을 받아 탁월한 과학계의 인맥을 가진 물리학자를 얻은 것이었다. 또한 부프가 카셀의 종합기술학교에서 가르친 적이 있었으므로, 기술 교육의 경험이 있는 물리학자를 얻은 것이었다. 기센 대학의 물리학을 위해 가장 중요한 것은 부프가 자연 과학에서 수학의 중요성을 처음부터 확실하게 믿은 "과학적인" 실험 물리학자의 성향과 확신이 있는 인물이었다는 점이다. 대학이자 기술학교인 기센 대학의 이중적 역할 때문에 부프는 그의 포괄적인 물리학 강의를 수강하기로 예정된 의학생에 더해 더 많은 수강생을 바랄 수 있었다.[18] 그는 또한 리비히에게 배우려고 기센 대학으로 몰려온 많은 화학 전공 학생 중 몇 명이 수강할 것도 기대할 수 있었다. 리비히가 기술직에 종사할 학생들을 화학으로 훈련했기에 이것은 물리학과 기술 훈련의 또 하나의 연결이었다. 원래 화학자였던 부프는 화학과 약학의 필요를 염두에 두고 물리학을 가르쳤다.[19] 1846년에 한 신문은 대부분의 독일 대학에서 수강생 수가 지난 몇 년간 줄어든 반면에 기센 대학

---

[17] M. Biermer, "Die Grossherzoglich Hessische Ludwigs-Universität zu Giessen," in Wilhelm Lexis, ed., *Das Unterrichtswesen im Deutschen Reich*, vol. 1, *Die Universitäten im Deutschen Reich* (Berlin: A. Asher, 1904), 562~564 중 564.

[18] Lorey, "Physik…Giessen," 87~96. 물리 교육에 대한 부프의 견해는 1861년에 기센 대학에서 수학물리학 세미나를 설립하는 데 대한 그의 보고서에서 얻을 수 있다. Giessen UA, Phil H Nr. 36.

[19] Borscheid, *Naturwissenschaft*, 39는 리비히가 기센 대학에 있는 것에서 기센 대학의 물리학이 유익을 얻었다고 주장하지만 실험실 교육에 대한 리비히의 관점을 당시의 관점을 따르지 않는 것, 심지어 "시대정신에 대한 공격"으로 생각하는 상투적인 잘못을 범한다.

에서는 계속 증가했다는 것에 주목했다. 이것은 부분적으로 "자연 과학을 철저하게 공부하기 위해" 기센 대학에 투입된 많은 자금 때문이라고 보아야 한다고 그 신문은 덧붙였다. 이 신문은 기센 대학이 교수진에 탁월한 식물학자 겸 동물학자를 추가할 수 있다면 "의사, 제조업자, 기술직 종사자, 약사, 농업인들이 이곳보다 더 철저하게 그들의 전공을 준비하게 해줄" 독일 내 다른 대학은 거의 없을 것이라고 했다.[20]

대학의 물리학자가 튀빙겐 대학과 기센 대학처럼 가르치기 좋은 환경 때문에 학생들을 보장받으면, 국가 지원을 기대할 수 있었다. 그 당시에 많은 독일 물리학자가 그랬듯이 튀빙겐 대학의 로이쉬는 1851년에 거의 아무것도 없이 시작했다. 그의 전임자들은 그 지역의 천문학자를 겸하고 있었으므로 튀빙겐 천문대의 적절한 구획을 마음껏 사용했다.[21] 그러나 오로지 물리학 교수였던 로이쉬는 강당과 물리 기구실 용도로 부적합한 방 두 개를 그냥 써야 했다. 그는 약간의 개선을 얻어내었다. 첫째, 그는 강당의 좌석을 계단식으로 설치하여 강당을 실험 강의에 적합하게 만들었다.[22] 문자 그대로 높은 강단에 선 강의자의 발끝(대학의 전승에 따르면 위대한 선생들을 존경하는 학생들이 모이는 장소)에 있었던 낮은 좌석을 계단식으로 끌어 올려 강의자와 실험대가 잘 내려다 보이게 만든 변화는 19세기에 과학 강의실에 도입되었다.[23] 과학 강의실에 처음으로

---

[20] Borscheid, *Naturwissenschaft*, 34 n. 84.
[21] 게틀링은 튀빙겐 대학이 지난 20년 동안 제공한 우호적 환경에 대해서 말했다. 카셀에 있는 정부에 보낸 편지, 1831년 8월 15일 자, STA, Marburg, Bestand 307d, Nr. 21. 또한 *Festgabe*, 9~10.
[22] *Festgabe*, 1. Klüpfel, *Tübingen*, 122.
[23] Eduard Schmitt, "Hochschulen im allgemeinen," 4~53 중 9와 Hermann Eggert, "Universitäten," 54~111 중 81; 둘 다 *Handbuch der Architektur*, pt. 4, sec. 6, no.

영구적으로 설치되고 전문화된 시설이 된 계단식 좌석은 과거에 종종 과학 강의에 사용된 다목적 대학 강당을 독립된 물리학 강의실로 바꾸는 데 기여했다. 또 물리 강의실에 물자를 공급할 부담이, 이전에 많은 대학에서 물자 공급을 책임졌던 물리학 교수들에게서 국가로 전이되었다. 둘째, 로이쉬는 가치 있는 기구를 많이 모았는데 그중에서 가장 중요한 것은 가우스와 베버 이후에 물리학자들에게 거의 규정화된 도구가 된 전기와 자기 측정 기구들이었다.[24] 그러한 기구를 확보하는 것은 현대적인 물리학 연구소를 얻을 최초의 단계가 되는 경우가 많았다. 그 기구들은 가격이 비싸고 복잡하며, 주의 깊게 유지하고, 사용될 곳에 영구적으로 설치되어야 하고 연구뿐 아니라 교육에서 사용되어야 하므로 조만간 적절한 설치 장소를 요구했다. 더욱이 기구들은 이제 국가 재산이었으므로 그들은 국가에 장소가 필요했다. 전문화된 강의실과 실험실, 그리고 민감하고 아직 덩치가 큰 실험 장치들은 피치 못하게 그 장치들을 놓을 특별한 건물이 제공되어야 함을 암시했다. 튀빙겐에서 물리학 연구소로 쓸 건물은 1863년에 벌써 검토되었다.[25] 로이쉬가 작성해야 했던 계획은 실행되지 않았지만 그런 허울뿐인 시작은 꽤 전형적이었다. 물리학을 위한 물질적 수단의 확보가 더디게 이루어졌기에 이 시기의 독일 물리학자들은 그것을 기다리다가 전체 경력을 소모하는 일이 많았다.

 부프는 리비히의 사례가 성공을 약속해준 기센 대학에서 물리학 연구소를 얻는 데 일찍 주도권을 쥐었다. 그는 1838년에 자신의 집 한쪽에 연구소를 열었지만 처음부터 그것을 기센 대학의 공식적인 물리학 연구

2al에 있다.
[24] Klüpfel, *Tübingen*, 122.
[25] *Festgabe*, 1.

소로 인정받게 했다. 그는 자신의 집에 있는 강당과 연구실의 집기에 대하여 변상을 받았고 그 안에 그의 선임자들이 쓰던 기구 컬렉션을 옮겨놓았다. 1844년부터 그는 자신이 연구소에 제공한 이 방들에 대하여 국가로부터 임대료까지 받았다. 그의 연구소에는 교수진과 학생이 연구할 공간과, 1862년부터 물리 세미나에서 수행되는 실험실 실습을 할 공간이 있었다. 추가로 부프의 연구는 젊은 동료들의 연구에 의해 보완되었는데 이들은 월급을 받았을 뿐 아니라 기구를 위한 돈과 시설도 제공받았다. 이것은 당시로서는 통상적이지 않은 제도였다.[26]

지방 대학의 물리학

바덴, 바이에른, 프로이센의 지방 대학들은 통상적으로 다른 독일 대학에 비하여 불리한 위치에 있었다. 19세기 초 전쟁 이후에 영토 재분배가 이루어지면서 새로운 대학들이 모두 세 나라로 배치되었다. 가령, 그라이프스발트 대학은 프로이센에, 에를랑엔 대학은 바이에른에, 프라이부르크 대학은 바덴에 속하게 되었다. 다른 많은 대학이 문을 닫았기에 에를랑엔과 프라이부르크 대학도 같은 운명에 처할 수 있다는 불편한 생각을 떨칠 수 없었다. 에를랑엔 대학과 같이 새로 확보된 작은 규모의 대학은 재산과 다른 수입원을 잃었고 이제는 재정적으로 국가에 의지해야 했기 때문에 그 귀속 국가에게 반갑지 않을 수도 있었다.[27] 대학이

---

[26] 상세한 것은 pp. 302~303를 보라.
[27] Theodor Kolde, *Die Universität Erlangen unter dem Hause Wittelsbach, 1810~1910* (Erlangen and Leipzig: A. Diechert, 1910) 특히 96~164. 몰(Robert von Mohl) (Württemberg, Statistisches Landesamt, *Statistik der Universität Tübingen*, 23)과

재산을 유지하여 여전히 스스로를 지원할 수 있다 할지라도, 대학은 프라이부르크 대학처럼 정부와의 종교적인 차이 때문에 마찬가지로 환영받지 못할 수도 있었다.[28] 또는 그라이프스발트 대학처럼 교육 개혁을 위한 정부 부처의 계획에 맞지 않을 수도 있었다.[29] 어쨌든 대학들의 미래에 대한 불확실성이 해당 영방국가가 얼마나 기꺼이 대학들을 지원해 줄 것인지에 영향을 미친 것처럼 이 대학들에 대한 기대와 대학들의 물질적 요구에도 영향을 미쳤다.

그러나 대학들의 미래에 대한 또 하나의 위협은 학생 수의 감소였다. 프라이부르크 대학은 종교적 차이뿐 아니라 학생 수 감소 때문에도 우리가 다루는 시기에 여러 번 폐교의 위기에 처했다. 그 대학은 처음에 스위스 학생들을 잃었다. 이전에는 편리한 위치 때문에 프라이부르크 대학에는 스위스 학생들이 찾아왔는데 스위스가 베른과 취리히에 대학을 설립하자 더는 학생을 유인할 수 없게 되었다. 그다음에 1836년에는 철학부 학생이 많이 줄었다. 이때에는 전문 학부에 진입하려는 학생들을 준비시키는 임무가 김나지움에 떠맡겨졌기 때문이었다.[30] 이 두 번째 감소는 아주 대규모라서 1841년의 겨울이 되자 철학부 등록생은 2명으로 떨어졌다. 대략 50명의 학생을 모으곤 했던 물리학 교수인 부허러G. F. Wucherer는 실험 물리학과 이론 물리학 강의를 한 과목으로 합쳤고 거기에 실용적 주제나 물리학의 위대한 발견들에 대한 대중적인 강의를 추가하여 할 수 있는 한 많은 학생을 끌려고 노력했다.[31] 기본적인 강의를

리제(*Hochschule*, 65)가 19세기 독일 대학을 더는 "언급할 만한 사유 재산"을 소유하지 못하는 국가 교육 기관으로 보는 것은 그 대부분의 대학에 적용된다.

[28] Borscheid, *Naturwisssenschaft*, 70~71, 75. Riese, *Hochschule*, 74.
[29] Lenz, *Berlin*, vol. 2, pt. 1, p. 11.
[30] Fritz Baumgarten, *Freiburg im Breisgau* (Berlin: Wedekind, 1907), 118~119. Gericke, *Mathematik···Freiburg*, 54~59.

김나지움에 넘겨준 후에 가능해진 물리학 강의의 수준을 과학적 수준으로 올리려는 시도는 학생의 부족으로 실패했다.[32] 1844년에 부허러의 뒤를 이은, 플뤼커, 부프, 리비히라는 역량 있는 과학자들의 제자였던 35세의 요한 뮐러Johann Müller 같은 정력적인 물리학자조차 상황을 변화시킬 수는 없었다.[33] 1846년에 그가 프라이부르크 대학으로 온 직후에 그는 수학 교수 외팅어Ludwig Öttinger와 다른 과학 교수들과 함께 수학 및 자연과학 세미나를 시작했다. 그러나 1853년에 그 세미나는 학생을 모으지 못해서 취소되었다.[34] 뮐러는 1850년에 여름만이 아니라 학년 내내 실험물리학 강의 과정을 개설하기를 요청받았다. 그것은 작지만 그에게 성공을 가져다준 조치였다.[35] 1869년까지 뮐러는 이론 물리학을 강의하지 않았다. 이론 물리학은 부분적으로 외팅어의 역학 강의에서 다루어졌고

---

[31] *Aus der Geschichte⋯Freiburg*, 16.
[32] *Aus der Geschichte⋯Freiburg*, 17은 1842년에 부허러가 은퇴했을 때 그의 자리는 학생이 부족해 비게 되었다고 주장한다. 부허러는 1843년에 마비를 일으키는 질병으로 사망했다. 그의 최후는 아마도 그 당시 곧 다가올 일이기에 겨우 두 달 후에 도베는 프라이부르크 대학 물리학 자리에 관심이 있는지 문의를 받았다. 1844년 1월에 그는 그 일자리를 제안받았다. 그는 거절하면서 대신에 모저(Moser)를 추천했고 모저는 1844년 4월에 그 자리를 제안받았다. 모저는 그가 쾨니히스베르크 대학에서 받고 있는 1,000탈러를 넘는 봉급뿐 아니라 물리학 기구실과 그것을 보조할 연례 자금을 받을 수 있다면 기꺼이 프라이부르크 대학에 가고자 했다. 드러난 바로는 프라이부르크 대학은 그에게 이 조건을 제시할 수 없었다. 부허러의 후임자를 위한 협상은 서둘러 시작되었지만 그들은 1년 이상을 끌었고 그동안 물리 교육은 중단되었다. 도베가 "Regierungs-Director"에게 보낸 편지, 1844년 1월 31일 자; 모저가 "교수"에게 보낸 편지, 1844년 4월 26일 자; 둘 다 Bad. GLA, 235/7525.
[33] Von L., "Müller: Johann Heinrich Jakob," *ADB* 22 (1970): 633~634.
[34] 프라이부르크 대학 평의회가 바덴 내무부에 보낸 분서, 1846년 9월 7일 자, Bad. GLA, 235/7766. Gericke, *Mathematik⋯Freiburg*, 62.
[35] 뮐러가 프라이부르크 대학 평의회에 보낸 편지, 1850년 9월 25일 자, Bad. GLA, 235/7767.

외팅어는 학생 실험실 실습을 제공하지 않았다. 물리학 세미나는 1870년 이후까지 다시 개설되지 않았다.

밀러가 마음대로 사용할 권한이 있는 물질적 수단은 전체로는 대학의 상태에 상응했다. 세속화된 수도원에서 물려받은 밀러의 기구 컬렉션은 그가 부임하기 오래전에 대학 건물 한쪽의 몇 개의 방에 설치되어 있었던 것이었다. 이러한 방들 안의 약간의 공간은 수학과 물리학과, 추정컨대, 다른 과학을 위한 강의실로 변경되었다. 식물학 강의는 1870년대에 여전히 거기에서 이루어져서 실험 물리학 강의를 위한 준비를 방해했다. 다른 방들은 전혀 변하지 않고 남아 있었고 1870년대에도 여전히 가스와 수도 파이프가 없어서 물리학에는 쓸모가 없었다. 그러나 이 장소는 세기말까지 프라이부르크 물리학 연구소로 기능했다. 1832년부터 1858년까지 연구소 정규 예산은 급사의 월급을 포함하여 300굴덴(약 170탈러)이었고, 이 예산은 이 시기의 끝이 되면, 대부분의 다른 대학 물리학 연구소가 받는 액수의 절반보다 적었다. 그 액수는 강의 소모품과 기구들의 유지비용으로도 충분하지 않았다. 그 예산은 밀러가 몇 년 동안 소규모 추가 원조금을 요청한 후에 1860년에 400굴덴으로 올랐다. 때때로 그는 "약간 중요하고 반드시 필수적인 새로운 기구"를 위하여 더 많은 액수를 받았다. 밀러는 이 적은 돈으로 연구와 학생들의 실습에 필요한 정밀 기구는 확보할 수 없었지만 강의에 포함하고 싶었던, 여러 시범 실험을 위한 기구들을 몇 년에 걸쳐서 연구소에 근근이 갖춰나갔다.[36]

---

[36] *Aus der Geschichte⋯Freiburg*, 14~18. Emil Warburg, "Das physikalische Institut," in *Die Universität Freiburg*, 91~96 중 93~94. 프라이부르크 대학 평의회가 바덴 내무부에 보낸 편지, 1860년 5월 8일 자, Bad. GLA, 235/7767. 이 편지에 따르면 프라이부르크 대학의 물리학은 1860년 직전 몇 해 동안 소규모 추가 지원금을 가끔 받았다. Borscheid, *Naturwissenschaft*, 75는 전혀 지원금을 받지 못했다고 주장하는 점에서 전적으로 옳지는 않다.

뮐러의 곤경이 프라이부르크 대학의 형편을 반영한 것이지 그 자신의 물리학자로서 실패를 반영한 것은 아니었다는 것은 그가 룸코르프 전기 유도 장치를 요청한 것을 보면 알 수 있다. 그는 1861년에 그 장치를 프라이부르크 대학의 다른 세 명의 과학 교수들과 함께 요청했다. 그들은 그 장치를 강의와 연구에 모두 사용하기를 원했고 그것을 물리학과 화학뿐 아니라 생리학과 심지어 광물학 연구를 위해서도 사용할 수 있다고 설명했다. 그들은 바덴에 있는 자매기관인 하이델베르크 대학과 카를스루에 종합기술학교가 이미 룸코르프 코일을 가지고 있고 분젠Robert Bunsen과 키르히호프가 그들의 뛰어난 연구에서 룸코르프 코일을 사용했음을 지적했다.[37] 파리에서 그 장치가 판매되는 가격은 1,000프랑이었고, 네 명의 교수들은 그만한 돈이 없었다. 왜냐하면 그들의 연구소 예산은 너무 적어서 일상적인 경비에 완전히 소진되었기 때문이었다.

뮐러에게는 체계적인 연구를 위한 어떤 수단도 없었지만 그는 역시 연구에 거의 똑같이 장애가 있었던 그의 이웃 로이쉬가 한 것처럼 가능한 한 최선을 다해 물리학에 관여했다. 다른 연구소 소장 중에서 1870년경에 《물리학 연보》에 그들보다 더 자주 논문을 낸 이는 없었다. 그들은 거의 모든 권에 이름을 올렸다. 그들의 투고가 빈번한 만큼 그들의 논문은 간략했다. 뮐러의 것은 세 쪽, 로이쉬의 것은 다섯 쪽이었다. 물리학에 대한 그들의 출판물의 가치로 논할 때 튀빙겐 연구소가 다소 우세했지만 그 차이는 근소했다. 뮐러는 연구를 하는 척하지 않았다. 교재를 많이 쓰는 뮐러는 "진동 크로노스코프chronoscope"를 사용한 측정에 대해 보고하면서 출판이 아직 안 된 그의 『물리학 강의록』 *Lehrbuch der Physik*의

---

[37] 뮐러와 다른 교수진 구성원들이 바덴 내무부에 보낸 편지, 1861년 2월 10일 자, Bad. GLA, 235/7767.

7판에서 그 기구에 대해 설명하겠다고 말했다.[38] 석면에 대한 로이쉬의 결정학 연구 단편 시리즈는 그가 적어도 최소의 연구를 할 의도가 있음을 보여주지만 그 시리즈는 또한 그가 겪어야 했던 물질적 수단과 수학적 능력의 한계를 드러내 준다. 그는 튀빙겐 물리학 기구실의 석면을 사용했는데 그 석면의 출처와 화학적 조성을 잘 알지 못했고 석면의 상태가 좋지 못해서 그가 확실한 결론을 얻기에는 불충분했다. 그 주제에 대한 그의 첫 출간 후에 베를린과 빈의 동료들은 그에게 좋은 석면을 보내주었고 그 석면으로 그는 계속하여 그의 발견을 수정할 수 있었다. 다른 결정을 흉내 내기 위해 석면의 층을 쌓고 분자 구조에 대해 뭔가 알게 될 것을 확실히 기대하던 그는 광학적 효과를 수학적으로 취급할 수 있음을 인지하고는 자신의 "매우 초보적인 수학 지식"을 고려하여 그 구조를 알아낼 "계산사"를 불렀다.[39]

바이에른의 지방 대학인 뷔르츠부르크 대학은 프라이부르크 대학과 비슷하게 운영되었다. 이 대학에는 물리학 교육이 거의 이루어지지 않아서 심지어 그 과목 자체의 정교수 자리조차 없었다. 1828년부터 1866년까지 물리학은 "물리학 및 일반 화학 교수"가 가르쳤는데 그 자리는 오잔G. W. Osann이 차지하고 있었다. 1860년대에 오잔은 "일반 화학과 연계하여" 5시간짜리 정규 물리학 강의 과정을 개설했고, 물리 실습을 복습하기 위한 수업, 음향학과 광학에 적용된 파동 이론에 대한 1시간짜리 무료 강의 과정을 개설했다. 또한 그는 물리학과 화학 실험에 대한 실제

---

[38] Johann Müller, "Ein Vibrations-Chronoskop und Versuche mit demselben," *Ann.* 136 (1869): 151~154.

[39] Eduard Reusch, "Ueber die Körnerprobe am zwei-axigen Glimmer," *Ann.* 136 (1869): 130~135; "Untersuchung über Glimmercombinationen," *Ann.* 138 (1869): 628~637 중 632~634. 로이쉬가 프란츠 노이만에게 보낸 편지, 1879년 8월 24일자, Neumann Papers, Göttingen UB, Ms. Dept.

적인 소개를 맡았는데 이것은 오잔의 장비로 판단컨대 학생들이 참여하는 실험 과목이라기보다는 시범 실험을 보여주는 과목이었음이 틀림없다.[40] 즉, 오잔은 뷔르츠부르크 의학생에게 물리학과 화학의 일반적인 개념을 알려주었고 그 이상의 물리학 교과 과정을 운영하지 않았다. 그의 후임자 클라우지우스가 보게 될 것처럼 뷔르츠부르크에는 어쨌든 고급 물리학을 위한 수학을 준비하는 학생은 없었다.[41] 오잔의 장비는 33점으로 이루어져 있었다. 그것은 저울 몇 개와 강의 시범을 위한 장치였는데 1867년에는 그중에서 단지 3대만이 좋은 상태였다. 그의 복수 임용[42]이 그렇게 늦은 시기에 이루어진 것과 뷔르츠부르크 물리학 기구실의 상태는 지방 대학의 과학 교육 비용이 교수 월급의 절반으로도 거의 지탱될 수 있었던 시절의 잔재였다. 그 물리학 기구실에 대하여 클라우지우스는 "그 기구실은 과학의 현재 상태에 일치하기는 고사하고 심지어 필수적인 장치도 여럿 부족하여, 내가 보기에는, 대학에 어울리는 실험 물리학 강의를 할 수 없다."라고 말했다.[43]

에를랑엔 대학 물리학의 상태는 역시 바이에른이 얼마나 적은 비용으

---

[40] Osann's Personalakte, Würzburg UA, Nr. 690. Reindl, *Würzburg*, 38, 101. *Verzeichniss der Vorlesungen welche an der Königlich-Bayerischen Julius-Maximilians-Universität zu Würzburg…gehalten werden* (Würzburg, [연간]).

[41] 뷔르츠부르크 대학 평의회가 바이에른 내무부 장관에게 보낸 문서(초고), 1869년 1월 13일 자, Clausius Personalakte, Würzburg UA, Nr. 404. 전기 이론에 대한 수학적 강의에서 클라우지우스는 14명의 청강생이 있었지만 단지 3명만이 "온전한 이해와 성실한 참여"를 할 능력을 갖추었다. 이 자료에 따르면 그 3명은 학생이 아니라 의학 정교수 둘과 조수 1명이었다.

[42] [역주] 물리학과 일반 화학 교수 자리를 겸하고 있는 것을 가리킨다. 아직 물리학이 전문화가 덜 된 상태임을 드러내고 물리학은 그 자체로서 위상이 그렇게 높지 않았음을 나타낸다.

[43] 클라우지우스가 뷔르츠부르크 대학 평의회에 보낸 문서, 1867년 5월 18일 자, Clausius Personlakte, Würzburg UA, Nr. 404.

로 물리학자들을 얻을 수 있었는가가 결정한 것 같다. 카스트너C. W. G. Kastner의 긴 경력이 1857년에 끝나고, 그의 후임자, 즉 열정적이고 강력하게 추천받는 실험 연구자인 콜라우시Rudolph Kohlrausch는 거기에서 첫해를 채우지 못하고 사망했다. 에를랑엔 대학은 초심자들, 즉, 처음에는 베츠Wilhelm Beetz, 그 후에는 로멜Eugen Lommel과 함께 해나가야 했다.[44] 두 물리학자는 대학 수준 아래의 교사직에서 왔고 둘 다 독일 밖, 즉 스위스에서 직장을 찾은 적이 있었다. 그 결과 그들은 다른 물리학자들과 비교하여 두 가지 장점을 갖게 되었다. 그들은 경험 있는 물리학자보다 더 적은 월급을 받고 부임하려고 했고 기구와 시설에 큰 요구를 하려고 하지도 않았다. 에를랑엔 대학은 베츠와 로멜에게 시설을 거의 제공하지 않았다. 강의실은 형편없었고 연구소의 방들은 컬렉션의 기본 물품을 거의 갖추고 있지 않았다.[45] 그럼에도 베츠는 거기에서 근근이 실험 연구를 했고 로멜은 연구에서 수리 물리학자의 성향을 가졌기에 그의 학생들이 실험 연구를 할 수 있게 해주었다.[46] 베츠와 로멜은 에를랑엔 대학에서 재직한 것을 뮌헨 대학의 더 명망 있는 자리로 가는 발판으로 삼았다.

---

[44] Kolde, *Erlangen*, 424~425.
[45] Kolde, *Erlangen*, 469~470.
[46] Friedrich Kohlrausch, "Wilhelm v. Beetz, Nekrolog," in *Gesammelte Abhandlungen*, ed. Wilhelm Hallwachs, Adolf Heydweiller, Karl Strecker, and Otto Wiener, 2 vols. (Leipzig, J. A. Barth, 1910~1911), 2: 1048~1061 (이후에는 *Ges. Abh.*로 인용). C. Voit, "Wilhelm von Beetz," *Sitzungsber. bay. Akad.* 16 (1886): 10~31. Ludwig Boltzmann, "Eugen von Lommel," *Jahresber. d. Deutsch. Math.-Vereinigung* 8 (1900): 47~53. C. Voit, "Eugen v. Lommel," *Sitzungsber. bay. Akad.* 30 (1900): 324~339. 로멜이 1866년에 에를랑엔 대학에서 사강사가 되었을 때 클라우지우스는 로멜을 취리히 연방 종합기술학교에 수리 물리학자로 추천했다. 1869년에 그 종합기술학교는 로멜에게 교수직을 제공했지만 그는 그것을 거절했다. 클라우지우스가 스위스 교육 위원회 위원장(President)에게 보낸 편지, 1866년 2월 27일 자, A. Schweiz. Sch., Zurich.

1860년대부터 몇몇 지방 대학에서 더 경쟁적인 분위기의 조짐들이 있었고 그런 분위기는 물리학에 영향을 주었다. 좋은 예는 뷔르츠부르크 대학의 오잔의 후임자를 둘러싼 협상이다. 1866년이 되자 오잔의 건강이 악화되었고 바이에른 정부 부처는 그를 대체할 생각을 하기 시작했다. 그들은 이번에는 물리학자와 화학자를 둘 다 원했다. 마침내 오잔의 두 분야를 분리할 작정이었다. 정부 부처는 새로운 물리학 정교수 자리가 만들어져야 할지 당분간은 부교수 자리로 버텨야 할지 아직 결정하지 못했다. 그들은 철학부에 문의했고 역시 의학부에도 그 문의를 전달하도록 지시했다. 의학부는 "학생이 많았기에 물리학자의 질에 매우 큰 관심이 있음이 틀림없었다." 의학부는 가능한 한 좋은 물리학자를 빨리 데려오기를 원했고 그것이 답을 결정했다. 의학부의 소원은 부교수가 아니라 오로지 새로운 정교수 자리라야 이뤄줄 수 있었기 때문이었다. 철학부는 스스로가 무엇을 원하는지, 또는 심지어 뷔르츠부르크 대학의 물리 교육을 개선할 필요에 대하여 의학부처럼 명쾌한 생각이 없었다.[47]

해결할 다음 문제는 누구를 새로운 교수직에 임용할 것인가였다. 뷔르츠부르크 교수진은 후보자를 선택하는 데 사용할 기준에서 의견이 나뉘었다. 어떤 구성원들은 바이에른 교수 자리는 가능하다면 바이에른 사람

---

[47] 레클링하우젠(Recklinghausen)이 프란츠 노이만에게 보낸 편지, 1866년 3월 5일자, Neumann Papers, Göttingen UB, Ms. Dept. 레클링하우젠은 매우 좋은 물리학자를 노이만이 추천해주기를 원했다. 노이만이 자신의 학생인 크빙케(Georg Quincke)와 빌트(Heinrich Wild)를 추천하는 것으로 반응했다는 것은, 나중에 또 한 사람의 뷔르츠부르크 대학 교수가 노이만에게 보낸, 같은 컬렉션에 있는 1866년 12월 29일 자 편지에서 선명하게 나타난다. 그들은 뷔르츠부르크 교수진 구성원들의 기준을 충족하지 못했다. 그들은 최고를 원했고 클라우지우스를 택했다. 물리학과 화학의 분리는 바이에른 내무부에 의해 1867년 3월 14일 자로 뷔르츠부르크 대학 평의회에 공식적으로 통보되었다. Clausius Personalakte, Würzburg UA, Nr. 404.

으로 채워져야 한다고 주장하며 바이에른 후보자 명단을 제출했다. 다른 구성원들은 과거의 많은 경험이 지지하는 관점을 따랐다. 그 관점은 지방 대학은 국가가 더 나은 보수를 주지 않을 것이기에 2급 교수를 기대할 수밖에 없다는 것이었다. 그들의 후보자 목록은 어떤 김나지움 교사로 시작되었다. 그는 과거 10년의 교육 경력 동안 물리 교재 한 권, 지리학 책 한 권, 논문 두 편을 출판했다. 그다음에는 부교수 1명, 사강사 1명이 있었는데 모두가 돈을 많이 주지 않아도 된다는 장점이 있었다.[48]

그러나 이 두 그룹의 교수진은 제3의 그룹에게 패하고 말았다. 이들은 뷔르츠부르크 대학이 서부 및 남부 독일의 모든 대학, 특히 그중에 최고의 대학인 괴팅겐, 하이델베르크, 본 대학과 경쟁을 벌인다고 보았다. 이 제3의 그룹은 최고의 대학들이 최근에 교원과 교육 수단을 훨씬 더 완벽한 수준으로 끌어올리려고 노력"하고 있음을 지적했다. 뷔르츠부르크 대학은 뒤처지지 않았으므로 뛰어난 선생이면서 "과학의 최고 문제"를 파고드는 연구자로서 확립된 명성을 가진, 가능하면 최고의 물리학자를 찾아야 한다고 했다. 새로운 물리학자가 "바이에른 사람이든 프로이센 사람이든, 스위스 사람이든, 오스트리아 사람이든" 존경할 만하고 최고라면 문제가 되지 않았다. 이 그룹은 정확히 말해서 클라우지우스를 원했고 정부는 클라우지우스를 임용하려면 뷔르츠부르크 물리학 연구소를 개선할 비용이 상당히 필요함을 알고 있었지만 수락했다. (뷔르츠부르크 대학 평의회가 클라우지우스가 오지 않을 경우를 대비해 제안한 세 명의 다른 후보자는 베츠, 빌트, 크빙케였다. 베츠와 빌트는 정교수였

---

[48] 뷔르츠부르크 대학 평의회가 바이에른 내무부에 보낸 보고서, 1867년 1월 13일 자, Osann Personalakte, Würzburg UA, Nr. 690. 신분을 알 수 없는 뷔르츠부르크 교수[이름이 판독이 되지 않음]가 프란츠 노이만에게 보낸 편지, 1866년 12월 29일 자, Neumann Papers, Göttingen UB, Ms. Dept.

고 크빙케는 탁월한 개인 실험기구 컬렉션을 소유함으로써 호감이 높아진 부교수였다.) 클라우지우스의 경우는 물리학 연구자로서의 그의 창의성과 당시 "가장 위대한" 물리학자 중 하나라는 지위에 우선적으로 토대를 두고 있었다.[49] 불과 몇 년 전이었다면 뷔르츠부르크 대학 같은 지방 대학의 교수진은 클라우지우스 같은 사람을 가장 바람직한 후보자로 언급해 놓고 그다음은 주로 세 명의 지역 후보자 또는 교육을 통해 자격을 갖춘, 봉급을 적게 주어도 되는 후보자를 마지못해 승낙했을 것이다.

뷔르츠부르크 대학은 클라우지우스를 데려오는 데 성공한 것에 뒤이어 클라우지우스가 나중에 본으로 옮겨갔을 때 그를 대신하기 위해 키르히호프를 하이델베르크 대학에서 데려오기를 원했다.[50] 바이에른 정부 부처는 키르히호프의 건강이 좋지 않다는 이유로 당시에 그들의 계획에 반대했다.[51] 그러나 뷔르츠부르크 물리학 교수직이 다시 2년 뒤인 1872년에 공석이 되었을 때, 키르히호프는 이번에는 그 자리로 오라는 제안을 받았다. 그러나 그는 그 제안을 거절했다.[52] 키르히호프를 부르면서 뷔르츠부르크 대학은 하이델베르크 대학뿐 아니라 베를린 대학까지 경쟁에서 물리치려 시도했다. 왜냐하면 얼마 전에 베를린 대학은 키르히호프에게 물리학 교수직을 제안했다가 거절당한 적이 있었기 때문이었다.[53] 뷔르츠부르크 대학은 지방 대학이 수도의 대학과 마찬가지로 과학

---

[49] 뷔르츠부르크 대학 평의회 보고서, 1867년 1월 13일 자. 클라우지우스를 추천한 이들 중 그를 가장 높이 평가한 이는 키르히호프였다. 클라우지우스를 뷔르츠부르크 대학에 임용하도록 바이에른 정부 부처가 승인한 내용을 내무부가 뷔르츠부르크 대학 평의회에 보낸 문서, 1867년 3월 14일 자, Clausius Personalakte, Würzburg UA, Nr. 404.

[50] 루돌프 바그너가 괴팅겐 대학 감독관에게 보낸 편지, 1869년 3월 5일 자, Friedrich Kohlrausch Personalakte, Göttingen UA, 4/V b/156.

[51] Reindl, Würzburg, 39.

[52] 바덴 내무부, 1872년 2월 12일 자, Kirchhoff Personalakte, Bad. GLA, 76/9961.

적·학자적 탁월성에 대하여 똑같은 권리가 있다는 확신 위에서 행동했다.

뷔르츠부르크 대학은 클라우지우스를 겨우 2년 동안만 붙잡아둘 수 있었지만 그 대학의 물리학은 최고를 원한 교수진 구성원들의 진취성에서 이익을 보았다. 1867년 가을에 뷔르츠부르크 대학에서 시작하여 클라우지우스는 실험 물리학을 2학기에 걸쳐 진행되는 5시간 강의 과정으로 가르쳤다. 그 강의에는 강의실이 수용할 수 없을 정도로 많은 학생이 모였다. 클라우지우스는 또한 수학적·이론적 과정들을 도입했다.[54] 물리학자로서 그의 중요성 덕택에 그는 뷔르츠부르크의 물리학 기구실을 최신으로 만들 돈을 확보할 수 있었다. 바이에른의 대학들은 정부의 허락을 얻어 그러한 목적으로 대규모의 대출을 받을 수 있었으므로 클라우지우스는 자신에게 필요한 약 10,000굴덴을 지원받았고 그는 강당, 소장을 위한 작업실, "현대의 모든 수요"를 충족할 기구 컬렉션이 있는 다수의 방 등으로 이루어진 연구소를 남기고 떠났다. 이 연구소에서 그의 후임자인 쿤트August Kundt는 실험실을 설립했고 뢴트겐W. C. Röntgen을 첫 번째 조수로 확보했다.[55]

---

[53] 키르히호프가 뒤부아레몽에게 보낸 편지, 1870년 6월 9일 자, STPK, Darmst. Coll. 1924.55. 바덴 내무부, 1876년 6월 10일 자, Kirchhoff Personalakte, Bad. GLA, 76/9961.

[54] *Verzeichniss der Vorlesungen⋯Würzburg*. 뷔르츠부르크 대학 평의회가 바이에른 내무부에 보낸 문서(초고), 1869년 1월 13일 자, Clausius Personalakte, Würzburg UA, Nr. 404. 클라우지우스의 첫 번째 2시간짜리 이론 강의 과정은 "전기의 수학적 취급"과 "역학적 열 이론"에 관한 것이었다. 나중에 그는 "실험을 곁들여 특별하게 다룬 광학[또는 전기]"에 관한 매 학기 3시간짜리 강의 과정을 개설했다. 여기에서 "특별하게 다룬"이라는 말은 수학을 언급한 것이었다.

[55] 바이에른 내무부가 뷔르츠부르크 대학 평의회에 보낸 문서, 1867년 3월 14일과 3월 23일 자. 클라우지우스가 뷔르츠부르크 대학 평의회에 보낸 문서, 1867년 5월 18일 자. "Senatsbericht zum vorgesetzten Staatsministerium," 1867년 6월 4일 자;

그러나 클라우지우스는 그의 고급 이론 과정을 들을 수 있을 정도로 학생들에게 충분히 수학을 준비시키지는 못했다. 그는 부분적으로는 본 대학에서 그런 학생들을 찾으려 했기에 1869년에 뷔르츠부르크를 떠났다.[56]

프로이센의 지방 대학들에서는 물리학을 위한 재정적 지원이 남부 지방 대학들과 비교할 때 풍족해 보일 것이다. 그라이프스발트 대학을 제외하면 프로이센 지방 대학에서 물리학 연구소는 프로이센 밖 독일 대학들의 가장 생산적인 물리학 연구소들, 가령, 괴팅겐, 하이델베르크, 라이프치히의 연구소들만큼 잘 지원을 받았다. 본 대학에서 물리학은 1865년까지 해마다 400탈러를 받았고 1865년에 그 예산은 두 배가 되었다. 쾨니히스베르크 대학에서는 이 시기에 매년 508탈러를 받았고 브레슬라우 대학에서는 1840년대에 428탈러를 받았고 할레 대학에서는 결합되어 있었던 물리학과 화학이 520탈러를 받았다.[57] 추가로 본과 할레 대학은 물리학을 포함하는 자연 과학 세미나를 위한 돈도 받았고 프로이센의 대학은 각각 적어도 물리학자 두 명의 봉급을 받았다. 프로이센 밖의 대학들과 비교해 보면 괴팅겐 대학에서는 물리학이 1849년까지 300탈러를 받았고 그 후에는 500탈러를 받았으며 하이델베르크 대학에서는 키르히호

그 돈의 요청에 대한 정부 부처의 승인서 1867년 6월 11일 자; 뷔르츠부르크 대학 평의회가 바이에른 내무부에 보낸 문서, 1868년 10월 5일 자; 뷔르츠부르크 대학 평의회가 바이에른 내무부에 보낸 문서(초고), 1869년 1월 13일 자; Clausius Personalakte, Würzburg UA, Nr. 404.

[56] 뷔르츠부르크 대학 평의회가 바이에른 내무부에 보낸 문서(초고), 1869년 1월 13일 자.

[57] 이 액수들은 프로이센의 물리학이 다른 영방국가의 물리학만큼 받았다는 것을 보여줄 뿐이지 물리학이 정당한 몫을 얻었다는 것을 보여주는 것은 아니다. Rönne, *Unterrichts-Wesen* 2: 433~462, 1장의 n. 36.을 보라.

프의 재직 기간인 1860년대에 최고액으로 300~600탈러를 받았다. 그리고 라이프치히 대학에서는 베버가 1840년대에 거기 있었을 때 500탈러를 받았는데 그 액수는 베버가 자신의 봉급에서 연구소 예산에 기부한 200탈러를 포함한 것이었다.[58]

프로이센과 비非프로이센 지방 대학에서는 예산처럼 물리학 시설들도 서로 견줄 만했다. 기구 컬렉션과 연구소 방들은 우리가 다루는 시기의 초기에는 모든 지방 대학에서 똑같이 별 볼 일이 없었다. 하이델베르크 대학의 키르히호프만이 건물의 절반으로 이루어진 새로운 연구소를 받았다. 그 밖의 곳에서는 연구소를 유지하는 정규 예산 범위 안에서, 정부의 추가지원 없이 개선 작업을 할 수밖에 없었다.

그러나 괴팅겐, 하이델베르크, 라이프치히 대학의 물리학자들보다 프로이센 지방 대학들에 있는 물리학자들이 물리학을 세우려는 그들의 노력에 장애가 더 많았다. 이 시기에 그들이 경험한 어려움은 쾨니히스베르크 대학의 노이만이 겪은 것처럼 주로 문화 부처의 임용 및 승진 정책에서 비롯되었다. 프로이센의 물리학 연구소의 역사가 보여주듯이 프로이센의 정부 부처는 모두 종종 정교수 한 명이 대학 물리학 연구소 전체를 관할하게 하는 관습적 제도를 무시했다. (무시하는 것을 정책으로 삼았다.) 대학의 물리학에 쓸 돈과 시설이었던 것이 쓸모가 없어졌거나 적어도 효과적으로 사용하기 어려워졌다. 왜냐하면 정부 부처는 교수직을 차지한 교수가 자신의 연구소와 장비를 신참에게 양보까지는 아니 하더라도 신참 교수와 더불어 연구소와 장비를 공유하리라 기대하고서 두 번째 물리학 정교수나 물리학 부교수를 임용했기 때문이었다.[59] 프로이

---

[58] 여기에 나온 수치들은 우리가 이들 개별 대학의 물리학에 대해 자세하게 논의하기 위해 우리가 인용하는 원전들에서 가져온 것이다. 프로이센과 관련하여 우리의 수치는 뢰네(Rönne)의 값과 일치한다.

센 정부 부처는 또한 설치된 대학교수직이 얼마나 남아있는지와 무관하게 재능있는 젊은 물리학자들을 승진시켰으나 연구를 할 적절한 수단은 제공하지 않았다. 여기에서 정부는 젊은 교수가 기존의 교수와 다투게 하여 학자들 사이의 무제한 경쟁을 통해 학자의 정신을 고양시킨다는 오래된 훔볼트의 개념을 따르고 있었다. 그러나 그 경쟁은 훔볼트의 개념을 작동시키는 데 필요한 재정적 수단으로 지원받지 못했다. 그 결과는 젊은 학자들 모두에게 고생이었고,[60] 물리학자들과 다른 과학자들 사이에서 시간과 기회의 손실만 초래했다. 젊은 물리학자들은 봉급의 부족은 차치하고 연구를 위한 자료의 결여 때문에 스스로 과학적 활동성이 사라졌음을 알게 되었다. 많은 최고의 물리학자가 프로이센을 떠났다.

프로이센의 작은 대학인 그라이프스발트 대학은, 이전에는 스웨덴에 속해 있었는데, 수익 대부분이 여전히 부동산에서 들어왔기 때문에 모든 프로이센의 대학 중에서 국가 지원에 가장 적게 의존했다. 그럼에도 프로이센의 문화부 장관인 알텐슈타인은 1818년의 최초의 정부 부처 평가에서 그라이프스발트 대학을 "완전히 불필요하다"고 판단했다. 스웨덴과의 협정 때문에 그가 그 대학의 문을 닫지는 못했으나 그는 지방 정부에 "영향력"을 미쳐서 그 대학의 돈을 다른 용도로 쓰게 하려는 계획을 세웠다.[61] 이 계획은 가시적으로 실현되었다. 1830년대에 물리학은 매년

---

[59] 그 문제는 교수진들을 상대하여 생긴 것이 아니라 정부 부처를 상대로 생긴 것이었다. 알텐슈타인(Altenstein)이 정부 부처를 맡은 동안은 교수진들이 실질적으로 임용이나 승진 문제에 대해서 아무 말도 하지 못했다. 심지어 교수진의 공석 하나에 세 명의 후보자를 제안하는 전통적인 관행조차도 실행하지 못했다. 이 문제에 대한 갈등과 그로부터 생긴 어려움은 Lenz, *Berlin*, vol. 2, pt. 1, pp. 404~415에 기술되어 있다.

[60] Lenz, *Berlin*, vol. 2, pt. 1, pp. 418~425.

60탈러를 받았고 다른 분야는 균등하게 같은 액수를 받았으나 매년 그 대학의 정부 행정가는 "비상 경비"와 다른 프로이센의 대학 예산에서 항목이 없는 범주들에 몇천 탈러를 떼어두었다.[62]

1840년대에 그라이프스발트 대학 물리학의 여건은 19세기 초 이래로 그 대학이 처해 있었던 여건과 방불했다. 이제는 나이 든 물리학 교수인 틸베르크G. S. Tillberg가 물리학을 수학과 천문학과 함께 가르쳤으며 수학과 천문학 교수도 역시 물리학을 가르치면서 물리학 기구실에 속하는 오래된 기구와 모형 컬렉션을 사용하도록 허락받았다.[63] 이러한 배경에서 1848년에 프로이센 정부 부처는 전도유망한 젊은 물리학자 파일리치 Ottokar von Feilitzsch를 데려왔다. 그는 본 대학에서는 플뤼커에게, 베를린 대학에서는 마그누스에게 훈련을 받은 적이 있었다.[64] 자신을 대신하라고 부교수를 그리로 보냈다고 추측한 틸베르크는 그가 물리학 기구실에 접근할 권한을 주지 않고 모든 협력을 거절했다. 파일리치는 스스로 강당과 장비를 마련하지 않을 수 없었다. 정부 부처는 그를 돕기 위해 아무 것도 하지 않았고, 틸베르크의 저항에도 불구하고 파일리치를 1853년에 정교수로 승진시켰을 때 업무 여건은 개선해주지 않았기에 정부 부처는 상황을 더욱 악화시킨 것일 수도 있었다.

파일리치의 연구를 살펴보면 그의 경력에 미친 그라이프스발트 대학

---

[61] Lenz, *Berlin*, vol. 2, pt. 1, pp. 11.
[62] Rönne, *Unterrichts-Wesen*, 447~450.
[63] *Festschrift zur 500-Jahrfeier der Universität Greifswald* (Greifswald: Universität, 1956), 2: 457~459.
[64] 포겐도르프는 파일리치가 마그누스의 첫 번째 콜로키엄 구성원이었음에 주목했다. 파일리치는 플뤼커에 대해서 그의 논문 "Eine Theorie des Diamagnetismus, Magnetismus des Wismuth. Erweiterung der Ampèréschen Theorie," *Ann.* 82 (1851): 90~110에서 "존경하는 선생님"이라고 말했다.

의 제도의 영향을 볼 수 있다. 그는 그라이프스발트 대학에 온 처음 몇 년간 5편의 논문을 출간했다. 그 논문 중에는 반자성 연구에 관한 긴 실험 시리즈가 둘이 있었다. 이것들에서 그는 대부분 스스로 제작한 매우 조악한 장치를 사용했다. 그가 사용한 큰 기구들은 망원경, 전지, 자석 등에 제한되었다. 그는 베버의 실험 결과의 일부를 조사하고 있었지만 측정을 하지는 않았다. 오히려 그는 "**근사적** 측정에 대해서 말하고" 있었다. 논문 중 하나에서 그는 형편없는 수단을 가지고 수행된 이 탐구에는 "관찰의 성격 정도**만**을 부여할 수 있기 때문"이라고 썼다. 단 한번 그는 그라이프스발트 물리학 기구실이 좋은 프랑스제 프리즘, 한 점의 장비를 제공했다고 인정할 수 있었다. 1853년에 일련의 연구의 마지막을 마무리하면서 그는 계속하겠다고 말했지만 그렇게 하지 못했다.[65] 그는 5년 후인 1858년에 아주 짧은 논문 한 편만을 출간했다. 그것은 그와 틸베르크의 컬렉션을 합쳐서 그에게 주라는 명령이 하달된 이듬해였다.[66] 그때까지 파일리치는 연구를 할 적절한 수단도 없이 거의 10년을 가장 생산적으로 보냈다. 이제는 마침내 여건이 개선될 것이라 생각하고 파일리치는 쾨니히스베르크 대학의 여건에 대하여 알기 위해 노이만에게 편지를 썼다. 그의 문의들은 그가 최신의 연구소를 희망한다는 것을 보여준다.[67] 파일리치가 실제로 그라이프스발트 대학에서 받은 것은 매

---

[65] Ottokar von Feilitzsch, "Erklärung der diamagnetischen Wirkungsweise durch die Ampère'sche Theorie," *Ann.* 87 (1852): 206~226, 427~454; 92 (1854): 366~402, 536~577. 인용은 390에서 함.
[66] *Festschrift…Greifswald*, 458. 그 논문은 "Magnetische Rotationen unter Einfluss eines Stromleiters von unveränderlicher Gestalt," *Ann.* 105 (1858): 535~543이다.
[67] 파일리치가 프란츠 노이만에게 보낸 편지, 1857년 6월 1일 자, Neumann Papers, Göttingen UB, Ms. Dept. 파일리치는 노이만에게 예산의 액수, 통상적인 물리학 연구소의 수입에 대해 물었고 얼마나 많은 교원이 연구소를 공유해야 하는지 물었다. 그는 조수, 급사, 기계공에게 봉급을 줄 자금이 별도로 있는지, 연구소 방의

우 적어서 그의 선생이나 연구자로서의 경력에 별로 도움이 될 수 없었다. 고작 방 세 개, 적은 예산, 기계공 1명이 전부였다. 이런 여건은 몇십 년 동안 바뀌지 않았기에 1867년에 정부 부처가 새로운 연구소를 만들어주기로 한 후에도 그는 제대로 된 연구를 수행할 수 없었으며 더는 거의 아무것도 출판하지 않았다. 그는 학생들의 수를 여전히 제한해야 했고 학생 연구는 고사하고 실험실 실습 과목을 개설할 수도 없었다.[68] 물리학에서 활동이 저조했던 파일리치의 몇 년은 분명히 그라이프스발트 대학에서 물리학의 발전에 걸림돌이 되었다. 그때가 되자 경력이 연구에 기초했고 대학 물리학 연구소는, 다른 대학에서 학자를 임용할 제안에 반영되는, 소장의 명성이 높아짐에 따라 함께 성장했다.[69]

프로이센의 지방 대학 중 또 하나인 브레슬라우 대학에서는 물리학자들이 기구의 사용을 놓고 다투었다. 그 다툼의 일부는 악의로 유발되었고 일부는 근무 조건이 부적절한 대학에 물리학자들을 공존하게 만드는 제도 때문에 발생했다. 1811년의 새 브레슬라우 대학은 두 개의 오래된 대학을 합쳐서 만들어졌고 결과적으로 그 대학은 각기 다른 과목을 가르치는 두 명의 물리학 정교수로 시작했다. 1832년에 두 정교수 자리 중

상태가 어떠한지, 그 방들이 소장의 공식적인 생활 구획과 연결되어 있는지, 정기적인 기상 및 자기 관측이 물리학 연구소에서 이루어지는지, 개별 학생이 "실험 실습이나 소규모 독립적인 연구, 어쩌면 물리생리학적 연구"를 수행할 수 있을 정도로 방과 예산이 충분한지 알기를 원했다.

[68] *Festschrift…Greifswald*, 458~459.

[69] 파일리치는 1864년에 마르부르크 물리학 교수직의 후보로 언급되었으나(헤센 내무부가 마르부르크 대학 평의회에 보낸 문서, 1864년 3월 10일 자), 철학부는 그가 적절한 과학적 성취를 이루지 못했기 때문에 그의 후보권을 거부했다(마르부르크 대학 철학부가 마르부르크 대학 평의회에 보낸 문서, 1864년 3월 17일 자와 6월 3일 자). 그들의 관점에서 그는 이미 멜데에게 엄청나게 뒤처져 있었다. 멜데는 단지 4년 일찍 사강사가 되었고 1857년에 게를링의 조수가 되었다. 모든 문서의 출처는 STA, Marburg, Bestand 305a.

하나를 헤겔주의자이며 같은 헤겔주의자인 정부 관리들의 친구이자 옴의 숙적인 폴Georg Friedrich Pohl이 차지했다. 그해에 다른 자리는 봉급을 받는 부교수 자리로 바뀌어 그 당시에 봉급을 받지 않는 부교수였던 프랑켄하임Moritz Frankenheim에게 돌아갔다.[70] 각각의 재원이 분리되어 관리되는 것을 포함하여 두 자리의 기원이 달랐기 때문에 이 배치는 한동안 만족스럽게 유지되었다. 폴은 주된 물리 컬렉션을 맡았는데 그는 그 기구들을 연구에나 학생 실험실 실습에 사용한 적이 없었다.[71] 프랑켄하임에게는 독립적으로 작은 기구 컬렉션과 그것을 유지할 적은 예산이 있었다. 그는 그 기구들을 물리학 강의를 위한 수단으로 활용했다. 그의 부교수 자리의 후임자처럼 그는 실험 물리학을 가르칠 것이 기대되었다. 그는 과학적 연구를 "근근이" 수행할 만한 수단이 있었다.[72] 폴이 1849년에 사망했을 때, 학부의 요청에 따라 프랑켄하임은 그의 후임자가 되었다. 그러나 정부 부처는 그를 주된 물리학 컬렉션의 관리자로 임명하기를 거부했다. 프랑켄하임이 비판적인 물리학자인 마이어O. E. Meyer에게 "실험 방법에 대한 아주 대단한 적합성"으로 강한 인상을 주었음에도 불구하고, 프랑켄하임이 연구하는 것을 지켜본 적이 없었던 폴이 프랑켄하임은 "고등한 과학적 감각과 실험 기술"이 없다고 판단했기 때문이었다. 정부 부처는 폴의 말을 믿었다. 정부 부처는 기구에 대한 접근권에서 프랑켄하임이 새로운 부교수를 완전히 의지하게 하겠다고 그를 위협했다. 그 신참 부교수는 그의 자리에 부속된 독립적인 컬렉션을 물려받는

---

[70] Lummer, "Physik," 440~448. (전적으로 신뢰할 만한 출전은 아님)
[71] 프랑켄하임이 프란츠 노이만에게 보낸 편지, 1849년 11월 15일 자, Neumann Papers, Göttingen UB, Ms. Dept.
[72] 쿠머(E. E. Kummer)가 프란츠 노이만에게 보낸 편지, 1849년 6월 22일 자, Neumann Papers, Göttingen UB, Ms. Dept.

대신에 주된 컬렉션의 후견인이 되었다.[73]

결국 정부 부처는 프랑켄하임을 신참인 키르히호프와 공동 소장으로 삼았다. 프랑켄하임은 실험 물리학자로서 22년의 경험이 있었고 주된 실험 물리학 강의를 담당했는데, 그의 설명에 따르면, 실험 물리학에서 "온갖 경험"이 부족한, 갓 경력을 시작하는 사람과 동등한 취급을 받았다.[74] 프랑켄하임은 그에 대해 번민했지만 옳게 판단했는데, 컬렉션의 공동 관리는 그의 교수와 연구를 마비시킬 것이고 그가 키르히호프를 물리학자로서 좋게 생각해도 그와 키르히호프 사이에 악감정과 적개심을 불러일으키리라 예상했다.[75] 키르히호프에게도 그 상황은 어려웠다. 이는 특히 정부 부처가 그들 각자의 권리와 의무를 상세히 규정하지 않았기 때문이었다. 키르히호프는 브레슬라우 대학에 있는 동안 몇몇 실험 연구를 했지만 분젠이나 노이만, 베버 같은 더 나이 든 동료들은 그 상황을 그의 연구에 걸림돌로 보았고 4년 후에 그를 하이델베르크 대학의 정교수직으로 옮기도록 도와주었다.[76] 키르히호프의 후임자인 마르바흐

---

[73] 프랑켄하임이 노이만에게 보낸 편지, 1849년 11월 15일 자. O. E. 마이어가 프란츠 노이만에게 보낸 편지, 1861년 2월 6일 자, Neumann Papers, Göttingen UB, Ms. Dept. 쿠머가 노이만에게 1849년 6월 22일에 보낸 편지에서 쿠머는 노이만에게 부교수로 프랑켄하임을 뒤이을 사람을 추천해 달라고 요청했다. 그는 "제가 볼 때, 선생으로서뿐 아니라 과학에서 상당히 능력이 있는 젊은이를 얻는 것이 중요하다"라고 설명했다. 쿠머는 그때 그가 알고 있는 유일한 젊은 적임자인 베를린의 크노블라우흐(Knoblauch)를 생각하고 있었다. 쿠머의 편지에는 학부가 새로운 부교수 역할을 비정규직이라고 생각한다는 것을 알려주는 부분이 전혀 없다. 정부 부처의 의도대로 새 부교수는 키르히호프로 결정되었다.
[74] Warburg, "Kirchhoff," 207.
[75] 프랑켄하임이 노이만에게 보낸 편지, 1849년 11월 15일 자.
[76] Warburg, "Kirchhoff," 208은 로베르트 분젠이 자리를 옮기는 일을 시작했음을 보여준다. 키르히호프가 전달한 분젠의 요청에 베버, 에팅스하우젠, 프란츠 노이만은 모두 분젠에게 키르히호프 추천장을 보냈다. 베버가 분젠에게 보낸 편지, 1854년 3월 12일 자; 에팅슨하우젠이 분젠에게 보낸 편지, 1854년 3월 14일 자; 노이만

Hermann Marbach는 중등학교 교사로서의 그의 임무에 너무 몰입해서 대학에서는 별 역할을 하지 않았다.77 결과적으로 프랑켄하임은 연구소 자금 전부를 자기 마음대로 썼고, 연구자로서 별로 생산적이지 않았지만 실험 연구자로서의 그의 기술을 브레슬라우 물리 장치 컬렉션을 개선하는데 사용했다. 1860년대 그의 재직 말기에 프랑켄하임은 "극소수의 유사한 연구소"만이 그 기구의 수나 가치에서 브레슬라우 대학을 능가한다고 보고할 수 있었다. 프랑켄하임의 후임자인 마이어O. E. Meyer는 "탁월한 측정 장치"에 대하여 언급했다. 1866년에 컬렉션은 "멋진 관측실들"로 옮겨졌다. 그 관측실들에 더해 커다란 강당과 물리학 부교수를 위한 구획도 주어졌다. 그리하여 브레슬라우 대학은 프랑켄하임 덕택에 쾨니히스베르크 대학이나 그라이프스발트 대학보다 훨씬 더 잘 준비된 상태에서 다음 시대로 진입할 수 있었다.78

이 분젠에게 보낸 편지, 1854년 3월 20일 자; Bad. GLA, 235/3135.
77 브레슬라우 대학의 결정학자인 룽에(,F. F. Runge)는 헤르만 마르바흐를 "결정의 광학적 관계에 대하여 꽤 능력 있는 사람"으로 기술했다. 그는 수학과 물리학을 단지 피상적으로만 아는 데 만족한 당시의 결정학자들과는 달랐다(룽에가 프란츠 노이만에게 보낸 편지, 1867년 8월 28일 자). 마르바흐는 노이만의 연구에 대해 공부했고 키르히호프의 격려를 받아 1850년대 초에 "예외적으로 훌륭한 연구"를 했다(마르바흐가 노이만에게 보낸 편지, 1856년 10월 9일 자; 마이어가 노이만에게 보낸 편지, 1867년 3월 30일 자). 그는 1850년부터 브레슬라우 실업학교(Realschule)의 교장이었고 또한 1855년에 키르히호프에게 자리를 넘겨받아 브레슬라우 대학의 사강사가 되었다. 마이어가 마르바흐를 1867년에 "상당히 쓸모없고 비과학적인 사람"이라고 혹평했을지라도(마이어가 노이만에게 보낸 편지, 1867년 3월 30일 자) 그 대학에서 마르바흐의 연구의 주된 장애물은, 마이어가 마르바흐가 죽은 후에 인정했듯이, 그가 중등학교 강의를 맡고 있다는 사실이었다. 그때 마이어는 마르바흐가 "본래 매우 재능있는 사람이고 [중등] 학교가 그의 모든 에너지를 흡수하지 않았다면 중요한 [일]을 성취했을 수도 있었다"라고 적었다.(마이어가 노이만에게 보낸 편지, 1873년 5월 10일 자.) 모든 편지는 Neumann Papers, Göttingen UB, Ms. Dept.에서 인용했다.
78 Lummer, "Physik," 444. 마이어가 노이만에게 보낸 편지, 1867년 3월 30일 자.

할레 대학의 물리학자들은 의도가 아무리 훌륭해도 하나의 연구소에 그들이 공존하는 것은 모두에게 생산적일 수 없다는 것을 알게 되었다. 아마도 슈바이거가 물리학과 화학 둘 다의 교수였기에 문화부는 물리학 교육을 보완하기 위해 슈바이거의 뛰어난 학생을 계속 승진시켰을 것이다. 실례로 1920년대에 할레 대학에는 슈바이거 외에도 빌헬름 베버와 캠츠L. F. Kämtz라는 두 명의 부교수가 있었다. 물리학자들은 할레 연구소를 공유하게 되어 있었고 슈바이거는 협조적이었다. 그러나 연구소 건물이 슈바이거의 집이었고 그는 그들의 연장자였으므로 정부 부처의 명령을 이행하는 것은 민감한 문제가 되었다. 베버와 나중에 슈바이거의 학생 중 하나가 된 항켈Wilhelm Hankel은 그들이 승진한 후에 오래 머물지 않고 프로이센에서의 봉직을 그만두었다. 한편 캠츠는 1842년에 그가 떠나기 전까지 10년 이상 머물렀다.[79] 캠츠는 장치를 구매할 연례 자금을 약속받았으나 그것을 받지 못하는 대신에 1834년에 파일리치처럼 정교수로 승진되어, 그가 몇 년 후에 악감정을 품고 스스로 기술했듯이, "장치 없는 물리학 정교수"가 되었다. 그는 필요한 기구가 있으면 실험 물리학에 관한 것이든 수리 물리학에 관한 것이든 그의 강의에서 역시 매번 슈바이거에게 의존했다. 강의가 어떠해야 할지 자신이 알고 있는 대로 강의를 하기 위해 필요한 모든 기구를 갖추지 못한 것 때문에 그는 "크게 실망했다." 실험 연구는 "완전히 불가능"했다.[80]

---

[79] Willy Gebhardt, "Die Geschichte der Physikalischen Institute der Universität Halle," *Wiss. Zs. d. Martin-Luther U. Halle-Wittenberg, Math.-Naturwiss.* 10 (1961): 851~859 중 특히 855~858. *Bibliographie der Universitätsschriften von Halle-Wittenberg 1817~1885*, ed. W. Suchier (Berlin: Deutscher Verlag der Wissenschaften, 1953), 340, 350, 634, 635. Wilhelm Schrader, *Geschichte der Friedrichs-Universität zu Halle*, 2 vols. (Berlin, 1894), 2: 80~81, 286.

[80] 캠츠가 "Geheimrath"에게 보낸 편지, 1837년 12월 31일 자, Listing Personalakte,

캠츠가 할레 대학을 떠난 후에 슈바이거는 화학을 포기하고 물리학에만 몰두했다. 그에게는 젊은 동료인 사강사 코르넬리우스C. S. Cornelius가 있었지만 그는 별로 물리학에 관심이 없었고 슈바이거가 더는 이중의 짐을 지지 않았기에 그들은 당분간 더는 승진에 의해 방해받지 않아도 되었다. 그러나 슈바이거가 나이가 들어가면서 1853년에 다시 할레 대학은 두 번째 물리학 정교수로 마르부르크 대학에서 실험 물리학을 하고 있었던, 생산적인 연구자 크노블라우흐를 확보했고 다시 그 조치는 더 젊은 물리학자에게 불리하게 작용했다. 할레 대학에서 첫 4년간, 즉 슈바이거의 사망 전에 크노블라우흐는 연구 논문을 한 편도 써내지 않았다. 1857년에 그가 슈바이거의 교수 자리와 연구소를 물려받은 후에야 그는 이전의 연구와 출판 습관으로 돌아왔다.

프로이센 문화부는 물리학자들의 물질적 필요를 모르거나 무관심한 데다[81] 종종 어떤 후보가 특정한 자리에 맞는지 맞지 않는지도 신경쓰지 않는 것 같았다. 그러한 무원칙성이 브레슬라우 대학과 본 대학의 물리학에 영향을 미쳤다. 앞의 대학에는 부정적인 영향을, 뒤의 대학에는 꽤 우연적으로 긍정적인 영향을 미쳤다.

브레슬라우 대학에서는 수학에 너무나 준비가 안 된 학생들과 너무나 훌륭한 수학 교수들이 함께 있었던 것이 물리학에 영향을 미쳤다. 폴과

Göttingen UA, 4/V b/108. 또 같은 파일에서 그루버(Gruber)가 뮐렌부르흐(Mühlenbruch)에게 보낸 편지, 1838년 2월 2일 자.
[81] 야코비가 프란츠 노이만에게 보낸 편지, "1845년 1월 20일경," Neumann Papers, Göttingen UB, Ms. Dept. 야코비에 따르면 과학에 우호적이었던 장관들은 거의 국왕에 접근할 수 없었다. 접근권을 가진 내각 장관 중에서 "하나는 과학에 적대적이었고, 다른 하나는 과학에 무관심했고" 그들은 "가장 좋은 의도들을 무효로 만들었다."

프랑켄하임의 재직 기간에 물리학 강의는 평균 30~40명의 학생이 수강하여 지방 대학으로서는 수강생 수가 많았다.[82] 만약 학생들이 수학에 더 잘 준비되어 있었다면 그 수의 학생들이 물리학을 과학적 수준으로 끌어올리기에 충분했을지 모른다. 그러나 브레슬라우 수학 교수들은 충분히 낮은 수준에서 그들의 강의를 할 수 없었거나 하려고 하지 않았다. 실례로 수학 교수 요아힘스탈Ferdinand Joachimsthal은 역학, 삼각함수, 해석 개론을 가르칠 사강사를 찾았다. 그리고 슈뢰터H. E. Schröter는 사강사와 부교수로 있는 몇 년 동안 기초적인 과목을 가르쳤을 때조차 자신의 말을 학생들에게 이해시키지 못했다.[83] 학생들을 유지하기 위해서 프랑켄하임은 그의 물리학 강의를 아주 실용적이고 심지어 기술적이 되게 하라는 압박을 받았다. 그는 1850년에 물리학 정교수 자리를 얻은 후에 수학 물리학 세미나를 개설하려 했지만 1863년까지 10년 이상 그의 계획을 실현하지 못했다.[84] 키르히호프는 브레슬라우 대학에 있는 동안 수리 물리학을 가르쳤지만, 예상대로 그는 그 주제에 대해 많은 흥미를 불러일으키는 데 성공하지 못했다. 그의 학생 중에는 분젠과 같은 동료들이 포함되었고 그것은 그 과목의 수준이 학생 대부분의 준비 상태를 뛰어넘는다는 것을 의미했다.[85] 1861년에 프랑켄하임은 최근에 쾨니히스베르크 대학을 졸업하고 졸업 논문 심사를 받을 대학을 찾고 있었던 마이어를 설득하여 브레슬라우 대학에서 "이론" 물리학을 가르치는 사강사가 되어 달라고 했다. 그 대학의 상황에 대한 현실적 관점에서 프랑켄하임

---

[82] Lummer, "Physik," 447.
[83] 마이어가 프란츠 노이만에게 보낸 편지, 1861년 2월 6일 자, Neumann Papers, Göttingen UB, Ms. Dept.
[84] 프랑켄하임이 노이만에게 보낸 편지, 1849년 11월 15일 자. *Festschrift…Breslau*, 440.
[85] Warburg, "Kirchhoff," 207; 마이어가 노이만에게 보낸 편지, 1861년 2월 6일 자.

은 물리학에서 수학의 실제적 용도에 대한 강의를 하라고 제안했다. 마이어는 "그 수업에서 적용될 수 있는 수학은 몇 개의 내삽 공식밖에 없을 것이다."라고 그 제안에 대해 냉소적으로 말했다. 그가 역학, 삼각함수, 해석 개론을 가르치기를 거부한 적이 있었으므로 그는 그렇게 보잘것없게 경력을 시작하기를 거부했다. 프로이센 정부 부처의 한 관리는 자신이 브레슬라우 대학에 있기에는 너무 훌륭하다는 마이어의 말에 동의했다. 브레슬라우 대학 교수진은 그 문제를 다르게 보았다. 마이어는 그들에게 필요 없는, 실용적이지 않은 물리학자였다. 그들은 뮌헨 대학에 있는 실험 물리학자인 "욜리와 같은 지향"을 가진 물리학자를 더 선호했을 것이다.[86]

1864년에 마이어는 결국 브레슬라우 대학에 왔지만 물리학자가 아니라 수학자 립시츠의 후임으로 수학 부교수 자리에 왔다.[87] 그래서 수학

---

[86] 마이어가 노이만에게 보낸 편지, 1861년 2월 6일 자.
[87] 루머와 올레스코는 둘 다, 마이어가 브레슬라우 대학에 "수리 물리학 부교수"로 왔고(Lummer, "Physik," 443), 1865년에 수리 물리학 정교수로 승진했고 그의 경력을 마칠 때까지 그 자리에 머물렀다고 말했다(Olesko, "Emergence," 515, 여러 곳[passim.]). 그들의 말은 마이어(프란츠 노이만에게 보낸 편지, 1864년 7월 16일 자, Neumann Papers, Göttingen UB, Ms. Dept.)와 Rudolph Sturm, "Mathematik," in *Festschrift…Breslau* 2: 434~440 중 438과 모순된다. 그들은 마이어가 1865년에 수학 정교수로 임용되었고 마이어가 1867년에 물리학으로 옮겨가자 수학 부교수 바흐만(Paul Bachmann)이 그 뒤를 이었다고 진술한다. 1865년에 마이어의 승진은 그가 브라운슈바이크 고등종합기술학교의 임용 제안을 받아들이지 못하게 하려고 그에게 마련된 개인 정교수 자리로 가는 것이지 정교수 자리로 가는 것이 아니었기에 그의 자리는 그가 떠난 후에는 일반적인 관행에 따라 원래의 형태인 부교수 자리로 되돌렸다. 수학 부교수 자리는 마이어뿐 아니라 디리클레의 제자 두 명, 립시츠와 바흐만도 선정된 것을 보면, 분명히 수학 중 물리학과 관련이 있는 부분을 가르치려고 마련된 것이었다.
[역주] 개인 정교수란 특수한 경우에 개인에게만 부여되는 정교수 자리를 의미한다. 이것은 그 자리를 맡은 사람이 그만두게 되면 그 자리는 사라지고 후임자를 뽑지 않는다는 의미로 임시로 설치한 특수한 자리임을 의미한다. 이론 물리학자 중에는 이렇게 개인 정교수로 이론 물리학 또는 두 번째 물리학 정교수 자리를

강의를 할 것이 기대되었지만 마이어는 프로이센 문화부와 협상으로 "나는 동시에 나 자신을 키르히호프의 후임자로 생각할 수 있고 즉, 수학만이 아니라 물리학 과목에 고용되어 있다고 가정할 수도 있다."고 결론지었다. 키르히호프의 경우처럼 마이어의 경우에도 정부 부처는 문제를 미결정으로 방치하는 관행을 따랐다. "이 모두는 공식적인 제도에 의거한 것이 아니라 슈뢰터와 올스하우젠Olshausen, 정부 관리) 사이에 개인적인 협약에 의거한 것이다. 둘은 마르바흐가 물리학 부교수로 승진했지만 키르히호프의 자리가 아직 다시 채워지지 않았다는 관점에서 행동하고 있었다. 둘은 수리 물리학을 브레슬라우 대학에서 다시 가르치기를 희망하고 있었다." 공식적으로 마이어는 무엇을 강의할지를 지시받지 않았거나 특별한 과목을 할당받지 않았다. 그는 자신의 임용이 모호함을 이용하여 "키르히호프가 떠나면서 상실된 토대를 브레슬라우 대학의 수리 물리학을 위해 되돌려 놓으려는" 생각이었다. 그는 그 목적을 위해 그의 수학 강의도 이용했다.[88] 열정으로 충만했으나 마이어는 수리 물리학을 위한 든든한 토대가 그 대학에서 확보되지 않았다는 자신의 결론마저 잊고 있었다.[89] 또한 나중에 밝혀졌듯이 그는 수리 물리학을 위한 여건을 개선하기 위해 쏟아부을 충분한 시간이 없었다. 프랑켄하임이 물리학 연구소의 소장직에서 은퇴했을 때 늘 하듯이 적절한 자격에 대한 고려

차지한 사람들이 있었다. 이렇게 맡았던 이론 물리학 개인 정교수 자리가 공석이 되면 대학은 이론 물리학 부교수를 뽑아서 그 역할을 대신하게 하는 것이 일반적이었다.

[88] 마르바흐는 1861년에 승진했다. 마이어가 노이만에게 보낸 편지, 1864년 7월 16일 자.

[89] 마이어도 브레슬라우 학생들의 "준비와 과학적 관심이 이전에 근무한 괴팅겐 대학의 조건에 많이 뒤처져 있다."는 것을 발견했다. 마이어가 프란츠 노이만에게 보낸 편지, 1865년 3월 23일 자, Neumann UB, Ms. Epet.

없이 정부 부처는 마이어를 실험 물리학의 대표로 삼았다.[90] 새로운 임무 때문에 수리 물리학에 쏠리던 마이어의 모든 에너지는 분산되었다. 마이어는 이전에 수리 물리학에 헌신하겠다고 말한 원래의 계획을 "충실"하게 이행하지 않다.[91] 브레슬라우 대학이 마이어가 그렇게 원하던 전임 專任 수리 물리학자를 잃었을 때 그 대학은 적절한 실험 연구자도 제대로 확보하지 못했다. 다른 곳의 다른 이들은 그가 실험 물리학 교수직에 부적절하다고 판단했고 그 자신은 그의 실험 물리학 강의를 "대중적인" 물리학이라고 기술했다.[92] 그는 수리 물리학을 교과 과정의 정규 중점 과목으로 브레슬라우 대학에 유지하는 데는 성공했지만 정부 부처의 임용 정책 때문에 실험 물리학은 그 대학의 자원들을 한껏 효과적으로 활용할 수 없었다.

본 대학에서 실험 물리학은 전적으로 수학자들에게 넘겨진 반면에 물리학 교수직은 그것이 생긴 이후 처음 40년 중 35년 동안 공식적으로는 비어 있었다. 그러나 본 대학은 운이 좋아서 수학자 플뤼커를 확보했고 그 일이 그에게 맡겨졌을 때 그가 탁월한 실험 물리학자임이 드러났다. 이런 우연 덕분에 물리학은 본 대학에서 번창했다.

---

[90] 마이어가 노이만에게 보낸 편지, 1867년 3월 30일 자.
[91] 마이어가 프란츠 노이만에게 보낸 편지, 1893년 12월 10일 자, Neumann Papers, Göttingen UB, Ms. Dept.
[92] 마이어가 노이만에게 보낸 편지, 1893년 12월 10일 자. 마이어는 1868년에 "결코 실험 연구자가 아니다"라고 해서 본 대학 교수진에게 거부당했다. 립시츠가 프란츠 노이만에게 보낸 편지, 1868년 6월 14일 자, Neumann Papers, Göttingen UB, Ms. Dept.

노동의 분화

적절한 재정적 지원을 고려할 때 효율적으로 기능하는 물리학 연구소로 가는 열쇠는 재원을 나누지 않는 노동의 분화였다. 그것이 어떻게 성취되는가는 별로 문제가 되지 않았다. 다만 물리학의 대표 교수가 거기 소속된 다른 물리학자들의 연구를 조정할 여력이 있는 것이 중요했던 것으로 보인다.

이 시기에 효율적으로 기능하는 물리학 연구소에 기대할 수 있는 것은, 첫째, 포괄적인 물리 프로그램이었고 둘째, 몇몇 연구였는데 여전히 후자에 대한 기대는 상당히 보잘것없었다. 연구 시설을 위해 돈을 요구할 때 물리학자들은 그들의 정부에 물리학자들에게는 연구를 기대하라는 것을 아직도 때때로 상기시켜야만 했다. 1846년에 욜리는 그의 정부 부처에 보낸 편지에서 국가는 대학 교원이 그의 연구에 대한 공적 증거를 때때로 제시하기를 기대하는 것이 정당하다고 말했다. 그리고 마찬가지로 로이쉬는 1848년에 정부는 단지 그가 그 분야의 발전을 따라가는 것이 아니라 그 분야의 발전에 기여하기를 기대해야 한다고 말했다.[93]

본 대학과 마르부르크 대학의 물리학이라는 사례는 기대한 것이 효과적으로 성취될 수 있는 다양한 방식이 있음을 알게 해준다. 동시에 그 사례들은 우리가 다루는 시기가 끝날 즈음에는 물리학을 관리하는 해법들을 개별적으로 찾는 대신 연구소 조직을 표준화시키는 것으로 문제를 해결하려 하고 있었음을 보여준다. 이러한 표준화는 학생 수가 증가하고, 그에 따른 교습 및 강의 시설이 팽창하며, 연구가 발전하면서 필요해

---

[93] 욜리가 바덴 내무부에 보낸 편지, 1846년 6월 12일 자, Bad. GLA, 235/3135. 로이쉬가 "Studienrath"에게 보낸 편지, 1848년 1월 19일 자, STA, Ludwigsburg, E 202/883.

졌다.

최초의 본 대학 물리학자인 카스트너C. W. G. Kastner는 겨우 3년 후인 1821년에 자리를 떴다. 그의 강의를 대신하여 천문학 및 수학 교수인 뮌초프K. D. von Münchow가 역학과 실험 물리학을 가르치고 두 번째 수학 교수인 디스터벡W. A. Diesterweg이 순수수학 외에 "수리 물리학"이나 "응용 물리학"을 가르쳤다.[94]

그들의 초기 학생 중 하나는 플뤼커Julius Plücker였다. 그는 베를린과 파리에서 그의 공부를 마치고 1825년에 본 대학에 수학 및 물리학 사강사로 왔다.[95] 그의 요청으로 1828년에 그는 부교수로 승진했는데 학부는 본 대학에서 수학 강의에 필요한 인원은 이미 모두 확보했다며 반대했었다.[96] 플뤼커는 물리 문제를 수학적으로 다루는 법을 가르쳤다. 때때로 그는 푸아송의 역학이나 라플라스의 모세관 작용 이론처럼 어떤 물리학자가 수행한 중요한 연구에 과목 전체를 할애하기도 했다. 그의 과목들은 주제가 어렵고 정교수 둘의 과목들과 경쟁을 벌여야 했지만 학생들에게 인기가 있었다.[97]

---

[94] Barbara Jaeckel and Wolfgang Pauli, "Die Entwicklung der Physik in Bonn 1818~1963," in *150 Jahre···Bonn*, 91~100 중 91. Heinrich Konen, "Das physikalische Institut," in *Geschichte Rheinischen Friedrich-Wilhelm-Universität zu Bonn am Rhein*, vol. 2, *Institute und Seminare, 1818~1933*, ed. A. Dyroff (Bonn: F. Cohen, 1933), 345~355 중 346. *Vorlesungen···Bonn*. Friedrich von Bezold, *Geschichte der Rheinischen Friedrich-Wilhelm-Universität von der Gründung biz zum Jahr 1870* (Bonn: A. Marcus and E. Weber, 1920), 223.

[95] Plücker, "Curriculum Vitae"; 하인리히스(Heinrichs)가 본 대학 철학부에 보낸 편지, 1824년 8월 18일 자와 1825년 4월 28일 자; Plücker Personalakte, Bonn UA.

[96] 본 대학 철학부는 1827년 10월 16일에 플뤼커의 승진 요청에 대하여 언급했다; 본 대학 철학부가 레하우스(Rehhaus)에게 보낸 편지, 1827년 10월 16일 자; Plücker Personalakte, Bonn UA.

플뤼커는 1830년대 초에 본 대학을 떠났지만 거의 곧바로 돌아와 수학 정교수로서 1835년에 사망한 디스터벡의 뒤를 이었다. 그 직위에서 그는 순수수학과 역학을 가르쳤다. 1836년에 뮌초프가 사망했을 때 플뤼커는 또한 수학 기구실의 임시 관리자로 임명되었고 물리학 강의를 개설하는 것을 허락받았다. 그런 배치는 단지 새로운 물리학 교수를 임용할 때까지만 지속될 예정이었으므로 플뤼커는 몇 년 더 우선적으로 수학에 전념했다.[98] 그러나 새로운 물리학자를 임용하려는 정부 부처의 협상들(가령, 도베[99]와의 협상)은 결렬되었고, 임시적 배치가 지속될수록 플뤼커는 물리학에 더 많이 관여하게 되었다. 1842년 여름에 물리학을 한 해 내내 가르치라는 정부의 요청에 따라 플뤼커는 일반 실험 물리학 강의를 뛰어넘어 처음으로 "현상과 장치에 관한 논의와 실험 실습을 위한 모든 과정"을 개설했다. 학부는 이 과정이 "특히 생산적이고 고무적"일 것이라고 예상했다.[100]

1856년까지 본 대학의 비어 있는 물리학 교수직에는 원하는 것을 얻으려는 사강사들이 쇄도했다. 수학과 물리학의 이중의 짐을 지고 있었던 플뤼커에게는 확실히 그들 중 몇몇이 필요했다. 이들 중 하나는 베를린

---

[97] 플뤼커의 강의의 성격은 *Vorlesungen…Bonn*에서 볼 수 있다. 뮌초프(K. D. von Münchow)는 플뤼커의 성공을 선생으로서 증언했다. 그의 주제들을 고려할 때, 그는 플뤼커가 학생에게 인기가 있다는 것 자체가 "좋은 신호"라고 생각했다. 본 대학 철학부의 언급들, 1827년 10월 16일 자.

[98] Alfred Clebsch, "Zum Gedächtniss an Julius Plücker," in *Julius Plückers Gesammelte Mathematische Abhandlungen*, ed. A. Schoenflies (Leipzig, 1895), 1: ix~xxxv. 1836년 7월 27일 자 편지와 마찬가지로 본 대학 철학부에 임시로 뮌초프의 대행자로 플뤼커를 임명한다는 통지, 1836년 8월 10일 자, Plücker Personalakte, Bonn UA.

[99] 도베가 "Regierungs-Director"에게 보낸 편지, 1844년 1월 31일 자.

[100] 플뤼커의 계획에 대한 본 대학 철학부의 언급, 1841년 12월 2~8일 자, Plücker Personalakte, Bonn UA.

의 물리학자인 라디케Gustav Radicke였다. 그는 혼자서 연구하고 있었는데 "이론 광학"의 전문가가 되어 그 주제에 대한 연구뿐 아니라 광학 개요서를 출간한 적도 있었다. 그의 논문들은 엄밀하게 수학적이었기에 관찰 데이터는 다른 물리학자들에게서 가져왔고 그가 가르치는 방향도 수학 위주였다. 그의 부적절한 배경과, 본 대학에서 그가 선생으로서 성공한 경험이 없다는 것, 그의 거의 모든 연구가 중단된 것에도 불구하고 프로이센 문화부는 그를 본 대학의 실험 물리학 대표자로 결정했다. 문화부는 1847년에 다시 플뤼커를 수학에만 제한하려는 시도로서 라디케를 부교수로 승진시켰다. 그러나 너무 늦었다. 라디케는 건강이 나빠져서 정부 부처가 그를 위해 의도한 역할을 감당할 수 없었고 그때 마침 플뤼커는 실험 물리학자로 자신의 모습을 되찾고 있었다.[101]

프로이센 다른 대학의 물리학자들처럼 플뤼커가 교육과 연구에 사용할 수 있는 공간은 매우 제한되어 있었다. 1819년에 시작된 물리학 연구소는 강당 하나와 방 둘로 이루어져 있었다. 그러나 그는 그가 가진 것과 400탈러의 예산을 효과적으로 활용했다. 그는 주로 자신의 연구 분야인 자기, 분광학, 가스 방전 등을 위한 장치를 확보했다. 그런 분야에서 그는 지식을 가지고 결정할 수 있었고 탁월한 장비를 구입했는데 그중 다수는 프랑스에서 구입했다. 그는 1850년대 중반부터 물리 실험실 실습에서 체계적인 교육을 시작하려 했지만 학생 실험실이 부족하여 당분간은 연구를 위해 선발된 학생들에게 자신의 실험실을 쓸 수 있게 해주는 것 말고는 할 수 있는 것이 없었다.[102] 이 학생 중 하나인 히토르프Wilhelm

---

[101] Bezold, *Bonn*, 401. 라디케의 초기 논문들의 성격에 대해서는, 그의 "Berechnung und Interpolation der Brechungsverhältnisse nach Cauchy's Dispersionstheorie und deren Anwendung auf doppeltbrechende Krystalle," *Ann.* 45 (1838): 246~262, 540~557을 보라.

본 대학의 열과 역학을 실험하는 초급 학생 실험실. Kayser and Eversheim, 1005에서 재인쇄.

Hittorf[103]는 그의 연구 협력자이자 강의 조수가 되었고, 본 대학에서 잠시 사강사로 있다가 근처 뮌스터 아카데미에서 물리학 교수가 되었다.[104] 학생 실험실 실습은 실험 물리학자인 뷜너 Adolph Wüllner가 1865년에 본 대학에서 사강사가 된 후에야 할 수 있었다. 뷜너는 동시에 근처 포펠스도르프 Poppelsdorf의 농업 아카데미에서 물리학 선생이었다. 그는 거기에 물리학 실험실이 있었고 그곳에 본 대학생을 받아주었던 것이다.[105]

---

[102] Konen, "Das physikalische Institut," 347. Jaeckel and Paul, "Physik in Bonn," 91~92.

[103] [역주] 히토르프(1824~1914)는 전해질 용액과 기체를 통한 전기 전도에 대한 실험 연구로 유명하다. 1846년에 베를린 대학에서 박사학위를 받고 1865년에 낮은 압력의 기체를 통한 전기 방전에서 나오는 띠 스펙트럼과 선 스펙트럼의 존재를 발견했다. 그의 연구는 크룩스의 연구에 초석이 되었고 그것은 J. J. 톰슨(Thomson)의 음극선 관 연구로 이어졌다.

[104] Adolf Heydweiller, "Johann Wilhelm Hittorf," *Phys. Zs.* 16 (1915): 161~179 중 162. 또는 Gerhard C. Schmidt, "Wilhelm Hittorf," *Phys. Bl.* 4 (1948): 64~68 중 64.

1840년대 말부터 본 대학에서 물리학과 수학은 플뤼커의 활동을 중심으로 조직화되었다. 그는 두 과목을 계속 가르쳤지만 10여 년간 그의 연구는 실험 물리학이 중심이었다. 따라서 이 분야들에서 그보다 어린 동료들은 수학과 수리 물리학에서 그의 연구를 보완하는 사람들이 되었다. 1844년에 사강사가 두 명 더, 즉 파일리치와, 디리클레의 학생인 하이네Eduard Heine가 라디케를 따라 베를린에서 본으로 왔다. 두 사람은 수학과 수리 물리학에서 훈련을 받았다. 파일리치처럼 하이네는 처음에는 수리 물리학을 가르쳤지만 1848년에 그가 부교수로 승진한 후에는 물리학보다는 그의 연구 분야인 수학에서 플뤼커를 보완했다.[106] 1850년에 플뤼커는 여러 해에 걸쳐서 본 대학에서 물리학 프로그램을 완성하게 될 젊은 동료 베어August Beer를 얻었다. 베어는 플뤼커의 학생이었고 실험 연구에 능했지만 우선적으로는 광학을 전공하는 수리 물리학자였다.[107] 1850년 사강사가 된 직후에 그는 그의 초기 저작 중 가장 중요한 저작인 『고급 광학 입문』Einleitung in die höhere Optik을 출간했다. 그 책은 수리 물리학을 담은 최초의 독일 교재로 칭송을 받았다. 그 책은 코시의 어려운 이론적 고찰과 실험 광학을 연결한 것처럼 베어의 독창적인 연구도 담았다.[108] 사강사로서 베어는 "물리학과 물리학에 가까운 수학의 분

---

[105] 본 대학 자연 과학 부서가 철학부에 보낸 보고서(두 편의 초고), 1868년 7월 날짜 미상. Plücker Personalakte, Bonn UA. 그 보고서는 1년 반 후에 빌너의 제자인 본 대학생 중 몇몇이 이미 "몇 편의 매우 훌륭한 논문"을 써냈다는 것을 강조했다. 부록에 있는 립시츠가 그해에 쓴 날짜 미상의 초고까지, 이 실험 논문 네 편은 이미 《물리학 연보》에 게재된 것으로 보인다. 본 대학 감독관은 포펠스도르프에 있는 빌너의 시설을 "오히려 좋은" 기구실과 실험실로 기술했다. 그가 클라우지우스에게 보낸 편지, 1869년 3월 11일 자, Clausius Personalakte, Bonn UA.
[106] Hans Freundenthal, "Eduard Heine," *DSB* 6: 230; *Vorlesungen···Bonn.*
[107] 베어가 본 대학 철학부에 보낸 편지, 1850년 7월 24일 자; 노에게라트(Noeggerath)가 쓴, 베어의 교수 자격 논문에 대한 보고서, 1850년 8월 5일 자; Beer Personalakte, Bonn UA.

아들"을 가르치기 시작했다.[109] 몇 년 동안 그의 강의와 연구는 "우선적으로 수리 물리학으로 향했는데 그 분야를 연구하는 이들은 극히 적었다."[110] 실례로 1854년에 베어는 수리 물리학을 연구하고 있었던 소수 중 하나인 키르히호프와 함께 하이델베르크 대학의 물리학 교수직 후보로 거론되었다.[111] 그는 성공적인 선생이어서 1857년부터 1862년까지 베어와 유사하게 뉴턴의 힘 이론, 퍼텐셜 이론, 물리 문제를 푸는 데 사용된 편미분 방정식 등의 주제를 다루는 강의를 개설한 수학 사강사 립시츠에게 거의 학생을 빼앗기지 않았다.[112] 1855년에 베어는 부교수로 승진했고 1년 후에 플뤼커가 마침내 본 대학의 물리학 교수직을 얻는 시점에 수학 정교수가 되었다.[113]

본 대학 물리학이 1860년대에 여전히 갖추지 못한 것은 수학과 수리 물리학을 위한 세미나였다. 그 과목들은 본의 자연 과학 세미나에서 다루어지지 않는 과목이었다. 플뤼커는 그러한 세미나를 계획했으나 그때

---

[108] August Beer, *Einleitung in die höhere Optik* (Braunschweig, 1853). 베어의 책을 프로이센 문화부로 전달해 달라는 베어의 요청(1853년 2월 28일 자)에 대한 본 대학 철학부의 언급에서 플뤼커는 그 책의 성격을 기술했다. 머츠는 독일에서 이론적이고 수학적인 물리학 교재 중에서 베어의 것을 "가장 중요한 책"이라고 불렀다. John Theodore Merz, *A History of European Thought in the Nineteenth Century*, 4 vols. (1904~1912; 재인쇄 New York: Dover, 1965), 1: 44n.

[109] 베어가 본 대학 철학부에 보낸 편지, 1850년 7월 24일 자.

[110] 아르겔란더(F. Argelander)가 본 대학 철학부에 한 언급, 1854년 6월, Beer Personalakte, Bonn UA.

[111] 분젠이 바덴 내무부에 보낸 편지, 1854년 7월 26일 자, Bad. GLA, 235/3135. 하이델베르크 교수진은 베어의 광학책을 독창적인 연구로 판단했다.

[112] Konen, "Das physikalische Institut," 348. 립시츠가 프란츠 노이만에게 보낸 편지, 1858년 8월 12일 자, Neumann Papers, Göttingen UB, Ms. Dept.

[113] 베어는 1854년에 본 대학 철학부에서 부교수 승진 추천을 처음 받았다(플뤼커, 아르겔란더, 그리고 다른 이들의 평가는 그의 개인 서류철(Personalakte)에 있다). 프로이센 문화부가 본 대학 철학부에 보낸 문서, 1856년 8월 11일 자, Beer Personalakte, Bonn UA.

에는 베어가 참여할 만큼 건강하지 않았기에 그 세미나를 연기해야 했고 플뤼커도 홀로 추가로 일을 떠맡을 수는 없었다.[114] 베어가 1863년에 38세에 사망했을 때는 그의 자리를 플뤼커의 소망과는 달리 립시츠가 이어받았다. 1866년에 립시츠가 관리자로 참여하는 세미나에 플뤼커는 거의 강제로 참여해야 했다.[115]

립시츠는 베어의 수학 교수직과 더불어 수리 물리학에 관한 강의들을 물려받지 않았다. 그 강의들은 대신에 물리학자 빌너와 케텔러Eduard Ketteler가 맡았다. 케텔러는 1865년에 본 대학에 사강사로 왔다.[116] 빌너는

---

[114] 플뤼커가 본 대학 감독관 베젤러(Beseler)에게 보낸 편지, 날짜가 기록되어 있지 않으나 1856년 9월 13일에 수신됨. 감독관 베젤러가 문화부 장관 뮐러(Mühler)에게 보낸 편지, 1864년 9월 14일 자; N.-W. HSTA, NW5 Nr. 558.

[115] 감독관 베젤러가 본 대학 철학부에 보낸 편지, 1866년 10월 6일 자, Plücker Personalakte, Bonn UA. 1864년에 그가 장관에게 보낸 보고서에서 베젤러는 플뤼커와 립시츠 사이의 나쁜 관계에 대하여 기술했다. 본 대학 수학 세미나의 규정을 결정하라는 정부 부처의 요청에 플뤼커와 립시츠가 그 세미나에서 같이 일하기를 거절했기 때문에 베젤러는 그들의 나쁜 관계에 대해서 1866년 9월 11일에 다시 언급했다. N.-W. HSTA, NW5 Nr. 558. 플뤼커가 사망한 후에 립시츠는 바로 그때에야 본 대학 수학에 "절대적으로 엄밀한" 방법을 도입하고 있다고 말했다. 그것은 플뤼커와 베어에게는 분명히 모욕이었다. Lipschitz, "Separatvotum, eingeliefert in der Sitzung der philosophischen Facultät vom 17ten Juli 1868," Plüker Personalakte, Bonn UA.

[116] 케텔러의 사망기사, *Leopoldina* 37 (1901): 35~36. "Vita" in Kettler's dissertation, "De refractoribus interferentialibus," Ketteler Personalakte, Bonn UA. 케텔러의 교수 자격 논문에 대한 문서, 본 대학 감독관 베젤러가 케텔러에게 보낸 편지, 1865년 3월 30일 자; 케텔러가 본 대학 철학부에 보낸 편지, 1865년 3월 31일 자; 교수 자격 논문 시험을 보겠다는 케텔러의 요청에 대한 학부의 언급, 1865년 4월 5일~5월 12일 자; 그의 교수 자격 논문 콜로키엄에 대한 철학부의 보고서, 1865년 5월 19일 자; 철학부가 본 대학 감독관에게 보낸 보고서, 1865년 6월 9일 자; 케텔러가 철학부장 캄프스훌테(Kampshulte)에게 보낸 편지, 1865년 11월 4일 자; Ketteler Personalakte, Bonn UA.
Aachener Bezirksverein deutscher Ingenieure, "Adolf Wüllner," *Zs. d. Vereins deutsch. Ingenieure* 52 (1908): 1741~1742.

외국에서 임용 제안이 들어온 덕택에 대신 1867년에 부교수로 승진했다. 1870년에 그는 본을 떠나 아헨의 고등종합기술학교[117]로 갔다. 케텔러는 결국 본 대학의 이론 물리학 제1교수가 되었다. 우리가 지금 다루는 시기에 해당하는 그의 초기 몇 년간의 연구들은 플뤼커, 마그누스, 키르히호프 같은 당시 최고의 물리학자에게 훈련받은 물리학자들의 연구에 특징적으로 나타나는 실험과 이론의 균형을 잘 예시했다.

케텔러는 본에서 그의 대학 공부를 시작했었다. 그는 거기에서 2년을 보낸 후에 베를린으로 갔고 거기에서 3년을 더 공부하고 1860년에 마그누스 밑에서 박사학위를 받았다. 그는 학위 논문을 끝낸 후에 베를린 대학에서 계속 연구했고 그다음에는 하이델베르크 대학에서 연구했다. 케텔러는 기체에서의 빛의 분산 문제를 설명할 방법을 개발했는데 그것은 분젠과 키르히호프의 분광학적 발견이 나온 이 시기에 이르러서야 실현 가능해졌다. 하이델베르크 대학에서 키르히호프는 연구를 위해 케텔러가 물리학 연구소의 실험실과 장치를 사용하기를 허락했다. 1864년에 마그누스는 프로이센 과학 아카데미에 케텔러의 연구를 출간하기 위해 제출했다.[118] 그 연구의 탁월성 덕택에 케텔러는 1865년에 본 대학에서 물리학 사강사가 되었다.

다음 2년간 "가장 중요한 광학적 상수 사이의 관계와 그 상수들을 결정하는 방법"과 "간섭 현상 이론" 같은 관련된 주제를 가르치는 동안 케텔러는 "기체와 증기의 광학적 관계에 대한 더 크고 포괄적인 실험

---

[117] [역주] 1870년에 "왕립 아헨 라인-베스트팔렌 종합기술학교"(Königlich Rheinisch-Westphälische Polytechnische Schule zu Aachen)라는 명칭으로 설립되었고 1880년에 왕립 고등공업학교로 개명되었다. 20세기 들어와 '왕립'이라는 타이틀을 떼어놓게 되었다. 설립 초기의 어려움을 딛고 독일에서 기술과 공학 교육 및 연구의 중심지로서 명성을 얻었다.

[118] 케텔러가 본 대학 철학부에 보낸 편지, 1865년 3월 31일 자.

연구"를 준비했다. 그는 그 모든 관계 속에서 빛의 분산을 실험적으로 연구하고 빛의 분산의 이론적 설명에 대한 다른 시도를 면밀히 조사하는 일에 몰두했다. 그는 "엄밀한 실험"이 데이터를 완성하고 그 분야에 질서를 부여하기 위해서는 "극히 민감한" 측정치들을 얻는 것이 필요하다고 믿었다. 그는 프로이센 아카데미가 그에게 상당한 재정 지원을 해주고 수리 물리학으로 돌아온 플뤼커가 본 물리학 연구소의 방들을 사용하게 허락해 주었기에 이 일을 수행할 수 있었다.[119]

1868년에 사망하기 직전 몇 년간 플뤼커가 부교수에게 본 대학 물리학 연구소의 연구 공간을 사용할 수 있게 허락해준 조치는 우리가 다루는 시기 대부분 마르부르크 대학에서 모방되었다. 플뤼커처럼 마르부르크 대학의 정교수인 게를링은 물리학 외에 수학과 천문학도 담당하는 복수 임용을 받았다. 그는 자신이 담당한 분야들을 잘 준비시켰다. 많은 임무를 수행하기 위해 그는 그 모든 분야를 수용할 수 있는 오래된 건물을 요청했고 그것을 받았다. 물리학을 강의하기 위해 게를링에게는 50명의 학생을 수용할 수 있는 강의실 하나, 기구들이 처음 설치된 위치에서 영구적으로 사용될 수 있는 방이 다섯, 자신을 위한 사무실이 하나, 가족 생활 구획, 그 모두를 유지할 수 있는 400탈러의 연례 예산이 있었다. 가장 중요한 것은 그가 모든 시설이 사용되기를 원했다는 점이다. 그는 연구에서 물리학보다는 수학과 천문학에 기울어 있었으므로 1831년에 벌써 교육 일부를 담당할 월급을 받는 물리학 사강사나 부교수를 요청했

---

[119] 케텔러가 본 대학 철학부 학부장 지벨(H. von Sybel)에게 보낸 편지, 1870년 6월 27일 자; 철학부의 보고서에 포함되어 있는 클라우지우스의 케텔러의 연구에 대한 평가, 1870년 6월 29일 자, Ketteler Personalakte, Bonn UA. 지벨에게 보낸 편지에서 인용.

다. 그가 원하는 것을 얻는 데에는 몇 년이 걸렸지만 1840년대 중반부터 그 연구소는 대부분의 시간을 연구소에서 일하는 하급 지위의 물리학자를 적어도 한 명은 확보했다. 또한 그 연구소는 학생들의 실험실 실습과 연구를 위해 사용되었다.[120]

이 시기에 독일 대학 중에는 마르부르크 대학만큼 생산적인 젊은 물리학자들을 요구할 수 있는 곳은 거의 없었다. 그중에는 1949년부터 1852년까지 마르부르크 대학의 첫 번째 물리학 부교수였던 크노블라우흐(1852년부터 1853년까지 그는 정교수였고 마르부르크 대학에는 잠시 두 명의 물리학 정교수가 있었다), 1852년부터 1857년까지 부교수였던 콜라우시, 1858년부터 1862년까지 사강사였던 빌너 Wüllner, 1857년부터 연구소에서 게를링의 조수였고 1860년부터 1864년까지 사강사였고 1864년부터 1866년까지 부교수였던 프란츠 멜데 Franz Melde가 있었다. 그들은 모두 실험 물리학 연구를 했다. 넓고 장비가 잘 갖추어진 사설 "기구실"을 사용하는 크노블라우흐는 복사열이라는 주제로 6편의 논문을 출판한 실험 연구자로서 명성을 얻었다.[121] 크노블라우흐는 마르부르크

---

[120] 게를링은 1831년 8월 15일에 헤센 정부로 보낸 편지에서 그에게 필요한 것을 처음 기술했다. STA, Marburg, Bestand, 307d, Nr. 21. 그는 1848년에 그의 소식지 (Nachricht)에서 완성된 연구소에 대해 기술했다. 그 연구소를 게를링이 보고한 목적은 과학에서 훈련받은 조수가 필요하다고 지적하는 것이었다. 게를링이 가우스에게 보낸 연구소 운영 보고는 1833년 8월 8일, 12월과 1841년 10월 17일 자 편지에 있다. *Christian Ludwig Gerling an Carl Friedrich Gauss. Sechzig bisher unveröffentlichte Briefe*, ed. T. Gerardy (Göttingen: Vandenhoeck und Ruprecht, 1964), 63, 68, 81. 또한 O. F. A. Schulze, "Zur Geschichte des Physikalischen Instituts," in *Die Philipps-Universität zu Marburg 1527~1927*, ed. H. Hermelink and S. A. Kaehler (Marburg: Elwert, 1927), 756~763 중 757~759를 보라.

[121] Karl Schmidt, "Carl Hermann Knoblauch," *Leopoldina* 31 (1895): 116~122. 크노블라우흐는 부유했기에 사유 재산을 써서 그의 연구를 위해 마르부르크 대학에서 발견한 것은 무엇이든 확장할 수 있었다. 틴들은 그의 논문 "Ueber die Gesetze des Magnetismus," *Ann.* 83 (1851): 1~37에서 크노블라우흐가 "탁월한 장치와 그

대학에서 그가 즐긴 이점 중에 물리학 연구소의 연례 예산을 열거할 정도로 마르부르크 물리 연구소를 상당히 자기 마음대로 운영했다. 전기 실험에 대하여 베버와 주로 협력하기 위해 콜라우시는 마르부르크 대학에서 사용하고 있는 장치와 그의 실험 연구 결과를 가져왔다.[122] 빌러는 마르부르크 대학에서 처음 2년 동안 8편의 실험 논문을 출판했고 다음 2년 동안 실험 주제에 관한 4편의 팸플릿과 책들을 출판했다. 거기에는 실험 물리학에 관한 유명한 교재의 첫 번째 권이 포함되었다.[123] 멜데는 베버, 키르히호프, 욜리, 크노블라우흐, 밀러에게 칭찬받은 광학과 음향학에서의 "다수의" 실험 연구 덕택에 마르부르크 대학에서 승진했다.[124]

의 방 셋"을 마음대로 썼다고 보고했다(p. 37). 크노블라우흐의 실험은 열과 빛 사이의 유비에 기초했다. 열 복사의 특성에 대하여 주의 깊게 기술함으로써 그는 열의 "광학적" 효과를 확립하기를 원했다(Rosenberger, *Geschichte der Physik*, 386~394). 1854년에 분젠은 크노블라우흐가 복사열에 대한 일련의 실험으로 스스로 유능한 실험 연구자임을 입증했다고 썼다. 분젠이 바덴 내무부에 보낸 편지, 1854년 7월 26일 자.

[122] 콜라우시가 스위스 교육 평의회 의장 케른(Kern)에게 쓴 편지, 1855년 1월 23일 자, A Schweiz, Sch., Zurich. 콜라우시는 여기에서 그 또한 700탈러의 봉급을 받는다고 썼다. 그것은 부교수의 봉급으로는 많은 액수였는데 콜라우시는 지역 과학자 사회와 베버와의 협력을 통해 "연간 몇백 탈러"를 마음껏 끌어 썼다. 이 모든 특권의 "대행자"로서 그는 "적어도" 다른 연구소의 소장직도 함께 요청해야 했다. 또한 *Catalogus professorum academiae Marburgensis; die akademischen Lehrer der Philipps-Universität in Marburg von 1527 bis 1910*, ed. F. Grundlach (Marburg: Elwort, 1927), 394~395를 보라. 분젠은 콜라우시에 대해 1854년에 "젊은 물리학자 중에서 마르부르크의 콜라우시 교수는 긴장 전기에 대한 연구를 통해 빨리 명성을 얻었다"라고 썼다. 분젠이 바덴 내무부에 보낸 편지, 1854년 7월 26일 자.

[123] 빌너는 취리히 연방 종합기술학교에 지원서를 내면서 자신의 출판물을 열거했다. 1867년 6월 6일 자.

[124] P. Losch, "Melde, Franz Emil," *Biographisches Jahrbuch und Deutscher Nekrolog* 6 (1901): 338~340; 프란츠 멜데의 사망 기사, *Leopoldina* 37 (1901): 46~47. 베버가 동료에게 보내는 편지, 1865년 12월 22일과 1866년 1월 5일 자; 크노블라우흐가 동료에게 보낸 편지, 1866년 1월 28일 자; G. Welssenborn, "Separatvotum," 1866년 2월 16일 자, 1866년 2월 21일 자의 추신; STA, Marburg, Bestand 305a,

마르부르크 대학의 네 명의 젊은 물리학자인 크노블라우흐, 콜라우시, 뷜너, 멜데는 계속 정진하여 대학이나 고등공업학교에서 정교수가 되었다.

문제

프로이센 지방 대학의 물리학자들에게 어려움을 겪게 하고 더 작은 남부 대학들에서는 젊은 물리학자들이 자주 결원되는 현상을 일으킨 반면에, 본 대학과 마르부르크 대학에서 물리학자들을 성공적으로 적응하게 해준 고용 관행들은 모두 대학 물리학의 한 가지 어려운 문제를 다루려는 시도들에서 나온 것이었다. 그 문제란 강의와 연구를 위하여 연구소를 어떻게 선용할 것이며, 동시에 다음 세대 대학 교원과 연구소 소장에게 언젠가 정교수 자리를 이어받을 자격을 갖추는 경험을 어떻게 제공할 것인가였다. 인문학, 신학, 법학은 정부 부처와 학부들이 그러한 임용이 바람직하다고 고려하면 언제든 젊은 교원들을 수용할 수 있었다. 그 분야들에서 사강사가 부교수로 승진하는 것은 교육의 빈자리를 채우는 것이 아니라 후보자가 언젠가 정교수가 될 자격을 갖추었다고 후보자의 자격을 인정해주는 것이라는 프로이센 문화부의 원칙은 프로이센 정부로서는 적은 봉급을 주는 것 정도의 값을 치르기만 하면 유지할 수 있었다.[125] 그러나 그 원칙은 자연 과학과 의학에는 잘 맞지 않았다. 과학자들

1864/66, Melde.

[125] 프로이센 문화부의 승진 규칙은 본 대학에서 학부 논쟁에서 논의되었다. 1827년 10월 16일 자, Plücker Personalakte, Bonn UA. 그것은 독일에서 일반적으로 받아들여지지는 않았다. 튀빙겐 대학의 로베르트 폰 몰(Robert von Mohl)은 1869년에

은 교수와 연구소 소장으로서 이중의 책임을 지기 때문이었다. 교수로서 물리학자는 연구소가 공급하는 물질적 수단이 없다면 그의 일을 잘 감당할 수 없을 것이었고, 국립 연구소의 행정가로서 그는 연구소를 사용할 권리를 여러 교수들이 가지게 되면 그의 일을 잘 감당할 수 없을 것이었다.

이 시기에 대부분의 물리학 연구소는 우리가 보았듯이 몇 개의 방과, 잘 갖추었다 해도 부적절한 실험실 공간, 한 명의 물리학자에게만 충분하고 한 명 이상에게는 확실히 충분하지 않은 적은 예산이라는 제한을 받았다. 가장 중요한 측정 기구는 비쌌기에 그 기구가 2벌이나 3벌이 확보되는 경우는 없었다. 종종 기구는 연구소 소장 자신이 직접 제작한 것이었고, 특별히 자신의 연구를 하기 위해 설계되었고 어떤 때에는 자신의 돈으로 구매한 것이었다. 그것은 어떤 경우에도 동료와 공유하라고 요청할 수 있는 종류의 장비가 아니었다. 민감한 측정 기구가 설치되고 특정한 실험 연구를 위해 조정이 되면 그 기구와 그 기구가 차지하고 있는 공간은 몇 달이나 몇 년이 걸릴 수도 있는 연구 기간에는 다른 물리학자와 공유될 수 없었다. 그러므로 물리학 연구소에 대한 물질적 제한을 고려할 때 대학 연구소를 한 물리학자가 완전히 마음대로 쓰게 하는 조치 외에는 다른 길이 없었다. 해부학 연구소들에 관련해서 같은 문제를 겪은 헬름홀츠는, 마찬가지로 "모든 다른 컬렉션"에 적용하여, 1860년에 "두 선생이 정교수로서, 즉 동등한 공식 직함을 가지고 컬렉션을

다음 정의를 제시했다. "부교수: 연소하지만 이미 검증을 받은 교원으로 그를 위하여 당분간 정규 자리가 없는 경우로서, 새로운 교수직이 설치되지 않는 분야의 공백을 채우거나, 더는 온전히 봉직할 수 없는 정교수를 보완하거나, 과목을 늘리기 위함 등 다양한 용도가 있다." Württemberg, Statistisches Landesamt, *Statistik der Universität Tübingen*, 25.

사용하려 한다면 항상 상당한 어려움"이 있다고 견해를 밝혔다.[126] 다른 이유 중에서 이 이유 때문에 키르히호프는 대학에서 "물리학의 정규 및 단독 대표"에게 요구되는 "과학적 다재다능과 깊이"를 지적했다.[127] 물리학 강의를 하게 하려고, 연구소 소장을 도울 두 번째 물리학자로, 종종 이미 기성의 물리학자를 임용하자 연구소의 시설 사용에 대한 "충돌"의 가능성이 커졌다. 두 번째 물리학자의 연구 필요성을 인식하고서 연구소에 대한 소장의 단독 권한을 나누는 조치에는 반대하는 논증이 신랄해졌다.[128]

동시에, 경력을 시작하는 물리학자에게 필요한 것들, 즉 봉급은 차치하고, 기구, 실험실, 자금이 충족되어야 하지만 거의 그러기가 어려웠다. 프로이센의 물리학 졸업생들은 사강사가 되려면 박사학위 후에 2년, 나중에는 3년을 기다려야 했다. 기다리는 시간 동안 돈을 벌 필요가 있는 이들은 보통 가르치는 일을, 가능하다면, 좋은 연구소가 있는 대학 근처

---

[126] 리제(Riese)는 그의 저서 *Hochschule*에서 독일 대학 구조가 젊은 학자의 진보를 막는다고 비판한다. 그러나 그는 물리학 같은 분야를 다른 분야와 차별화하는 요인들을 고려하지 않는다. 실례로 우리가 서술한 물질적 한계가 그런 것이다. 그 한계는 그러한 구조의 연속을 당분간 유용하게 만들어주었다. 그의 책의 장(章) "Die Nichtordinarienfrage," 153~192, 특히 최초의 두 절(節)을 보라. 리제는 115쪽에서 헬름홀츠를 인용한다.
[127] 키르히호프가 동료에게 보낸 편지, 1865년 12월 25일 자, STA, Marburg, Bestand 305a, 1864/66 Melde.
[128] 하나의 연구소에 두 명의 물리학자가 있는 것, 특히 두 번째 물리학자가 하급 위치에 있는 경우를 반대하는 또 하나의 논거는 상급 위치에 빈자리가 났을 때 가장 좋은 사람을 임용하는 것을 어렵게 만든다는 것이었다. 가장 좋은 사람을 임용한다는 것은 보통 외부에서 누군가를 데려와 이미 연구소에 있는 물리학자보다 위에 배속하는 것을 의미했다. 그런 상황에서 새로운 물리학자는 그 일자리를 받아들이기를 주저할 것이다. 새로운 조합은 하급의 물리학자가 상급의 자리로 승진할 희망을 좌절시켰거나, 새로운 소장이 자신의 권한이라고 주장할지 모르는 시설, 학생, 강의 과목 등에 대하여 하급 물리학자가 그 이전의 접근권을 상실할지도 모르기 때문에, 문제가 될 수 있었다. Riese, *Hochschule*, 133.

에서 맡았다. 자기 돈이 조금 있는 사람이나 케텔러처럼 비범한 인내심을 가진 사람은 가능하다면 대학 물리학 연구소에서 연구를 하고 가능한 한 많이 논문을 내는 데 2, 3년을 사용했다. 어디서든 사강사가 되는 것은 젊은 물리학자의 재정적 상황을 거의 개선하지 않았고 대학 연구소에 대한 접근권을 빼앗아 연구 기회를 줄일 수도 있었다. 1873년에 베버는 젊은 물리학자가 물리학을 가르치는 일을 시작하는 유일한 기회는 수리 물리학을 강의하는 것이라고 언급했다. 그러나 수리 물리학은 학생 수강료가 적게 들어왔고 젊은 물리학자를 미래의 임무를 위해 준비시켜주지 않았다. 결과적으로 "자신을 물리학에 투신하기를 원한 이들조차 보통은 수학으로, 또는 거기에서 조금 떨어져 있다면, 화학으로 교수 자격 논문을 내었다."[129] 그들을 잃는 것은 "대학에서 하는 물리학의 실험 연구에 손해가 된다는 것이 입증"되었고 1870년대 초에 물리학 연구소들에서 조수 자리가 증가한 것이 베버에게 그 문제가 개선될 것이란 희망을 주었다.[130] 1848년에 이미 조수의 고용이 물리학 연구 '유아방'을 구

---

[129] 베버가 괴팅겐 대학 감독관 바른슈테트(Warnstedt)에게 보낸 편지, 1873년 10월 26일 자, Weber Personalakte, Göttingen UA, 4/V b/95a. 가령, 헤르만 섀퍼(Hermann Schaeffer)가 예나에서, 마르바흐가 브레슬라우에서 한 것처럼 젊은 물리학자들은 때때로 대학 강의를 중등학교나 무역학교 강의와 결합하기를 시도했다. 그들이 다른 대학에서 교수직을 제안받지 않고 지역의 교수직으로 떠밀렸을 때, 오프터딩어(L. F. Ofterdinger)가 1851년에 튀빙겐 대학에서 한 것처럼, 그들은 때때로 대학의 삶을 포기하고 중등학교 교수직을 감수했다. 다른 이들은 물리학 밖에서 돈을 버는 일자리를 얻었다. 마르부르크 대학의 빌헬름 포이스너(Wilhelm Feussner)는 사서로도 일하면서 학비를 댔고, 튀빙겐 대학의 자이퍼(O. J. Seyffer)는 역시 신문사의 편집자로 일했고 킬 대학의 틸레(C. H. Tielle)는 물리학 사강사로 있을 때 의학을 공부했고 나중에는 물리학을 떠나 의사가 되는 길을 택했다.
[130] 베버가 괴팅겐 대학 감독관 바른슈테트에게 보낸 편지, 1873년 10월 26일 자. 물리학 연구소의 초기 여건에서 조수를 고용하는 데 장애물이 있었다. 조수는 이미 만들어진 기구, 즉 연구소의 확실한 재정적 여유를 전제했다. 베버가 괴팅겐 대학 감독관에게 보낸 편지, 1851년 5월 10일 자, Göttingen UA, 4/V b/21.

성할 것이라는 게를링의 생각이 옳았음이 입증되고 있었다.[131] 조수 신분은 교수 자격 논문을 낼 때까지 2~3년을 기다려야 하는 물리학자들이 연구를 중단하지 않고 적은 수입을 얻을 수 있게 해주었다.

박사학위를 받기 전에 물리학자들이 받는 훈련은 대학에서 단 한 명의 물리학 정교수를 두는 것에 별로 영향을 받지 않았다. 물리학에서 박사학위를 받으려고 공부하는 학생들은 대부분의 대학에서 여전히 적었고 그들의 연구는 한 명의 교수가 쉽게 지도했다. 그들은 또한 다른 대학에서 다른 물리학자에게 배우는 것도 권장받았다. 다른 물리학자들은 그들을 자기 실험실에 들이는 것을 환영하기까지 했다. 특히 옮기는 것이 학생들의 박사 연구에 도움이 된다면 더욱 그러했다. 뷜너는 이 가능성을 이용한 학생 중 하나였다. 그는 뮌헨 대학에서 박사 논문을 받기 위해 마그누스의 베를린 실험실에서 마그누스의 방법으로 실험을 수행했다. 더 나은 연구소 중 몇몇은 이때가 되면 소장의 연구 분야에 따라 전문화될 수 있었기에 그 분야를 연구하는 학생들의 연구가 용이해졌다.[132]

수리 물리학을 통해 물리학에 들어가는 일은 여전히 물리학 대신에 수학이나 화학에 정착하기를 원하지 않는 젊은 물리학자들이 있었기에

---

[131] Gerling, *Nachricht*, 21.
[132] 물리학에서 전 분야를 담당하는 정교수 자리가 존재해도 리제가 주장한 것처럼 앞으로 생겨날 전공 연구를 담당하지는 않았다(*Hochschule*, 159). 정교수를 요구하는 일반적인 강의는 연구에서 그의 전문 분야와 양립이 가능했다. 그 둘은 보통 다른 종류의 기구를 요구해서 1832년에 벌써 베버는 그것들을 구분했다. **연구**용 기구에 대해서 베버는 물리학의 당시 상태를 고려하면, "고등 과학 연구소에서 완비를 위해 투쟁하는 것은 점점 더 부수적인 일이 된다. 과학이 더욱 진보할수록 그것은 더욱 성취되기 어려워진다."라고 했다. 베버가 괴팅겐 대학 감독관에게 보낸 편지, 1832년 12월 15일 자, Göttingen ua, 4/V h/16. 이런 방식으로 전문화된 초기 물리학 연구소 중에는 괴팅겐과 라이프치히 대학 베버의 연구소뿐 아니라 하이델베르크와 본 대학의 연구소도 있었다.

생겨났다. 또한 그런 일은 정교수의 강의 의무가 증가했기 때문에 일어났다. 정교수의 강의 의무 증가 때문에 종종 연구소에 필요성이 가장 적은 강의를 봉급을 받는 하위의 동료에게 맡기게 되었다. 기센 대학에서 그러한 배치는 이 시기에 여러 번 존재했다. 봉급을 받지 않는 부교수 자리는 1843년에 생겼고 그 자리를 차미너F. G. K. Zamminer가 차지했다. 1854년까지 그는 역시 적은 봉급을 받고 있었다. 차미너는 자신을 연구에서는 우선적으로 수리 물리학자라고 생각했고 수리 광학과 고급 해석학을 강의했는데 후자에서 그는 다른 수리 물리학 분야를 응용 물리학으로 다루었다.[133] 그는 또한 강의와 실험을 위한 물리 장치와 컬렉션을 늘릴 돈을 요구했다. 우선, 그는 필요한 것을 사고 나중에 국가에 변상을 요구하는 연구소 소장 부프의 본을 따랐다. 국가 정책은 교수가 국가의 돈을 사전 승인도 없이 쓰는 것을 허락하지 않았으므로 그런 행위는 비난을 받았다. 그러나 그는 항상 변상을 받았다.[134] 차미너는 솜씨 좋고 정확한 실험 연구자로 명성을 얻었고[135] 동시에 그는 부프가 가르치지 않는 과목을 가르침으로써 부프와의 경쟁을 피했다. 1858년에 차미너가 요절하자 그의 교수 자리는 "수학 및 물리학 과목" 강의와 함께 이전에 르노의 조수였고 최근에는 뮌헨 대학에서 사강사였던 본Johann Konrad Bohn에게 돌아갔다. 실험 물리학자로서 그의 두드러진 배경에도 불구하고

---

[133] 부프가 동료에게 보낸 편지, 1854년 10월 26일 자; 차미너가 스위스 교육 평의회 의장 케른(Kern)에게 보낸 편지, 1855년 5월 7일 자; 둘 다 A. Schweiz. Sch., Zurich.
[134] 기센에 있는 헤센 대학 행정 위원회(Hessen Academic Administration Commission)에서 헤센 내무 및 법무부에 보낸 문서, 1844년 5월 10일 자, Gissen UA, Phil. H Nr. 35, Fasz. 6.
[135] 베버가 케른에게 보낸 편지, 1855년 1월 1일과 5월 9일 자; 베버가 차미너에게 보낸 편지, 1855년 4월 8일 자; 부프가 동료에게 보낸 편지, 1854년 10월 26일 자; A. Schweiz. Sch., Zurich.

본은 일반 교육을 위한 수학의 가치에 대한 강의로 기센 대학에 스스로를 소개했고 빛의 이론, 이론 물리학의 장들, 기초 수학, 측지학에 대한 강의 과정을 개설하겠다고 발표했다. 기센 물리학 세미나에서 그는 수학 및 물리학 실습을 담당했다. 그는 강당, 이웃한 실험실, 사무실, "수학 및 물리학 주제들을 강의하는 데" 쓸 기구를 위한 돈과 함께 난방과 조명을 무료로 제공받았다.[136] 본이 1866년에 기술학교로 옮겼을 때 그 자리는 최프리츠Karl Zöppritz에게 맡겨졌다. 그의 전임자처럼 최프리츠는 광학을 가르쳤지만 학생을 종종 받지 못한 그의 주요 과목에서 그는 자신의 스승 프란츠 노이만이 놓은 본을 철저하게 따라갔다. 그는 수리 물리학과 편미분 방정식처럼 물리학자에게 중요한 분야의 수학을 담당했고 본이 맡았던 세미나에서 수학 및 물리학 실습을 이끌었다. 그의 전임자들처럼 최프리츠는 그의 업무, 즉 우선적으로 그의 광학 강의를 위한 기구를 얻는 데 자금을 마음대로 사용했다.[137]

이 세 명의 부교수는 기센 대학에서 가르친 20여 년간 국가 소유인

---

[136] Lorey, "Physik…Giessen," 92~93. 본이 대학 행정 위원회에 보낸 편지, 날짜 미상, 1860년 8월 28일에 수신됨. 위원회가 본에게 한 답신, 1860년 8월 31일 자; Giessen UA, Phil. H Nr. 35, Fasz. 7.

[137] Lorey, "Physik…Giessen," 98. 최프리츠(Karl Zöppritz)가 대학 행정 위원회에 보낸 편지, 1879년 10월 26일 자; Giessen UA, Phil. H Nr. 35, Fasz. 6. 튀빙겐 대학에서 사강사로 짧게 머무는 동안 최프리츠는 "유명한 쾨니히스베르크 학파 출신의 젊은 선생"으로 환영을 받았다. 뷔르템베르크 종무학무 장관이 국왕에게 보낸 편지, 1865년 8월 26일 자, HSTA, Stuttgart, E11 Bü 63. 그러나 최프리츠는 실제로 쾨니히스베르크 대학에서 그의 학위 논문을 위한 "엄청나게 어려운" 계산들에 압도당했고 문자 그대로 노이만이 자리를 비우자 거기에서 달아났다. 그는 하이델베르크 대학의 키르히호프에게 갔고 거기에서 아주 신속하게 박사학위를 끝마칠 수 있었다. 최프리츠가 프란츠 노이만에게 보낸 편지, 1864년 8월 30일 자, Neumann Papers, Göttingen UB, Ms. Dept. 반년의 대학 달력 *Deutsches Hochschulverzeichnis* (1872~1938)에 나열되어 있는, 기센 대학에서 행한 그의 강의는 성공적이지 않았다.

그들의 기구가 대학이 아닌 물리학 정교수의 연구소에 속한다는 인식에 따라 행동했다. 결과적으로 각각 차례로 기센 대학을 떠날 때에는 그들의 컬렉션을 연구소에 넘겨주었다. 부프와 개인적으로 가까운 관계를 누렸던 차미너는 기구를 모두 넘겨주었다. 이런 식으로 그들 때문에 기센 대학은 수리 물리학 초기 연구소 중 하나가 될 수도 있었던 시설을 확보하지 못했다.

우리는 이전의 사례 중 둘인 본 대학과 마르부르크 대학으로 돌아가서 독일 지방 대학에서의 물리학에 대한 논의를 마무리하려고 한다. 이 두 대학은 우리가 다루는 시기 끝에서 일어난 변화를 예시해준다. 이때가 되면 학부들은 기센 대학이 일찍부터 누렸던 것과 유사한 물리학을 위한 제도를 바라게 되었다. 플뤼커의 죽음 이후에 본 대학의 과학 학부는 이 대학에 넓은 물리학 연구소를 확보할 수 있는 뛰어난 실험 물리학자를 얻기 위해 플뤼커의 자리를 나누어 물리학 교수직을 임용하기를 원했다. 이 "오랫동안 인식된 필요"를 충족하기 위해 과학 학부는 "솜씨 좋고 포괄적으로 훈련받은 물리 실험실의 관리자"를 찾으려 했다. 그것은 하급 학생을 위해 물리학 실습 과정을 조직하고 상급 학생들의 실험실 연구를 지도할 수 있는 사람을 의미했다. 그는 또한 실험 물리학의 기술에 통달했을 뿐 아니라 "자연의 법칙들을 철저히 이해하는" 이론적 방법들에 통달한 사람이어야 했다. 그는 학생들에게 물리학의 실험적 및 이론적 방법을 전수할 수 있고 그들을 독립적인 연구자로 훈련할 수 있어야 했다. 후보자는 빌너, 비데만Wiedemann[138], 크빙케였는데 셋은 모

---

[138] [역주] 비데만(1826~1899)은 독일의 물리학자로서 베를린 대학을 나왔고 바젤 대학과 라이프치히 대학 등에서 교수를 역임했다. 그는 전자기학의 실험 연구에서 중요한 기여를 했다. 특히 1853년 금속의 열전도도와 전기 전도도의 비가 동일 온도에서는 모든 금속이 같다는 법칙을 발견했다. 이를 비데만-프란츠의 법칙이라

두 이전에 마그누스의 학생이었다.¹³⁹ 뷜너는 그가 가르친 농업 아카데미에서 본 대학생에게 실험실 실습을 시켰던 지역 물리학자였다.

본 대학의 수학자 립시츠는 과학 학부 동료들이 원하는 것에 대부분 동의했지만 그는 대학에 대해 더 큰 야심이 있었다. 그는 "과학 지식으로 가는 새로운 경로를 열고 있는" 물리학자를 원했다.¹⁴⁰ 그의 관점에서 그 조건에 가장 잘 들어맞는 세 명의 물리학자는 그 교수진이 선호하는 사람들이 아니라 헬름홀츠, 키르히호프, 클라우지우스였다. 본 대학 과학자들은 립시츠가 내놓은 대안을 고려했다. 헬름홀츠가 1급 물리학자라는 것을 그들은 인정했으나 그는 여전히 하이델베르크 대학에 생리학자로 고용되어 있었고 한 번도 물리학 연구소를 운영해본 적이 없었다. 그들은 헬름홀츠에게 명성을 가져다준 물리학 연구는 실험 방향이라기보다는 "특히 수학 방향"이라는 것에 주목했다. 더욱이 그들은 헬름홀츠가 본 대학으로의 초빙을 수락할지 "매우 의문스러우며" 그의 생리학자로서 "세계적인 명성" 때문에 그의 몸값은 비쌀 것이고 그것이 문제를 일으킬지 모른다고 생각했다.¹⁴¹ 키르히호프는 하이델베르크 대학과 분

고 하고 여기에 나오는 상수를 비데만-프란츠 상수라고 한다.

¹³⁹ 물리학에서 플뤼커의 후임자에 대한 본 대학 철학부의 수학 및 자연 과학부의 보고서 초고, 1868년 7월, Plücker Personalakte, Bonn UA. 또한 거기에서, "Separatvotum als Erwiderung auf dasjenige des Herrn Professor Lipschitz vom 13ten Juli 1868," 1868년 7월 14일 자.

¹⁴⁰ 같은 질문에 대한 립시츠의 보고서 초고, 1868년 7월, Plücker Personalakte, Bonn UA.

¹⁴¹ 1868년 7월 "Separatvotum"의 본 대학 교수진 보고서, 1868년 7월 14일 자와 립시츠의 개별 의견서, 1868년 7월 13일 자. 플뤼커 사후 립시츠는 헬름홀츠에게 그가 물리학으로 옮겨 본 대학으로 오기를 원하는지 묻기 위해 편지를 썼다. 헬름홀츠는 "예"라고 답했고 립시츠는 본 대학 철학부에 헬름홀츠를 물리학 교수직의 후보자 목록 중 첫 번째에 적으라고 제안했다. 프란츠 노이만은 헬름홀츠를 본 대학으로 데려오려는 립시츠의 노력을 지지했고 립시츠는 노이만에게 정부는 헬름홀츠를 데려오기 위해 "힘쓸 것은 모두" 다 했다고 보고했다. 립시츠가 노이만에게

젠에게 너무 묶여 있어서 본 대학으로 불러들일 수 없다고 본 대학 과학자들은 생각했기에 그들은 더는 그를 고려하지 않았다.[142] 그들은 클라우지우스가 본 대학 물리학 연구소 설립이라는 주된 목적을 달성할 자격을 전혀 갖추지 않았다고 생각했다. 왜냐하면 그는 실험실을 이끌어본 경험이 없었고 그가 인정받은 일에는 실험 연구가 없었기 때문이었다.[143]

본 대학 과학 학부 내의 의견 불일치는 타협으로 마무리되었다. 과학 학부의 후보자 목록에 헬름홀츠와 클라우지우스의 이름을 세 실험 연구자의 이름보다 앞에 놓기로 했다. 과학 학부 대다수의 의도는, 립시츠가 파악한 바로는, 빌너의 임용을 이런 식으로 확실하게 하는 것이었던 것으로 보인다. 헬름홀츠와 클라우지우스를 지지하는 논거는 입바르지만 간결했고, 현실적인 제안을 하기 전에 학부들이, 현실적으로 채용할 수 없는, 그 분야에서 최고인 사람들을 종종 언급하는 스타일을 거의 따르고 있었다.[144] 그들은 확실히 헬름홀츠는 제안을 받으면 거절할 것이고

보낸 편지, 1868년 6월 14일 자와 1869년 1월 15일 자, Göttingen UB, Ms. Dept. 헬름홀츠가 이미 본 대학 철학부에 그가 기꺼이 오겠다고 말했으므로 그가 올 수 있는가에 대한 그들의 의심은 그를 얻을 확률이 별로 없어서라기보다는 그에 대해 그들이 반감이 있어서 생긴 것으로 보인다. 헬름홀츠는 프로이센 문화부가 그를 존중하지 않는다고 느꼈기에 종국에는 그 요청을 거절했다. 헬름홀츠가 루트비히(Carl Ludwig)에게 보낸 편지, 1869년 1월 27일 자, Koenigsberger, Helmholtz, 2: 118~119에서 인용.

[142] 그런 이유로 키르히호프는 본 대학의 후보자 목록에 결코 오르지 못했다. 립시츠가 노이만에게 보낸 편지, 1868년 6월 14일 자.

[143] 위에서 인용된 학부 보고서. 또한 립시츠가 노이만에게 보낸 편지, 1868년 6월 14일 자; 이 편지에서 립시츠는 그도 역시 마이어를 후보자로 제안했으나 본 대학 학부가 실험 물리학자가 아니라는 이유로 클라우지우스를 거부한 것처럼 마이어를 거부했다고 언급했다. (본 대학 학부는 클라우지우스가 당시 뷔르츠부르크 대학의 물리학 교수로 얼마 재직하지 않았다는 것은 고려하지 않았다.)

[144] 본 대학 철학부의 수학 및 자연 과학부가 "Prodecan" 크누트(Knoodt)에게 보낸 편지, 1868년 7월 9일 자와 립시츠에게 보낸 그 부서의 답장에서 "Separatvotum" 1868년 7월 14일 자, Plücker Personalakte, Bonn UA.

클라우지우스는 실험실 경험의 부족으로 초청되지 않을 것이라고 가정했다. 헬름홀츠는 거절했다. 프로이센 문화부는 다음으로 클라우지우스에게 갔고 그는 그 요청을 받아들였다. 클라우지우스가 연구에서는 이론가였지만 그는 본 대학에 물리학 연구소를 확보해 주었고, 그것은 과학학부가 그들이 데려오는 사람에게 원한 것이었다.[145] 클라우지우스가 본 대학에 오자, 훈련된 실험 물리학자인 케텔러는 스스로가 이론을 책임지는 제2의 물리학자임을 알게 되었는데 이러한 방식은 이제 표준이 되고 있었다.[146]

마르부르크 대학에서 물리학 교수 자리가 게를링의 사망으로 공석이 되자 그 학부도 학생 실험실 연구를 지도할 실험 물리학자를 원했다. 후보자의 자격에 대한 협상과 의견 불일치로 몇 년을 끈 후에 그 자리는 멜데에게 돌아갔다.[147] 물리학 연구소의 수장으로 실험 물리학자가 부임하자, 멜데 밑에서 실험 논문으로 박사학위를 받고 마르부르크 물리학 연구소에서 조수로 일한 사강사 포이스너Feussner는 마르부르크 대학의 제2의 물리학자가 되었고, 대부분의 다른 대학에서 제2의 물리학자가

---

[145] 클라우지우스가 본 대학 감독관 베젤러에게 보낸 편지, 1869년 3월 12일 자와 클라우지우스의 임용에 관해 세부사항을 제시하는 문서들, Clausius Personalakte, Bonn UA.

[146] 케텔러가 본 대학 철학부 학부장 지벨(H. von Sybel)에게 보낸 편지, 1870년 6월 27일 자, Ketteler Personalakte, Bonn UA. 클라우지우스에 따르면, 케텔러의 다음 논문은 "더 수학적이고 비판적인 성격"을 띠었다. 클라우지우스는 케텔러가 물리 기구실을 "염원하고" 있다고 말했다. 카를스루에 고등종합기술학교 자리에 대한 클라우지우스의 케텔러 추천서, 1870년 10월 29일 자, Bad. GLA, 448/2355.

[147] 마르부르크 대학 철학부는 처음에 비데만이나 크노블라우흐를 요청했다. 비데만은 그 일자리를 제안받자 거절했다. 학부의 두 번째 선택인 크노블라우흐를 무시하고 내무부는 다음으로 학부에 세 명의 후보자, 모두 베를린에서 교육받고 마그누스와 연관이 있었던 파일리치, 팔초우(Paalzow), 크빙케를 제안했는데 이들은 학부가 거절했다. 문서들, 1864년 2월 6일, 3월 10일과 17일, 6월 3일 자, 1866년 2월 14일, 16일, 21일 자, STA, Marburg, Bestand 305a, 1864/66 Melde.

한 일을 그도 했다. 수리 물리학을 그의 강의 전문 과목으로 삼게 된 것이다.[148]

---

[148] F. A. Schulze, "Wilhelm Feussner," *Phys. Zs.* 31 (1930): 513~514. *Catalogus professorum academiae Marburgensis*, 395.

10 베를린의 물리학: 중등 교육과의 관계

새로 임명된 프로이센의 문화부 장관인 알텐슈타인Altenstein이 1818년에 프로이센 대학들에 대한 그의 새 프로그램을 개시했을 때, 그는 베를린 대학을 과학적으로 우수한 그 국가의 중심 대학으로 상정했다. 대조적으로 프로이센의 지방 대학들은 "이론적 연구"를 담당하기보다는 "실용적 필요"를 충족하는 일에 제한시킬 계획이었다. 알텐슈타인의 일반적인 구도가 많은 호응을 얻어내지는 못했지만[1] 그는 베를린을 위대하게 만들겠다는 그의 희망을 포기하지 않았다. 1840년 사망하기 몇 주 전에 알텐슈타인은 그의 큰 번민에 대해 한 친구에게 편지를 쓰면서 프로이센 정부가 베를린 대학을 "전 유럽에 강한 인상을 남기는 세계 대학"의 위치에서 더욱더 추락시키고 있다고 말했다. 그는 그런 일이 프로이센 왕국에 닥칠 수 있는 가장 큰 불행이라고 생각했다.[2] 그는 베를린 대학이 그러한 호평을 누린 적이 있었다는 생각을 하면서 가장 훌륭한 독일의 학자 중 몇 명, 특히 수학과 자연 과학 분야의 학자들이 베를린 대학의 교수 초빙을 받아들이기를 거절한 것을 떠올렸고, 프로이센 재

---

[1] Lenz, *Berlin*, vol. 2, pt. 1, pp. 11~12, 25.
[2] Lenz, *Berlin*, vol. 2. pt. 1, p. 425.

정부 장관들이 중심 대학에 재정 지원을 제대로 하지 않는 것이 프로이센에게 큰 위협이 된다고 여기지 않는 것을 고통스러워하고 있었다.[3]

베를린 대학의 물리학 및 그와 관련된 과학들에 지원이 제한되었음에도 불구하고 우리가 지금 다루는 시기 내내 베를린 시는 이미 물리학자들을 위한 수도로서 매력적이었다. 그들은 공부하러 베를린에 왔거나 공부를 마치고 대학 경력을 찾아서 그리로 왔다. 그들은 베를린에서 그들의 연구를 지원하고 격려해줄 많은 동료를 발견했다. 거기에서 그들은 물리 문헌과 실험실과 과학회들에 접근할 수 있었다. 동시에 그들은 가장 큰 영방국가의 수도로서 많은 김나지움과 군사학교와 기술학교가 있는 도시에 있는 이점을 누렸다. 이런 학교들은 대학 자리를 기다리거나 거기에서 일하는 동안 그들에게 생계를 제공해줄 수 있었던 것이다.

베를린 물리학과 베를린의 김나지움

이 시기에 여섯 개가 있었던 베를린 김나지움 각각은 수학과 물리학 선생이 적어도 두 명씩 있었다. 한 선생은 하급반을 가르쳤고 한 선생은 두 상급반인 제쿤다Secunda와 프리마Prima를 가르쳤는데 이 상급반 과정은 보통 4년이 걸렸다. 정부 부처의 김나지움 규정은 물리 교육은 이 마지막 4년간 제공되어야 한다고 규정했고 이 학년들의 선생은 수학자보다는 물리학자인 경우가 더 많았다. 그래서 젊은 베를린 물리학자들은 적어도 여섯 개의 김나지움 자리를 의지할 수 있었으니 다른 종류의 기

---

[3] 외국 수학자와 과학자와 관련하여 프로이센 사람들에게 가장 큰 실망을 준 것은 그들이 반복해서 제안했음에도 가우스를 베를린으로 데려올 수 없었다는 것이었다. 가령, Lenz, *Berlin*, vol. 2, pt. 1, p. 375.

관이 제공하는 수보다 더 많은 자리였다.[4]

베를린 김나지움들은 독일 대학들만큼이나 두드러진 명성을 누리고 있었다. 그 김나지움의 물리학자들이 독일의 학술지에 연구를 게재할 때는 학교 위치는 말하지 않고 학교 이름만 말해도 그들의 기관이 식별된 반면에 베를린 밖 김나지움의 물리학자들은 둘 다 말해야 했다. 김나지움에서 일자리를 얻는 것은 베를린 대학 물리학 교수였던 에르만Paul Erman과 피셔Ernst Gottfried Fischer의 발자취를 따라가는 것이었다. 그들은 여러 해 동안 대학 자리와 김나지움의 자리를 동시에 유지했었다. 김나지움에서 가르치는 것은 대학 경력을 희망하는 젊은 물리학자에게는 불리한 조건이 되지 않았다. 김나지움 선생이 되는 것은 수입이 적을지라도 베를린 대학에서 김나지움 선생을 위한 세미나 구성원이 됨으로써 수입을 늘릴 수 있었다. 그 세미나는 그 구성원에게 120탈러를, 나중에는 200탈러를 해마다 지급했는데 클라우지우스도 그 제도의 혜택을 입었다.[5] 김나지움에서 물리학자의 봉급에 대한 대가로 요구된 시간은 주당 20시간이나 되기도 했고, 그것은 1830년대에 프란체스코파 수도원

---

[4] Rönne, *Unterrichts-Wesen* (프로이센 문화부가 1855년까지 발행한 유용한 규정집)과 Giese, *Quellen*은 우리가 김나지움 논의를 하는 데 참고한 일반적인 출전 중 주된 것이다. 우리는 이를 개별 학교의 역사와 학교마다 어느 정도 달랐던 정부 부처 규정을 실현하는 연간 학교 프로그램과 연관 지어 사용했다. 우리는 이 주제에 대한 프리드리히 파울젠(Friedrich Paulsen)의 저작들이 프로이센 김나지움들에서 수학과 과학 교육이 어떠했는지 연구하는 데 일반적으로 쓸모가 없다는 것을 발견했다. Lexis, "Der Unterricht in den Naturwissenschaften," in *Reform*은 우리에게 전반적인 개관을 제공했다.

[5] Rönne, *Unterrichts-Wesen*, 21. Karl-Ernst Jeismann, *Das preussische Gymnasium in Staat und Gesellschaft. Die Entstehung des Gymnasiums als Schule des Staats und der Gebildeten, 1787~1817*, vol. 15 of Industrielle *Welt, Schriftenreihe des Arbeitskreises für moderne Sozialgeschichte*, ed. W. Conze (Stuttgart: Ernst Klett, 1974), 100~101. 클라우지우스의 이력서, 1855년 6월 17일 자, A. Schweiz. Sch., Zurich.

부설 김나지움Gymnasium zum grauen Kloster[6]에 있었던 빌데Emil Wilde에게 부담이 되었다. 왜냐하면 그는 수학과 물리학에 더해 라틴어와 종교를 10시간 가르쳤기 때문이다. 수업에 투입하는 시간이 겨우 주당 12시간이나 14시간일 수도 있었다. 실례로 같은 시기에 프리드리히 김나지움Friedrichs-Gymnasium auf dem Werder에 있었던 도베에게는 그랬다. 도베는 김나지움과 대학 외에 베를린에 있는 다른 학교에서 수학과 물리학을 가르쳤다. 도베는 모두 합쳐서 주당 24시간에서 30시간을 강의에 투입하고 수입을 이런 식으로 증가시켰다.[7]

특히 이 시기의 초기에 베를린 김나지움 중 몇몇은 물리학자들에게 단지 수입만 제공한 것이 아니었다. 우리가 보게 되겠지만 그 김나지움들은 물리학자에게 물리학을 할 자극을 주는 환경을 제공했다. 다른 김나지움들은 더 나은 물리학자들을 유인하지 못했다. 그 김나지움들 간의 차이는 흔히 추측하듯이 재정적 기여가 아니라 김나지움 후원자들의 교육에 대한 관심에서 기인한 듯하다. 여섯 개의 베를린 김나지움 중에서 셋은 국왕의 후원을 받아 설립되었고 셋은 베를린 시의 후원을 받아 설립되었다. 세 개의 왕립 김나지움은 국가로부터 억압적 참견과 함께 풍부한 재정 지원을 받았는데 셋 중에서 특히 프리드리히-빌헬름 김나지움Friedrich-Wilhelms Gymnasium과 요아힘스탈 김나지움Joachimsthalsches Gymnasium 이 둘은 다른 김나지움 연례 예산의 3배를 받았는데 이는 작은 프로이센

---

[6] [역주] 'grau'는 영어의 gray에 해당하며 수도사가 회색 옷을 입는 데서 붙여진 이름이다.
[7] *Programm···des Friedrichs-Gymnasium auf dem Werder, 1833* (Berlin, 1833). "Jahresbericht des Berlinischen Gymnasiums zum grauen Kloster von Ostern 1840 bis Ostern 1841," in Ferdinand Larsow, *De dialectorum linguae syriacae reliquiis* (Berlin, 1841), 29~62 중 29~30, 35. Alfred Dove, "Dove: Heinrich Wilhelm," *ADB* 48: 51~69 중 57.

대학의 예산과 비슷했다.[8] 그 김나지움들이 부유함에도 불구하고, 또 확실히 정부 부처가 이 김나지움들에 다른 관심을 두어 자연 과학에는 다소 소홀했기 때문에, 그 학교들은 1820년대 말 이후에 베를린의 물리학에 별로 기여하지 못했다. 폴은 이즈음에 프리드리히-빌헬름 김나지움에서 수학과 물리학 교수였지만 나중에 독일 대학 교수직들을 지배하게 될 베를린의 물리학자 중 아무도 가르치지 않았다. 그의 후임자인 도베는 그들 중 하나, 카르스텐Gustav Karsten만을 가르쳤다. 요아힘스탈 김나지움은 문화부가 그 학교에 문화부의 지도를 따르기를 강요하기 전까지는 미래의 베를린 물리학에 기여한 바가 있었다. 이것이 무엇을 의미하는지 이해하기 위해 우리는 1820년대로 잠깐 돌아갈 필요가 있다.

1820년대 초에 요아힘스탈 김나지움의 교장은 수학과 물리학 선생이었던 슈네틀라게Bernhard Moritz Snethlage였다. 슈네틀라게는 문화부의 교육 정책에 반대하는 교육자 그룹에 속했다. 그들은 1820년대 초에 국왕에게 그들의 비판을 제시했고, "사색과 비평"의 지적 경향을 비판했고, "무시되어 온 실용적이고 실제적인 실험 과학과 기계 기술과 미술"을 매개로 공부하는 "실용적 방향"을 추천했다.[9] 슈네틀라게가 교장을 맡은 동안 그 김나지움은 1821년에 선생으로 아우구스트Ernst Ferdinand August를 얻었

---

[8] Rönne, *Unterrichts-Wesen*, 9. Conrad Varrentrapp, *Johannes Schulze und das höhere preussische Unterrichtswesen in seiner Zeit* (Leipzig, 1889), 397~398. 파렌트라프는 강력한 행정관인 요하네스 슐체가 관심이 있었던 학교 중 하나인 베를린 밖의 한 학교를 방문한 것에 대해 학생들이 진술한 것을 인용한다. 슐체는 며칠 동안 온종일 학교의 모든 구역을 살피며 보냈는데 심지어 교사의 생활 구획과 학생 기숙사까지 살폈다. "그는 청소 불량이나 어떤 잘못도 심지어 거미줄 하나도 놓치지 않았다." 그는 수업에 들어가서 학생을 시험하거나 자기가 수업을 넘겨받기도 했다. 수업 후에는 학생들이 교실에서 어떻게 보내는지 보기 위해 점검했다. 슐체에 대한 거친 그림을 그리게 하는 그런 증언에도 불구하고 파렌트라프의 전기는 전적으로 칭찬 일색도 아니었지만 그에 대해서 비판적이지도 않았다.

[9] Varrentrapp, *Schulze*, 329~330.

다. 아우구스트는 그의 선생이자 나중에는 그의 장인이 될 물리학자 피셔와 긴밀한 관계를 맺고 있었다. 선생으로 자격을 갖추기 위해 아우구스트는 대학에서 신학과 문헌학에 집중했었지만 이제 슈네틀라게 밑에서 수학과 물리학을 가르치고 있었던 것은 이런 과목들을 대학에서 공부했고 1823년에 수학 학위 논문으로 박사학위를 받았기 때문이었다. 그는 즉시 기압 관측표와, 그가 발명하거나 개선한 기구에 대한 설명 등을 《물리학 연보》에 게재하기 시작했다.[10] 슈네틀라게가 1826년에 사망했을 때 정부 부처 안에서 그의 반대자인 슐체Johannes Schulze는 일부러 교장 자리를 고전 문헌학자에게 맡겼다.[11] 요아힘스탈 김나지움은 동류의 왕립 김나지움들처럼 이제 베를린 물리학자들의 삶에서 더 이상의 역할을 하지 않았다. 아우구스트는 연구를 하기 위해 더 비옥한 터전인, 그 도시의 신설 실업 김나지움Real-Gymnasium으로 자리를 옮겼다.

물리학과 관련하여 생산적인 학교들은 베를린의 세 김나지움인 프리드리히 김나지움Friedrichs-Gymnasium auf dem Werder, 프란체스코파 수도원 부설 김나지움과 1824년 이후의 쾰른 실업 김나지움Cöllnisch Real-Gymnasium이었다. 이 학교들은 예산의 3분의 1을 베를린 시에서 받았고 예산의 10분의 1 미만을 국가에서 받았다. 시는 후원자의 지위로 교사 임명이나 학교 운영에 발언권이 있었다.[12]

김나지움 물리학 교과 과정은 실험 과학에 대한 베를린 시 관리의 관점과 문화부 관리의 관점 사이에 차이를 드러낸다. 1837년 이전에 정부

---

[10] Moritz Cantor, "August: Ernst Ferdinand," *ADB*, 1: 683~684. 거기에 낸 아우구스트의 첫 번째 논문은 "Beschreibung eines neu erfundenen Differential-Barometers," *Ann.* 3 (1825): 329~340.
[11] Varrentrapp, *Schulze*, 396.
[12] Rönne, *Unterrichts-Wesen*, 19.

부처가 내놓은 프로이센 김나지움 교과 과정은 중등학교의 마지막 4년 동안 물리학을 주당 두 시간, 하급반에서는 0시간을 허용했다. 1837년에 물리학 수업 허용 시간은 마지막 4년 중 앞의 2년인 제쿤다Secunda 때는 주당 한 시간으로 줄어들었다. 이 변화에 대하여 정부 부처는 물리학 수업 한 시간을 대신 자연사에 넘겨주라는 권고를 덧붙였다. 그 권고를 무시하고 베를린 시 김나지움들은 물리학을 4년 내내 가르치고 이후 조금 더 가르쳤다. 1830년대의 프리드리히 김나지움은 마지막 4년이 아니라 마지막 6년 동안 물리학을 주당 두 시간 가르쳤다. 반면에 프란체스코파 수도원 부설 김나지움은 마지막 4년 동안 물리학을 두 시간씩 가르쳤다.[13]

베를린 시가 그 학교들에 실시한 임용에서 시 관리들이 자연 과학과 수학을 더 강조하는 슈네틀라게의 관점에 동의했음이 드러난다. 베를린 시 학교들의 교수진에 있는 연임된 물리학자의 목록은 거의 대학교수진의 목록과 비슷하다. 정부 부처가 규정한 공식 김나지움 교과 과정 어디에도 화학은 나타나지 않았는데도 그 목록은 심지어 쾰른 실업 김나지움에서는 화학자를 포함했다. 프리드리히 김나지움의 물리학 선생 목록은 제벡August Seebeck, 도베, 클라우지우스를 포함했다. 프란체스코파 수도원 부설 김나지움에서 그 목록은 물리 교육자 피셔와 아우구스트를 포함했고, 크노블라우흐와 비데만의 협력자로서 물리학 연구자 빌데와 프란츠 Rudolph Franz도 포함했다.

시 정부의 관점을 가장 강하게 드러낸 것은 쾰른 실업 김나지움의 설립이었다. 그 학교의 전신인 쾰른 김나지움은 그 도시의 프란체스코파

---

[13] *Programm···des Friedrichs-Gymnasium auf dem Werder*, 1833. "Jahresbericht··· Gymnasium zum grauen Kloster···1840 ···~1841," 1837년에 정부 부처가 제안한 교과 과정은 Rönne, *Unterrichts-Wesen*에 실려 있다.

수도원 부설 김나지움과 오랫동안 결합되어 있었다. 그러나 1824년에 그 학교는 다시 분리되었고 이번에는 문화부의 희망과는 어긋나게 베를린 시장의 강한 주장을 따라 "실업 김나지움"으로 출범했다. 문화부는 "프로이센 왕국은 한 기관에서 그런 실험을 해보기에 충분히 강하고 크다"라는 생각으로 위로를 삼았다. (그러나 40여 년 후에 쾰른 실업 김나지움이 표준 김나지움 프로그램으로 되돌아갔을 때 슐체는 신문에서 그 소식을 "즐겁게" 읽고 있었다.)[14]

아우구스트를 1827년에 교장으로 삼고 제벡을 1833년에 물리학 교수로 삼은 쾰른 실업 김나지움은 물리학자 사이에서 일종의 전설이 되었다. 비데만Gustav Wiedemann은 제벡, 아우구스트, 화학자 하겐Robert Hagen에게 "완전히 반해버렸다"라고 회상했다.[15] 이 비범한 학교를 위한 계획은 인문주의적 김나지움 교육을 포기하지 않으면서 물리학과 함께 다른 자연 과학, 수학, 현대 언어에 더 많은 시간을 배당하는 것이었다. 그 학교

---

[14] Varrentrapp, *Schulze*, 412~413.
[15] 시 학교들의 프로그램은 분명히 아들을 그 학교들에 보낸, 마그누스, 리스, 크노블라우흐의 아버지 같은 사업가들에게 매력이 있었다. 그 프로그램은 역시 토마스 제벡 같은 과학자나 크빙케의 아버지와 같은 의사에게도 호소력이 있었다. Cantor, "August," 684와 F. August, "Ernst Ferdinand August," in "Litterarischer Bericht CCIV," *Archiv d. Math. U. Physik* 51 (1870): 1~5에는 그 학교에서 아우구스트의 활동에 대해 적혀 있다. 제벡에 대해, Kuno Fischer, *Seebeck*, 29와 K., "Seebeck: Ludwig Friedrich Wilhelm August," *ADB* 33 (1971): 559~560. 그곳의 학생들에 대해서는 가령, Friedrich Kohlrausch, "Beetz," 1048; 또는 Wiedemann, *Ein Erinerungsblatt*, 6을 보라. 쾰른 실업 김나지움에 대해서 헬름홀츠가 설명한 것을 보면, "그 당시에" 즉, 비데만이 이 김나지움의 학생이었을 때, 이 김나지움은 "이미 심지어 과학과 수학 방면에서도 탁월한 교육 때문에 유명했다. 그는 그곳에서의 고전 교육과 수학·과학 교육을 어떻게 결합할지를 알고 있었다. Hermann von Helmholtz, "Gustav Wiedemann," *Ann.* 50 (1893): iii~xi 중 iv. 프리드리히 콜라우시는 "자연 과학으로 넘어간 다른 동시대인들과 함께 비데만은 쾰른 실업 김나지움에서 교육의 특권을 공유했다."라고 썼다. Friedrich Kohlrausch, "Gustav Wiedemann, Nachruf," in *Ges. Abh.* 1: 1064~1076 중 1065~1066.

에서 자연 과학 교육은 라틴어 교육이 시작되기 전인 2년 차에 시작되어 7년 이상 지속되었다. 세 번째 해부터 매주 여섯에서 여덟 시간이 자연 과학에 투입되었고 네 시간에서 여섯 시간이 수학에, 여섯 시간이 라틴어에 투입되었고, 나머지 14시간은 독일어, 그리스어, 현대 언어, 종교, 역사, 가창, 회화에 배분되었다. 물리학은 세 번째 해에 광물학을 위한 준비 과정으로서 화학과 함께 짧게 소개되었다. 다음 4년 동안 물리과학은 주당 두 시간씩 함께 교육되었고 과학을 위한 나머지 네 시간은 식물학과 동물학에 배정되었다. 그 후에 생물 과학은 교과 과정에서 배제되었고 자연 과학을 위한 여섯 시간은 물리학, 실험 실습을 포함한 화학, "기술"에 똑같이 배분되었다. 아우구스트가 가르치는 물리학은 유체와 기체의 "기본 법칙"("물체의 주요 특성"은 더 일찍 포함되었다)과 광학을 포함하고, 이번에는 아우구스트가 직전 해에 가르친 미적분학을 사용하여 가능한 곳은 어디든 이전에 가르친 모든 물리학을 완전히 다시 개관했다. 또한 마지막 해에 수학자 헤르터Franz Herter는 그의 과목에 "응용수학"을 추가했는데 그 과목은 정수역학hydrostatics의 기초와 구면 및 이론 천문학의 기초를 의미했다. 1830~1831학년도(그해의 교과 과정을 방금 우리가 기술했다.)에 첫 번째 자격시험인 **아비투어**Abitur가 쾰른 실업 김나지움에서 치러졌다. 아우구스트는 시험 문제를 그 학교의 연례 보고서에 올려놓았다. 물리학 문제는 "비열은 무엇이며 비열을 결정하는 방법들은 무엇인가?"였다.[16]

---

[16] F. August, "August," 2. 또한 Cantor, "August," 684. Friedrich Köhler, *Ueber die Naturgeschichte der Kreuzsteins* (Berlin, 1831)은 12~44쪽에 아우구스트가 작성한 1830~1831년 쾰른 실업 김나지움의 연간 프로그램이 실려있다. 쾰른 실업 김나지움은 베를린 시에 김나지움으로서만 봉사한 것이 아니었다. 여러 해 동안 아우구스트는 강의실에서 "교육받은 사람들"("Gebildete")을 위해 실험 물리학에 대해 강의했다. F. August, "August," 5.

베를린의 학교에서 가르친 물리학자들에게 그 학교들은 물리학 연구소의 측면이 있었다. 교수들은 보통 김나지움에서 함께 살았다. 아우구스트는 그의 생활 구획에서 달려나가 수학 동료 헤르터에게 가서 새로운 관찰 사실을 확인받으려 한 일을 기술했다.[17] 학생들도 학교에서 살았기에 쉽게 그들의 선생의 연구에 관심을 둘 수 있었다. 가령 제벡August Seebeck은 많은 실험을 수행하는 것을 학생들이 돕도록 했다. 아우구스트는 미래의《물리학 연보》편집자인 비데만이 책을 쓰는 자신의 작업을 돕게 함으로써 과학 문헌을 다루는 첫 번째 경험을 제공했다. 하겐은 화학 실험을 준비하는 일을 비데만이 돕게 했다. 그 학교들은 연구를 위한 물질적 수단을 제공했다. 가령, 프리드리히 김나지움은 물리 장치를 가지고 있었고 도베는 그 장치를 분명히 강의와 연구에 사용했다. 1833년에 그는 그 학교에서 상당히 많은 양의 강의를 전자기에 할당했고 동시에 그 주제에 대한 연구를 출판하기 시작했다. 프란체스코파 수도원 부설 김나지움에서 빌데가 광학의 역사를 쓰도록 이끈 것은 마음대로 쓸 수 있는 "방대한 도서관과 적잖이 풍부한 기구"였다. 1850년대에《물리학 연보》에 그가 게재한 광학 연구는 그가 그의 수단들을 최신으로 유지할 수 있었다는 것을 보여준다.[18] 1830/31학년도까지 여전히 건물을 늘리고 있었던 쾰른 실업 김나지움은 이미 물리 컬렉션, 새로운 "화학 강당", 실험실과 도서관의 과학 문헌을 갖추었다.

자신의 연구에 대한 제벡August Seebeck의 진술은 김나지움의 위치가 어

---

[17] Ernst Ferdinand August, "Ueber die vom Hrn. Dr. Wirth in Erlangen beobachtete Bewegung schwimmender Körpertheilchen auf der Oberfläche des ruhigen Wassers," *Ann.* 14 (1828): 429~437 중 431.

[18] Heinrich Emil Wilde, *Geschichte der Optik, vom Ursprunge dieser Wissenschaft bis auf die gegenwärtige Zeit*, pt. 1 (Berlin, 1838), vii. 빌데의 광학 논문들은 1850~1853년에《물리학 연보》에 실렸다.

떠했을지에 대한 생각을 우리에게 제공한다. 프란체스코파 수도원 부설 김나지움에서 빌데의 학생이던 시절까지 돌아가 보면 그의 첫 번째 관심사는 그의 박사 논문 주제였던 광학이었다. 그는 자신의 과학 연구 초기부터 물리학의 주된 문제는 응집 이론에 집중되어 있고 이 이론에 대한 가장 중요한 접근 중 하나는 결정 물리학이라고 결론지었다.[19] 그 김나지움에서 그의 연구는 지도급 대학 물리학자들의 연구와 같은 문제들을 다루고 있었다. 그는 오랫동안 과학 서신을 교환한 노이만이 쓸 장치의 제작을 감독했고 그에게 관측치를 제공했다. 노이만은 제벡에게 그 관측치가 없었으면 그가 "이론적 사색"으로는 반사광에 대한 결정 표면의 영향 같은 주제에 접근할 수 없었을 것이라고 말했다.[20] 제벡은 연구 논문을 꽤 자주, 평균 1년에 1편씩 출판했다. 제벡은 때때로 그의 연구를 완수하는 데 필요한 광범한 측정을 어렵게 만든, 강의에 대한 요구에도 불구하고(그는 김나지움과 사강사로 대학에서 가르치는 것 외에 베를린 종합군사학교에서도 가르쳤다.) 과학적 문제에 대한 "그의 침착성과 판단의 확실성"으로 연구자로서 명성을 유지할 수 있었다.[21] 제벡은 김나지움에서 고등 교육 기관으로 자리를 옮기는 데 어려움이 없었으니 처음에는 드레스덴 종합기술학교의 교장으로, 다음에는 라이프치히 대학 물리학 교수 자리로 옮겼다.

  1840년 이후 대학 경력으로 진입한 젊은 베를린 물리학자들은 전임자들처럼 그렇게 자주 생활비를 벌기 위해 김나지움에서 가르치지 않았다.

---

[19] 제벡이 프란츠 노이만에게 보낸 편지, 1833년 1월 3일 자, Neumann Papers, Göttingen UB, Ms. Dept.
[20] 제벡이 프란츠 노이만에게 보낸 편지, 1833년 1월 3일과 5월 11일 자, 1840년 11월 13일 자; 노이만이 제벡에게 보낸 편지, 1837년 6월 23일 자; Neumann Papers, Göttingen UB, Ms. Dept.
[21] Kuno Fischer, *Seebeck*, 31.

한 가지 이유는 우리가 이제 살펴볼 것처럼 대학 경력을 준비하는 동안 적게라도 생활비를 벌고 연구를 할 수 있는 다른 일들이 생겼기 때문이었다. 또 하나의 이유는 1820년대부터 프로이센이 김나지움 선생으로 고용할 수 있는 수보다 채용 대기자가 많아진 것이었다. 그들의 수가 증가하는 것을 막기 위해 정부 부처는 새로운 요구 조건들, 가령, 시험년 trial year과 더 많은 종합시험을 활용했다.[22] 그 결과 김나지움의 강의가 점차 그 자체로서 전문적인 목표가 되고 초보 물리학자들이 임시직으로 접근하기는 어려워졌다. 베를린 김나지움의 물리학은 김나지움 선생이 되는 것에만 만족하는 사람들이 가르치게 되었다. 신생 빌헬름 김나지움 Wilhelms Gymnasium의 크루제Kruse와 마찬가지로 프란체스코파 수도원 부설 김나지움의 두마스Wilhelm Dumas도 이런 선생 중의 하나였다. 두마스는 쾨니히스베르크 수학 물리학 세미나에서 공부해 박사학위를 받았고 《물리학 연보》에 물리학에 관한 한 편의 논문을 게재했으며 수학과 역학에 관한 다섯 편의 논문을 다른 곳에 게재했다. 그러나 그는 베를린 대학에서 사강사가 되지 못했고 다른 곳에서도 대학 경력을 얻지 못했다.[23] 크루제는 박사학위가 있었지만 결코 전문적인 학술지에 출판하지 못했다. 그 후 1860년대에 이르면 김나지움의 교과 과정은 모든 학급에 대하여 물리학 강의를 주당 세 시간만 포함했으므로, 크루제는 주로 기초 산수와 수학을 자연사와 종교를 곁들여 함께 가르쳤다. 이제 물리학은 정부 부처가 규정한 표준 텍스트에 따라 교수되었다.[24]

---

[22] Varrentrapp, *Schulze*, 390, 391, 394.
[23] Julius Heidemann, *Geschichte des Grauen Klosters zu Berlin* (Berlin, 1874), 307.
[24] K. *Wilhelms-Gymnasium in Berlin. VI. Jahresbericht* (Berlin, 1866), "Schulnachrichten," 46~57 중 53~57. 이 김나지움의 새로운 건물에는 "물리학 교실"이 있었는데 이것은 분명히 김나지움에서는 새로운 시도였다.

베를린의 군사 교육 중의 물리학

베를린 김나지움이 물리학자들을 불러들이고 있었던 시기와 그 시기 이후에 베를린 군사학교들도 물리학 선생들을 대학 교원급으로 데려왔다. 그런 학교 셋이 1816년 이후로 상당히 안정적으로 존재했으니(그 학교들은 전쟁 중이거나 전쟁 위협 시기, 내란 동안은 문을 닫고 민간인 선생들을 해고했다.) 프로이센 군대의 장교를 훈련하는 육군 사관학교인 종합군사학교Allgemeine Kriegsschule, 기술 군사 간부를 훈련하는 포병공병학교인 연합포병공병학교Vereinigte Artillerie- und Ingenieurs-Schule, 장교 후보생을 위한 학교가 있었다. 마지막 학교는 1845년까지 물리학을 가르치지 않았기에 그때까지 물리학자를 위한 일자리를 제공하지 않았다. 네 번째, 해군 장교 후보생을 위한 군사학교가 1855년에 베를린에서 개교해 물리학자를 고용했다.[25]

육군 사관학교는 다른 과목보다 광학과 역학을 포함하는 수학에 더 많은 시간(주당 6~12시간)을 투입하는 3년제 기관이었다. 첫해에는 두 번째 해나 세 번째 해보다 더 많은 시간이 수학에 배정되었다. 두 번째 해에는 물리학이, 세 번째 해에는 화학이 매주 4시간을 차지했다. 많이 배정된 수학 시간 동안 우수한 학생에게는 물리학이나 통상적으로는 존재하지 않는 일정 수준의 물리 교육을 제안할 수도 있었다. 그곳의 학생

---

[25] 이 절에서 우리의 주된 출전은 Bernhard Poten, *Geschichte des Militär-Erziehungs- und Bildungswesens in den Landen deutscher Zunge*, vol. 4, *Preussen*, vol. 17 of Monumenta Germaniae Paedagogea. Schulordnungen, Schulbücher und pädagogische Miscellaneen aus den Landen deutscher Zunge, ed. K. Kehrbach (Berlin, 1896). 그것은 교육 과정과 기관의 제도를 상세히 적고 있으나 아주 이따금 강사의 이름을 적어 놓았다. 우리는, 이 장의 곳곳에서 우리가 인용하는 베를린 물리학자들의 전기적 설명에서 취한 세부사항으로, 이 포텐의 정보를 보완했다.

들은 장교들이었으므로 학술적 과목의 민간인 선생들이 학생들에 대한 권위를 주장하거나 어떤 식으로든 그들의 위엄을 폄훼하는 행위는 학교 정책이 허용하지 않았다. 실례로 그들은 학생들에게 직접 질문을 할 수도 없었는데 심지어 시험에서도 그러했다. 선생들은 학생들의 무지와 결석에 대해 계속해서 불평했다. 육군 사관학교의 물리학 선생들에게는 추가로 문제가 있었다. 여러 해 동안 학생들은 그들의 요청에 따라 물리학, 수학, 화학 같은 대학의 교과목을 수강하지 않아도 양해해주는 것이 관행이었다. 결과적으로 물리학은 통상적으로는 시험 과목이 아니었다. 물리학은 육군 사관학교에서 미래의 장교들에게 말[馬]에 대한 공부보다 훨씬 덜 중요하게 여겨졌다.[26]

마찬가지로 육군 사관학교는 베를린 물리학자들에게 주당 네 시간의 강의로 500탈러를 버는 일자리뿐 아니라 그들의 연구를 수행할 또 하나의 장소를 제공했다. 1809년에 그 학교를 위한 계획은 교육의 필요성뿐 아니라 선생들의 "고차원의 필요"를 충족할 수학 및 물리학 기구와 모형 컬렉션을 포함했다. 그러나 그 계획은 수포로 돌아갔고 그곳의 물리학자인 에르만은 자신의 자료를 스스로 장만해야 했다. 그는 그 사관학교에 생활 구획이 있었으므로 거기에 "상당한 양의 물리 장치"를 끌어모았다.[27] 에르만이 사망한 후에 도베는 그 사관학교에서 살았고 그곳의 "인상적인" 기구 컬렉션을 관리했다. 도베는 그 기구들로 상당한 양의 물리 연구를 했는데 그 연구 중 많은 부분이 기상학에 관한 것이었다. 그는 베를린 대학에서 강의할 때 이 사관학교의 기구를 사용하기도 했다.[28]

---

[26] Poten, *Geschichte*, 258~259, 264~266, 280, 283.
[27] Wilhelm Erman, "Paul Erman," 125, 212.
[28] Alfred Dove, "Dove," 58.

에르만과 도베는 둘 다 육군 사관학교를 그들의 연구의 중심으로 삼았다.

처음에 2년제 학교였던 연합포병공병학교는 그 학교의 기술적 성격 때문에 육군 사관학교보다 순수 과학에 훨씬 더 적은 시간을 할당했다. 실험실 실습을 위해 시간이 따로 마련되어 물리학과 화학을 함께 가르쳤는데 매주 4시간을 2학년 때에만 가르쳤다. 2학년 때 네 시간은 "응용수학"에 투입되었는데 응용수학이란 "역학"과 수리 해석학을 의미했다.[29] 1830년대 중반이 되면 그 학교의 프로그램은 1년이 늘어났고 물리학과 화학은 전보다 2배로 늘어난 시간을 할당받았고 결국에는 두 과목이 분리되었다.[30] 그 학교는 실습을 할 새로운 실험실을 1820년대 초부터 가지고 있었고 1832년부터는 자체의 기구 컬렉션을 확보했다. 300탈러의 연례 자금이 물리학과 화학 교육을 위해 비축되었다.[31]

처음에 포병공병학교의 물리학 강사는 그들의 전문적 지식 때문에 선발되었다. 첫 번째는 화약 공장장이었던 투르테Karl Daniel Turte였고 두 번째는 1832년부터 베를린 대학의 기술 사강사였던 마그누스였다. 그 자리의 다음 임명자들은 그들의 전문적 연관성 대신에 오랜 교육 경험으로 추천을 받은 이들이었다. 마그누스 이후에는 1840년에 그 자리가 도베에

---

[29] Poten, *Geschichte*, 391~392.
[30] 가령, 1846년의 프로그램은 물리학이 "물체의 일반적 특성," 평형 법칙, 열, 증기의 응용, 높이와 습도의 측정, 음향학, 광학, 자기, 전기, 전자기, 자전기(magneto-electricity)를 다루도록 특화시켰다. 그 프로그램은 2학년에 정역학, 지구 정역학(geostatics), 유체 정역학(hydrostatics)을 수학에 포함했고 3학년에 해석역학과 수력학(hydraulics)을 미적분학, 고급 기하학과 더불어 물리학에 포함했다. Poten, *Geschichte*, 422~423.
[31] Poten, *Geschichte*, 394, 408~409.

게 갔고, 1850년에는 클라우지우스에게, 1855년에는 베츠에게 갔다.[32] 포병공병학교는 물리학자들의 실험 연구를 위해 활용되지 않았다. 그러나 1850년대 초에 그 학교에서 일하는 동안 클라우지우스는 역학적 열 이론에 대한 중요한 이론적 연구를 내놓았다. 그 학교는 주당 여덟 시간의 강의에 대해 클라우지우스에게 500탈러의 급료를 줄 뿐이었다. 강의 시간이 적었으므로 그에게는 연구를 할 시간이 있었다.

장교 후보생을 위한 학교에서의 교육은 중등학교 수준이었다. 거기에서는 물리학이 김나지움에서처럼 마지막 2년 동안 주당 2시간씩 교육되었다. 그 가르치는 일은 마그누스의 조수이면서 그 학교와 가까운 관계를 이미 맺고 있었던 베츠Wilhelm Beetz에게 주어졌다. 그의 아버지가 그 학교에서 지리학을 가르쳤기에 그는 그곳에서 태어나고 자랐다. 10년 동안 베츠는 이 학교에서 물리학을 가르치다가 1855년에 포병공병학교로 옮겨갔다.[33]

장교 후보생 학교에서 처음 몇 년 동안 베츠는 마그누스의 콜로키엄 다른 구성원들을 만났고 그들은 전술한 대로 따로 비공식적으로 모였으며 그 모임은 1845년에 베를린 물리학회가 되었다. 그 그룹은 첫 모임을 장교 후보생 학교의 독서실에서 가졌다.[34] 이렇게 또는 다른 방식으로 베를린 군사학교들은 베를린의 김나지움들처럼 다수의 초보 물리학자들을 지원하는 데 도움을 주었다. 육군 사관학교는, 베를린 대학이 대학

---

[32] Poten, *Geschichte*, 392, 412. Hoffmann, "Magnus," 81. Alfred Dove, "Dove," 57. 클라우지우스의 이력서, 1855년 6월 17일 자, A. Schweiz. Sch., Zurich. Friedrich Kohlraush, "Beetz," 1050.
[33] Poten, *Geschichte*, 324, 329. Friedrich Kohlrausch, "Beetz," 1048, 1050.
[34] Warburg, "Zur Geschichte der Physikalischen Gesellschaft," 35.

물리학 정교수에게도 제공할 수 없는 또는 제공하려고 하지 않는, 물리학 연구소라고 할 만한 것을 제공했다. 처음에는 에르만이, 나중에는 도베가 그런 혜택을 누렸다.

베를린 기술학교의 물리학

약 1820년부터 프로이센의 문화부와 상무부는 베를린에 종합기술학교를 설립하려는 계획을 세우고 있었다. 이 학교를 대표하는 얼굴로 가장 위대한 독일 수학자 가우스를 데려올 계획이었다. 이 계획은 수십 년간 논의되었으나 재정적, 개인적 및 기타 사유 등 다양한 이유로 그 학교는 실현되지 않았다.[35]

몇몇 더 작은 기술학교들은 이미 베를린에 존재했다. 1799년에 설립되어 국가의 건축과 건설 관리를 훈련하려는 목적을 가진 건축 아카데미Bauakademie와 광산 아카데미와 사립 기술학교들이 있었다. 사립 기술학교 중에 프로이센의 관리인 보이트C. P. W. Beuth가 1821년에 설립한 학교는 1827년에 소위 산업학교Gewerbeinstitut라는 국가 기관으로 전환되었다.[36] 1848년부터 1850년 사이에 프로이센의 모든 직업학교가 전반적으로 재

---

[35] Karl-Heinz Manegold, *Universität, Technische Hochschule und Industrie*, vol. 16 of Schriften zur Wirtschafts- und Sozialgeschichte, ed. W. Fischer (Berlin: Duncker und Humblot, 1970), 32와 "Eine École Polytechnique in Berlin," *Technikgeschichte* 33 (1966): 182~196. Gert Schubring, "On Education as a Mediating Element between Development and Application: The Plans for the Berlin Polytechnical Institute (1817~1850)," in H. N. Jahnke and M. Otte, eds. *Epistemological and Social Problems of the Sciences in the Early Nineteenth Century* (Dordrecht: Reidel, 1981), 269~284 중 270~272.

[36] Manegold, *Universität*, 44.

조직화하는 중에 산업학교는 직업학교 위에 있는, "국가의 최고 기술 교육 기관"으로 상정되었다. 2년제 직업학교가 장인들, 양조업자들, 염료업자들, 공장 감독 등의 훈련을 담당한 반면에 산업학교는 "제조 공장을 건설하고 감독할 수 있는" 기술자들을 훈련하게 되어 있었다. 그 프로그램은 3년의 이론 공부 즉 교실 수업과 학교의 실험실에서 받는 실습 교육으로 구성되어 있었다.[37]

산업학교와 직업학교의 교과 과정은 물리학을 약간씩 포함했다. 그러나 직업학교들은 "수학과 자연 과학의 단지 이론적 지식"보다는 응용에 훨씬 더 많이 관여했다. 정부 부처가 이론적 지식을 실용적인 일에 종사하는 사람에게 "거의 소용이 없는" 것으로 간주했기 때문이었다. 해석 기하학과 미적분학을 가르치는 학교들은 직업학교 교과 과정에 대해 정부 부처가 설정한 한계를 넘어선 것이었고 그것 때문에 비판받았다. 이러한 장소에서 물리학을 가르치는 것은 학문적 물리학자[38]에게 매력적인 종류의 일이 아니었다. 산업학교의 학생들은 중등학교를 졸업했고 수학 시험을 통과했으며 모두 기술 전공 외에 기초 수학과 과학 교과 과정을 수강했다.[39] 이 학교에서의 강의는 직업학교보다 약간 더 부담을 주는 것이었지만 우리가 지금 다루는 시기에 학문적인 물리학자들이 이 학교로 유입된 경우는 거의 없었다. 이것은 독일 다른 곳의 종합기술학교에 그들이 끌렸던 것과는 대조적이었다.

---

[37] Rönne, *Unterrichts-Wesen*, 327, 343~344.
[38] [역주] 자주 언급되는 '학문적 물리학자'(academic physicist)는 대학과 같은 고등 교육 기관에서 경력을 가지려는, 또는 그러한 경력을 가진 물리학자를 말한다. 대학에서 물리학을 전공하고 교사가 되거나 다른 직장에 고용되는 물리학자와 구별하기 위해 사용된 것이다.
[39] Rönne, *Unterrichts-Wesen*, 327, 343~344.

1840년 이후의 베를린 물리학자들

1840년대까지 베를린에서 경력을 시작한(경력을 마치고 계속 산 경우도 있다) 학문적 물리학자들은 모두 어느 단계에서는 대학이 제공할 수 없는 것을 제공할 외부의 일자리를 의지했다. 그러나 1840년대부터 초보 학문적 물리학자들의 대부분은 이러한 일자리 없이 지냈다. 가령, 카르스텐Gustav Karsten, 크노블라우흐, 키르히호프, 비데만은 박사학위를 받은 후 연구 외에는 아무것도 하지 않고 2, 3년을 보냈다. 그들은 첫해 말에는 사강사가 되었지만 강의에 거의 시간을 소모할 필요가 없었다. 왜냐하면 그들의 학급은 잘 될 때에도 작았고 그들이 가르친 과목들은 그들의 연구에서 나왔기 때문이었다. 그들에게 필요한 것은 연구를 할 물질적 지원이었으므로 그들은 스스로를 지원할 재원을 갖거나 국가로부터 보조금을 받았다. 그러한 지원이 이제 마그누스의 사설 실험실에서는 확보되었다.[40]

키르히호프처럼 물리학자가 1840년대 말에 처음으로 베를린에 도착했을 때, 그는 동료들이 중등학교나 군사학교, 아카데미에 있는 사설 구획이나, 리스Riess의 개인 실험실이나 디리클레의 처가이자 훔볼트에게 자기 관측소를 위한 장소를 제공한 적도 있었던 유명한 멘델스존-바르톨디Mendelssohn-Bartholdy[41] 집안의 뜰에서 연구에 종사하는 것을 알게 되었을

---

[40] Schmidt-Schönbeck, *300 Jahre Physik···Kieler Universität*, 65~66. Schmidt, "Knoblauch," 117. Robert Knott, "Knoblauch: Karl Hermann," *ADB* 51 (1971): 256~258 중 256. Koenigsberger, *Jacobi*, 365. Wiedemann, *Ein Erinnerungsblatt*, 7. Helmholtz, "Gustav Wiedemann," v.

[41] [역주] 유명한 낭만주의 음악가 펠릭스 멘델스존의 가족은 유대인이었지만 멘델스존이 7살이던 1816년에 비밀리에 기독교 세례를 받았고 유명한 은행가였던 그의 아버지는 1822년에 기독교로 개종하면서 바르톨디라는 성을 추가했다. 함부르

것이다. 그는 동료들 가령, 헬름홀츠, 클라우지우스, 비데만이 1847년 겨울에 함께 정기적으로 식사를 하던 베를린의 식당과 신생 베를린 물리학회의 모임에서 물리학을 토론하는 것을 알게 되었을 것이다.[42]

그는 사설 협회에서 그들이 모인다는 것을 발견했을 것이다. 가령, 인류의 친구들 협회Society of the Friends of Humanity 같은 사설 협회는 1797년에 설립되었다. 그 특정한 협회의 구성원은 도베, 마그누스, 포겐도르프, 투르테와 부흐Leopold von Buch, 링크H. F. Link, 로제 형제The Roses[43], 에렌베르크Christian Gottfried Ehrenberg[44] 같은 과학자들을 포함했다. 그 모임에서 물

크에서 살던 가족은 베를린에서 정착했는데 집안에서 자주 음악회를 열어 펠릭스와 그의 누이 파니(Fanny)의 공연을 통해 사람들과 사귀었다. 펠릭스의 다른 누이인 레베카(Rebecka)가 디리클레와 결혼했고 이 집안은 과학계와도 긴밀한 협력 관계를 유지했다.

[42] 도베의 논문, "Corrrespondierende Beobachtungen über die regelmässigen stündlichen Veränderungen und über die Perturbationen der magnetischen Abweichung im mittleren und östlichen Europa," *Ann.* 19 (1830): 357~391 중 359에는 1828년 가을에 시 의원인 멘델스존-바르톨디의 집 뜰에 있는 "자기의(magnetic) 집" 건물에 대해 말하는 훔볼트의 소개가 들어 있다. 도베와 훔볼트는 그 관측소의 정기적인 관측자였고 도베는 그 관측 결과에 대하여 보고서를 작성했다. 그러나 1828년 10월부터 12월까지 특정한 기간에 도베와 훔볼트의 관측에는 엥케, 포겐도르프, 디리클레, 마그누스, 그리고 심지어 멘델스존 가문의 구성원까지 함께 참여하곤 했다. Sebastian Hensel, *The Mendelssohn Family (1729~1847). From Letters and Journals*, 2d rev. ed., trans. C. Klingemann (New York, 1882), 1: 174. Helmholtz, "Clausius," 2.

[43] [역주] 하인리히 로제(Heinrich Rose, 1795~1864)는 광물학자이자 분석 화학자였고 그의 동생인 구스타프(Gustav Rose, 1798~1873)는 화학자, 그의 아버지 발렌틴(Valentin, 1762~1807)은 약제학자이자 화학자였고, 그의 할아버지(Valentin the Elder, 1736~1771)도 약제학자이자 화학자였다.

[44] [역주] 독일의 자연학자인 에렌베르크(1795~1876)는 당시 가장 유명하고 생산적인 과학자 중 하나였다. 그는 동물학, 비교해부학, 지질학, 현미경학 등에서 두각을 드러내었다. 1820년부터 1825년까지 중동의 여러 지역에서 자연을 답사하면서 이루어낸 새로운 발견으로 유명해졌다. 1827년에 베를린 대학 의학 교수가 되었고 유명한 과학자인 알렉산더 훔볼트와 동부 러시아와 중국 국경을 답사했다. 그 후 그는 미생물의 연구에 큰 진전을 이루었다. 그의 방대한 표본 컬렉션은 그의 사후

리학자들은 멜로니의 열에 대한 실험 연구 같은 물리 연구나 그들이 존경하는 패러데이와 같은 물리학자에 대하여 발표했다. 그들은 또한 셸링처럼 정부가 최근에 애호하는 철학적 대상에 대하여 경멸이나 분개심을 표현했다. 손님으로 그런 발표에 참석하는 젊은 물리학자는 베를린 물리학을 둘러싼 삶life of physics의 어두운 면을 빠르게 알아챘을 것이다. (우리에게는 1844년에 포겐도르프가 셸링을 조롱한 사례가 있다. 포겐도르프는 직전 해에 열에 관한 "경험 또는 실험" 강의를 했고 스스로 "철학적 사색"에 대한 "위대한 재능이 있음을 항상 감지"했기에 청중에게 스스로 그 재능을 한번 시험해보고 싶었다고 말했다. 특히 그는 "철학의 운명이 베를린에서 결정된다"는 것을 알게 된 이후부터 그러했다. 그는 철학적 설명을 포함한 실험 발표를 심화시켜 보기를 원했었다. 그는 완전히 새롭고, 지금까지 들어본 적이 없는 과학인 열철학thermo-philosophy을 확립할 수 있다고 스스로 자신했기에 성공을 기대했던 것이다. 그러나 누군가가 그의 강의를 자신이 모르게 인쇄할까봐 두려워하여 일의 추진을 그만두었고 그러면서 그의 철학자로서의 명성에 손상을 입었다고 했다. 왜냐하면 그의 철학의 고상한 구조는 그것의 약점을 숨길 정도로 충분히 연구되지 않은 상태였기 때문이었다. 그는 그때에 셸링이 그러한 문제를 고심하고 있었다거나 정부 부처가 겨우 3년 전에 셸링을 베를린으로 데려오면서 주기로 한 엄청난 봉급, 즉 5,000탈러가 넘는 봉급, 그러니까 물리학 연구소의 예산 액수의 10배나 되는 봉급에서 셸링이 약간의 위로를 받고 있을지 모른다는 것을 청중에게 상기시킬 필요가 없었다.)[45]

에 베를린 대학의 박물관에 소장되었다.
[45] Frommel, *Poggendorf*, 58. Lenz, *Berlin*, vol. 2, pt. 2, 42~51은 셸링이 1841년에 베를린으로 온 것과 1843년에 이전의 동료인 파울루스(H. E. G. Paulus)와 갈등을 일으킨 것을 기술해준다. 파울루스는 셸링의 미출판 강의들을 필기한 노트를 얻었

새로 도착한 물리학자는 강의실만 있는 베를린 대학에서 물리학 연구가 수행되는 것을 발견하기 어려웠을 것이다. 그의 인맥이 좋다면, 그는 조만간 자신과 같은 젊은 물리학자들을 위한 모든 물리 활동의 비공식적 중심에 들어갈 수 있을 것이다. 그 중심은 마그누스의 넓고 우아한 집인 크노벨스도르프 저택Knobelsdorffsche Palais였다. 거기서 베를린 콜로키엄이 열리고 마그누스가 사설 실험실을 운영했다. 마그누스가 젊은 물리학자들을 초청하는 일은 그들의 학생 시절이 지나고서도 계속되었고 그들에게 실험실 공간과 장비를 제공함으로써 마그누스는 그의 집에 연구소와 비슷한 것을 만들어 놓은 셈이었다.

카르스텐Gustav Karsten, 크노블라우흐, 비데만이 대학 공부를 마치고 보낸 베를린 시절은 더는 다른 곳에서 가르치는 일자리를 얻지 않은(클라우지우스, 베츠, 프란츠는 여전히 그렇게 하도록 압박을 받았지만) 젊은 이들의, 베를린 물리학을 둘러싼 생활상을 제시한다. 카르스텐은 1843년에 박사학위를 받았고 크노블라우흐와 비데만은 1847년에 박사학위를 받았다. 그들 각자는 베를린 대학에서 사강사가 될 준비를 했기에 연구와 출판을 더 많이 해야 했다. 그들은 그 준비를 하며 시간을 보냈다. 카르스텐은 처음에 잠깐 그의 아버지와 함께 과학 학술지 일을 했고 여러 달을 여행하는 데 보냈다. 그는 다시 1846년에는 잉글랜드에 갔고 거기에서 그의 우상인 패러데이를 만났다. 카르스텐이 첫 번째 외국여행을 마치고 베를린으로 돌아왔을 때 마그누스는 그에게 연구하라고 실험실에 한자리를 내주었다. 마그누스는 또한 크노블라우흐에게 실험실의 연구자로 계속 있으라고 제안했다. 졸업했을 때 포괄적 연구의 중반에 있었던 크노블라우흐는 베를린을 떠나기 전에 그 첫 번째 단계를 마무리

고 그 내용에 자신의 비평을 많이 추가하여 출간했다.

지었다. 비데만은 마그누스의 실험실에서 학위 논문을 위한 연구를 수행했는데 학위를 받은 후에 실험을 할 자신만의 수수한 장소를 마련했다. 학생을 마그누스의 사설 실험실에 받아들이려는 결정에는 두 가지 사항이 지배적인 근거였다. 하나는 젊은 연구자가 누구도 연구하지 않는 주제를 스스로 선택하는 것이었고 다른 하나는 그 주제가 실험 연구의 가치가 있을 만큼 충분히 중요해야 한다는 것이었다.[46] 즉, 마그누스는 초보 물리학자들이 최신의 문헌과 전체적인 분야의 상태를 철저하게 파악할 정도로 성숙하기를 기대했다. 그는 자신의 콜로키엄과 그들에게 제공한 문헌들을 통해 그들이 준비되도록 도왔다.

마그누스의 실험실에서 연구하기 위해 카르스텐은 그 당시 베를린에서 수행되는 다른 많은 연구와 공통점이 있도록 그의 연구 주제를 선택했다. 그 주제는 물리학의 두세 분야를 합친 것이었다. 카르스텐은 모저Moser의 "보이지 않는 빛"을 설명하기 위해 근래의 물리학자들의 노력과 연관하여 "전기 영상"과 "열 영상"을 연구했다.[47] 마그누스 실험실의 연구에서 크노블라우흐는 빛과 열의 관계를 연구했다. 멜로니와 다른 이들이 1830년대에 확립한 빛과 열 복사 사이의 유비에서 출발하여 크노블라우흐는 열의 "광학적" 행동, 즉, 복굴절(두번꺾임), 편광, 회절(에돌이)을

---

[46] 구스타프 비데만(Gustav Wiedemann)과 아돌프 팔초프(Ardolf Paazow)는 베를린 물리학회의 창립 기념호에서 그것을 기술했다. *Verh. phys. Ges.* 15 (1896): 33 and 36~37. 그들의 언급은 위에서 인용된 사람들 같은 베를린 물리학자들의 전기에 실린 설명으로 뒷받침할 수 있다.

[47] Gustav Karsten, "Ueber elektrische Abbildungen," *Ann.* 58 (1843): 115~125와 60 (1843): 1~17. 그는 자신의 전기 영상과 모저의 영상 사이의 유비에 대해서 논의했고 그 둘은 동등하다는 그의 관점을 밝혔다. 1845년 여름에 그의 첫 번째 강의 과정은 "Ueber die chemischen Wirkungen des Lichts"였고 같은 해 7월에 그는 물리학회에서 "Sonnenspektra und Mondbilder auf Papier und Daguerre'schen Platten; Bericht von Versuchen über die chemische Wirkung der Sonnenstrahlen"를 발표했다. Schwalbe, "G. Karsten," 151.

다시 시험함으로써 둘의 동등성을 확립하기 시작했다. 그는 근본적인 문제에 대해 연구하고 있었다. 열과 빛의 연관성과 열 복사가 빛의 파동 이론의 법칙들에 종속된다는 증거들은 그 당시에 일반적으로 인식되던, 열에 대한 새로운 이론적 설명의 필요성을 일깨워주는 또 다른 매개물이었다.[48] 그러나 크노블라우흐는 스스로 이론을 제시하려고 시도하지 않았다. 그는 마그누스처럼 "과도기적" 가설에서 "과학에서 유일하게 영속적인 것"인 실험적 사실을 분리했다. 특히 그런 가설들은 철저하게 수학적 취급을 따를 때에만 연구 목표에 도달할 수 있을 것이기 때문이었다. 그는 자신의 관찰이 열 이론을 "더 높은 통일성"을 향해 인도하는 데 도움을 주기를 바랐다.[49]

비데만은 박사학위 공부 중인 1847년에 헬름홀츠를 마그누스의 실험실에서 만났다. 비데만은 겨우 21세였고 헬름홀츠보다 다섯 살 아래였다. 둘 다 "가우스의 자기 연구"에 자극받았고 수리 물리학을 배우기 위해 정기적으로 만나기 시작했다. 그들은 푸아송의 연구 특히 그의 탄성 이론을 공부했다.[50] 그러나 헬름홀츠와 달리 비데만은 수리 물리학에서 두각을 드러낼 수 없었다. 그의 연구 여기저기에서 그는 수리 물리학에 대한 조예를 드러냈지만 그는 대신에 실험 연구자가 되었다. 일반적으로 그가 연구에서 취한 접근법은 알려진 법칙들이 어떤 조건에서 유효한지 확립하고 새로운 법칙들의 형태를 결정하는 것이었다. 그는 사강사의 자격을 얻는 연구에서 패러데이가 최근에 발견한 동전기 흐름 주위에

---

[48] Rosenberger, *Geschichte der Physik*, 386~390. Schumidt, "Knoblauch," 121~122.
[49] Hermann Knoblauch, "Untersuchung über die strahlende Wärme," *Ann.* 71 (1847): 1~70 중 68~69.
[50] Helmholtz, "Gustav Wiedemann," v~vi. 비데만은 초창기의 물리학회에 대해 1896년에 말했다. "우리 머리는 온통 헬름홀츠의 불멸의 업적에 대한 생각으로 가득 차 있었다" 1896년에 나온 베를린 물리학회의 *Verhandlungen*의 창립 기념호, 34.

생기는 자기력에 의한 빛의 편광면의 회전을 측정했다. 비데만은 회전이 장(마당)의 세기에 비례한다는 패러데이의 법칙을 확증했고 동시에 비오가 발견하려고 했던 법칙, 즉 모든 물질에 적용되는 법칙으로서 빛의 파장이 자기 회전에 의존함을 기술하는 법칙은 존재하지 않는다는 것을 확립했다.[51] 두 해가 지나서 그는 동전기 흐름이 통과하는 유체 물질을 운동하게 만드는 동전기의 역학적 작용을 탐구했다. 그는 실험에 의하여 이러한 작용들이 옴이 갈바니 전퇴에서 전기의 분포를 위해 확립한 것과 정확하게 같은 법칙을 따른다는 것을 입증했다고 말했다.[52] 전기 과정과 역학적 과정 사이의 관계에 대한 연구를 비데만은 곧 자기 과정과 역학적 과정 사이의 관계에 대한 연구로서 재확립했다. 베를린을 떠난 후에 잡은 첫 번째 일자리인 바젤 대학에서 그가 수행한 새로운 연구는 철과 강철의 자화와 역학적 변형 사이의 광범한 대응을 보여주었다. 그를 인도한 이론적 개념은 가장 작은 철의 자화가 가장 작은 입자의 회전이 유발하는 역학적 과정이라는 것이다.[53] 마그누스처럼 비데만은 측정 실험 연구자였지만 마그누스와 달리 그는 자신의 연구에서 실험과 이론을 분리된 채로 두지 않고 혼합하기를 선택했다.

비데만, 카르스텐, 크노블라우흐는 연구를 하는 것 말고 마그누스의 콜로키엄, 베를린 물리학회, 물리 교육 등 베를린 물리학에 관련된 다른 활동들에 참여했다. 카르스텐은 1845년에, 크노블라우흐는 1848년에, 비데만은 1850년에 사강사가 되었다. 그들은 서로 사강사 자리를 이어받

---

[51] Wiedemann, *Ein Erinnerungsblatt*, 7. Helmholtz, "Gustav Wiedemann," vi.
[52] Gustav Wiedemann, "Ueber die Bewegung von Flüssigkeiten im Kreise der geschlossenen galvanischen Säule," *Ann.* 87 (1852): 321~352, 특히 321, 351~352.
[53] Kohlrausch, "Wiedemann," 1071. Rosenberger, *Geschichte der Physik*, 526~527. Helmholtz, "Gustav Wiedemann," vii.

은 것으로 보인다. 왜냐하면 카르스텐은 1847년에 대학 임용을 위해 베를린을 떠났고 크노불라우흐는 1849년에 본으로 떠났기 때문이다. 비데만은 1854년까지 그들보다 2배 오래 베를린에 머물렀지만 그는 그들과 달리 직접 정교수 자리로 옮겼다.

그러나 베를린 물리학자들의 활동에서 또 다른 측면은 물리 문헌의 조직화를 포함했다. 그것은 마그누스가 항상 격려한 것, 즉 그들의 분야의 정상에 머무르려는 그들의 욕망을 표현한 것이었다. 카르스텐은 《물리학의 진보》*Fortschritte der Physik*의 첫 번째 편집자가 되었고 그 일은 그가 하게 될 비슷한 일의 시작이었다. 그가 선택한 분야의 문헌에 대한 정보를 불충분하게 얻었다는 느낌에서 벗어나기 위해 비데만은 베를린에서의 마지막 3년간 그 정보에 관한 기록notes을 모으기 시작했다. 처음에는 오로지 자기만을 위해서였는데 결국 1861년에는 그의 위대한 개요서 『기술적 응용을 곁들인 동전기 및 전자기 이론』*Die Lehre vom Galvanismus und Elektromagnetismus nebst technischen Anwendungen*의 작업을 시작했다.[54] 1877년에 비데만은 《물리학 연보》의 편집자로서 포겐도르프의 뒤를 이어 독일에서 물리 문헌의 조직자가 되었다.

다음 십여 년 동안 베를린 물리학자들은 여러 면에서 그들의 선배들과 달랐다. 첫째. 그들은 보통 원래 베를린 주민이 아니었다. 둘째, 그들은 아마도 다른 곳에서 자랐기에 베를린 대학에서는 교육을 일부분만 받았다. 가령, 1857년부터 1861년까지 베를린에 있었던 케텔러Ketteler는 본에서 처음 2년을 보내고 대학 공부를 마치기 위해 베를린으로 왔다. 마찬가지로 쿤트는 1861년에 라이프치히에서 베를린에 왔고 바르부르

---

[54] Wiedemann, *Ein Erinnerungsblatt*, 10~11.

크는 1865년에 하이델베르크에서 왔다.⁵⁵ 베를린이 고향인 사람 중에서 뒤부아레몽Paul du Bois-Reymond과 크빙케가 베를린 대학에서 그들의 연구를 시작하고 마쳤지만 그들도 역시 다른 곳에서, 특히 쾨니히스베르크 대학에서 몇 년을 보냈다.⁵⁶ 박사학위를 받은 후에 이 시기의 젊은 베를린 물리학자들은 그들의 선배들보다 교수 자격 논문을 통과시키기 위해 더 많이 기다려야 했고 교수 자리를 얻기 전에 사강사로서 키르히호프, 카르스텐이나 크노블라우흐가 기다려야 했던 2, 3년보다 더 오래 기다려야 했다. 가령, 팔초프Adolf Paalzow와 프란츠Rudolph Franz는 8년 동안 사강사였다.⁵⁷ 크빙케는 6년 동안 사강사였고 다시 7년간 부교수였다. 쿤트와 바르부르크의 고속 승진은 그 당시에는 예외적인 것이었다. 베를린의 어떤 젊은 물리학자들은 베를린 대학에서 도무지 교수 자격 논문 심사를 받지 못했다. 때때로 다른 대학의 졸업생들은 베를린에서 교수 자격 논문 요건을 충족할 수 없다는 것을 알고 얼마 후에 옮겨갔다.⁵⁸

---

⁵⁵ Edward Ketteler, "Vita," 케텔러의 학위 논문, *De refractoribus interferentialibus*, Ketteler Personalakte, Bonn UA. August Kundt, "Vita," 1867년 6월 21일 자, A. Schweiz. Sch., Zurich. Eduard Grüneisen, "Emil Warburg zum achtzigsten Geburtstage," *Naturwiss.* 14 (1926): 203~207 중 203.

⁵⁶ 파울 뒤부아레몽이 베를린을 떠나 쾨니히스베르크로 갈 때는 나중에 그의 학위 논문이 될 주제에 관한 중요한 논문을 이미 1854년에 출간한 상태였다. F. H. 뒤부아레몽이 프란츠 노이만에게 보낸 편지, 1857년 3월 18일 자; 크빙케가 프란츠 노이만에게 보낸 편지, 1859년 3월 27일 자; Neumann Papers, Göttingen UB, Ms. Dept. Alfred Kalähne, "Dem Andenken an Georg Quincke," *Phys. Zs.* 25 (1924): 649~659 중 650~651.

⁵⁷ 팔초프와 프란츠에 대해서는 J. C. Poggendorff, *Biographisch-literarisches Handwörterbuch*를 보라. 또한 프란츠에 대해서는 *Neue deutsche Biographie 5* (Berlin: Duncker und Humblot, 1961): 376~377에 나오는 비스너(Adolf Wissner)의 논문과 Lenz, *Berlin*, vol. 2, pt. 2, 299를 보라.

⁵⁸ 우리의 두 사례인 마이어(O. M. Meyer)와 파페(Carl Pape), 그리고 아래에서 인용되는 프란츠 노이만 사이의 서신.

베를린 대학은 사강사와 부교수의 과잉을 멈추기 위해 그 자리들을 얻기 어렵게 만드는 방식을 오랫동안 고수했다.[59] 물리학은 어떤 다른 분야보다 그 과잉에 덜 영향을 받았다. 왜냐하면 대학은 물리학에 물질적 수단을 아주 조금밖에 제공하지 않았기 때문이었다. 그러나 동시에 마그누스 실험실의 널리 퍼진 명성과 베를린 수학자들의 높은 평판이 젊은 물리학자들을 베를린으로 확실히 끌어당길 수 있었다. 이제는 이전처럼 베를린에는 젊고 성공적인 실험 연구자들인 크빙케, 뷜너 Wüllner, 케텔러, 쿤트, 바르부르크가 있었으며 그들은 마그누스 실험실에서 연구했고 독립적이고 중요한 연구를 통해 더 나은 지위를 얻었다. 또한 베를린에는 종국에는 대학교수 자리에 임용되기에 충분히 훌륭한 물리학자들이 있었다. 그러나 그들은 당시에는 더 경쟁적인 분위기 속에서 변두리에 머물며 어떤 소속도 없이 기회를 얻기를 희망하고 있었다. 마이어 O. E. Meyer와 파페 Carl Pape가 그런 경우에 속한다.

---

[59] 베를린 대학에서 사강사와 부교수의 과잉은, 프로이센 지방 대학의 임용과 연관하여 우리가 논의한 적이 있었던, 동일한 정부 부처 정책에서 기인했다. 단지 그것이 베를린 대학에 대한 알텐슈타인의 큰 계획 때문에 이 대학에서 더 심했을 뿐이다. Lenz, *Berlin*, vol. 2, pt. 1, 407~408에는 결국 베를린 대학은 교수 자리를 기다리는 젊은 학자들로 채워졌다고 적혀 있다. 때로는 한 분야당 5~10명에 달했다고 한다. 베를린 대학은 그 정책을 시작한 빌헬름 폰 훔볼트(Wilhelm von Humboldt)가 의도한 것처럼 정책을 유지하려면, 돈이 부족했다. 렌츠에 따르면(p. 507), 자연 과학에서 사강사의 쇄도는 1834년 후에는 멈추었다. 물리학이 너무 압박을 받은 적이 없다 할지라도 우리는 그것이 물리학에는 적용되지 않는다는 것을 발견한다. 1848년 이전에 물리학은 결국 한두 명의 사강사를 확보했고, 1832년부터 1834년까지의 아주 짧은 기간에는 그 수가 넷으로 증가했으며, 아마도 마그누스의 건강 악화와 교수직 임용자의 교체 때문에 몇 년 동안 그 수가 떨어졌을 때인 1865년까지는 서너 명이 남아 있었다.
 젊은 학자들의 과도한 유입을 막기 위해 학부가 제안한 대책들은 일반적으로 정부 부처의 승인을 받았다. 정작 그 문제를 쉽게 해결했을 조치, 즉 정부 부처가 임용에 대해 학부에 자문을 얻는 일은 실현되지 않았다. Lenz, *Berlin*, vol. 2, pt. 1, 410~415.

노이만의 학생인 마이어와 파페는 쾨니히스베르크 대학의 학위를 손에 들고 베를린에 도착했을 때 베를린 대학에 있는 물리학자와 수학자들에게 뜨거운 환영을 받았다. 파페는 법적 요구 조건을 충족하자마자 그의 교수 자격 논문 과정에 문제가 없을 것이라고 들었다. 마이어가 듣고 본 모든 것은 베를린에서 성공적으로 강의하기가 쉬울 것임을 알려주었다. 그러나 베를린 대학의 사람의 수를 고려할 때 그는 "아무도 다른 사람에게 주목하지 않는다"는 것도 발견했다.[60]

일시적 관심 이상을 얻는 방법은 훌륭한 연구를 하거나 적어도 연구를 위한 좋은 생각을 내놓는 것이었다. 그러면 법적 요건, 교수 자격 논문 연구, 라틴어 학위 논문, 교수진의 만장일치 승인(대부분 교수진 중 물리학자나 관련된 전문가들의 만장일치 승인을 의미했다)을 얻는 것은 어렵지 않았다. 파페는 이 걸림돌을 에너지와 직설적 성격으로 극복하려 했지만 그 경쟁에서 평가를 받기도 전에 그는 곤경에 빠졌다. 그는 너무 오래 지체하지 않으려고 화약의 연소에 관한 어떤 학생의 오래된 저작을 사용해서 라틴어 학위 논문을 쓰는 데 8주를 썼다. 그의 교수 자격 논문 연구는 "숫자 계산이 많이" 필요했고 "매우 고생스럽고 시간 소모적"이었다. 5개월 후에 그는 베를린 대학 교수진에게 그것을 제출할 준비가 거의 되어 있었다. 불행하게도 실험들은 기대하던 결과를 내놓지 않았고" 따라서 "내가 거기에서 이끌어내기 원했던 결론"을 끌어낼 수 없었다. 이것은 그에게는 진정한 걸림돌로 다가오지 않았지만[61], 그의 연구를

---

[60] 파페가 프란츠 노이만에게 보낸 편지, 1861년 6월 6일 자; 마이어가 노이만에게 보낸 편지, 1861년 2월 6일 자와 8월 6일 자; Neumann Papers, Göttingen UB, Ms. Dept. 이전에는 젊은 물리학자들이 베를린에서 쓸모없고 무시당하는 존재라는 느낌을 받았다. 도베가 바덴의 관리에게 보낸 편지, 1844년 1월 31일 자, Bad. GLA, 235/7525.

[61] 파페가 프란츠 노이만에게 보낸 편지, 1861년 6월 6일 자.

평가하고 교수 자격 논문 심사에서 통과시키려는 교수들에게는 걸림돌이 되었다. 그들은 그가 교수 자격 논문 심사에 지원하는 것을 지지할 수 없었고 그에게 시도하지도 말라고 충고했다. 그는 그들의 충고를 받아들였다.[62]

마이어에게 파페의 어려움은 베를린에서 교수 자격 논문을 통과시키려는 그의 계획에 대한 솔직함에서 비롯되는 것 같았다. 그래서 마이어는 교수 자격 논문을 통과시키려는 의도로 베를린으로 왔지만 파페보다 더 미묘한 접근법을 썼다. 그러나 그가 그곳의 물리학자들에게 강한 인상을 주는 데 실패했으므로 그런 방법은 효과가 없었다. 그는 외관상으로는 교수 자격 논문을 쓰려고 하지 않았다. 어쨌든 그를 베를린 대학과 거리를 두게 한 이유는 그가 베를린 물리학자들보다 수학적으로 탁월하다는 것을 인지했기 때문이 아니라 베를린 시절에 대한 그의 편지들이 보여주듯이, 그의 연구에 대한 방향 지시가 없기 때문이었다. 그는 자신의 과정을 추구하기보다는 다른 물리학자의 연구를 선택하여 그것을 개선하려고 노력했다. 이런 행동은 나중에 마이어가 클라우지우스의 기체 연구에 도움이 될 "멋진 수학 이론"을 개발해주기를 원한 것과 비슷하다. 젊은 동료들에 대한 마그누스의 요구 사항과 이보다 더 어긋나는 것은 있을 수 없었다. 마이어가 쾨니히스베르크를 떠난 지 2년이 지났을 때 그는 아직도 출판할 만한 어떤 결과를 내놓지 못했다.[63]

---

[62] 파페가 프란츠 노이만에게 보낸 편지, 1862년 1월 9일 자. Neumann Papers, Göttingen UB, Ms. Dept.
[63] 마이어는 파페에 대해 프란츠 노이만에게 보낸 편지에 썼다. 1861년 8월 6일 자. 그는 노이만에게 보낸 편지, 1861년 2월 6일과 8월 6일 자에서 자신의 연구에 대해 보고했고 1863년 2월 20일 자에 괴팅겐에서 노이만에게 보낸 편지에서는 그의 연구가 성과가 없다고 썼다. 클라우지우스에 대한 마이어의 언급은 1867년 3월 30일 자에 노이만에게 보낸 편지에 나온다. 모든 편지는 Neumann Papers,

파페나 이후의 반게린Albert Wangerin 같은 젊은이가 베를린 대학에서 자리를 얻을 수 없었는데도 그들이 베를린에 계속 머무른 이유는 그 도시가 제공하는 많은 기회 때문이었다. "여기 베를린은 아주 많은 고등 교육 기관이 있어서 그중 몇몇은 아직 완전히 조직화되지 않았다."라고 파페는 언급하면서 기술학교가 확장 일로에 있고 공석들이 생겨난 것을 주목했다.[64] 더 하급의 교사직에서 이미 생계 수단을 얻은 반게린은, 1867년에 지방 도시에서 수학 선생으로 정규 직장을 얻으라는 제안을 거절한 적이 있다고 적었다. 왜냐하면 지방 도시에서 그런 자리를 얻으면 베를린이 제공하는 것, 즉 "과학에 대한 관심을 지속적으로 유지하게 해주는" 자극을 제공받지 못하기 때문이었다. 물리학회와 연계된 학술지들을 통해 그는 과학의 새로운 현상에 대해 계속 최신 정보를 유지하고 그의 연구를 위한 제안도 받을 수 있었다. 그가 여전히 연구를 할 시간이 충분하지 않았을 때 그는 자신이 《물리학의 진보》에 기고한 보고서를 통해 물리학에 접촉했다.[65]

마그누스의 재직 기간(도베의 재직 기간이기도 하다. 도베는 마그누스보다 약 10년을 더 살았지만 그는 심장마비로 불구가 되었기 때문이었다.)[66] 중 마지막 10년에 베를린 물리학의 조감도를 완성하려면 우리가 논의한 여러 명의 사강사보다는 물리 교육을 위한 책임에서 큰 부분을 차지한 두 물리학자에 대해 설명할 필요가 있다. 그들은 크빙케와 쿤트

Göttingen UB, Ms. Dept에 있다.
[64] 파페가 프란츠 노이만에게 보낸 편지, 1862년 1월 9일 자.
[65] 반게린이 프란츠 노이만에게 보낸 편지, 1867년 10월 19일 자, Neumann Papers, Göttingen UB, Ms. Dept
[66] Alfred Dove, "Dove," 68.

였다. 1865년에 부교수로 승진한 후에 크빙케는 이론 물리학에 4학기 과정을 도입했다. 그 전에 그 과목은 키르히호프, 클라우지우스, 팔초프와 같은 사강사가 체계적이지 못하게 교육했다. 비슷한 시기에 쿤트는 마그누스의 실험실에서 그 교육의 상당 부분을 수행했다.[67]

크빙케는 학생 시절, 베를린에서 쾨니히스베르크로, 하이델베르크로 다음에는 다시 베를린으로 옮기면서 물리과학이 독일에서 제공하는 최선의 제도에 마주친 적이 있었다. 그는 마그누스의 실험실과 미철리히 Mitscherlich의 실험실에서 연구했고, 노이만의 세미나에 참여했고, 분젠의 연구 방법에 대해 배워야 할 모든 것을 배웠고, 키르히호프 밑에서 역학을 공부했고, 클렙쉬 밑에서 타원 함수를 공부했다.[68] 쿤트는 같은 정신으로 그의 공부를 하면서 최선의 기회들을 선택해서 활용했다. "아주 어려서부터" 쿤트는 물리학에 큰 관심을 보였지만 그가 베를린에 왔을 때 그는 첫 두 해를 수학과 천문학을 연구하면서 보냈고 천문학자 밑에서 관측과 계산을 했으며 곁들여서 수리 물리학을 공부했다. 그는 자신이 물리학의 어느 방향에 특별히 재능이 있는지 알아보기를 원했으므로 실험 물리학도 하기를 원했다. 처음에는 기회가 없다가 1863년 봄에 마그누스가 공식 대학 실험실을 열자 "염원하던" 기회가 왔다. 쿤트는 즉

---

[67] 마그누스의 사망 이후 몇 년 동안 크빙케는 콜로키엄을 이끌었다. Kalähne, "Quincke," 653. Planck, "Das Institut für theoretische Physik," 276. Ferdinand Braun, "Hermann Georg Quincke," *Ann.* 15 (1904): i~viii 중 ii. August Kundt, "Vita," 1867년 6월 21일 자, A. Schweiz. Sch., Zurich.

[68] 세 대학에서 크빙케가 경험한 것을 가장 잘 보여주는 출전은 프란츠 노이만과 주고받은 그의 서신으로 Neumann Papers, Göttingen UB, Ms. Dept에 있다. E. H. Stevens, "The Heidelberg Physical Laboratory," *Nature* 65 (1902): 587~590은 쾨니히스베르크 대학에서 하이델베르크 대학으로 크빙케가 옮긴 이유로 "노이만이 독창성에 대하여 그의 학생들에게 너무 좁은 범위만을 허락한 것"을 들었다. 그것은 Neumann Papers에 있는 노이만과 그의 학생들 사이에 오간 많은 편지의 어조에서 확인된다.

시 그 실험실에 들어갔고 그해에 마그누스의 조수가 되었으며 이듬해 봄에 첫 논문들을 출간했다.[69] 그는 1868년까지 5년간 베를린에 머물렀고 나중에 베를린 물리학 교수직으로 돌아왔다.

비록 크빙케가 베를린 대학 수리 물리학의 대표자가 되었다고 해도 그는 이미 가르치기 시작한 때부터 실험 연구를 하기로 결심했었다. 수리 물리학을 배우려는 노력에 대해서 그는 "비록 내가 할 수 있는 한 스스로를 잘 끌고 간다" 할지라도 불행하게도 나의 "능력이 내가 바라는 만큼 수학적 수단을 개발하는 데까지 미치지 못했다."라고 말했다.[70] 그는 스승 노이만과 키르히호프와 같은 노선에서 성공하지 못할 것을 알고 있었으므로, 그가 베를린에서 접촉한 실험 연구 전문가들이 특히 물리학의 수학적 이론에 대하여 회의적인 타당한 이유가 있다고 다시 확신했다. 특히 이론이 실험과 긴밀하게 연결되어 있지 않을 때에는 더욱 수학적 이론에 회의적이었다.[71] 1858년에 일찍이 크빙케는 중요한 실험적 발

---

[69] Kundt, "Vita," Rubens, "Das physikalische Institut," 281~282. 마그누스가 학생 연구의 주제와 방법을 정했다는 루벤스의 주장(p. 281)은 우리가 본 마그누스의 학생들의 설명과 배치된다.

[70] 크빙케가 노이만에게 보낸 편지, 1861년 10월 14일 자. Neumann Papers, Göttingen UB, Ms. Dept.

[71] 미철리히(Eilhard Mitscherlich)는 초기에 자신의 주된 연구 주제였던 모세관(실관) 현상에 대한 크빙케의 연구와 관련하여, 자신은 라플라스 이론을 믿지 않으며 크빙케가 자신의 연구에서 발견한 실험과 이론 사이의 불일치는 자신의 실험 방법의 결함이 아니라고 그에게 말했다. 크빙케가 노이만에게 말했듯이 "순수한 내삽 방정식과는 다른 방정식을 사용하는 순간 나는 더는 순수한 관찰 결과를 가질 수 없을 것이다. 수학은 뭘가 잘못된 것을 끌어들일 수 있고, 이미 끌어들였을 것이다."라는 것이 미첼리히의 견해였다. 크빙케가 노이만에게 보낸 편지, 1857년 2월 28일 자. Neumann Papers, Göttingen UB, Ms. Dept. 크빙케는 그의 학위 논문에서 그 관점을 채택했다. 그는 학위 논문을 "Ueber die Capillaritätsconstanten des Quecksilbers," *Ann.* 105 (1858): 1~49로 출판했다. 그는 기존의 모세관(실관) 이론은 실제로는 실현될 수 없는 수은의 평형 상태를 가정하고 시작하기에 특정한 실험 현상과 일치한다는 것을 보일 수 없다고 결론지었다. 그는 다른 물리학자들

견을 하는 흥분을 경험했다. 그는 증류수나 다른 액체가 다공성 막을 통해 흐를 때 일정한 전류가 발생하는 것을 발견했다. 그 전류는 물의 흐름과 같은 방향으로 흘렀다. 학위 논문 진행에 관한 그의 보고서에 특징적으로 나타나던 실험에 대한 방어적 태도[72]는 이 발견에 대한 자부심으로 바뀌었다. 그는 노이만에게 편지를 썼다. "마그누스 교수께서 어제 저의 새로운 연구에 대한 발췌문, 아니 오히려 예비적인 통지서를 지역의 아카데미에 제출하여 저에게 우선권을 보장해 주었다는 것을 오늘 간단하게 알려드리고 싶었습니다." 크빙케는 그의 발견이 과학에 중요해질 가능성을 여러 방향으로 생각해 보았다. "틀림없이 지자기를 수정할 그런 흐름이 지구에는 많이 있을 것입니다." "더 나아가서 지구의 다공성 층에서 스며드는 물이 분해될 것이므로 수소가 물에서 발생해야 합니다. 물론 생리학이나 식물학이 어느 정도까지 그것에 영향을 받을지는 아직 잘 모르겠습니다. 하지만 근육이 수축할 때 근육 전류의 변이가 그것에서 유도되는 것이 가능할 것입니다." 크빙케에게 가장 중요한 것은 이 발견이 우연적인 것이 아니라 "지금까지 생각한 대로 정확하게 모든 것이 나왔다"는 것이었다.[73]

1861년에 크빙케는 더 커다란 연구 주제를 다루기 시작했다. 그는 모세관(실관) 현상을 연구해왔다. (그 연구는 그가 다공성 막의 구멍들을

이 실험으로 모세관(실관) 이론을 입증하려고 노력하는 고생을 면하게 해주려고 부정적 결과를 보고했다.
[72] 크빙케는 노이만에게 "제가 바른 방향에서 적절한 열정으로 그 문제를 다루지 않았다고 생각하실 겁니다. 하지만 직접 측정해 보신다면 얼마나 많은 세부 문제가 우리의 진행을 가로막는지 스스로 아시게 될 것입니다. 그러한 세부적인 문제들은 실제로 직접 탐구에 속하는 것이 아닌데도 실험하는 데 가장 많은 시간을 잡아먹는 것입니다."라고 1857년 2월 28일 자 편지에 썼다.
[73] 크빙케가 프란츠 노이만에게 보낸 편지, 1858년 10월 29일 자, Neumann Papers, Göttingen UB, Ms. Dept.

다수의 모세관(실관)으로 생각했기 때문에 그의 이전 발견과 관계가 있었다.) 그 연구는 그를 물체의 표면을 연구하도록 이끌었고 다음에는 물체의 표면 위에서 일어나는 전기와 광선의 상호 작용에 대한 연구로 이끌었다. 그 연구에서 아무것도 나오지 않았지만 그 연구는 크빙케를 근본석인 문제로 인도했다. "저는 전기가 무엇인지 발견하고 싶습니다."라고 그는 적었다. 전기는 진동인가, 그렇다면 횡진동인가, 종진동인가 결정할 수 있도록 크빙케는 편광에 대한 광학 실험과 유사한 실험을 설계했다. 그는 전기가 파동으로 이루어져 있다면 그것은 그의 실험에서 분극되어야 하고 그 분극은 세기의 변화로 나타나야 한다고 추론했다. 그 실험 결과에 그는 만족하지 못했고 "이제 그 실험을 증거로 삼아서 전기가 아마도 빛 에테르와 유사한 유체임을 증명하기 위해 실험을 할 것입니다."라고 말했다.[74]

크빙케는 그 대학에서 박사 연구를 완수한 후에 얼마간 생활 구획에 실험 장비를 구축했다. 압력 장치가 폭발할 때마다 언제나 방 전체에서 20파운드의 수은을 거두어들였다. 그러나 1861년이 되자 그는 "또 한 명의 신사와 함께 멋진 실험실"을 갖게 되었고 연구뿐 아니라 강의에 사용할 장치를 충분히 갖추게 되었다.[75] 그는 스스로 장치의 일부를 제작했고 일부는 친구에게 빌렸다. 그의 개인 기구 컬렉션 덕택에 그는 다른 곳에서의 제안을 거절하고 베를린에서 머물면서 기회를 기다릴 수 있었고 그러는 동안 연구를 수행할 수 있었다. (그가 거기에 머무른 이유는

---

[74] 크빙케가 프란츠 노이만에게 보낸 편지, 1860년 12월 24일 자와 10월 14일 자, Neumann Papers, Göttingen UB, Ms. Dept.
[75] Kalähne, "Quincke," 653. 크빙케가 프란츠 노이만에게 보낸 편지, 1859년 3월 27일 자; 라다우(Rudolph Radau)가 프란츠 노이만에게 보낸 편지, 1861년 10월 21일 자; Neumann Papers, Göttingen UB, Ms. Dept.

달리 두 가지가 더 있었다. 1865년에 그가 베를린에서 부교수로 승진했을 때 그는 겨우 서른한 살이었고 기다릴 여유가 있었다. 그는 리스의 딸과 결혼함으로써 베를린의 과학자들과 매우 쉽게 교류할 수 있게 되었다.) 그러나 1870년에 마그누스를 뒤이어 헬름홀츠가 임용되자 크빙케는 베를린 교수직을 얻을 모든 희망을 잃었기에 그는 1872년에 그곳을 떠나 뷔르츠부르크에서 물리학 정교수가 되었다.

쿤트는 우리가 보았듯이 처음부터 마그누스의 베를린 실험실에 정착했다. 그는 마그누스의 강의를 도왔고 실험실에서 그를 위해 일했으며 학생들을 가르쳤다. 그의 임무는 곧 마그누스가 두 번째 조수를 얻자 실험실 지도로 한정되었고 그로써 쿤트는 더 많은 시간을 연구에 투입할 수 있었다.[76] 그가 마그누스의 실험실에서 겨우 4년을 보낸 후인 1867년에는, 자신의 대학 공부와 박사 논문을 마쳤고 사강사의 자격을 갖추었다. 쿤트는 자신이 14편의 출판물이 있다고 주장할 수 있었고 그것은 마이어와 파페가 실패한 베를린에서 성공하는 것이 가능하다는 것을 보여주는 기록이었다.

쿤트의 연구는 마그누스의 실험실에서 처음부터 상당히 중요한 연구를 포함했다. 베촐트Wilhelm von Bezold[77]는 쿤트가 기체 속에서의 소리의 전파 속도를 결정하기 위해 발명한 방법을 언급하면서 이 연구가 쿤트를 1급의 물리학자의 반열에 오르게 했다고 말했다. 쿤트의 연구는 크빙케의 연구처럼 우선적으로 실험적이었으나 크빙케보다 더 이론을 많이 사

---

[76] Kundt, "Vita." August Kundt, "Untersuchungen über die Schallgeschwindigkeit der Luft in Röhren," *Ann.* 135 (1868): 337~372, 527~561.

[77] [역주] 베촐트(1837~1907)는 대기 과학 부문의 개척자였다. 그는 뮌헨 대학 기상학 교수를 지냈고 프로이센 기상학 연구소 소장이 되었다. 대기 열역학 분야를 개척했으며 대기 방전 현상에 대해서 많은 연구를 수행했다.

용했다. 그는 일반적으로 다른 이들의 이론적 고찰에서 그의 연구를 시작했다.[78] 베를린에 있는 동안 쿤트는 그의 학생 바르부르크가 미래에 이론을 연구하는 그의 공동 연구자가 될 수 있다는 것을 발견했다.[79] 쿤트와 마그누스가 반대한 이론과 실험의 혼합은 마침내 마그누스의 실험실에 들어왔다. 그것은 헬름홀츠가 발견하게 될 것처럼 마그누스가 받아들이게 된 발전이었다.[80] 쿤트가 물리학자를 훈련하는 데 실험실을 사용한 것은 마그누스가 독립적인 학생 연구자를 격려해온 방식에서 변화된 것이었다. 쿤트가 연구를 하고 있는 그의 학생이며 곧 그의 동료가 될 바르부르크와 협력한 것은 상급의 학생 연구자에게 친숙한 실행이 될 것이었다.

---

[78] Wilhelm von Bezold, "Gedächtnissrede auf August Kundt," *Verh. phys. Ges.* 13 (1894): 61~80 중 67, 72. Rosenberger, *Geschichte der Physik*, 753~754.
[79] 물론 에밀 바르부르크는 우선적으로 실험 연구자였다. 그는 하이델베르크 대학에서 화학자가 되기 위해 그의 대학 공부를 시작했다. 그는 키르히호프의 강의를 듣고 물리학으로 전향했고 베를린으로 옮겨온 후에는 쿤트의 지도가 바르부르크를 실험 물리학자로 만드는 데 결정적으로 기여했다. Friedrich Paschen, "Gedächtnisrede des Hrn. Paschen auf Emil Warburg," *Sitzungsber. preuss. Akad., Phil.-His. Kl.* pt. 1 (1932), cxv~cxxiii. Grüneisen, "Warburg."
[80] 1870년에 헬름홀츠는 마그누스의 주도로 프로이센 과학 아카데미에 회원으로 선출되었다. 헬름홀츠는 마그누스 사후에 에밀 뒤부아레몽에게 자신에게 우호적이었던 마그누스의 행동은 그에게 "소중한 기억"이라고 말했다. 마그누스는 항상 헬름홀츠를 아주 아꼈기 때문이었다. "이제 와서 말인데 나는 마그누스가 나의 수학적 지향에 반대 감정을 지녔다고 부당하게 추정했다." 헬름홀츠가 뒤부아레몽에게 보낸 편지, [1870년] 5월 17일 자, STPK, Darmst. Coll. F 1 a 1847.

11 뮌헨의 물리학: 기술과의 관계

옴, 바이에른으로 돌아오다

옴이 본국이 아닌 프로이센에서 보낸 16년 동안 그는 우선적으로 그의 이름이 붙은 물리학의 수학적 법칙을 통해 물리학자들에게 알려졌다. "순수" 과학에서 인정받는 이러한 성취에도 불구하고 여러 해 동안 옴은 바이에른에서 적절한 자리를 얻고자 했으나 실패했다. 마침내 바이에른이 국가의 기술 목표를 진전시키기 위해서 기술 교육을 개혁할 때 물리학자인 옴을 고용함으로써 옴은 바이에른에서 자리를 얻는 데 성공했다.[1] 입증되었듯이 기술학교에서 옴의 일자리는 그가 훨씬 더 적합한 일

---

[1] 직업과 산업의 필요를 충족하기 더 쉽게 하기 위해 바이에른의 기술 교육을 위한 새로운 계획이 1833년에 발표되었다. 이 계획은 세 수준을 요구했다. 가장 낮은 수준은 3년제 직업학교, 즉 게베르베슐레(Gewerbeschule)와, 약간의 과학은 가르쳤지만 물리학은 가르치지 않은 농업학교로 이루어졌다. 이 학교는 학생들이 도제 수업에 들어가거나, 두 번째 수준인 종합기술학교에 진학할 준비를 시켰다. 첫해에 다섯 시간짜리 실험 물리학 과정을 과학 과정에 포함한 종합기술학교는 3년 프로그램이었는데 그 후에 그 졸업생들은 일자리를 잡거나 세 번째 수준인 최고급 기술학교로 나아갔다. 이 학교는 중앙의 바이에른 공과 대학, 즉 고등공업학교(Technische Hochschule)로 간주되었다. 이 기관은 이전에 여러 번, 가령, 1823년에 프라운호퍼(Fraunhofer)와 라이헨바흐(Reichenbach) (다음 절을 보라)에 의해 제안된 적이 있었다. 1833년에 실제로 채택된 중앙의 고등공업학교는 그 당시에

자리로 간주한 뮌헨 대학 교수 자리를 위한 디딤돌이었다. 옴이 프로이센에서 바이에른으로 돌아온 것은 우리가 곧 살펴보겠지만 19세기 바이에른에서 물리학과 기술 사이의 여러 연관 사례 중 하나였다.

1830년대 초에 옴은 바이에른의 종합기술학교 셋 중의 하나에서 일자리를 얻으려 기다리고 있었는데 뉘른베르크에 있는 것, 아우그스부르그Augsburg에 세워질 예정인 새 종합기술학교, 뮌헨에 재건되고 있는 것이 그것이었다. 옴은 마지막 학교에 특히 관심이 있었는데 그 이유는 언젠가는 대학 정교수로 승진하기 쉬운 자리인 뮌헨 대학의 부교수 자리를 얻고 재건되는 학교의 비어 있었던 물리학 교수 자리를 얻어 두 일자리 모두에서 일하기를 바랐기 때문이었다.[2] 1833년에 뮌헨 대학 물리학 교수인 슈탈의 죽음은 옴에게 양쪽 일자리를 얻기 위해 바이에른 내무부에 지원할 기회를 즉각적으로 제공했다. 이번에 그의 지원서는 서류철에 사장되지 않고 대학 측에 전문가 평가가 의뢰되었다. 당시 철학부 학부장이었던 물리학자 지버는 우호적인 보고서를 회신했다. 철학부의 "의

는 실질적으로 소멸된 뮌헨 대학의 정치 경제 학부 역할을 했다. 이 학부에는 열 개의 새로운 교수직이 도시 공학, 임업, 광업, 공업, 농업, 건설업의 직업을 얻을 학생들을 훈련하고 직업학교와 종합기술학교에서 이러한 과목들을 가르칠 선생들을 훈련하는 교수들을 위해 만들어졌다. 그러나 이러한 전공의 졸업생들은 그들이 고용될 수 있는 최고의 자리인 기술 서비스 행정직에 아무런 자리를 얻지 못했다. 왜냐하면 그 국가는 그 자리들에 법학 졸업생을 사용하는 전통을 지속했기 때문이었다. 고등공업학교는 쓸모없어 보였고 이것과 또 다른 여러 이유, 무엇보다도 원리상 기술 교육은 대학에서 이루어지지 않는다는 그 당시에 널리 퍼진 견해 때문에, 그 학교는 몇 년 후에 해체되었다. 기술 분야의 교육과 대학 교육의 평등성은 부인되었고 이러한 상황은 1868년에 뮌헨에 자율적인 기술 대학이 설립될 때까지 다음 25년 동안 지속될 것이었다. Neuerer, *Das höhere Lehramt in Bayern*, 29~35, 249~250.

[2] 옴이 딩글러(E. Dingler)에게 보낸 편지, 날짜 미상 [1831]; 옴이 바이에른 국왕에게 보낸 편지, 1831년 9월 1일 자와 1832년 7월 29일 자; *Ohms…Nachlass*, 각각 149~151, 151~154, 155~156.

미 있는 다수"가 기술 교육에 대한 옴의 유용성을 주된 근거로 삼아 옴의 요청을 승인하는 데 찬성했고, 그 근거는 옴이 첫 번째 자리에 지원할 만한 충분한 희망을 품게 해주었다. 첫째, 그들은 "청원자가 이전에 교사로서 유능했음을 들었으므로 옴 박사를 다시 확보하는 것이 바람직하다고 본다"고 진술했다. 둘째, 그들은 옴이 "조용하고 순진하고 부지런한 사람이며 그의 저서 《동전기 회로: 수학적 접근》(1827)을 통해 위대한 학술적 명성을 얻었다"며 옴을 추천했다. 셋째, 그들은 "그가 우선 종합기술학교에서 가르치는 자리를 요청하고 이차적으로 그 대학의 부교수 자리를 요청했으며 그의 기술과 지식을 통해서 완전히 자격을 갖춘 것으로 보이기 때문에" 그의 요청을 지지했다.[3] 옴이 받은 칭찬에 강한 인상을 받은 평의회는 그가 "모국" 바이에른으로 돌아오게 하려 했다. 국왕도 이제 옴이 돌아오게 하려 했기에 옴을 뉘른베르크의 종합기술학교 물리학 교수로 임명했다. 옴은 뮌헨 대학에 임용되는 것과 연관하여 뮌헨 종합기술학교에 임용을 원했으므로 신중한 태도를 취했다. 그가 뉘른베르크에서 일자리를 잡으려 한다면, 그는 "문헌적 활동 분야"(이 말은 그의 연구를 의미했다)를 확장하기보다는 오히려 제한해야 할 것이었다. 결국, 옴은 뉘른베르크 종합기술학교 자리에 대한 제안을 수락했다.[4]

뉘른베르크 종합기술학교에서 옴은 계획된 물리학 교육과정을 2배로 늘려 미래의 장인과 기능공에게 하는 "과학 훈련"을 더 철저하게 했다. 그는 곧 그의 강의에 고급 수학을 추가했고 역시 그 과목의 시간도 2배

---

[3] 옴이 바이에른 내무부 장관인 발러슈타인(Prince von Wallerstein)에게 보낸 문의 편지, 1833년 2월 23일 자; 뮌헨 대학 평의회에 보낸 학부의 논의에 대한 설명, 1833년 4월 4일 자; *Ohms···Nachlass*, 각각 157~159와 159~160. 160에서 인용.

[4] 오베른도르퍼(Oberndorfer) 교장이 바이에른 국왕에게 보낸 편지, 1833년 4월 18일 자; 옴이 같은 이에게 보낸 편지, 날짜 미상 [1833] in *Ohms···Nachlass*, 160~161, 177~180.

로 늘려 물리 강의와 수학 강의를 조화시켰다. 1839년에 그는 그 학교의 교장이 되었다. 이 모두가 그가 예상한 대로 그의 연구 시간을 앗아갔다.[5]

뉘른베르크에서 처음 6년 동안 옴은 아무런 연구도 출판하지 않았다. 그가 다시 출판하기 시작했을 때 그 연구는 그때까지 그가 연구해 왔던 물리학의 분야인 전기에 대한 것이 아니라 베버 형제가 그들의 『파동론』Wellenlehre에서 생각한 분야, 즉 파동에 관한 포괄적 이론에 속하는 분야인 음향학과 광학에 관한 것이었다. 옴은 음악에 민감한 귀를 갖지는 않았지만 그것이 음악 음향학에서 실험 연구를 못 하게 막지는 못했다(그는 음악에 민감한 귀를 가진 동료를 동원할 수 있었고 그렇게 했다.) 어쨌든 전기 연구에서처럼 여기에서도 그의 수학적 추론은 결정적임이 입증되었다. 1839년부터 1844년까지 그가 수행한 음에 관한 연구에서 옴은 다시 푸리에에게 눈을 돌렸다. 이번에는 시간의 함수를 삼각함수의 무한급수를 써서 나타내기 위해서였다. 그가 주목한 것은 "반복되는 중요한 응용으로 유명해진" 정리였다.[6] 헬름홀츠에 따르면 옴 이전에 수리 물리학자 대부분이 암묵적으로 한 가정이었는데 옴이 근본적인 법칙으로 인식한 가정대로 귀가 한 묶음의 소리를 개별 음으로 분해하듯이, 옴은 어떠한 소리 인상이든 부분적 인상들로 수학적으로 분해했다. 또 각각의 부분 인상은 무한한 푸리에 급수에서 단순한 조화항으로 표현

---

[5] Bauernfeind, "Ohm," 193.
[6] [역주] 푸리에 정리를 가리킨다. 푸리에 정리는 1822년에 프랑스의 수학자인 푸리에가 발표했는데 모두 복잡한 파형을 사인 함수와 코사인 함수의 합으로 표현할 수 있다는 주장을 담고 있었다. 푸리에 정리를 음파를 분석하는 데 사용함으로써 옴은 복잡한 음파의 파형을 단순한 조화 운동의 합으로 분해할 수 있었고 그러한 능력을 사람의 귀에 부여함으로써 인간이 음을 식별할 수 있는 능력이 있음을 설명했다.

이 가능했다. 즉, 귀는 물리학자가 수학적으로 수행하는 것과 동일한 푸리에 분석을 수행하며 이는 청각 기관의 수학적 질서와, 물리학과 생리 음향학에서 수학적인 연구 방법의 유효성을 드러내 준다.[7]

음과 푸리에 급수의 항 사이의 단순한 일치에 대한 확신 때문에 옴은 그것에 모순되는 것으로 보이는 어떤 감각적 증거도 의심하게 되었다. 더 경험적인 접근법으로 같은 주제를 연구하고 있었던 제벡August Seebeck은 다른 음들이 소리를 내는 물체의 주된 음을 강화함으로써 그것에 기여한다고 생각했다. 그러나 옴은 마치 눈이 중간 톤을 어두운 배경에서는 실제보다 더 밝게, 밝은 배경에서는 실제보다 더 어둡게 내놓는 것과 마찬가지로 귀가 주된 음이 실제보다 더 강하고 주변의 음은 더 약한 것으로 들리도록 우리를 속인다고 생각했다. 제벡에 따르면 귀 말고는 우리에게 무엇이 음에 속하는지 알게 해주는 것이 없으니 귀가 없으면 음은 없고 오직 공기의 운동만 있다. 반면, 옴에 따르면 제벡의 음에 대한 새로운 정의는 우리를 "새로운 미궁"으로 빠져들게 한다.[8] 그러나 옴은 곧 논쟁에서 물러났고, 그 분야를 제벡에게 맡겨 둠으로써 그들의 의견 대립은 옴의 사망 직후에 헬름홀츠가 그 문제에 손을 대기까지 풀리지 않은 채로 남아 있었다.[9]

---

[7] Hermann von Helmholtz, "Ueber Combinationstöne," *Ann.* 99 (1856): 497~540, in *Wiss. Abh.* 1: 263~302 중 287. Georg Simon Ohm, "Ueber die Definition des Tones, nebst daran geknüpfter Theorie der Sirene und ähnlicher tonbildender Vorrichtungen," *Ann.* 59 (1843): 513~565, in *Ges. Abh.*, 587~633 중 592~593; "Noch ein paar Worte über die Definition des Tones," *Ann.* 62 (1844): 1~18, in *Ges. Abh.*, 634~649 중 640~643.

[8] Ohm, "Noch ein paar Worte," 646, 648. August Seebeck, "Ueber die Definition des Tones," *Ann.* 63 (1844): 353~368 중 361, 367.

[9] 헬름홀츠는 옴의 법칙을 옹호했고 그에 대한 제벡의 반대를 논박하려고 했다. Helmholtz, "Ueber Combinationstöne," 287. R. Steven Turner, "The Ohm-Seebeck Dispute, Hermann von Helmholtz, and the Origins of Physiological Acoustics,"

옴이 스스로를 일컬었듯이 "실험하는 이론 연구자로서" 그는 음향학 이후에도 실험 및 이론 연구를 했지만 별로 많이 하지는 않았다. 그는 뉘른베르크 종합기술학교에 있는 동안 동전기에서 어떤 실험적 사실을 "이론적 목적에서 더 유용하게" 만들기 위해 논문을 하나 더 출판했다.[10]

광학 기구 제조에서 프라운호퍼의 연구

물리학, 기술, 국가가 장려하는 산업이 19세기 초 독일에서 뮌헨만큼 활발하게 상호 작용을 한 경우는 드물다. 그 상호 작용이 물리학 이론에 이익을 끼친 결과들을 내놓았을 때, 뮌헨의 물리학은 국가의 기술적 관심에 관련된 주제를 독일 이론 물리학 연구의 영역으로 들여왔다.

옴이 바이에른으로 돌아왔을 때, 뮌헨에는 약 20년 동안 번성하는 광학 기구 업체가 있었다. 뮌헨의 광학 "연구소"에서 가장 탁월한, 주도적인 과학 정신의 소유자는 프라운호퍼 Joseph Fraunhofer[11]였는데 그는 과학자

Brit. Journ. Hist. Sci. 10 (1977): 1~24 중 10~11.

[10] Georg Simon Ohm, "Galvanische Einzelheiten," Ann. 63 (1844): 389~405, in Ges. Abh. 650~664 중 650.

[11] [역주] 독일의 과학기구 제작자인 라이헨바흐(1771~1826)의 아버지는 기계 제작과 대포 주조의 대가였다. 라이헨바흐는 만하임의 군사학교에 다니다가 만하임 천문대의 천문 기구를 알게 되면서 육분의를 자신의 아버지의 공방에서 제작한 것이 계기가 되어 과학기구 제작자가 되었다. 영국 여행을 통해서 와트를 비롯한 유명한 기계 제작자들과 교류하고 돌아와 1796년부터 뮌헨에서 기구 제작 공방을 시작했다. 1804년에 립헤어(Joseph Liebherr)와 우취나이더와 회사를 차렸고 1809년에 프라운호퍼와 함께 베네딕트보이에른에서 광학 공방을 시작했다. 그의 가장 유명한 발명품은 별의 자오선 통과 시각을 측정하는 자오환(transit circle)으로, 뢰머가 발명한 적이 있었지만 잊혔는데 라이헨바흐가 제작한 것이 전 유럽에서 널리 사용되게 되었다.

들에게 정확성에서 타의 추종을 불허하는 광학 기구를 제공할 뿐 아니라 광학에서 스스로 근본적인 발견을 했다. 프라운호퍼가 일한 상사商社, commercial firm는 학교나 대학이나 아카데미와는 다른 기회와 제약을 제시하는, 연구를 위한 새로운 현장을 보여준다.

프라운호퍼가 속한 회사는 19세기 초에 설립되었다. 공학자로 훈련받은 라이헨바흐Georg Reichenbach는 기구 제작자가 되기로 하고 시계 제작자인 립헤어Joseph Liebherr에게 자신과 함께 일하자고 했다. 1804년에 충분한 자본을 얻자 그들은 제3의 파트너로 사업가이자 고위 관리인 우취나이더Joseph Utzschneider를 합류시켰다. 그는 바이에른 지도국地圖局에서 일하고 있었다. 바이에른 왕국은 관심을 표현했다. 지도국 지도자들은 측량에서 더 좋은 측정 기구의 가치를 인식하고 그 벤처 회사에 1,000플로린을 지원했고 바이에른 과학 아카데미는 뮌헨에 이 "수학 공방"을 설립하는 데 600플로린의 신용 대출을 해주었다. 일단 그들이 기구를 제작하기 시작하자 곧 그들은 스스로 광학 유리와 렌즈를 제작할 필요성을 느꼈다. 1807년에 우취나이더와 라이헨바흐는 그들의 뮌헨 연구소 기계부에서 광학부를 분리해서 광학부를 베네딕트보이에른Benediktbeuern 근처에 있는 수도원으로 옮겼고, 거기에서 라이헨바흐의 기구들에 쓰일 유리가 제작되었다. 프라운호퍼를 그 회사로 데려오게 된 것은 이렇게 유리와 광학 제조를 추가한 조치 때문이었다. 1806년에 광학 장인 아래에 기술자로 고용된 프라운호퍼는 이듬해 베네딕트보이에른으로 옮겨갔다.[12]

우리가 논의하는 대부분의 물리학자와 달리 프라운호퍼는 대학 졸업생이 아니었다. 신속하고 열정적인 학습자였던 프라운호퍼는 자신이 선택한 분야에서 주로 독학을 했다. 그는 친구의 광학 공방에서 렌즈를

---

[12] Roth, *Fraunhofer*, 35~36.

실제로 갈아본 경험이 있었고 독일 교재에 나오는, 설명이 단순화된 오일러의 이론 광학을 스스로 공부했다. 반면에 베네딕트보이에른의 일자리에서는 광학 유리와 렌즈를 만드는 기술을 숙달시켰다. 실용적인 기술과 광학에 관한 우수한 이론적 지식을 갖춘 그는 그 회사에서 빠르게 승진해 1809년에 광학부 부장이 되었고 1811년에는 봉급받는 사업 파트너가 되었다. 라이헨바흐는 1814년에 이 회사를 떠나 스스로의 회사를 차렸다. 그해에 우취나이더는 그 회사에 투자하라고 프라운호퍼에게 10,000플로린을 주었고 명칭이 "우취나이더-프라운호퍼"로 바뀐 회사의 이익을 나누어 가질 권리를 프라운호퍼에게 주었다. 프라운호퍼의 공방은 바쁘게 돌아갔다. 베네딕트보이에른에는 플린트 유리와 크라운 유리를 제작할 노furnace가 분리되어 있었고 여덟 명의 유리 제작공, 두 명의 유리 연마공, 한 명의 유리 절단공, 두 명의 화부와 더불어 1814년에 확장된 기계부部가 있었다. 프라운호퍼는 유리와 렌즈 제작 작업에 더해 전체 광학 기구까지 제작했다.[13]

우취나이더의 재정 지원을 받아, 프라운호퍼와 한 명의 동료가 수행한 유리 실험 덕택에 곧 베네딕트보이에른 공방은 경쟁 회사를 멀찍이 앞서가게 되었다. 가령, 더 좋은 비색수차 렌즈[14] 체계를 만들기 위해 프라운호퍼는 플린트 유리와 크라운 유리의 분산 및 굴절률의 정확한 결정이 필요했다. 그는 처음에는 램프의 불꽃에서 밝은 황색선을 단색광원으로 사용하여 필요한 측정을 수행했다. 그다음에 그는 햇빛을 같은 목적으로

---

[13] Roth, *Franuhofer*, 19, 27, 40, 50, 53, 63, 68~69, 71.
[14] [역주] 색수차는 렌즈가 프리즘과 같은 역할을 해서 빛을 분산시킴으로써 초점이 잘 맞지 않아 정밀도가 떨어지게 만든다. 이러한 문제를 해결한 비색수차 렌즈는 두 가지 다른 종류의 유리를 사용하여 굴절률을 잘 맞추어 줌으로써 실현될 수 있었다. 비색수차 렌즈는 파장에 따른 초점의 분산 문제를 일으키지 않아 현미경이나 망원경의 분해능을 훨씬 높여주었다.

사용하려 해 보다가 중요한 발견에 이르게 되었다.

어두워진 방에서 덧문에 뚫은 대략 15초 폭에 36분 높이의 작은 구멍을 통해서 빛이 경위의theodolite[15] 위에 올린 플린트 유리로 된 프리즘에 도달하게 했다. 경위의는 덧문에서 24피트 떨어져 있었고 프리즘의 각도는 약 60°였다. 나는 햇빛의 스펙트럼(빛띠) 안에 램프 불빛의 스펙트럼(빛띠)에서 본 것과 같은 유사한 밝은 빛이 보이는지 결정하기를 원했다. 그러나 그 대신에 나는 망원경으로 셀 수 없이 많은 강하고 약한 수직선을 발견했다. 그 선들은 스펙트럼(빛띠)의 나머지 부분보다 더 검었고 어떤 것은 거의 완전히 검게 보였다.

나중에 명명된 된 대로 이 "프라운호퍼 선"들에서 그는 광학 기구의 제조에 사용되는 다양한 종류의 유리의 광학 상수들을 결정하는 이상적인 수단을 발견했다. 그는 또한 물리학자, 천문학자, 화학자에게 스펙트럼(빛띠) 분석 기술을 발전시킬 자극과 새로운 현상을 제시했다.[16]

프라운호퍼의 기구들과 발견들을 계기로 그는 바이에른뿐 아니라 외

---

[15] [역주] 측량의 기본 기구로서 수직, 수평 방향의 각을 재는 정밀 기구이다. 수평을 유지시킨 판 위에서 수평과 수직 방향으로 회전하는 망원경이 설치되어 있어서 정밀하게 각을 잰다.

[16] Roth, *Fraunhofer*, 62, 64~65. Joseph Fraunhofer, "Bestimmung des Brechungs- und Farbenzerstreuungs-Vermögens verschiedener Glasarten, in bezug auf die Vervollkommnung achromatischer Fernröhre," *Denkschriften der Königl. Akademie der Wissenschaften zu München für die Jahre 1814 und 1815* 5 (1817): 193~226. *Ann.* 56 (1817): 264~313에 거의 바뀌지 않고 재인쇄; 오스트발트(Ostwald)의 *Klassiker der exakten Wissenschaften*, Nr. 150, ed. A. von Oettingen (Leipzig: Wilhelm Engelmann, 1905)의 시리즈에 다시 재인쇄, 12에 인용. 태양의 선 중 일부는 몇 년 전에 월러스턴(W. H. Wollaston)이 관찰하고 보고한 적이 있었는데, 프라운호퍼는 그것들을 수백 개씩 위치를 확인하고 그중에서 더 두드러진 것은 대문자 A, B, C, D, … 로 명칭을 달았다.

국의 과학자들과 개인적인 접촉을 하게 되었다. 가령, 가우스는 1816년에 뮌헨으로 여행할 비용을 하노버 정부에 요청하면서 개인적으로 그 기구 제작자를 만나서 상이한 구조들의 장단점을 논의하는 것이 유익하다고 주장했다.[17] 국내에서 프라운호퍼는 바이에른의 궁정 천문학자인 졸드너Johann Georg Soldner와 사귀었는데 그는 프라운호퍼와 라이헨바흐의 기구가 구매자에게 부쳐지기 전에 종종 그 기구를 검사했다. 1817년에 졸드너는 바이에른 과학 아카데미의 서신 회원으로 프라운호퍼를 추천하면서 태양 스펙트럼(빛띠) 안의 검은 선에 대한 그의 논문을 제출했다. 졸드너는 그 논문이 프라운호퍼가 "이론 광학자요 실험 연구자"로서 성취할 수 있는 것이 무엇인지를 보여준다고 말했다. 프라운호퍼는 선출되었고 그의 논문은 출판이 허락되었다.[18]

이것은 프라운호퍼의 여러 편의 과학 논문 중 첫 번째 것이었다. 1821년에 그는 빛의 회절(에돌이)에 관한 영향력 있는 논문을 출간했는데 그는 이 논문을 과학의 진보가 정밀 기구에 의존한다는 독특한 언급으로 시작했다. 그는 "광학 도구"를 갖춘 눈으로 과학자들이 수행하는 모든 연구는 "높은 정밀성"으로 차별화된다는 것이 잘 알려져 있다고 말했다. 그는 회절(에돌이)에 관한 연구의 경우에 적절한 도구가 없다고 했고, 그것이 그의 생각에 물리 광학의 이 분야가 지체되고, "이러한 빛의 변화에 관한 법칙이 그렇게 적게" 알려져 있는 그럴듯한 이유였다. "만약 암실에 작은 구멍을 뚫어서" 프라운호퍼는 다시 한 번 그의 설명을 시작했다. 친숙하지 않은 독자를 위해 그는 회절(에돌이)의 기초 현상을 기술했다. 만약 암실로 받아들여진 광선을 작은 구멍이 뚫린 어두운 스크린으로

---

[17] 1813년부터 가우스는 베네딕트보이에른에서 기구를 구입하고 있었고 여러 해 동안 프라운호퍼와 서신을 주고받고 있었다. Roth, *Fraunhofer*, 74.

[18] Roth, *Fraunhofer*, 86~87.

차단하고 구멍을 통과한 빛이 흰 표면에 도달하게 하면, 그 표면의 조명된 부분은 그 구멍보다 더 크고 변두리에 색이 있는 테두리가 나타나게 된다. 그는 측정의 본성에 대한 그의 새로운 실험에 대해 설명을 계속했다. "작은 구멍에서 회절(에돌이)된 빛을 눈으로 모두 받고 그 현상을 크게 확대하여 보기 위해, 그리고 빛의 회절각angle of inflection을 직접 측정하기 위해 나는 좁은 수직 구멍이 있는 스크린을 놓았고, 그 구멍은 경위의 망원경의 렌즈 앞에서 나사를 써서 폭을 넓게 하거나 좁게 할 수 있게 했다. 나는 암실에서 헬리오스타트heliostat[19]를 써서 햇빛이 폭이 좁은 구멍을 통과하여 스크린에 도달하게 했고 결과적으로 스크린에 난 구멍에서 빛이 회절(에돌이)되었다. 망원경을 통해서 나는 당시에 빛의 회절(에돌이)에 의하여 만들어지는 현상을 확대했고 그 때문에 흐려졌지만 충분한 밝기로 관찰할 수 있었고 동시에 경위의로 회절각(에돌이각)을 측정할 수 있었다."[20] 이 방법을 써서 프라운호퍼는 회절(에돌이)에서 빛이 구부러지는 각도가 구멍의 폭에 반비례한다고 결정했다. 마찬가지로, 은실이나 금실과 같은 평행한 섬유로 된 격자(살창)를 사용하여 그는 빛의 회절(에돌이)이 도선의 간격에 반비례한다는 것을 결정했다. 그의 격자(살창)는 간격을 극히 작게 하려면 세밀한 솜씨를 요구했다. 260개의 도선을 갖는 격자(살창)에서 그 간격은 겨우 약 0.003862파리 인치였고 도선의 굵기는

---

[19] [역주] 헬리오스타트는 일반적으로 태양의 운동을 추적하는 장치로 태양 망원경에 사용된다. 고정된 목표물을 향하여 고정된 축을 따라 움직이는 태양에서 오는 햇빛의 방향을 거울로 바꾸어준다.

[20] Joseph Fraunhofer, "Neue Modification des Lichtes durch gegenseitige Einwirkung und Beugung der Strahlen und Gesetze derselben," *Denkschriften der Königl. Akademie der Wissenschaften zu München für 1821 und 1822* 8: 1~76, in Joseph von Fraunhofer's *Gesammelte Schriften*, ed. Eugen Lommel (Munich, 1888), 51~111 중 55.

약 0.002021인치였다. 나중에 그는 금박으로 덮인 매우 미세한 유리 격자(살창)를 만들었다. 그의 격자(살창)로 어두운 태양선들을 면밀히 조사함으로써 그는 스펙트럼(빛띠)의 특정한 선의 파장을 계산할 수 있었다. 그가 이 "광학 도구"를 가지고 물리 광학에서 성취한 정밀성은 인상적인 것이었다.[21]

이때 즈음 프라운호퍼는 뮌헨에 돌아와 있었다. 재정적 이유 때문에 우취나이더가 베네딕트보이에른의 수도원을 팔아야 했기 때문이었다. 그때에 프라운호퍼는 "흠정 교수"Royal Professor였는데 그것은 그의 작업이 얻은 명성으로 그에게 수여된 칭호였다. 정부는 기술적 봉사를 하도록 프라운호퍼를 소환하곤 했다.[22] 회절(에돌이)에 관한 그의 논문을 마친

---

[21] Fraunhofer, "Neue Modification des Lichtes," in *Gesammelte Schriften*, 58, 67~68.
[22] 가령, 1822년에 정부는 프라운호퍼와 지버를 기술 교육 문제를 검토하는 위원회 위원으로 지명했다. 19세기 초 몇 년 동안 바이에른에는 자연 과학과 인문과학 사이에 분할을 나타내는 평행한 계열의 교육 기관이 존재했다. 공통적인 초등 교육을 받은 후에 학생들은 김나지움 성격의 학교에 갔다가 다음에는 김나지움 성격의 고급 학교(Institut)에 가거나 실업학교(Realschule)에 갔다. 다음에는 실업 고급 학교(Real-Institut)나 물리 기술 고급 학교(Physico-technisches Institut)에 갔다. 이 시스템의 특징은 두 교육 트랙이 동일한 지위가 있어서 각각 그 졸업생이 대학에 갈 자격을 갖게 된다는 것이다. 즉 고전은 중등 교육에서 과학이나 현대 언어보다 우위에 있다고 여겨지지 않았다. 정치적 이유로 실업 고급 학교는 오래 존속하지 않았고 바이에른의 교육자들은 그 학교들을 현대적인 강조점을 갖춘 일반 교육보다는 전문적인 기술적 훈련을 제공하는 더 고등한 학교로 대체하기를 원했다. 프라운호퍼와 지버가 참여한 그 위원회는 그들이 파리의 에콜 폴리테크니크를 모델로 하여 종합기술중앙학교라고 부르기로 한 것을 설립할 계획을 세웠다. 그 학교는 1827년에 우취나이더를 교장으로 하여 뮌헨에서 개교했다. 그 학교의 공식적 목적은 "수학, 물리학, 역학, 자연사에 기초를 둔" 직업과 산업에 들어가려는 의도가 있는 사람들을 훈련하는 것이었다. 정치적 및 재정적 이유 때문에 학교는 출발이 늦었고 6년 후에 바이에른의 기술 교육이 또 한 번의 재조직화를 경험하게 된 1833년에 문을 닫았다. Siegmund Günther, "Ein Rückblick auf die Anfänge des technischen Schulwesens in Bayern," in Munich Technical University, ed., *Darstellungen aus der Geschichte der Technik, der Industrie und Landwirtschaft in Bayern* (Munich: R. Oldenbourg, 1906), 1~16. 10에서 인용. Franz Zwerger,

직후인 1823년에 그는 바이에른 아카데미의 회원과 같은 봉급을 국왕에게 요청했고 수락받았다. 그로써 그는 이론적이면서 실제적인 연구를 계속할 수 있었다. 1823년 하반기에 그는 그 아카데미의 수리 물리학 컬렉션의 "제2 큐레이터"로 임명되었다. 그의 임무는 교육받은 대중에게 강의하는 것으로 1824년에 아카데미가 시작한 프로그램이었다. 프라운호퍼는 우취나이더의 집에서 그가 선정한 청중에게 1주일에 두 번씩 "실험을 곁들인 수리물리 광학"에 대해 강의했다. 이즈음에 바이에른 왕국이 그 광학 연구소를 소유하는 것에 대해 논의가 있었다. 그러나 그 아이디어는 프라운호퍼가 1826년에 사망하자 좌초되었다. 프라운호퍼 이후에 그 연구소는 우취나이더, 나중에는 메르츠Siegmund Merz 밑에서 상사商社로서 지속되었다.[23]

라이헨바흐가 떠난 후에 프라운호퍼는 독서용 돋보기, 오페라 안경 등의 제작을 멈추고 대신에 오로지 망원경, 현미경, 삼각 측량 기구 같은 과학기구에만 집중했다. 어떤 점에서는 프라운호퍼의 회사가 점차 순수하게 과학적인 성격을 띠게 되었지만 그 회사는 계속 상사로 남아 있었다. 프라운호퍼의 천문학자 친구인 졸드너는 프라운호퍼가 그러한 환경에서 일하는 것이 이점이 있다고 생각했다. 졸드너는 그가 대학의 많은 물리학자보다 더 독립적이라고 말했다. 프라운호퍼는 가까이에 그에게 필요한 것이면 어떠한 장치나 자료든 다 가지고 있었다. 그런 것은 대학

Geschichte der realistischen Lehranstalten in Bayern, vol. 53 of Monumenta Germaniae Paedagogica (Berlin: Weidmannsche Buchhandlung, 1914), 2.

[23] 1823년부터 프라운호퍼는 아카데미의 회원으로서 600플로린의 월급을 받았다. 그는 제2 큐레이터로서 더 이상의 월급을 받지는 않았다. 광학 연구소에서 그가 얻은 수입은 2500플로린 이상이었다. Roth, *Fraunhofer*, 94, 99, 102. Eugen Lommel, "Vorwort," in *Fraunhofer's Gesammelte Schriften*, v~xiv 중 viii~ix.

물리학자가 의지할 수 없는 것이었다. 그는 탁월한 공방을 가지고 있었다. 그리고 우취나이더는 프라운호퍼의 실험 경비를 흔쾌히 치렀다. 졸드너는 "그밖에 누가 그러한 우호적인 관계를 가질 수 있겠는가?"라고 물었다. 그런 지원이 없었다면 연구에 대한 "그렇게 큰 열망"이 있었더라도 그가 그렇게 과학 연구에서 진보하지는 못했을 것이라고 그는 넛붙였다. 프라운호퍼는 시장에 내놓을 기구를 만들어야 한다는 것을 항상 짐으로 여겼기에 이러한 주장에 완전히 동의하지는 못했다. 더 나아가서 그는 회사 안에서 연구를 했기에 그 업체의 비밀로 간주할 수 있는 것은 출간하는 데 자유롭지 못했다. 그리고 프라운호퍼가 아카데미의 회의에 참여하기를 원했을 때 목도했듯이 그가 과학을 상업적으로 이용하고 있는 것이 학계에서 그를 받아들이는 데 걸림돌이 되었다. 공식적인 과학 학위가 없는 제조업자로서 그와 그의 작업은 어떤 회원의 눈에는 아카데미의 기준을 충족하지 못했다.[24] 그러나 다른 이들은 물리 이론, 실험, 기술을 연결하는 그의 성공적인 접근법을 따라야 할 모범으로 보았다. 그를 직접적으로 계승한 사람들로는 슈타인하일Steinheil이나 자이델Ludwig Seidel 같은 뮌헨에 있는 광학자들뿐 아니라 독일의 다른 위대한 광학 중심지인 예나의 과학자와 기술자도 있었다. 예나의 물리학자 아베Ernst Abbe는 프라운호퍼를 독일 광학 산업을 세계 지도급으로 끌어올릴 아이디어를 가진 최초의 인물로 인식했다. 아베는 "가장 일반적인 의미에서 물리적 효과를 위하여 기술적 산물을 구성하는 합리적인 방법을 프라운호퍼의 방법"이라고 불렀다.[25]

---

[24] Roth, *Fraunhofer*, 87, 95, 99.
[25] Reese V. Jenkins, "Fraunhofer, Joseph," *DSB* 5: 142~144 중 144. Ernst Abbe, "Gedächtnisrede zur Feier des 50 jährigen Bestehens der optischen Werkstätte," in *Gesammelte Abhandlungen*, vol. 3 (Jena: Fischer, 1906), 60~95 중 66.

뮌헨 대학과 바이에른 과학 아카데미의 물리학

프로이센에서처럼 바이에른에서 물리학의 최고 일자리는, 1800년경에 바이에른이 프로이센과 비슷한 수로 갖고 있었던 대학과, 왕국 수도인 뮌헨에 있는 과학 아카데미에 있었다. 베를린에서처럼 뮌헨에서 과학 아카데미는 그 당시에 얼마간은 아직도 국가에 봉사하는 으뜸 과학 기관이었다. 1810년에 프로이센에서 그런 상황은 베를린 대학이 설립되면서 바뀌었다. 바이에른에서는 뮌헨에 대학을 세우는 데 걸림돌을 극복하려면 16년을 기다려야 했다. 뮌헨이 마침내 1826년에 대학을 얻었을 때 그것은 새로운 대학이 아니라 또 다른 바이에른의 도시인 란츠후트 Landshut에서 그리로 옮겨온 것이었다.

1826년 이전에는 그 대학을 뮌헨으로 옮기자는 여러 제안이 거부당했다. 국왕은 수도가 제멋대로인 대학생들로 들끓는 것을 좋아하지 않았다. 게다가 뮌헨에는 바이에른 과학 아카데미가 있으니 추가로 대학이 필요하지 않다는 주장이 있었다. 18세기 중반에 설립된 그 아카데미는 국가가 특권을 부여하고 자금을 대고 일반적으로 오직 국가 기관만이 그럴 수 있듯이 광범한 연구 자료의 컬렉션을 갖춘 법인체였다. 이 중심 과학 기관에 직원을 배치하기 위해 국왕 막시밀리안 1세 치하의 정부는 바이에른 대학들에서 가장 훌륭한 사람들 몇 명을 데려왔다. 결국 아카데미는 대학의 일부 기능들을 떠맡았다. 특히 1820년대에는 아카데미가 박사학위를 줄 수 있는 권리를 가진 탁월한 의학교를 설립했다. 그러자 어떤 의학 교수들은 뮌헨의 진료소들을 뮌헨 대학과 합치기를 원하게 되었다. 이것과 그밖에 다른 여러 이유 때문에 새로운 국왕 루트비히 1세는 1826년에 대학을 란츠후트에서 뮌헨으로 옮기기로 결정했다. 뮌헨에서 얼마 동안 대학은 도시 안에서 자체의 구역을 얻기 전까지 과학 아카데미와 같은 건물에 위치했다. 이제 대학과 아카데미가 같은 도시에 있으므로 아카데미의 임무는 재규정되었고 아카데미는 과학 컬렉션 관리 업무를 새로 설립된 국가 사무국인 종합 보관처General Conservatorium로 이양해야 했다.[26]

뮌헨으로 이전해서 대학에 돌아가는 이익 중 하나는 그 대학의 과학 자원이 추가 경비 없이 증가하는 것이었다. 아카데미의 회원들은 이제 대학의 철학부 구성원이기도 했다. 그것은 대학에 추가 경비 없이 자연 과학 교수의 수가 증가했다는 것과 교수들이 자리를 포기할 때 남게 되는 교수직들을 빈 채로 남겨둘 수 있다는 것을 의미했다.[27] 우리가 살펴볼 것처럼 물리학의 경우에 뮌헨 대학과 그 아카데미의 새로운 연합 때문에 철학부는 원래의 한 명이 아니라 두 명의 물리학 정교수를 확보했다.

뮌헨에서는 물리 기구를 포함하여 대학에 속한 국가 재산인 과학 컬렉션이 과학 아카데미의 컬렉션과 통합되었다. 이 때문에 많은 대학교수가 아카데미에 있는 자신의 분야의 국가 컬렉션 큐레이터로서 봉급의 일부 또는 전부를 받았다. 이 컬렉션의 통합 때문에 란츠후트에서 뮌헨으로 대학과 함께 자리를 옮긴 물리학 교수인 슈탈K. D. M. Stahl은 동시에 대학 물리학 기구실의 관리자이자 프라운호퍼의 뒤를 이어 아카데미에 있는 국가 수학 물리학 컬렉션의 제2 큐레이터가 되었다. 슈탈은 그의 봉급을 종합 보관처에서 받았고 공식 서류에 그의 아카데미 회원 신분은

---

[26] Rainer Schmidt, "Landshut zwischen Aufklärung und Romantik," in *Ludwig-Maximilians-Universität, Ingolstaat, Landshut, München, 1472~1972*, ed. L. Boehm and J. Spörl (Berlin: Duncker und Humblot, 1972) 195~214. Harald Dickerhof, "Aufbruch in München," in *Ludwig-Maximilians-Universität*, 215~250 중 218~222.

[27] Dickerhof, "Aufbruch in München," 230.

항상 그의 대학 직함 앞에 표시되었다. 그가 대학의 물리 기구실을 유지하는 대가로 받은 적은 액수 역시 국가에서 나왔다. (뮌헨 대학은 이때 거의 전적으로 자립했고 나중에야 국가를 크게 의지하게 되었다. 그러나 여기에서 보듯이 약간의 초기 국가 지원금이 과학 컬렉션 유지비와 과학 교수 봉급으로 대학에 지급되었다.)[28] 슈탈뿐 아니라 뮌헨 대학에는 제2의 물리학자인 지버가 있었다. 그는 1826년 이전에 뮌헨 리세움Lyceum에서 물리 교수였고 물리학과 수학 교재의 저자였다.[29] 지버는 수학과 자연철학(물리학을 의미함) 정교수가 되려고, 그리고 그해에 죽은 옐린Yelin 대신에 아카데미의 수학 물리학 컬렉션 제1 큐레이터가 되려고 리세움의 자리를 포기했다. 이런 식으로 지버는 상당한 규모의 컬렉션을 얻었고, 거기에는 그가 급하게 목록을 작성하여 파악한 바로는, 물리학 장치

---

[28] 1826년에 뮌헨 대학에 수학과 자연 과학 정교수로 임명된 슈탈은 그가 란츠후트에서 받았던 봉급과 동일한 액수인 1,600플로린을 받았다. 그가 맡은 대학 물리학 기구실을 위하여 대학은 예산으로 400플로린을 받았다. Stahl Personalakte, Bay. HSTA, Minn 23588. 바이에른 왕국은 1819년에 64,000플로린의 대학 예산에서 단지 8,000플로린만을 부담했고, 1837년에는 104,000플로린 중 20,000플로린을 부담했다. 1876년에 그 국가의 부담률은 절반을 넘었고 1919년이 되면 3분의 2를 넘었다. Clara Wallenreiter, *Die Vermögensverwaltung der Universität Landshut-München: Ein Beitrag zur Geschichte des bayerischen Hochschultyps vom 18. zum 20. Jahrhundert* (Berlin: Duncker und Humblot, 1971), 146, 176. G. von Mayr, "Die Königl. Bayerische Ludwig-Maximilians-Universität zu München," in Lexis, ed., *Die Universitäten im Deutschen Reich*, 452~468.

[29] 지버 외에 수학 선생인 슈페트(Leonhard Späth)도 1826년에 뮌헨 리세움에서 뮌헨 대학으로 옮겨왔다. 뮌헨 리세움과 다른 바이에른의 리세움들은 대학과 크게 다르지 않았고 사실상 그중 몇몇은 대학이었던 적도 있었다. 리세움 교수는 대학 부교수와 직급이 같았고 리세움 교장은 대학 정교수와 동급이었다. 1834년부터 리세움 교수 후보자는 대학의 사강사여야 했다. 가톨릭 교회의 지원을 받은 바이에른의 몇몇 리세움은 성직자가 되려는 학생을 모으려고 대학과 경쟁을 벌였다. 거기에는 보통 신학과와 철학과라는 두 개의 과가 있었는데 철학과에는 5명의 교수가 있었으며 그중 하나는 물리학 과목에 배정되었다. Neuerer, *Das höhere Lehramt in Bayern*, 63~67, 69, 103.

가 600점 이상이었다. 그 컬렉션에는, 늘 그렇듯이, 역학의 원리를 증명하는 장치가 많고 그 외에 특히 광학과 전기 장치가 많다는 것을 그는 알게 되었다.[30]

뮌헨 대학에서 물리학의 장래 발전은 대학과 아카데미의 두 물리학 컬렉션(나중에는 셋이 됨)의 존재에 달려 있었다. 왜냐하면 그 컬렉션들이 2명의 물리학 교수의 존재를 궁극적으로 보증해 주었기 때문이었다. 슈탈은 1833년에 사망했지만 지버가 같은 과목을 가르쳤기에 얼마 동안 철학부는 그를 대신할 사람이 필요하다는 데 동의할 수 없었다. 그러는 동안 슈탈의 과목들은 두 명의 사강사가 가르쳤다. 김나지움 교수들이 그의 자리에 지원했으나 받아들여지지 않았다. 1835년에 학부가 슈탈의 자리를 보존하기로 결정했을 때 그 자리는 슈타인하일Steinheil이 차지했다. 슈타인하일은 대학에서 강의하지 않았고 대학의 물리학 기구실과 관계가 없었다. 슈타인하일은 아카데미 컬렉션의 제2 큐레이터로 임명되었고 그의 봉급을 종합 보관처에서 받았다. 지버는 제1 큐레이터로 남아 있었지만 슈타인하일이 임용된 후부터 자발적으로 물러나 그 컬렉션을 전적으로 슈타인하일의 손에 맡겼다. 지버는 슈탈이 오래전부터 맡았던 대학 기구실을 이어받음으로써 보상을 받았다. 그것은 뮌헨의 물리학자 각자에게 자신의 장치를 갖게 하는, 다소 혼란스럽지만, 조화로운 배치였다. 대학과 아카데미 사이의 곡예는 19세기 내내 지속되었다.[31]

---

[30] "Verzeichniss der physikalischen Apparate des Staates aufgenommen und fortgesetzt von dem Conservator Prof. Siber," 1827, Ms. Coll., DM, 1954-52/5.
[31] Neuerer, *Das höhere Lehramt in Bayern*, 104. 마르티우스(K. F. P. Martius)가 옴에게 보낸 편지에서 지버가 큐레이터로서 맡은 일을 설명했다. 1849년 11월 13일자. 총괄 큐레이터 티어쉬(F. W. Thiersch)가 옴에게 보낸 편지, 1849년 11월 28일자, *Ohms…Nachlass*, 203~204, 206~208.

프라운호퍼처럼 슈타인하일도 바이에른에서 정확한 측정의 정신을 배양했다. 슈타인하일에게 모범은 같은 부류 중에서 최고인 베셀과 가우스의 연구였다. 그는 학생으로 가우스에게 배우기 위해 에를랑엔에서 괴팅겐까지 갔다가(때마침 가우스는 하노버에서 측량 작업을 수행하기 위해 멀리 떠나 있었다.) 그다음에는 쾨니히스베르크로 가서 2년을 머무르면서 그의 스승 베셀에게 "정확성"으로 강한 인상을 남겼다. 슈타인하일은 쾨니히스르크를 떠나 뮌헨 근처에 자신의 아버지의 토지에 자신의 작은 실험실을 차렸다. 그는 광학과 광학 기구에 대한 연구를 선택했다. 실례로 그는 플린트 유리를 개선하기 위해 노력하면서 프라운호퍼의 발견들을 심화시켰다. (베셀의 권고에 따라 그는 프라운호퍼의 뒤를 이어 광학 연구소의 관리자가 되기 위해 우취나이더와 협상했으나 이는 결론이 나지 않았다.) 그는 광학 밖의 문제에 대해서도 연구했다. 가령, 그는 화학 천칭을 개선하여 단일한 측정에서 무게를 천만 분의 1까지 결정할 수 있었다. 이것과 군사용 탄도학 같은 다른 순수 또는 응용과학 연구는 1835년에 그가 국가 수학 물리학 컬렉션의 큐레이터로 임명됨으로써 공식적으로 인정받았다.[32]

슈타인하일은 그 컬렉션을 적절하게 사용할 야심찬 계획을 세우고 있었다. 그는 무엇보다도 물리학이 "생산적"이어야 한다고 주장했다. 슈타인하일은 물리학을 예술에 비유하면서(그는 뛰어난 풍경화가였다.) 물리학은 뭔가 새로운 것이 나올 수 있는 "창의적 아이디어"를 겨냥해야 한다고 말했다. 뭔가 새로운 것이 나오려면 물리 컬렉션의 기존 장치를

---

[32] 슈타인하일은 각각 다른 때에 쓴 몇 편의 3인칭의 자서전적 소고들을 남겼다. 그 전기는 지금 바이에른 왕국 기록 보관소에 있는 그의 파일에 들어 있다. 이것 중 아마도 1833년 5월 직후에 썼을 원고에서 슈타인하일은 그에게 온 베셀의 편지를 인용했다. 여기에 인용된 것은 1824년 6월 3일 자이다.

사용하는 것만으로는 불충분하다고 했다. 왜냐하면 그런 장치는 오래된 아이디어에 따라 만들어졌기 때문이었다. 필요한 것은 아카데미의 컬렉션을 천문학, 광학, 음향학 등에서 관찰을 하는 데 사용할 "물리 관측소"와 새로운 기구를 만들 공방이라고 그는 주장했다. 물리학은 "천문학처럼 관찰이 과학적 정확성의 성격을 띨" 때만 진보하고, 이러한 "**기구 물리학**"은 제작 기술이 아니라 연구자 자신만이 추구할 수 있다는 것이다. 국가의 관점에서 이러한 물리 관측소는 강의와 연구의 목적만이 아니라 연구를 기술 형태에 적용하는 목적도 가지고 있다고 했다. 슈타인하일은 기술이 종종 학자들에게 무시당하고 비과학적이라고 멸시를 당했으나 그것은 잘못된 것이라고 했다. 슈타인하일은 "모든 지식과 교육의 최종 목적"은 그것들의 "삶에의 적용, 즉 감각 지각의 확장"이라고 믿었다. 그것은 자연의 힘을 우리의 목적에 굴복시키는 것으로, 그는 "그것이 생산적인 물리학"이라고 말했다.[33]

슈타인하일은 바이에른 과학 아카데미를 재조직하려는 그의 계획에서 똑같은 것을 강조했다. 외국의 아카데미들이 삶에 가장 가까운 물리과학과 같은 과학과 기술에 무게를 실은 반면에, 바이에른 아카데미에서는 수학부가 무시되어 왔다. 자연사학자들이 주도하던 아카데미는 "기술과 관련하여 가장 중요한 분야"인 역학 쪽은 회원도 없었다. 그는 수리 과학과 물리 과학은 분리되어야 한다고 주장했다. 그는 이러한 과학들이 결과를 "**직접**" 기술에 적용될 수 있는 방식으로 제시하지 않기 때문에 아카데미와 삶의 중간 지점으로서 적절한 연구가 적합한 장비를 사용해서 수행될 수 있는 종합 기술 연맹을 제안했다.[34]

---

[33] Steinheil, "Meine Ideen über Repraesentation der physikalischen Wissenschaften durch Königl. Sammlungen," 날짜 미상 [1835?], Steinheil Akte, Bay. HSTA.

[34] "Ew. D[urchlaucht]"에게 보내는 편지 초고, 날짜 미상, Steinheil Akte, Bay.

슈타인하일은 아카데미의 그의 위치에서 엄밀 과학을 진전시키고 엄밀 과학에 의존한다고 믿었던 기술을 증진하려고 노력했다. 우리는 그가 바이에른에서 지자기 연구를 담당하여 아카데미에서 활동하면서 이러한 관심을 어떻게 실현했는지 알아보자. 1835년에 괴팅겐에서 가우스와 베버를 방문하고 돌아온 후에 슈타인하일은 바이에른 국가 물리 컬렉션의 새로운 용도를 제안했다. 그는 가우스가 그의 동전기-자기 연구에서 사용한 것과 비슷한 장치를 사기 위해 돈을 요청했고 그것을 받았다. 그 구입을 정당화하기 위해 바이에른 정부에 그는 독일에서의 최근의 연구를 모두 설명했다. 가우스의 연구는 "가장 큰 주목을 받았고 가장 폭넓은 참여"가 있었다. 가우스는 자기력을 "일찍이 천문학에서만 알려진 정확성으로" 관찰했는데 그런 정확성은 가우스가 오직 "새로운 더 완전한 장비와 더 적절한 관측 방법"을 통해서만 달성할 수 있었다. 가우스가 "최고로 단순한 기본 법칙" 아래에 전체 현상을 정돈하기 위해, 가우스가 한 것과 똑같은 관측이 서로 다른 장소에서 수행되어야 했다. 슈타인하일은 뮌헨이 그중 하나가 되어야 한다고 생각했다. 물리 컬렉션의 방 중 하나에 그는 가우스의 자기 장치를 설치했고 그 장치로 뮌헨에서 절대 자기력, 자기 복각, 복각의 주기적 변화를 결정했다. 그에게 걸맞게 슈타인하일은 가우스와 베버가 지자기 측정을 추구하며 과학적 목적으로 제작한 자기 전신기에 내재한 위대한 기술적 가능성이 실현되기를 고대했다.[35]

HSTA. 종합 기술 연맹은 1815년부터 1830년까지 존재한 기관이었다. 그 기관의 학술지는 종합기술학교를 통한 기술과 산업의 발전을 주장했다.

[35] "Doctor Carl August Steinheil. Lebens-Skizzen," 1867년과 1870년 사이에 기록됨; 슈타인하일이 종합 보관처장에게 보낸 편지 초고, 날짜 미상 [1835], "Betreff: Ansuchen des Conservators Steinheil um Bewilligung des Betrages für die magnetischen Apparate…"; 국가 수학 물리학 컬렉션에 넣을 지자기 장치를 구입

뮌헨에서 지자기 연구를 위한 가우스의 장치와 방법을 도입한 직후에 가우스의 요청에 따라 슈타인하일은 전신을 "시민의 생활"civil life에서 사용될 "실용적 형태"로 만드는 문제에 손을 댔다. 그의 가장 큰 전신 혁신은 두 곳의 전신국을 연결하는 데 오직 하나의 도선을 사용하는 것이었다. 땅이 두 번째 도선을 대신하여 회로를 완성하게 하고 설치비용을 절반으로 줄였다. 그는 전신기의 수신 측에서 신호를 잡기에 충분히 강한 역학적 운동을 일으킬 방법을 발명했는데 그 장치는 가우스의 방법이 요구하는 동전기 힘의 10분의 1만 필요했다. 그는 또한 새로운 수신 방법을 고안했다. 가우스의 방법에서는 수신자가 망원경을 통하여 자기 바늘의 미세한 떨림을 관찰했었다. 슈타인하일의 방법에서는 수신자가 망치와 종이 일으키는 높은 음과 낮은 음을 듣거나 동일한 망치가 남긴 기록을 읽었다. 그 기록은 여러 무리의 점들이 태엽 장치로 구동되는 움직이는 종이 띠 위에 찍힌 것이었다. 1837년에 그는 수천 명의 증인 앞에서 이 암호화된 말과 글의 조합을 사용하여 그의 전신기를 시범 보였다. 탑과 가장 높은 공공건물들에 걸쳐 늘어진 구리선으로 슈타인하일은 전신 메시지를 보겐하우젠Bogenhausen의 왕립 관측소, 뮌헨의 아카데미, 뮌헨에 있는 자신의 관측소 사이의 0.75마일의 거리를 가로질러 보냈다. 전신을 담당한 지역의 권위자로서 슈타인하일은 1849년에 바이에른 전신 행정관으로 새로 임용하겠다는 제안을 받았다. 그러나 그는 오스트리아 상무부의 전신 부문을 이끄는 일을 그 직전에 수락했기에 일시적으로 그의 활동을 뮌헨에서 빈으로 옮겼다. 2년이 못되어 그는 오스트

할 기금 승인; 바이에른 내무부에서 종합 보관처장에게 보낸 편지, 1825년 11월 2일 자; 슈타인하일의 초고: "Kurzer Bericht an die königliche Akademie über die ersten Beobachtung mit den magnetischen Apparaten von Gauss, angestellt im physikalischen Staatskabinet," 날짜 미상 [1835]: Steinheil Akte, Bay. HSTA.

리아에 3,000마일 이상에 달하는 전신선의 설치를 주도했다. 떠날 때 그는 40개의 전신국과 80개의 우편국을 연결하는 전신 시스템을 스위스 정부에 건의하기까지 했다.[36]

슈타인하일은 우리가 다루는 시기에 뮌헨의 물리학자 중에서 누구보다 많이, 과학적 연구를 광범한 기술적 성취와 결합했다. 우리가 보았듯이 그는 천문학과 광학에서 과학적 연구를 수행했고 연구를 위해 광학 기구를 개발했으며 전신에서 광범한 실용적인 일을 했다. 게다가 그는 몇 가지 다른 예로 도량형의 실용적인 문제, 맥주와 포도주의 알코올 함량, 다게레오타이프[37], 동력 기계, 기관차를 다루었다. 기술 고문이자 행정가로서 슈타인하일의 업무는 광범했다. 그는 몇 나라에서 열리는 산업 박람회의 위원회에서 일했다. 그는 바이에른 기술학교와 종합기술학교를 재조직했고 몇 년 동안 그 학교들에 대한 정부 사찰 위원을 지냈다. 그는 상무商務 및 공무부公務部의 고문으로 일했고 전신용 도체로 철로를 사용할 수 있을지와 같은 문제를 다루는 국가 기술 위원회에 관여했다. 슈타인하일은 흥미, 능력, 일자리를 결합하여 국가와 측정 과학의 필요를 모두 채웠다.[38]

---

[36] 슈타인하일의 전기문은 1860년대 말까지 거슬러 올라간다. 슈타인하일이 바이에른의 국왕에게 보낸 편지 초고, 날짜 미상 [1837 또는 1838]과 1838년 2월 12일 자; 내용은 1849년 11월 3~7일, 10일 자; Steinheil Akte, Bay. HSTA. Robert Knott, "Steinheil: Karl August," *ADB* 35: 720~724 중 724.

[37] [역주] 프랑스인 다게르(Daguerre)가 개발한 초기의 사진 기술을 말한다. 실용적 용도뿐 아니라 과학 탐구의 목적으로도 영상의 기록에 혁명을 일으켰다.

[38] 슈타인하일이 바이에른 내무부에 보낸 편지 초고, 날짜 미상. 슈타인하일이 바이에른 국왕에게 보낸 편지, 1838년 3월 16일 자; 내무부가 상무 및 공무부 관리에게 보낸 편지의 초고는 슈타인하일을 기술 고문으로 언급하고 그의 기술적 성취를 요약했다. 1867년 7월 7일 자; Steinheil Akte, Bay. HSTA.

뮌헨 대학의 다른 물리학자인 지버는 슈타인하일과 달리 강의에 몰두했다. 그는 인기 있는 강사여서 1827년에 그의 학급들에는 거의 500명의 학생이 몰려들었다. 그는 흥미를 가지는 학생들에게 세미나와 비슷한 연습 문제를 제공하고 수학과 물리학을 교육 과정 밖에서라도 공부하라고 격려했다.[39] 학생 대부분에게 지버의 물리학 과정은 그들의 일반 교육의 한 부분이었지만 소수에게는 전문 교육이었다. 지버는 장래에 중등학교와 기술학교에서 가르칠 수학과 물리학 선생들이 뮌헨 대학에서 들을 수 있었던 유일한 물리학 강의를 제공했다.[40]

뮌헨의 옴과 슈타인하일

1849년 말에 바이에른 과학 아카데미의 서기는 뉘른베르크 종합기술학교의 옴에게 그가 수학 및 물리학을 위한 아카데미 컬렉션의 제2 큐레이터로 슈타인하일을 대신하도록 초빙을 받게 될 것이라고 비공식적으

---

[39] Neuerer, *Das höhere Lehramt in Bayern*, 103, 111. 모두가 학생은 아니지만 여덟 사람이 뮌헨 대학 평의회에 지버의 지도를 받는 "수학 물리학 학회"를 설립하기를 허용해 달라는 편지에 서명했다. 그들은 그 대학에 그들의 모임을 할 방을 요청했다. 평의회는 그 요청의 근본에 주목하여 "그 모임을 정지"시키기로 결정했다. "Gehorsamste Bitte der Unterzeichneten um die gütigste Erlaubniss, einen mathemaisch-physikalischen Verein gründen zu dürfen," 1834년 11월 26일 자로 날짜 부여, Munich UA, Sen. 209.

[40] 지버의 시대 동안 뮌헨의 학생들은 물리학 과정을 또한 여러 다른 교수들에게 들을 수 있었다. 그 중에는 비정규 부교수인 파인들(Joseph Feindl)이나, 바이에른의 "현실주의적인" 학교들을 개선하는 데 큰 관심이 있었고 교생들에 대한 엄격한 심사관이었던 데스베르거(Franz Eduard Desberger), 비정규 사강사인 뎀프(Karl Dempp)나, 라커바우어(Peter Lackerbauer)가 있었다. 물론 물리학 정교수인 슈탈은 뮌헨 대학의 설립 후에 처음 몇 년 동안 지버와 함께 가르쳤다.

로 편지를 썼다. 아무도 없었기 때문이기도 했지만 옴은 그 아카데미의 건물에 자리 잡은 전신 사무소의 행정 감독으로도 슈타인하일을 대신할 예정이었다. 옴과 슈타인하일의 유일한 차이는 옴은 강의를 하곤 했지만 슈타인하일은 하지 않았다는 것이었다. 옴의 이전 학생 중 하나인 바우에른파인트Carl Max Bauernfeind는 그에게 편지를 써서 그가 대학 일에 참여하게 된 것은 뮌헨의 사람들에게 "그들의 눈으로 직접 물리학자이자 수학자인 사람이 어떤 사람이며 어떻게 가르치는지"[41] 볼 기회를 준다며 환영했다.

비록 지버는 그 아카데미의 제1 큐레이터로 남아 있었지만 옴에게 책임을 맡겼고 자신은 대학의 물리학 기구실을 감독하는 것으로 만족했다. 책임의 분할은 둘에게 모두 편리했다. 지버의 기구실은 1840년 이후로 아카데미와 분리된 건물을 갖게 된 뮌헨 대학에 있는 그의 강의실 옆에 있었지만 옴의 기구실은 아카데미의 강의실 옆에 있었다. 옴은 책임을 맡아서 아카데미에 있는 슈타인하일의 이전의 물리학 실험실을 잘 돌보았다.[42]

---

[41] 마르티우스(K. F. P. von Martius)가 옴에게 보낸 편지, 1849년 11월 13일 자; 바우에른파인트(Carl von Bauernfeind)가 옴에게 보낸 편지, 1849년 11월 27일 자; 총괄 큐레이터 티어쉬(F. W. Thiersch)가 옴에게 보낸 편지, 1849년 11월 28일 자; in *Ohms⋯Nachlass*, 각각 203~204, 205~206, 206~208; 인용은 205. 1849년 11월 23일에 바이에른의 국왕 막시밀리안 2세는 옴을 국가 컬렉션의 제2 큐레이터로 임명했고 수학 및 물리학 정교수로서 옴은 강의료를 받지 않고 강의를 할 것을 요구받았다. 1849년 12월 5일에 그는 상무부에 전신 문제에 대한 과학 기술 고문으로 임명받았다. 그의 수입은 약 100플로린의 가치가 있는 일정량의 곡물을 해마다 실물로 지급하는 것까지 슈타인하일과 똑같았다. 감독자로서 그의 봉급은 1,400플로린이었고 과학 기술 국가 고문으로서 그는 추가로 400플로린을 더 받았다. *Ohms⋯Nachlass*, 202.

[42] 티어쉬가 옴에게 보낸 편지, 1849년 11월 28일 자; 옴이 총괄 큐레이터에게 보낸 편지, 1850년 2월 18일 자; *Ohms⋯Nachlass*, 207, 214.

아카데미에서 옴에게 기대하는 임무 중 하나는 국가 컬렉션의 물품 목록을 만드는 일이었는데 슈타인하일 자신의 기구가 아카데미의 기구와 섞여 있어서 분리해내야 하는 복잡한 일이었다.[43] 그 컬렉션을 가지고 일을 해야 하는 부담감 또는 만족감은 옴의 마지막 출판 연구를 위한 여건이 되었다. "1851년 여름 학기에 이 대학에서 광학을 가르치는 일 때문에 장치를 정리하고 필요한 장치를 완성하는 임무가 나에게 부여되었다."라고 옴은 그의 출판물의 서두에서 설명했다. 그의 특별한 주제는 단일축uniaxial 결정판crystal plate과의 간섭 현상이었는데 그것의 이론을 그는 가장 일반적인 방식으로 전개했다. 한 번 더 그는 "푸리에 이후의 고등 미적분학[Rechnung]"에서 방법들을 채용했다. 소리를 단음tone으로 분해함으로써 소리의 분석을 단순화했듯이 복잡한 광파를 평면파의 합으로 봄으로써 그는 분석을 크게 단순화했다.[44]

뮌헨 대학에서 옴의 강의는 또 한 종류의 출판물로 이어졌다. 옴이 뉘른베르크에 있을 때 출판사가 그에게 접근해 와서 물리학 교재를 써 달라고 한 적이 있었다. 그 당시에는 너무 바빴지만 그가 뮌헨에서 가르

---

[43] Seidel, "Instruction für die mathematisch-physikalische Sammlung des Staates," 1852, Ms. Coll., DM, 5477. 1850년에 작성된 물품 목록의 제목 아래에 옴은 1851년과 1852년에 이어진 자신의 연구에 대한 간단한 기록을 삽입했다. "Catalog der physikalisch-mathematischen Sammlung des Staates aufgenommen von Franz Schleicher im Jahre 1850," Ms. Coll., DM, 1954-52.

[44] Georg Simon Ohm, "Erklärung aller in einaxigen Krystallplatten zwischen geradlinig polarisirtem Lichte wahrnehmbaren Interferenz-Erscheinungen," *Abh. bay. Akad.* 7 (1853): 43~149, 267~370, in *Ges. Abh.*, 665~855, 665와 679에서 인용. 프랑스어와 영어로 된 광학 저술들을 공부하려고 두 달의 휴가를 요청하여 허락을 받은 옴은 그 학기에 강의를 하는 과정에서 빛에 대한 새로운 사실들을 우연히 알게 되었다고 말했다. 그는 그 사실들이 빛의 파동 이론에 "영향"을 미칠 것이라고 믿었다. 옴이 바이에른 국왕에게 보낸 편지, 1851년 7월 16일 자, Bay. HSTA, Minn. 40636.

치면서 부딪친 어려움이 계기가 되어 그는 다시 그 생각으로 돌아갔다. 그는 물리학 강의가 그냥 지나치기 어렵다는 것을 알게 되었고 물리학 강의를 준비하면서 그의 시간의 상당 부분을 보냈다. 무엇보다도 강의실은 "수건"처럼 길고 좁아서 수강생의 3분의 1이 칠판을 볼 수 없었고 게다가 방에는 책상이 하나도 없었다. 가장 큰 문제점은 많은 학생이 인문학 계열의 김나지움에서 왔고 수학 실력이 저조하다는 점이었다. 이러한 어려움을 개선하기 위해 옴은 그의 강의를 석판화로 떠서 학생들에게 배포했다. 결국 필요성 때문에 그는 강의 원고를 출판사에 넘겼고 출판사는 그것을 거의 바꾸지 않고 교재로 출판했다.[45]

옴이 뮌헨에서 일한 첫 번째 시기는 겨우 2년간 지속되었다. 외국에서 슈타인하일의 전신 관련 작업이 완료되었을 때, 바이에른의 국왕은 그를 뮌헨으로 돌아오도록 유도할 길을 모색했다. 그에게 물리학 교수와 대학의 물리 기구실 관리자인 지버의 일자리를 주겠다는 정부 부처의 제안도, 그를 행정직에 앉히겠다는 국왕의 제안도 실현될 수 없었다. 우선 지버의 자리는 비어있지 않았고 당시에 슈타인하일은 행정직을 해본 경험이 거의 없었다. 더욱이 바이에른은 전신이 잘 갖춰진 것으로 여겨졌기에 그의 전신에 대한 기술적 경험은 더는 필요하지 않았다. 전신에 관한 일을 하도록 돈을 받았지만 옴은 "사실상 고용된 것이 아니었다." 어쨌든 슈타인하일은 자신이 더는 관청에서 일하고 싶지 않고 대학에서 강의하기를 원한다고 바이에른 정부에 말했다. 그는 과학 연구를 자유롭

---

[45] 옴이 그의 출판업자인 슈락(Johann Leonhard Schrag)에게 보낸 편지, 1842년 2월 9일 자, *Ohms…Nachlass*, 231. 율리는 옴에게서 물려받은 강의실에 대해 바이에른 과학 아카데미 행정 위원회에 설명했다. 1855년 3월 24일 자, Acta…physicalisches Cabinet, Munich UA, Nr. 289. 옴의 뮌헨 강의는 *Grundzüge der Physik als Compendium zu seien Vorlesungen* (Nuremberg, 1854)로 나왔다.

게 할 수 있게 해주는 일자리를 원했다. 바이에른 정부는 그를 활용할 방법을 찾아냈다. 그들은 그에게 정부에 자문하는 일자리를 주고는 임무와 직책을 일부러 "장관 직속 기술 고문"이라고 모호하게 남겨놓았다. (그의 봉급은 모호하지 않았다.) 슈타인하일은 또한 아카데미에서 그가 전에 맡았던 제2 큐레이터 자리를 옴에게서 돌려받았다.[46]

돌아온 슈타인하일은 광학 및 천문학 기구의 기술을 발전시키려고 노력했다. 1854년에 국왕의 희망대로 그는 뮌헨에 광학 및 천문학 공방을 설립했고 그 공방을 통해서 프라운호퍼와 라이헨바흐의 명성을 이어갔다. 1862년 이후에 슈타인하일의 아들은 그 공방을 넘겨받아 성공적으로 운영했다.[47]

1852년에 옴은 슈타인하일에게 자리를 비워주기 위해 큐레이터에서 해고되자 이제 뭔가 다른 일을 얻어야 했다. 다음 2년 동안 그는 대학에서 이전 수입과 같은 봉급을 받으면서 물리학의 정교수로 일했다. 그는 또한 지버가 내놓았던 자리인 그 대학의 물리학 기구실의 관리자로서 일했다.[48] 1854년 6월에 건강이 나빠져서 옴은 대형 실험 물리학 강의와

---

[46] 국왕의 말은 바이에른 내무부 장관인 링겔만(Friedrich Ringelmann)이 인용했다. 1852년 3월 22일 자; 바이에른 상무 및 공무부 장관인 포르텐(Ludwig Pfordten)이 링겔만에게 보낸 편지, 1852년 3월 28일 또는 29일 자; 링겔만이 포르텐에게 보낸 편지, 1852년 4월 24일 자; 포르텐이 링겔만에게 보낸 편지, 1852년 5월 16일 자; Steinheil Akte, Bay. HSTA. 슈타인하일이 "기술 고문"으로서 받는 새로운 월급은 전신 고문으로서 이전에 받던 월급과 같았다. 1860년대 말 이후를 기록한 슈타인하일의 자서전적 글 중 하나에는 그가 빈에서 돌아온 후에 그의 "반대자들"은 그를 공적 활동에서 배제하려고 획책했다고 적혀 있다. Steinheil Akte, Bay. HSTA.

[47] Knott, "Steinheil," 724.

[48] 링겔만이 포르텐에게 보낸 편지, 1852년 4월 24일 자; 국왕에 의한 옴의 두 번째 임명은 1852년 6월 11일로 되어 있다. Ohm Akte, Munich UA, Stand 1870, Littera E, Abt. II, Fascikel Nr. 226.

물리학 기구실의 관리를 그만두었다. 그 대신에 그는 "수리 물리학을 할당 과목으로" 받았다.[49] 옴은 같은 해에 사망했기에 뮌헨 대학이 수리 물리학 정교수를 확보한 것은 그 기간이 아주 짧았고, 옴의 개인적인 한계라는 이유 때문에 허락된 것이었다. 40년이 지나서야 뮌헨 대학은 정규적인 자리로 이 자리를 설치하게 된다.

옴 이후 뮌헨의 물리학

1854년에 옴이 사망하기 직전에 지버도 사망했다. 천문학자 라몬트Johannes Lamont는 지버의 자리에 프라이부르크 대학의 물리학자 뮐러Johann Müller를 제안했다. 뮌헨 종합기술학교의 교장이자 물리학자인 알렉산더Heinrich Alexander도 지버의 자리를 얻으려고 대학 평의회에 지원서를 냈다. 그는 이미 종합기술학교의 자신의 강의에 뮌헨 대학의 학생들을 받고 있다면서 대학에 최신 실험실을 가져갈 것이라고 말했다.[50] 기구 컬렉션의 분리 가능성이 그 임명에 연관되어 있었다. 이는 철학부가 여전히 옴이 감독하고 있는 그들의 물리학 기구실을 두 명의 정교수가 공유할 수 없다는 것을 인식했기 때문이었다. 제2의 물리학자의 임용이 "가장

---

[49] 바이에른 내무부가 뮌헨 대학 평의회에 보낸 편지, 1854년 6월 28일 자, Munich UA, E II-N, Boltzmann. Wilhelm Wien, "Das physikalische Institut und das physikalische Seminar," in *Die wissenschaftlichen Anstalten der Ludwig-Maximilians-Universität zu München*. ed. K. A. von Müller (Munich: R. Oldenbourg and Dr. C. Wolf, 1926), 207~211 중 208.

[50] 그 종합기술학교의 알렉산더의 전임자인 라인들(Joseph Reindl)도 역시 부교수였고 그의 지위에서 그는 자신의 대학 강의를 하려고 종합기술학교의 물리 컬렉션을 사용한 적이 있었다.

절박한 필요" 중 하나임을 인정한 대학 평의회는 물질적 고려 사항을 과학적인 고려 사항에 부차적인 것으로 간주했다. 따라서 그들은 평판이 좋은 밀러를 "선생과 저자"로서 알렉산더보다 선호했다. 철학부는 동의 했다.[51] 그러나 그들의 선호에도 불구하고 임명된 사람은 밀러가 아니라 1846년부터 하이델베르크 대학의 물리학 정교수였던 욜리Philipp Jolly였다.[52]

옴이 얼마 뒤 같은 해에 수리 물리학만 담당하게 되었을 때, 욜리는 처음에는 임시로, 나중에는 영구적으로 옴의 자리를 배정받았다.[53] 욜리는 그 대학의 실험 물리학 정교수이면서 자신의 연구에서도 실험 연구자였기에 그가 맡은 대학의 물리 기구실에 관심이 많았다. 베를린, 괴팅겐, 하이델베르크, 예나의 물리학 연구소를 지적하면서 그는 자신의 생각에 "지난 25년간의 물리학의 진보"를 반영하지 못한 뮌헨 물리학 연구소를 개선해야 한다고 주장했다. 그는 원하던 것, 즉 조수 한 명과, 대학 건물의 북쪽 동에 초라한 시설의 연구소를 개축할 자금을 얻었다.[54]

---

[51] 뮌헨 대학 평의회가 철학부에 보낸 편지, 1854년 5월 20일 자, "Akten des k. akad. Senats der Ludwig-Maximilians-Universität München. Betreffend Dr. Ludwig Boltzmann," Munich UA, E II-N, Boltzmann.
[52] 욜리의 공식 임용은 1854년 여름에 있었지만 그해 2월 19일에 이미 평의회와 철학부가 심사숙고하는 동안 욜리는 그를 추천해준 리비히에게 편지를 써서 그가 뮌헨 대학에서 초빙을 받았다고 말했다. Liebigiana, Bay. STB, 58 (Jolly, Philipp v.), Nr. 3. 1854년 7월 11일에 욜리는 바덴 내무부에 그가 뮌헨 대학의 제안을 받아들였다고 알렸다. Bad. GLA, 235/3135.
[53] 욜리의 임시 임용은 2500플로린의 봉급에 옴의 옛 자리를 차지하는 것이었다. 바이에른 내무부가 뮌헨 대학 평의회에 보낸 문서, 1854년 6월 28일 자.
[54] 욜리의 임용과 함께 물리 기구실을 위하여 2,500플로린의 특별 지원금과, 그 기구실을 위하여 욜리가 선발한 조수에게 줄 200플로린의 급료가 지급되었다. 리모델링된 물리 기구실은 강의실 하나, 두 방에 나눠 배치된 컬렉션, 새 실험실 하나, 복도로 이루어져 있었다. Wien, "Das physikalische Institut und das physikalische Seminar," 208.

욜리는 뮌헨 대학에서의 처음 몇 년간 연구하면서 이전에 하이델베르크 대학에서처럼 근본적인 문제, 즉 분자 간 인력이 거리에 따라 줄어드는 법칙을 제시했다. 그가 용액에 대한 실험에서 유도한 이 인력의 원리를 그는 1857년에 바이에른 과학 아카데미에 제시했지만, 나중에 그는 분명히 그 원리를 의심하게 되었고 그 주제로 돌아가지 않았다. 대신에 그는 측정 기구와 방법의 개선에 집중했는데 뮌헨은 그 분야로 이미 유명했다. 가령, 그는 암모니아와 다른 물질의 비중, 기체 팽창 계수, 지구의 밀도를 측정했다. 마지막 측정은 엄청나게 정밀한 측정으로 물리학에서 그의 가장 중요한 업적으로 평가받았다.[55]

욜리는 실험 물리학에서 상당히 많은 연구를 했지만 연구를 그의 주된 임무로 생각하지는 않았다. 종종 그가 언급했듯이 강의는 그에게 가장 큰 만족을 주는 일이었다. 뮌헨 대학의 전통에 따라 모든 학부 학생들의 일반 교육을 증진하기 위해 모든 학부 학생들에게 개방된 그의 실험 물리학 강의에는 당시 대학 강의 중에서 가장 많은 수의 학생이 출석했다.[56]

욜리가 뮌헨 대학으로 오기 직전에 철학부의 임무는 재정의되었다. 19세기의 전반기에 모든 학생은 철학부에서 요구하는 다수의 과정을 이수해야 했다. 이 과정들은 그 당시에 시행되는 규정에 따라 자연 과학의 과목이 다소 많은 경우도 있었고 적은 경우도 있었다. 물리학 교수 지버

---

[55] C. Voit, "Philipp Johann Gustav von Jolly," *Sitzungsber. bay. Akad.* 15 (1885): 119~136 중 126, 132. D. R. "Jolly: Philipp Johann Gustav von," *ADB* 55: 807~810 중 809. 새롭게 만들어진 물리학 메트로놈 연구소의 큐레이터로 일하면서 욜리는 500플로린의 봉급을 받았다. 연구소의 연례 예산은 500플로린이었고 초기에 이 연구소는 정기적으로 특별 지원금을 받았다. Bay. HSTA, Ad. Nt. 5418의 문서 참조.
[56] Voit, "Jolly," 134~135. D. R. "Jolly," 809.

처럼 자연 과학자들은 종종 그 규정과 그 규정을 부과하는 장관에게 불만을 가졌다. 19세기 중반부터 철학부는 필수 과정을 개설함으로써 일반 교육을 제공할 의무가 없어졌다. 다른 학부들처럼 철학부는 자체로 전문적인 훈련을 책임지게 되었고 그 책임은 중등학교 교사들을 위한 연수를 포함했다. 교사 연수를 위하여 욜리는 물리학 세미나를 개설했다.[57]

1847년에 지난 10년간 일반 교육에 대한 규정으로 자연 과학 교수들에게서 많은 학생을 앗아갔던 바이에른 내무부 장관 아벨Karl von Abel이 그만둔 후에 자연 과학 교육을 개선하자는 제안들이 있었다. 이것은 뮌헨 대학에 세미나를 만들자는 초기 제안을 포함했는데 그중에는 1848년에 슈타인하일과 자이델이 수학 물리학 세미나를 만들게 해달라고 제안한 것도 있었다.[58] 방금 언급된 세미나는 1856년에 공식적으로 설립되었다. 그 세미나는 두 반으로 조직되었는데 욜리가 지도하는 물리반과 자이델이 지도하는 수학반이 있었다. 그 세미나의 공식적 목적은 "고등

---

[57] Dickerhof, "Aufbruch in München," 233, 244. Neuerer, *Das höhere Lehramt in Bayern*, 118.

[58] Dickerhof, "Aufbruch in München," 241~244. 1847년에 아벨의 신랄한 비판자인 뮌헨의 식물학자 마르티우스(Philipp von Martius)는 새로운 교육 계획을 세웠는데 그것은 산업화로 자연 과학의 중요성이 증가한 것을 고려했다. 그는 변화된 상황이 중등학교 교사들의 훈련에 반영되어야 하며 이러한 목적에서 전년도에 개설된 프라이부르크 세미나는 뮌헨이 본받을 가장 좋은 모델이 될 것이라고 주장했다. Neuerer, Das *höhere Lehramt in Bayern*, 110. 1848년 2월 28일에 하우제(Hause)에 보낸 편지에서 자이델은 그와 슈타인하일이 계획한 수학 물리학 세미나에 대해 기술했다. 그 세미나는 명확하게 학교 교사를 훈련하기로 의도되지는 않았으나 두 세미나 관리자의 과학 연구를 돕는 동시에 학생들에게 약간의 연구를 해보는 기회를 제공할 의도가 있었다. Helmuth Gericke and Hellfried Uebele, "Philipp Ludwig von Seidel und Gustav Bauer, zwei Erneuerer der Mathematik in München," in *Die Ludwig-Maximilians-Universität in ihren Fakultäten*, vol. 1, ed. L. Boehm and J. Spörl (Berlin: Duncker und Humblot, 1972), 390~399 중 394. 마르티우스의 세미나도 자이델과 슈타인하일의 세미나도 승인을 얻지 못했다.

교육 기관에서 수학 교사들을 훈련하는 것"이었다. 그 목적은 세미나 관리자가 과학에서의 목적을 이루게 돕기도 했다. 세미나 중에 욜리는 빌너Adolph Wüllner와 로멜Eugen Lommel 같은 학생들에게 물리 연구를 소개했다.[59]

욜리는 다른 뮌헨 물리학자들처럼 기술 봉사를 위해 국가에 소환되어 도량형 미터 체계에 대한 자문 같은 일을 했다. "널리 영향력을 미칠 만큼 단순한" 분자력의 법칙을 실험으로 확립한 욜리는 기술학교의 재조직에 대한 글을 써달라는 정부의 요청에 따라 슬프게도 그의 연구 결과를 출판하는 일은 지연시킬 수밖에 없었다.[60] 그는 곧 이 새로운 일에 뛰어들었다. 나중에 재조직 위원회의 위원장으로서 그는 종합기술학교를 설립할 준비로서 직업학교의 기능을 축소하자고 주장했다. 그는 포괄적 교육을 실시하지만 여전히 공식적으로는 "기술" 학교인 새로운 종류의 실업 김나지움의 설립을 주장했고 그의 주장은 결실을 거두었다.[61]

---

[59] Oskar Perron, Constantin Carathéodory, and Heinrich Tietze, "Das Mathematische Seminar," in *Die wissenschaftlichen Anstalten ··· zu München*, 206. D. R., "Jolly," 809. 뮌헨의 수학 물리학 세미나는 역사 세미나처럼 철학부 밖에 있었다. 관리자들은 철학부를 거치지 않고 대학 평의회를 통해 정부 부처와 의사소통을 하도록 지시받았다. 대학에서 이러한 제도는 "이례적"으로 간주되었다. Neuerer, *Das höhere Lehramt in Bayern*, 129. 김나지움에서 물리학과 수학은 합쳐서 하나의 교육 분야로 간주되었고 그 학교 수학 교사의 책임 영역이었다. 철학부와 세미나에서 교사들의 전문적 훈련이 발전하면서 그들의 훈련이 기본적인 주제를 가르치는 쪽을 더 지향해야 하는지, 과학적 깊이 또는 연구 쪽을 더 지향해야 하는지에 관해 의문이 일어났다. 중등학교 학생들은 그들의 선생들이 대학에서 배운 고급 연구를 배울 준비가 되어 있지 않았다. 19세기 후반이 거의 지나도록 그 의문은 해결되지 않았다. 수학은 물리학보다 분명히 그것에 더 많은 영향을 받았다. Neuerer, *Das höhere Lehramt in Bayern*, 118~119.
[60] 욜리가 헨레(F. G. J. Henle)에게 보낸 편지, 1859년 4월 22일 자, Riemann Personalakte, Göttingen UA, 4/V b/137.
[61] Voit, "Jolly," 135. 실업 김나지움 네 학교가 1864년에 출범했다. 그 학교의 학생들은 이제 5년제인 라틴 학교의 졸업생들이었다. 실업 김나지움에서 학생들은 현대

슈타인하일이 사망한 후 1871년에 이른바 물리학 메트로놈 연구소는 국가 수리 물리학 컬렉션에서 분리되었다. 욜리는 새로운 연구소의 소장이 되었고 자이델은 아카데미의 남아 있는 수리 물리학 컬렉션의 감독자가 되면서 제2 큐레이터라는 슈타인하일의 이전 직함을 얻었다. 자이델은 그의 연구에서도 슈타인하일의 후계자였다. 그는 베셀 밑에서 공부했고 베셀이 그를 슈타인하일에게 추천했으며 슈타인하일 밑에서 자이델은 이론 및 실험 광학에서 전문가가 되었다. 자이델이 비록 뮌헨 대학에서 수학 교수였지만 광학은 계속 그가 가장 좋아하는 연구 분야였다. 이 뮌헨 전통은 1886년에 욜리의 후임자가 된 로멜이 이어갔다. 로멜의 전문 분야도 역시 광학이었다.[62]

19세기 전반기에 뮌헨이 정밀 광학 기구의 중심지로 등장한 것은 독일의 다른 곳에서 수학적 연구가 등장한 것과 때를 같이 했다. 수학과 마찬가지로 정밀 기구도 수리 물리학의 도구였고 키르히호프 같은 독일의 수리 물리학자들은 믿을만한 기구를 뮌헨에서 얻기를 기대했다. 옴의

언어, 수학, 자연 과학뿐 아니라 라틴어를 4년 더 공부했다. 물리학은 3학년 때에 5시간을 배웠다. 욜리의 계획을 비판한 사람들은 실업 김나지움이 그들이 원한, 더 좁혀진 "수학, 과학, 기술" 공부를 위한 새로운 종류의 김나지움이 아니라 인문주의적 김나지움의 연장이라고 했다. Neuerer, *Das höhere Lehramt in Bayern*, 36~37, 81, 252.

[62] 자이델은 1,000플로린의 예산을 갖는 국가 수학 물리학 컬렉션의 큐레이터로서 500플로린의 봉급을 받았다. 그는 연구에 필요한 기구를 욜리의 물리학 메트로놈 컬렉션에서 빌릴 권리가 있었고 욜리도 자이델의 컬렉션에서 빌릴 같은 권리가 있었다. 베촐트(Wilhelm von Bezold)가 종합 보관처장(Conservator)에게 보낸 편지, 1871년 7월 18일 자, Bay. HSTA, Ad. Nr. 5418. Neuerer, *Das höhere Lehramt in Bayern*, 125. Das Wien, "Das physikalische Institut und das physikalische Seminar," 210. 연구소를 둘로 분리한 것은 그 제도의 본성보다는 욜리와 자이델을 동등하게 대우하려는 희망과 더 관계가 있었다. J. A. von Müller, "Das physikalisch-metronomische Institut," in *Die wissenschaftlichen Anstalten ··· zu München*, 278~279 중 278.

연구 경력은 이 분야의 발전을 요약이라도 하는 듯하다. 우리의 이야기는 물리학자 옴의 수학적 연구에서 시작되었는데, 옴은 탁월한 기구의 고향인 뮌헨에서 그의 경력을 매듭지었다.

우리가 보았듯이 뮌헨에서 물리학은 기술적, 상업적, 교육적, 정부적 관심과 광범한 연관이 있었다. 이러한 연관은 19세기 말과 그 이후에 지속되었고 증진되었고 진보에 대한 현대적 관점을 강화해주었다. 교수 중 하나는 1899년에 뮌헨 공대에서 열린 독일 과학자 협회 모임에서 연설하면서 "[이 연구]와 기술 사이의 가장 긴밀한 관계와 가장 활발한 상호 작용으로 형성된, 기술과 자연 과학 연구의 통합의 상징"으로 그들이 모인 도시인 뮌헨을 주목하게 했다.

12 하이델베르크의 키르히호프와 헬름홀츠: 화학과 생리학에 대한 물리학의 관계

이 1부에서 다루는 시기 내내, 자연 과학의 연구분야는 엄밀하게 나뉘지 않았다. 물리학자들이 다른 분야를 연구하기도 했고 다른 분야의 과학자들이 물리학 분야를 연구하기도 했다. 물리학과 다른 이웃하는 분야에 연구 주제가 어느 정도 겹치기도 했다. 그 후 19세기가 끝나기 전에 물리학의 일부 경계 분야는 자체의 전문 분야, 가령, 물리 화학, 천체 물리학, 지구 물리학 등으로 조직되게 된다. 하이델베르크 대학에서 19세기 중반에 이루어진 키르히호프와 헬름홀츠의 연구는 과학 분야 간의 초기 상호 강화mutual reinforcement의 예이다. 그들의 연구에서 우리는 화학과 생리학에 분명한 연관을 가지고 추구된 물리학을 볼 수 있다.

키르히호프와 헬름홀츠가 하이델베르크 대학에서 처음으로 물리학과 다른 과학을 연결한 이들은 아니었다. 키르히호프의 전임자인 욜리는 하이델베르크의 해부학자 비숍Theodor Bischoff과 함께 호흡 과정을 화학적 및 생리학적 방법으로 탐구했다.[1] 욜리는 1846년에 바덴 정부에 하이델베르크 대학에 물리학 실험실을 설립해 달라고 호소하면서 이것은 대학

---

[1] D. R., "Jolly," 809. Voit, "Jolly," 122.

이 장려해야 하는 활동이라고 설명했다. 그러한 실험실이 없으면 "관련된 과목, 즉 화학과 생리학의 선생들 사이의 유익한 협력"과 다른 대학에서 이미 시작된 "공조적이고 더 포괄적인 실험 탐구를 온전히 수행할 수 없다"라고 했다.[2] 욜리가 1854년에 하이델베르크를 떠났을 때 의학부는 그 자리의 후보자로 마그누스와 베버(그리고 만하임Mannheim의 한 중등학교 교사)를 추천했다.[3] 마그누스와 베버는 욜리처럼 그들의 작업에 생리학 연구를 포함했으므로 의학부는 은연중 그런 종류의 연구가 하이델베르크 대학에서 계속되기를 원했다.

하이델베르크 대학의 철학부도 유사한 기준을 따른 것으로 보인다. 그들이 욜리 대신으로 추천한 유일한 후보자는 키르히호프였다. 키르히호프는 화학자 분젠Robert Bunsen을 다시 합류시킬 생각이었다. 키르히호프는 브레슬라우에서 잠깐 분젠과 함께 일한 적이 있었다. 베버는 키르히호프에 대한 의견을 요청받자 부분적으로는 하이델베르크 대학에서 협력 연구를 확고하게 하려는 이유에서 그에 대하여 이렇게 크게 칭찬했다. "독일에 있는 우리에게는 오랫동안 파리와 같은 수학과 자연 과학의 중심지가 없었으므로 두 과학자가 함께 일하면서 업적을 배가시키는 일은 드문 현상이며 이 현상은 그런 협력이 성공적으로 성취되는 대학을 특별히 빛나게 해준다." 키르히호프가 다른 독일의 물리학자들보다 물리 이론과 수학에서 "크게 우수"하며 "정확한 실험 연구자"의 재능을 함께 갖추었으므로 그가 분젠과 함께 일한다면 "특히 대단한 성공"을 거두게 될 것이라고 했다. 왜냐하면 당시에 물리학자들이 확보한 실험 주제, 수단, 방법의 재고在庫는 화학자들이 확보한 것들로 더 풍부해질

---

[2] 욜리가 바덴 내무부에 보낸 편지, 1846년 6월 12일 자, Bad. GLA, 235/3135.
[3] 하이델베르크 대학 평의회가 바덴 내무부에 보낸 보고서, 1854년 8월 2일 자, Bad. GLA, 235/3135.

것이기 때문이었다.[4]

키르히호프 이전의 하이델베르크

19세기 후반에도 이전처럼 대학 학부들은 과학 연구소에 쓸 지원을 얻는 데 영방국가들 사이의 경쟁을 이용했다. 추가로 뛰어난 과학자들을 얻으려는 경쟁이라는 새로운 요소가 지원을 얻기 위한 논거에 점차 편입되었다. 대학 물리학자들이 성공적으로 교육하고 연구하는 데는 잘 갖춰진 실험실을 사용할 수 있는지가 관련 있었다. 이전에는 한 국가의 물리학에 대한 투자의 척도는 물리 기구의 진열품 컬렉션이었다. 이제 두 번째 척도가 생겼다. 그 척도는 한 국가가 **연구 출판**에서 명성이 있는 과학자를 그 국가의 대학 중 하나로 데려오기 위해 제공할 수 있는 봉급이었다. 두 척도는 물리 컬렉션이 더는 전시가 아니라 연구에 우선적으로 쓰이게 되면서 점차 하나로 합쳐지게 되었고, 물리학자는 **과학적** 명성을 가져야 했다. 대학의 척도, 특히 한 국가의 주요 대학의 척도는 이제 최고의 물리학자에게 만족스러운 연구소를 제공할 수 있는지 여부가 되었다.

다른 곳, 특히 자신들의 대학보다 덜 중요한 대학에서 이루어진 진보에 관해 정부에 보고함으로써 정부가 수치를 느끼고 물리학 연구소에 더 많이 지원하도록 만드는 것은 하이델베르크 대학 물리학자들이 계속

---

[4] 보고서, 1854년 8월 2일 자. 철학부와 의학부에 자문한 후에 하이델베르크 대학 평의회는 키르히호프를 "1위(primo loco)"로, 만하임의 슈뢰더(Schröder) 교수를 "2위(secundo loco)"로 추천했다. 베버가 분젠에게 보낸 편지, 1854년 3월 12일 자, Bad. GLA, 235/3135.

사용하는 전략이었다.⁵ 뭉케의 건강이 나빠져서 하이델베르크 대학의 젊은 물리학자인 욜리가 1846년에 그 대학의 물리학을 대변하게 되었을 때 그는 뭉케가 한 말을 되풀이했다. "수년 동안 대부분의 독일 대학에서, 수강생 수나 중요성에서 [하이델베르크] 대학보다 열등한 대학에서도 물리 과학과 자연 과학 분야가 빠르게 발전하면서 이런 분야들의 연구를 위한 수단이 빠르게 증가하고 있습니다." 작은 기센 대학의 "융성", 그리고 베버가 불운하게 해고된 뒤에도 여전히 괴팅겐 대학에 남아있는 "영광"의 잔영은 "유일하지는 않지만 주로 학생과 교원에게 똑같이 제공된 훌륭한 원조와 풍부한 컬렉션과 큰 연구소에 의해 이루어진 것"이라고 했다.⁶

하이델베르크 물리학 연구소가 필요하다고 기술하면서 욜리는 지자기 관측에 몇 명의 상급 학생들을 참여시키려는 뭉케의 10년 전의 계획을 뛰어넘었다. 욜리는 물리학 공부를 위해 제공되는 자원에서 "극히 두드러진 차이"를 발견했다고 말했다. 하이델베르크 대학은 "선생의 연구를 확장하고 학생들을 훈련할 실험실, 곧 요즈음에 이 분야들에서 무엇이든 성취하려고 한다면 필수적인 요구 조건이 된 시설이 없다."는 것이었다. 하이델베르크 대학은 이것이 없었기에 열정적이고 더 능력이 있는 학생들이 "아무것도 제공받지 못했고" 실험 물리학은 "휴면 상태에 있었다."⁷ 욜리는 그 과목을 뭉케와 함께 그리고 종종 그를 대신해서

---

⁵ [역주] 19세기 초 유럽에서 후진국이었던 독일이 19세기 중반에 대학 내에서 연구가 정착하자 유럽 최고 수준의 뛰어난 과학을 창출해 낼 수 있었던 여러 요인 중에서 분산과 경쟁이 중요한 요소로 지적되었다. 독일 내의 대학들은 각 영방국가에 소속되어 있었고 이들 국가가 자국의 명예를 위해 좋은 대학을 육성하려는 경쟁을 벌였으며 그 경쟁에서 훌륭한 교수를 데려오는 것은 중요한 부분을 차지했다.

⁶ 욜리가 바덴 내무부에 보낸 편지, 1846년 6월 12일 자.

몇 년간 가르쳤으므로 "정말로 풍부하고 볼만한" 물리 기구 컬렉션을 사비를 들여서 확보했다.[8] 그러나 그 컬렉션은 그가 가르치는 데 필요한 기구들만 포함했다. "독립적인 연구의 목적을 위해, 그리고 배움터school를 조성하려는 목적을 위해, 즉 적어도 대학에서 간과되어서는 안 되는 목표를 위해" 그의 기구는 불충분했다. 그는 정부에 물리 실험실을 설치하고 운영하기 위한 연례 지원을 요청했다.[9] 몇 달 동안 아무런 행동도 취해지지 않자 그 문제에 대한 그의 해법은 그의 아파트를 개조하여 물리학 연구소를 만드는 것이었다. 벽을 터서 강의실을 확보하고 부엌을 실험실로 개조했다. 그는 자신의 가족을 위하여 두 번째 아파트를 빌릴 돈을 요구했다. 그가 물리학 연구소를 설치한 아파트를 빌리는 데 그의 봉급의 절반 즉, 800플로린 중에서 400플로린을 치렀기 때문이었다. 하이델베르크 대학 감독관은 욜리의 요청을 정부에 전달하면서 "물리학을 하이델베르크에서 가르쳐야 한다"고 말했고 욜리는 "거리에서 실험"할 수 없다고 말했다.[10] 뭉케는 이제 너무 늙어서 그의 임무를 재개하기에는 너무 힘이 없었기에 1846년 말에 욜리가 정교수로 승진하고 대학의 물리 기구실을 사용하도록 허락받은 후에는 은퇴했다.[11] 욜리가 받은 새로운 공간은 별로 넉넉하지 않았다. 공식적 기구실은 그의 많은 학생을 수용하기에는 너무 작았고 물리 실험에도 적합하지 않았다. 그러나 욜리

---

[7] 욜리가 바덴 내무부에 보낸 편지, 1846년 6월 12일 자.
[8] 하이델베르크 대학 감독관이 바덴 내무부에 보낸 편지, 1846년 8월 1일 자, Bad. GLA, 235/3135.
[9] 욜리가 바덴 내무부에 보낸 편지, 1846년 6월 12일 자.
[10] 하이델베르크 대학 감독관이 바덴 내무부에 보낸 편지, 1846년 9월 24일 자, Bad. GLA, 235/3135.
[11] 욜리의 임용, 1846년 9월 28일 자, Bad. GLA, 235/3135. 정교수로 그가 받은 새로운 봉급은 1,000플로린이었다. Jolly Personalakte, Heidelberg UA, III, 5b, Nr. 233.

는 이제 연례 자금을 받았고 그 자금을 가지고 학생들을 위한 작은 실험실을 근근이 차릴 수 있었는데 그곳은 자신의 실험 연구도 수행할 수 있는 곳이었다.[12] 그러다가 정부는 6년 동안 연례 자금 지급을 중단시켰다. 어쨌든 하이델베르크의 연구소 중 어느 것이든 유의미하게 개선하려면 바덴의 재정을 긴축해야 했던 것이다. 이는 바덴 정부가 하이델베르크 대학과 종합기술학교 한 곳 외에 또 하나의 대학을 지원하고 있었기 때문이었다.[13]

욜리는 하이델베르크 대학의 정교수와 경쟁 속에서 실험 물리학을 가르치게 허락을 받았을 때 드문 기회를 얻은 것이었다. 그 기회는 혼합된 축복임이 드러났다. 욜리는 그의 물리학 교수 활동에 쓰려고 정식 봉급보다 더 벌기 위해 학생들이 강의료를 치르는 소위 사설 강의 과정들을 여러 개 개설해야 했다. 그는 이런 식으로 십여 년을 일했고 그의 에너지를 분산시켰다. 1846년에 마침내 그가 국가의 지원을 요청했을 때 그는 강의의 짐 때문에 "한참 늦어서" 겨우 최근에야 연구를 출간할 시간을 냈다고 설명했다. 더욱이 그는 "덜 생산적이고 순수하게 이론적이며 수학적인 사색들"을 취급해야 했고 그의 사적 재원이 "물리학에서 생산적

---

[12] 하이델베르크 대학 감독관이 바덴 내무부에 보낸 편지, 1846년 9월 24일 자. D. R., "Jolly," 808. Voit, "Jolly," 123~124.
[13] Mohl, *Lebens-Erinnerungen*, 1: 221. 연구소 하나씩, 학교 하나씩 19세기 중반 이후에 자연 과학을 위한 여건은 점진적으로 좋아졌다. 이 장이 다루는 시기의 끝이 되면 학생 수의 증가 때문이기도 했지만 주로 교육의 변화 때문에 바덴의 고등 교육 기관 세 곳에 대한 정부의 지출은 빠르게 증가하고 있었다. 강의는 이제 교육으로 불완전하다고 여겨져서 인문학 연구를 위한 세미나를 위해, 그리고 자연 과학을 위한 장비를 잘 갖춘 연구소를 위해 돈이 마련되어야 했다. 세 교육 기관에 대한 바덴의 지출은 1868/69학년도 이후 20년간 약 100% 증가했다. Eugen von Philippovich, *Der badische Staatshaushalt in den Jahren 1868~1889* (Freiburg i. Br., 1889), 93~94.

인 연구를 하는 데, 그리고 독립적인 연구와 실험적 발견을 하는 데, 불충분했기 때문에 "그의 분야"인 실험 물리학을 그만두어야 했다. 당시 과학에서는 실험 물리학만이 문서화된 보고서를 써내도록 연구자를 유도할 수 있었다."[14]

욜리가 1854년에 뮌헨 대학으로 떠났을 때 하이델베르크 대학은 마침내 대학의 실체를 발견하는 순간에 이르렀다. 하이델베르크 대학은 물리학 연구소가 부적절했으므로 더는 일류 물리학자를 끌 수 없을 것임을 인정했다. 철학부는 이 때문에 욜리를 대체할 수 있는 인력에 대한 보고서를 바덴 내무부에 내면서 그 보고서를, 초빙할 수 없는 물리학자의 목록으로 시작했다. "철학부는 물리 과목 담당자가 가장 유명한 과학자 중 하나로 대체되기를 원했으나 이러한 희망을 포기해야 했다. 왜냐하면 최고라고 평가받는 가장 뛰어난 물리학자들이 대학 교원이면서 동시에 중요한 국립 연구소의 영향력 있는 소장으로 훌륭한 자리를 차지하고 있다면, 철학부가 비록 큰 희생을 치르면서 시도한다 해도, 그러한 상황은 가장 유명한 과학자 초빙을 성사시키는 것을 십중팔구 방해할 것임이 확실하기 때문이었다." 그러한 "유명인"들의 목록에는 베를린의 마그누스와 도베, 괴팅겐의 베버, 쾨니히스베르크의 노이만, 빈의 에팅스하우젠이 있었다.[15]

---

[14] 욜리가 바덴 내무부에 보낸 편지, 1846년 6월 12일 자.
[15] 하이델베르크 대학 철학부 학부장 분젠이 바덴 내무부에 보낸 편지, 1854년 7월 26일 자, Bad. GLA, 235/3135.

하이델베르크의 키르히호프

1854년에 하이델베르크 대학 물리학 교수직 후보자를 선별하는 과정에는 뭉케가 1816년에 임명될 때 시행된 과정과 대조적으로 지역 권위자 대신에 전문가가 많이 거론되었음을 알 수 있다. 1816년에는 내무부가 조언을 구한 대학교수 3인 중에서 오직 1명만이 물리학자였는데 그도 바덴 대공국에 고용되어 있었다. 다른 둘은 하이델베르크 대학 교수진의 구성원이었다.[16] 1854년에는 하이델베르크 대학 교수진이 후보자 목록을 작성하면서 가장 유명한 물리학자들에게 자세히 물어보았고 정부에도 제안받은 후보자들에 대하여 어떤 의심이 있다면 그 물리학자들의 충고를 구하라고 권했다.[17]

우리가 1854년 철학부의 보고서를 1816년 보고서와 비교한다면 1816년에는 좋은 과학적 평판만큼 무게가 실렸던, 경험 있는 선생이라는 중요한 자격 요건이 1854년에는 거의 완전히 사라진 것을 알 수 있을 것이다. 1816년에 결정적이었으나 명확하게 언급되지 않은 것은 독창적인 연구, 더 정확하게는 실험 연구였다. 후보자가 연구에서 탁월하여 그 자리에 가장 잘 어울린다는 것이 확인되면 학부는 그가 또한 유능한 선생이라는 것을 덧붙였다.[18]

1854년에 분젠이 학부장이자 대변인이었던 하이델베르크 대학 철학부는 정부 부처가 연구에 대한 그들의 특별한 강조를 이해하거나 심지어 예상하리라 당연시하지 않았다. 후보자 중 누구든 논의하기 전에 그들은

---

[16] "Die Wiederbesetzung der Lehrstelle der Physik zu Heidelberg betrf.," 1816년 12월 7일 자, Bad. GLA, 235/3135.
[17] 분젠이 바덴 내무부에 보낸 편지, 1854년 7월 26일 자.
[18] 분젠이 바덴 내무부에 보낸 편지, 1854년 7월 26일 자.

선별의 기초가 된 가정을 설명했다. 그들은 물리학 문헌은 두 방향을 지향한다고 적었다. 개론서와 연례 보고서에 과학적 결과와 그 결과를 얻은 수단을 설명하는 경우가 있고, 독창적인 연구를 통해 과학의 개별 영역을 풍요롭게 하는 것을 겨냥하는 경우도 있다. 한 방향은 거의 다른 방향을 배제한다는 것을 경험이 보여주었으므로 학부는 물리학 선생들을 두 범주로 나누어야 한다고 말했다. 그들은 첫 범주에 드는 세 교수를 그들이 저술한 성공적인 교재와 함께 열거했고 두 번째 범주에 드는 아홉 명의 물리학자를 열거했다. 그들이 "대학에서 진정한 의미의 성공적인 가르침이란 과학의 팽창과 발전을 우선적으로 지향하는 연구 없이는 생각할 수도 없다는 확신에서 학부는 출발해야 한다."라고 설명했듯이 그들이 고려할 대상은 오직 두 번째 부류였다.[19]

독일 물리학자들은 물리학 교수 자리를 생산적인 연구자로 채우겠다는 하이델베르크 대학의 결정을 유일한 적합한 과정으로 간주했다. 1854년에 베버는 연구자들에게 그 직함과 함께 연구 지원을 제공하는 것은 이제 물리학 교수직의 존재 이유라고 하이델베르크 대학에 보낸 편지에

---

[19] 분젠이 바덴 내무부에 보낸 편지, 1854년 7월 26일 자. 철학부의 설명에는 감추어진 동기가 있었을 것이다. 교재 저자이면서 깍듯한 용어를 쓰며 배제된 세 교수는 아이젠로어(Wilhelm Eisenlohr), 뮐러(Johannes Müller), 부프(Heinrich Buff)였다. 처음 둘은 카를스루에 종합기술학교와 프라이부르크 대학에 각각 속한, 바덴 대공국의 고용인이었고, 세 번째는 기센 대학에 있는 리비히의 동료이자 친척으로 욜리를 뮌헨 대학에 추천해주어 욜리가 신세를 졌었는데 이번에는 욜리가 그를 위해 하이델베르크 대학의 자리를 확보하려고 노력하고 있었다. 학부의 설명에는, 한편으로는 하이델베르크 대학의 자리를 주로 바덴의 다른 고등 교육 기관에 있는 두 물리학자 중 하나를 승진시켜 채우려는, 바덴 대공국의 있을지 모르는 의도를 분쇄하고, 다른 한 편으로는 욜리가 부프의 임용을 성사시키지 못하게 하려는 의도가 있었던 것으로 보인다. 이 연결에서 욜리와 리비히의 관계는 욜리가 리비히에게 보낸 편지, 1854년 2월 19일 자에서 알 수 있다. Liebigiana, Bay. STB, 58 (Jolly, Philipp v.) Nr. 3.

서 말했다. 말하자면 화학과는 대조적으로 물리학에서는 연구자가 생계를 벌기를 기대할 수 있는 유일한 종류의 일자리가 강의였다. "화학에서는 대학 진영 외에 성공적인 과학적 연구가 가능한 온갖 종류의 자리들이 있지만 지금까지 물리학에서는 그런 자리가 여전히 매우 부족하다. 이 분야의 소수의 교수 자리를 관리하고 그 자리들을 이 분야의 가장 뛰어난 재원들을 채용할 자리로 남겨둘 의도로 행동하는 것이 과학의 성장에 더욱 중요하다. 그렇게 하지 않으면 물리학자들은 본질적으로 과학을 심화시키는 연구의 발전을 위한 어떤 기초도 찾지 못할 것이다.[20]

1854년에 키르히호프는 겨우 30세였지만 여러 해 동안 연구자로서 명성을 얻었고 그러한 명성은 하이델베르크 대학의 관점에서 올바른 범주에 그를 위치시켰다. 키르히호프에게 유리하게도 물리학 연구소의 소장이 우선적으로 수리 물리학자로 알려지는 것은 자격 미달 조건이 아니었다. 특히 그가 실험 물리학자가 아닌데도 실험 연구를 한다면 더욱 그러했다. 이것은 에팅스하우젠이 키르히호프를 하이델베르크 대학 자리의 적임자로 확실하게 인정한 것에서 알 수 있다. 그는 단순히 키르히호프가 "독일 최고의 수리 물리학자 중 하나"라고 말했다.[21] 에팅스하우젠의 추천과 키르히호프를 지원하려는 분젠의 요청한 유사한 추천들에서 분젠은 키르히호프가 "정통 가우스 학파의 젊은 물리학자 중 가장 재능이 뛰어난 사람 중 하나로 평가된다"고 보고할 수 있었다.[22] 분젠의 노력은 우리가 본대로 철학부가 키르히호프만을 하이델베르크 대학의 물리학 교수직에 추천함으로써 보상받았다.

---

[20] 베버가 분젠에게 보낸 편지, 1854년 3월 12일 자, Bad. GLA, 235/3135.
[21] 에팅스하우젠이 분젠에게 보낸 편지, 1854년 3월 14일 자, Bad. GLA, 235/3135.
[22] 분젠이 리비히에게 보낸 편지, 1854년 11월 4일 자, Liebigiana, Bay. STB, 58 (Bunsen, Robert), Nr. 15.

키르히호프는 분젠이 자신을 대신하여 노력하는 것을 격려했었다. 그에게는 자리를 옮기기를 원하는 이유가 다수 있었기 때문이었다. 그는 1852년 분젠이 브레슬라우 대학에서 하이델베르크 대학으로 옮겨가자 중단된, 분젠과의 긴밀한 접촉을 그리워했다. 게다가 새로운 일자리는 승진을 의미했고 현재의 자리보다 훨씬 더 많은 봉급을 주는 자리였다. 가장 중요한 것은 하이델베르크 대학에서 키르히호프가 브레슬라우 대학의 하급 위치에서는 누릴 수 없었던 것, 즉 자신의 강의와 연구를 방해받지 않고 발전시킬 수 있는 자신의 연구소를 가지는 것이었다.[23] 그의 한 가지 걱정은 욜리의 "특별히 매력적인" 강의만큼 그의 강의가 성공적이지 않을 것이라는 점이었다.[24] 이 걱정은 적어도 하이델베르크 대학과 관련해서는 가장 중요한 일은 아니었다. 1854년부터 1874년까지 키르히호프가 하이델베르크 대학에 있었던 20년은 키르히호프의 경력에서 가장 생산적인 시기가 되었다.[25]

---

[23] 브레슬라우 대학의 부교수로서 키르히호프는 1,050플로린의 봉급을 받았다. 하이델베르크 대학의 정교수로서 그는 1,600플로린을 받았고 주거를 위하여 추가로 400플로린을 받았다. Kirchhoff Personalakte, Heidelberg UA, III, 5b, Nr. 244. 키르히호프가 그의 형제 카를에게 보낸 편지, 1854년 10월 18일 자. Warburg, "Kirchhoff," 208. 노이만이 키르히호프를 하이델베르크 교수직에 추천했을 때 그는 분젠에게 키르히호프가 프로이센의 브레슬라우 대학을 떠나는 것을 보게 되어 유감이라고 썼다. 그러나 노이만은 키르히호프가 브레슬라우 대학에서 프랑켄하임(Frankenheim) 아래에서 어렵게 일했기에 [이제] 하이델베르크 대학의 "더 자유로운 과학 활동"을 누리기를 원했다. 노이만이 분젠에게 보낸 편지, 1854년 3월 20일 자, Bad. GLA, 235/3135.
[24] 키르히호프가 그의 형제 카를에게 보낸 편지, 1854년 10월 18일 자. 분젠이 바덴 내무부에 보낸 편지, 1854년 7월 26일 자.
[25] Robert Helmholtz, "A Memoir of Gustav Robert Kirchhoff," trans. J. de Perott, *Annual Report of the ··· Smithsonian Institution ··· to July, 1889, 1890*, 527~540 중 529.

키르히호프와 분젠에게 가장 큰 과학적 명성을 가져다준 연구는 스펙트럼(빛띠) 분석이었다. 이 연구는 19세기 중반에 과학 지도에 하이델베르크를 올려놓는 데 큰일을 했다. 알만한 위치에 있었던 리비히에 따르면, 바덴은 하이델베르크를 "독일을 위하여 자연 과학과 의학 연구의 중심지"로 만들기를 원했기 때문에 그것은 바덴 정부의 관점에서 만족스러운 결과였다. 그 국가는 이미 화학을 우호적으로 대우하고 있었기에 분젠이 취임하자 그에게 대학에서 두 번째로 많은 월급을 주고 그를 위해 새로운 화학 실험실을 만들어 주었다. 그 실험실은 곧 매년 교육직 외에 전문직을 준비하는 새로운 학생을 많이 끌어모았다.[26] 아직도 새로운 물리학 연구소는 무척 필요했고, 몇 년 지나지 않아 그 준비가 시작되었다. 키르히호프와 분젠이 스펙트럼(빛띠) 분석을 연구하던 1859년경에 작성된 계획서는 그 당시에 존재한 연구소의 위치를 "일반적으로 말해서 불안정하고 매우 적절하지 않으며, 매우 강하게 진동에 노출되어 있다"고 묘사했다. 그 계획서는 실험 수업을 위한 더 작고 특화된 방들과 전통적인 강당과 소장인 키르히호프의 생활 구획이 딸린 "실험실"(길이가 40피트, 폭이 12피트)을 요청했다. 그 계획서는 또한 주로 강의 목적인 "매우 아름다운 장치"가 설치된 하이델베르크 대학의 인상적인 물리 기구실로 쓸 매우 큰 방(길이가 42피트, 폭이 40피트)도 요청했다.[27]

---

[26] 분젠이 행정 고문 루츠(Lutz)에게 보낸 편지, 1851년 7월 13일 자. Borscheid, *Naturwissenschaft*, 62에서 인용. 키르히호프가 하이델베르크에 있는 동안 그곳의 화학 전공에는 해마다 20명 이상의 새로운 학생들이 들어왔고 어떤 해에는 50명이나 들어왔다. Borscheid, 13, 50, 60~67. 바덴은 그 교수 자리에 리비히를 생각했었으나 결국에는 그 자리에 분젠을 임용했다.

[27] "Universität Heidelberg. Neubau für naturwissenschaftliche Institute. II. Physikalisches Institut," ca. 1859, Bad. GLA, 235/352. 하이델베르크 대학 교수진이 바덴 내무부에 보낸 편지, 1859년 10월 19일 자, Bad. GLA, 235/352. 그 장치에 대한 언급은 크빙케가 노이만에게 보낸 편지, 1854년 11월 9일 자에 있다.

1863년에 하이델베르크 대학에서 9년을 보낸 후에 키르히호프는 새로운 연구소 건물인 "프리드리히 동棟"Friedrichsbau으로 옮겼다.

새로운 하이델베르크 대학 물리학 연구소의 시대가 되자 실험실 실습과 연구의 필요성은 널리 받아들여졌다. 자금을 정부에 요청하는 것에 더는 특별한 정당성을 부여할 필요가 없었다. 필요가 있기만 하면 연구소가 요구하는 것은 정당한 일로 간주되었다. 1863년에 키르히호프는 그가 물리학 실습을 지도한 여름 학기마다 "젊은이들은 돌아가면서 거의 매일 종종 이른 아침부터 저녁 늦게까지 기구실에서 일을 했다"라고 정부 부처에 보고했다. 그는 물론 연구소의 공인된 다른 용도들을 이렇게 언급했다. "교육만을 위해서 연구하는 것이 아니라 과학적으로 관심 있는 연구를 수행하는 상급반 젊은이들"이 연구소를 활용하고 있었고 그 자신도 거기에서 실험 연구를 수행하고 있었다.[28]

Neumann Papers, Göttingen UB, Ms. Dept. 키르히호프가 "Grossherzogliche Bau- und Oekonomie-Commission"에 보낸 편지, 1864년 1월 26일 자, Heidelberg UA III, 5b, Nr. 244. 하이델베르크 대학에서 키르히호프는 기구 컬렉션의 새로운 목록을 만들었고 쓸모없는 것을 팔거나 쪼개서 새로운 기구를 만드는 것을 허용하라고 요청함으로써 그것을 재조직하고 갱신했다. 키르히호프 지도하의 하이델베르크 대학 물리학 연구소의 기록은 잘못된 곳에 놓이거나 분실되었고 그의 행정 활동의 기록도 마찬가지다. 키르히호프가 하이델베르크 대학에서 과학 컬렉션 또는 일반적으로 연구소를 근본적으로 개선하기 위해 과학적 명성을 이용할 필요성을 느끼지 않았다는 간접적 증거가 있다. 그가 1870년에 베를린 대학에 부름을 받았을 때 그는 하이델베르크 대학 물리학 연구소의 예산을 올려달라고 요청했지만 조수의 봉급으로 겨우 200~300플로린을 올려달라는 정도였다. 베를린 대학의 초빙을 그가 거절하여 얻은 보상은 주로 그의 봉급을 1,100플로린을 올려서 3,500플로린으로 만드는 것이었다. 다음 4년 동안 그는 초빙을 다른 곳에서 두 번 더 받았고, 마침내 세 번째는 받아들였다. 매번 그의 봉급은 상당한 액수가 인상되어 마지막에는 6,000플로린이 되었지만 그는 나중의 초빙들을 하이델베르크 연구소를 위하여 무엇을 얻는 데 이용하지 않았다. 심지어 1870년에 그가 요청하여 연구소의 여건을 조금 개선한 것도 개인적으로 그에게 도움이 되었을 뿐이었다. 왜냐하면 그는 업무에 방해가 될 정도로 발의 부상으로 힘들어했기 때문이었다.

[28] 키르히호프가 바덴 내무부에 보낸 편지, 1863년 5월 28일 자, Bad. GLA, 235/352.

키르히호프가 지도할 공식 세미나를 얻은 것은 그가 하이델베르크 대학에서의 근무를 그만두기 얼마 전이었다. 하이델베르크 대학 철학부는 비교적 늦게까지 세미나를 중등 교사 훈련을 위한 제도로 간주했고, 이들을 훈련하는 데는 문헌학 세미나로 충분하다고 보았다. 얼마 후 이러한 이해는 다른 곳처럼 하이델베르크에서도 적절하지 않음이 드러났다.

1850년대 말부터 하이델베르크의 자연 과학자들은 철학부에서 그들의 위치에 불만이 많았다. 교수직이 증가하면서 그들의 인문학자 동료들은 그들에 비하여 수적 우세를 누리게 되었다. 두 교수진 그룹 간에 간극은 훈련과 연구의 방법이 근본적으로 다른 것에서 기인한다고 여겨졌기에 일반적으로 그 간극은 매울 수 없는 것으로 보였다. 1867년에 교생을 뽑기 위한 바덴의 새로운 시험 규정에서 마침내, 포괄적인 문헌학 및 역사학 교육과 자연 과학 교육으로 김나지움 교사를 양성하자는 이전의 목표가 포기되었다. 재조직된 하이델베르크의 문헌학 세미나는 교사를 훈련하기 위해 자격을 갖춘 기관이어야 한다는 요구를 포기하고 수학, 물리학, 다른 분야에 대한 전문화된 세미나를 위한 길을 열어 놓았다.[29]

키르히호프와 분젠의 좋은 친구인 쾨니히스베르거Leo Koenigsberger가 수학 교수로 1869년에 임용된 것은 하이델베르크 대학에 수학 물리학

---

[29] Riese, *Hochschule*, 88~90, 194~196. 키르히호프가 근무하던 때에 철학부의 추정된 지적 단일성은 널리 논쟁을 일으켰고 토론되었다. 1860년대에 정치 과학(*Staatswissenschaften*)은 하이델베르크 대학에서 최초로 분리되어 나왔다. 1890년대에 자연 과학자들의 주도하에 철학부의 분할이 이미 일어난 대학들(튀빙겐, 스트라스부르, 라이프치히 대학)에 문의한 후에, 하이델베르크 대학 자연 과학 및 수학부도 분리되었다. (4장 "세미나의 용도" 절을 참조) 1900년에 하이델베르크 수학 물리학 세미나는 분리되었다. 수리 물리학 교수에 대한 절박한 요청을 고려하여 자연 과학과 수학 교수진은 다른 대학처럼 하이델베르크 대학도 "수학과 물리학 세미나를 완전히 분리하기"를 원했다. 학부장 피쳐(Pfitzer)가 하이델베르크 대학 평의회에 보낸 편지, 1900년 1월 25일 자, Bad. GLA, 235/3228.

세미나를 설립할 시의적절한 기회를 제공했다. 키르히호프와 쾨니히스베르거는 함께 중등학교 교사들이 독립적인 과학 연구를 하고 과학적 주제에 대하여 강의하는 연습을 할 필요가 있다는, 일반적으로 받아들여지는 근거에서 세미나를 열 것을 호소했다. 그들이 제안한 세미나는 순수 및 응용 수학반과 수리 물리반으로 구성되었는데 이러힌 조직은 친숙한 것이었다.[30] 여름 학기에 수리 물리반에서 정규 과정은 다음과 같이 진행되었다. 학생들의 일부는 실험, 일부는 이론에 관련된 주간週間 문제를 제시받았다. 그에 딸린 강의에서 키르히호프는 그 문제와 거기 사용할 방법을 설명했다. 세미나의 각 구성원은 소정의 실험을 수행하도록 오전이나 오후를 할당받았다. 학생은 일정에 잡힌 시간에 나와서 장치를 조정하고 필요한 측정을 수행했다. 키르히호프는 한 번씩 학생의 작업을 들여다보곤 했다. 집에서 그 학생은 계산을 하고 제출할 논문을 작성했다. 다음 세미나 모임에 키르히호프는 학생들이 낸 한 벌의 보고서 결과의 정확성에 대하여 논의했다. 세미나는 유용했다. 국가 조사관은 세미나에서 지망자들이 공부하고 연구하는 전문 분야를 설명하리라 기대했고 학생들이 세미나를 위해 준비한 보고서들은 종종 학위 논문이 되었다. 1870년의 여름 학기에 키르히호프의 세미나 물리반에는 13명의 구성원이 있었고 이것이 그가 설계한 절차를 따르기 적당한 수였다.[31]

키르히호프는 세미나와 실험실에서 작업을 지도하는 것 외에 교수직

---

[30] 수학 물리학 세미나를 위한 제안, 즉 "공식적" 인정을 받으려는 요청으로 보건대 비공식적 세미나가 존재했을 것으로 보인다. "각하"에게 보내는 키르히호프와 쾨니히스베르거의 제안, 1869년 4월 14일 자, Bad. GLA, 235/3228.

[31] 1869/70학년도 세미나에 대한 키르히호프와 쾨니히스베르거의 연례 보고서, Bad. GLA, 235/3228. 키르히호프의 세미나에서 따르는 엄정한 절차를 슈스터가 직접 관찰했다. Arthur Schuster, *The Progress of Physics During 33 Years (1875~1908)* (Cambridge: Cambridge University Press, 1911), 13~14.

임용자의 전통적인 의무인 정규 강의를 했다. 이것은 종종 그가 스스로 모은 시범 장치를 가지고 수행하는 실험 물리학과 고급 수준을 포함하는 이론 물리학에 대한 강의였다.[32] 선생으로서 그는 간결하고 우아하고 정확하고 "모든 단어를 신중하게 고려하는 매우 정확한 사람"이었다. 그를 따라가기 위해 학생들은 적절한 수학적 훈련이 필요했고 그 때문에 그는 쾨니히스베르거의 강의에 매우 큰 가치를 두고 그것을 자신의 강의가 성공할 수 있는 조건으로 간주했다. 쾨니히스베르거는 1869년부터 1874년까지 하이델베르크 대학에서 그들의 협력을 이렇게 기술했다. "키르히호프와 나는 협력하여 일했기에 때때로 같은 학기에 둘 다 같은 수강생들에게 역학에 대하여 강의하곤 했는데 그는 물리적 관점에서 더 많이, 나는 순수하게 수학적 관점에서 더 많이 강의했고 매일 우리는 다음 강의의 주제에 대해서 이야기했다. 나에게는 그러한 활동적인 과학적인 삶이 확대되는 것을 보는 것이 말할 수 없는 즐거움이었다."[33]

---

[32] 키르히호프는 여섯 시간짜리 실험 물리학에 관한 강의 과정을 개설했고 실험실에서 실습 작업을 감독했다. 그는 또한 이론 물리학에 대한 세 시간짜리 개론 과정을 개설했다. 그것은 주로 역학을 "넓은" 의미에서 다루었고 열의 역학적 이론으로 마무리를 지었다. 추가로 그는 "탄성체와 유체 역학", "열과 전기 이론" 같은 이론 물리학의 분리된 분야에 대한 한 시간짜리 과정을 개설했다. 1870년 여름 학기에 키르히호프의 "물리 세미나"는 처음으로 철학부의 과정 중에 열거되었다. 그때부터 그는 한 학기 건너 한 번씩 세미나와 3시간짜리 이론 물리학 과정을 개설했다. 그의 이론 물리학 강의는 사강사 아이젠로어(Friedrich Eisenlohr)의 강의에 의해 보완되었다. 아이젠로어는 역학, 퍼텐셜 이론과 다른 수학적 과목들에 더해 정규 과정으로 그의 전공인 이론 광학에 관한 과정을 개설했다. *Anzeige der Vorlesungen … auf der Grossherzoglich Badischen Ruprecht-Carolinischen Universität zu Heidelberg*, 하이델베르크 대학에서 매 학기 개설된 과정에 대한 출판된 목록. Pockels, "Kirchhoff," 248. Lorey, *Das Studium der Mathematik*, 72~73.

[33] Loe Koenigsberger, *Mein Leben* (Heidelberg: Carl Winters, 1919), 101. Schuster, *Progress of Physics*, 14.

독일 전역과 외국에서 많은 젊은 물리학자가 키르히호프 때문에 하이델베르크로 왔다.[34] 그들은 종종 분젠 때문에 오기도 했다. 가령, 1857년 여름 학기에 빌트Heinrich Wild는 취리히 대학에서 물리학박사 학위를 받은 후에 실험 화학에 대한 분젠의 강의를 듣고 그의 실험실에서 연구하려고 하이델베르크로 왔다. 그는 또한 키르히호프의 실험실에서 관측을 하려고 온 것이기도 했다. 관측이란 절대 척도로 열전류, 기전력, 도체 저항을 재는 것이었다. 크빙케도 이처럼 하이델베르크로 왔는데, 여전히 물리학 전공 학생일 때 1854년부터 시작하여 하이델베르크 대학에서 세 학기를 보냈다. 거기에서 그는 즉시 화학 실험실에서 40명의 학생과 합류했고 분젠은 아침 8시부터 저녁 5시까지 연구를 감독했다. 크빙케가 분젠의 실험실에서 일하지 않을 때에 그는 역학을 공부했고 공부가 막혔을 때에는 키르히호프를 찾아갔으며 키르히호프는 언제나 기꺼이 도와주었다. 그는 역시 키르히호프의 실험실에서 일했고 금속판 위의 두 점 사이에 전류의 유선lines of flow을 탐구했다. 키르히호프 자신의 연구에 근접한 이 연구로 크빙케는 그의 첫 논문으로 간주한 것을 써냈고 그는 그것을 정식으로 포겐도르프의 《물리학 연보》에 보냈다.[35]

키르히호프는 빌트나 크빙케 같은 젊은 물리학자들이 접근하는 것을 허락했지만 그들이 그에게 다가오도록 애쓰지도 않았다. 그는 공식적

---

[34] 키르히호프의 실험실이나 강의는 비데만(Eilhard Wiedemann)과 베셀하겐(E. Bessel-Hagen) 같은 재능있는 독일 물리학자들뿐 아니라 다수의 재능 있는 외국 물리학자들, 가령 오스트리아에서 볼츠만과 랑(Lang), 프랑스에서 리프만(Gabriel Lipmann), 네덜란드에서 오네스(H. Kamerlingh Onnes), 영국에서 슈스터(Schuster)를 불러모았다.

[35] 빌트가 노이만에게 보낸 편지, 1858년 2월 1일 자; 크빙케가 노이만에게 보낸 편지, 1854년 11월 9일과 1856년 3월 23일 자. Neumann Papers, Göttingen UB, Ms. Dept.

태도를 취했고 정확한 표준을 적용했으며 학생들이 질문이 있을 때에는 교차 검토하게 했다. 그는 새로운 문제를 판단하거나 학생들이 그것에 대해 연구하게 하기를 주저했다. 그가 가장 좋아하는 단어 중에는 그가 무언가에 대해 절대적으로 확신하지 못할 때 쓰는 "대개는"과 "아마도"가 있었다. 그의 극단적 조심성은 존경을 받을지 모를 일이나 그것 때문에 추종자가 생기지도 않았다. 그의 당대인에 대한 영향력은 주로 그의 출판된 강의와 무엇보다도 그의 출판된 연구를 통해 행사되었다.[36] 그의 연구는 당시의 관행에 비해 많지 않았고 그것들을 담는 데에는 얇은 부록이 딸린 적당한 책 한 권만이 필요했다. 그러나 그것들은 최상품이었고 키르히호프의 전기 작가 중 하나가 관찰한 대로, "오늘날 가장 위대한 물리학자"의 특성인 "수학뿐 아니라 실험도 통달한" 물리학자의 저작이었다.[37]

철학부는 하이델베르크 물리학 교수직에 키르히호프를 추천하면서 칭찬을 하려고 그의 연구 몇 가지를 탄성과 전기 중에서 골라냈다.[38] 이 연구에 더해 복사에 대한 그의 연구는 프로이센 과학 아카데미의 서신 회원으로 그를 선출하기 위한 1861년 제안서에 추천 사유로 포함되었다.[39] 키르히호프는 이 세 분야, 즉 탄성, 전기, 복사열 분야에서 연구했

---

[36] Boltzmann, "Kirchhoff," 53. Woldemar Voigt, "Zum Gedächtniss von G. Kirchhoff," *Abh. Ges. Wiss. Göttingen* 35 (1888), 3~10 중 9~10. Schuster, *Progress of Physics*, 14~15.
[37] Robert Helmholtz, "Kirchhoff," 528. 키르히호프가 스스로 편집한 책, *Gesammelte Abhandlungen*은 641쪽에 달한다. 사후에 볼츠만(Ludwig Boltzmann)이 편집한 책, *Nachtrag to Kirchhoff's Gesammelte Abhandlungen* (Leipzig, 1891)은 137쪽에 달한다.
[38] 분젠이 바덴의 내무부에 보낸 편지, 1854년 7월 26일 자.
[39] "Wahlvorschlag für Gustav Robert Kirchhoff (1824~1887) zum KM," in Kirsten

고 비슷한 시기에 다른 것들, 특히 열의 역학적 이론에 대해 연구했다. 그의 출판물들이 보여주듯이, 그가 하나의 분야에서 유도한 결과는 그에게 또 하나의 분야를 발전시키기 위한 유비를 암시했다. 물리 세계의 운동과 에너지에 대한 이론적 방법과 지도 개념들은 상당히 다른 맥락에시 다시 나타났다. 키르히호프는 이 분야나 저 분야가 아니라 물리학의 전 분야를 진전시키고 있었다.[40]

키르히호프의 이론적 및 실험적 연구들을 그의 동시대인들은 정확성과 철저함의 모범으로 인식했다. 그의 실험에서 그가 다른 많은 물리학자보다 관찰은 더 적게 했다 할지라도, 그는 이론적 기초가 확실할 때에만 실험을 했다. 그의 이론에서 그는 대단한 수학적 능숙함을 보여주었고 물리적 가설에 대해 조심하는 태도를 드러냈다. 가령, 그는 물질을 분자의 집합체보다는 연속체로 다루기를 선호했다. 물질의 분자적 조성을 개연성이 없다고 간주했기 때문이 아니라 분자 가설이 엄밀하지 않기 때문이었다. 그의 목표는 가능한 한 정확하게, 가능한 한 가설적인 것에 적게 의존하면서 현상세계에 대응되는 방정식을 수립하는 것이었다.[41]

키르히호프의 탄성과 전기 연구

키르히호프는 그의 경력 초기인 1848년부터 때때로 탄성 문제에 대해

---

and Körber, *Physiker über Physiker*, 75~76.
[40] 키르히호프는 과학자들의 관행을 따라 모음집에 실을 논문들의 순서를 배열했다. 그는 엄밀한 시대순이 아니라 주제에 따라 논문들을 분류해서 그 판본을 과학적으로 참조하기 편리하게 만들었으나 그것이 담고 있는 다양한 연구의 역사적 연관은 불명확해졌다.
[41] Voigt, "Kirchhoff," 9. Pockels, "Kirchhoff," 261. Boltzmann, "Kirchhoff," 24~25.

연구했다. 이 연구는 그의 물리학의 일반적인 성격을 잘 예시해준다. 탄성에 관한 연구에서 그는 종종 이론 물리학의 이 분야가 다른 분야와 어떤 관계에 있는지를 다루었다. 가령, 그는 전기력과 자기력에 의한 물체의 변형에 대한 방정식을 전개했다. 그는 탄성 이론과의 유비를 써서 전기 이론을 전개했다. 그는 투명한 물체 사이에 빛이 통과하는 현상을 설명하는 새로운 법칙을 유도하기 위해 탄성 이론을 광학에 적용했다.[42] 그는 또한 역학의 일부로서 탄성의 일반 이론에 대하여 연구했고, 우리가 여기에서 논의할 것은 이 연구이다.

1850년과 1858년에 출판된 논문들에서 키르히호프는 탄성판과 탄성막대의 평형과 운동을 설명할 방정식을 구성했다.[43] 이 연구는 하나나 두 개의 차원이 무한히 작다고 가정된 물체들[44]의 탄성적 관계라는 어려운 주제에 대해 정확히 취급한 최초의 연구 중 하나로 높이 평가되었다.[45] 키르히호프의 출발점은 탄성 이론을 광범하게 발전시킨 프랑스인

---

[42] Voigt, "Kirchhoff," 6.
[43] Gustav Kirchhoff, "Ueber das Gleichgewicht und die Bewegung einer elastischen Scheibe," *Journ. f. d. reine u. angewandte Math.* 40 (1850): 51~88, in *Ges. Abh.* 237~279; "Ueber das Gleichgewicht und die Bewegung eines unendlich dünnen elastischen Stabes," *Journ. f. d. reine u. angewandte Math.* 56 (1859): 285~313 in *Ges. Abh.* 285~316. 키르히호프의 1850년 논문과 1858년 논문은 긴밀하게 연결되어 있으며 우리는 그에 대해 여기에서 함께 논의한다. 그러나 그 논문들은 중요한 차이가 있다. 키르히호프는 앞의 논문이 뒤의 논문의 방법을 따름으로써 더 확고하게 전개될 수 있었다고 언급했다(*Ges. Abh.*, 311).
[44] [역주] 3차원의 물체에서 하나의 차원이 무한히 작으면 평면 형태의 물체가 되므로 무한히 얇은 판이나 막을 지칭하는 것이고 두 차원이 무한히 작으면 선형의 물체가 되므로 무한히 가는 막대나 줄(현)을 지칭하는 것이다. 키르히호프의 탄성 연구는 2차원, 1차원 물체의 이상화된 운동을 수학적으로 취급한 것이다.
[45] Isaac Todhunter, *A History of the Theory of Elasticity and of the Strength of Materials from Galilei to the Present Time*, vol. 2, Saint-Venant to Lord Kelvin, pt. 2 (Cambridge, 1893), 54. 토드헌터에 따르면(p. 68) 키르히호프의 "가장 중요한" 탄성 논문인 그의 1858년 논문은 William Thomson and P. G. Tait, *Natural*

들의 연구였다. 그러나 외부 부하load에 의한 탄성판의 변형에 대한 푸아송의 이론은 결함이 있었다. 푸아송의 이론을 개선한 이론인 생브낭A. J. C. Barré de Saint-Venant의 탄성 막대 이론은 부적절하게도 제한적이었다. 연속적으로 물체의 공간을 채우는 것으로 탄성 물질을 보는 관점을 지지히고 푸아송의 분지론 입장을 기부히면서 기르히호프는 고시의 빙정식과 일치하는, 탄성체의 내부와 표면을 위한 일반 방정식을 유도했다. 그는 자신의 유도가 단일한 변분 방정식에서 시작했기에 일반성이 큼을 강조했다.[46] "역학의 원리"를 의지하면서 그는 운동 에너지를 그 방정식에 도입하여 탄성체의 진동 운동을 얻었다.[47] 키르히호프는 무한히 얇은 원형판과 무한히 가는 막대의 경우를 특화하면서 적절한 경계 조건과 초기 조건을 끌어내어 운동 방정식과 해에 도달했다. 그것들은 수학적으로 말해서 "상당히 흥미"로웠고 실제로 수학 학술지에 게재되었다.[48]

키르히호프의 이론은 수학적인 흥미뿐 아니라 물리적 흥미도 있었다. "물리적으로" 그 이론은 그와 다른 이들의 실험에 연관되었으며 키르히호프는 그것을 《물리학 연보》의 관련된 논문에서 논의했다.[49] 키르히호

Philosophy, pt. 2, §609에서 "탄성 철사(wire)의 평형과 운동 방정식에 관한 최초의 철저한 일반적 탐구"로 평가되었다.
[46] 1850년 논문에서 키르히호프의 변분 방정식은 $0=\delta P-K\delta\Omega$라고 적는다. 그것은 평형 상태에 대하여 외부 힘과 내부 탄성력들이 모멘트가 같음을 표현한다. 여기에서 P는 외부 힘들의 모멘트이고 K는 상수이며 Ω는 주된 팽창의 동차 함수의 체적분이다. 그의 1858년 논문은 유사한 변분 방정식에서 출발한다. 이전에 그린 (George Green)은 그 방정식을 제시한 적이 있었지만 그것을 주된 팽창에 의해 표현한 적은 없었다. Todhunter, *Elasticity*, 41, 56.
[47] Kirchhoff, "Ueber das Gleichgewicht und die Bewegung eines ··· Stabes," 295.
[48] 이것은 판의 진동에 대한 키르히호프의 해에 대한 토드헌터의 논평이다. 그 해들은 "베셀 함수에 가까운 함수들의 이중 무한급수"로 표현되었다. Todhunter, *Elasticity*, 45, 43.
[49] Todhunter, *Elasticity*, 45. Gustav Kirchhoff, "Ueber die Schwingungen einer

프는 클라드니의 음의 측정과 주의 깊게 준비된 원형 유리판과 금속판 위의 마디선에 대한 더 최근의 측정에 의지하여, "매우 많은 양의 계산"을 수행한 후에 모든 것을 고려했을 때 그의 이론이 실험과 놀랍게 잘 일치된다고 결론지었다.[50] 그 이론은 상수 θ를 포함했는데 그것에 푸아송은 1/2의 값을 부여했고 더 최근의 실험은 1이라는 값을 주었다. 진동하는 판의 음과 마디는 이 상수에 의존했지만 키르히호프가 직접 수행한 측정에서 두 값 중에서 어느 것이 옳은지 결정할 수 있을 만큼 그렇게 민감하게 의존하는 것은 아니었다. 그는 가는 막대에 대한 그의 이론과 그와 연관하여 그가 수행한 정밀 실험을 통해서 그 상수값에 접근했다. 그는 길고 가늘고 단단한 금속 막대에 추를 매달아 구부러지거나 꼬이게 했다. 두 가지 왜곡의 측정에서 구성된 상수를 통해 그는 θ의 평균값을 얻었다. 그것은 다른 두 값의 중간에 해당하였는데 그 당시의 일반적인 예상과 일치했다.[51] 전체적으로 그것은 인상적인 성과였다. 노이만은 그의 이전의 학생이 수리 물리학에서 그의 위대한 프랑스 선배들을 능가한 것을 언급하며 키르히호프를 하이델베르크 대학에 추천했다. 키르히호프는 "푸아송과 같은 유명한 학자들의 이름과 연관된 오류들을 찾아내었다."[52]

---

kreisförmigen elastischen Scheibe," *Ann.* 81 (1850): 258~264 in *Ges. Abh.*, 279~285; "Ueber das Verhältniss der Quercontraction zur Längendilatation bei Stäben von federhartem Stahl," *Ann.* 108 (1859): 369~392 in *Ges. Abh.*, 316~339.

[50] Todhunter, *Elasticity*, 46~47. 유리판과 금속판 위에 다른 음에 속하는 원형 마디의 반지름에 대한 측정은 서로 "훌륭하게" 일치했고, 키르히호프의 이론에 따라 계산한 값들과 두 장소에 대하여 일반적으로 정확하게 일치했다. "Ueber die Schwingungen," 285.

[51] 상수 θ의 물리적 의미는 가는 막대를 가지고 쉽게 보여줄 수 있다. 탄성 원통형 막대가 길이 방향으로 당겨지면 그것의 단면적은 수축한다. 그 수축과 막대의 길이의 증가 비율은 $\theta/(1+2\theta)$, 즉 θ에 1/2과 1의 값을 넣으면 1/4과 1/3이 된다.

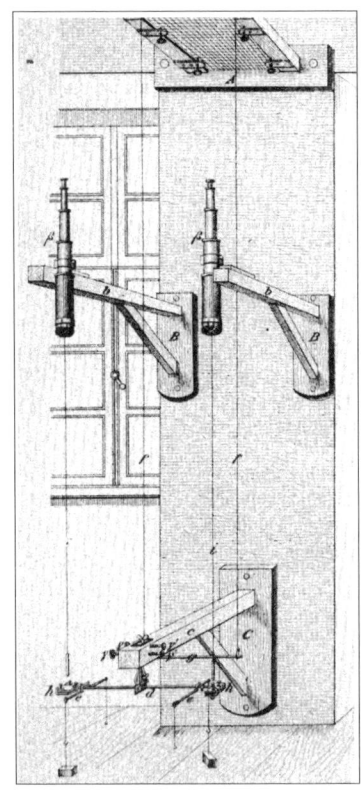

전기 이론을 검증하기 위한 구스타프 키르히호프의 장치, 1859년. 이 장치로 키르히호프는 탄성 강철선의 종방향 팽창에 대한 단면적 수축 비율을 측정했다. 이에 대하여 상이한 이론들이 상이한 예측을 내놓았다.
Kirchhoff, "Ueber das Verhältniss der Quercontraction zur Längendilation bei Stäben von federhartem Stahl," in Kirchhoff, *Ges. Abh.* 316~339, 권말의 도판 I, 그림 1을 재인쇄.

볼츠만이 키르히호프의 이 연구에 대해 기술했듯이, 키르히호프는 금속의 탄성적 특성들에 대한 그의 "위대한 이론 및 실험 연구"와 동시에 전기 이론 문제들도 계속 연구했다. 탄성과 전기의 관찰된 현상은 크게 다르지만 그것들의 수학적 기술은 종종 놀라우리만큼 유사하다. 키르히호프는 이것을 1857년의 두 논문에서 언급했는데 그 논문들에서 그는 1차원 및 3차원 도체에서 전기의 운동 방정식을 유도했다.[53] 이 논문들을

---

[52] 노이만이 분젠에게 보낸 편지, 1854년 3월 20일 자.
[53] Boltzmann, "Kirchhoff," 22. Gustav Kirchhoff, "Ueber die Bewegung der

가지고 그는 1849년에 꿈꾸었던 임무를 수행했다. 그것은 베버의 전기 작용의 기본 법칙에서 폐회로의 전류 법칙을 유도하는 것이었다.

전류를 반대의 전하를 갖는 전기 유체의 운동으로 이해하는 베버의 견해를 채택한 키르히호프는 도체 상의 한 점에서 일어나는 전류의 발생을 그 점에서 양전기와 음전기가 분리되는 것으로 보았다. 그는 도체 안의 자유 전기의 정전기력의 퍼텐셜과 도체 안의 변화하는 전류 때문에 생기는 유도 기전력의 퍼텐셜의 합에서 그 분리를 일으키는 기전력을 계산했다. 이 기전력의 작용을 받는 전기 운동의 방정식의 해에서 그는 닫힌 도선 안의 전기 전파傳播와 종縱으로 진동하는 탄성 막대 안의 파동의 전파 사이의 "놀라운 유비"를 인식했다. 도선 속의 저항이 사라지는 한계에서 그는 전기가 팽팽한 현에서의 파동과 유사하게 "확실히 빛이 빈 공간에서 갖는 속도로" 전파된다는 것을 발견했다. 그는 또한 다른 한계, 즉 무한 저항의 한계를 다루었는데 거기에서 전기는 탄성파보다는 열과 유사하게 전파되었다.[54]

종종 일컬어지듯이 키르히호프의 "비범한 실패", 즉 광속의 전기학상의 중요성을 찾아내지 못한 것은 적어도 부분적으로는 그가 작업할 때 사용한 이론과 관계가 있었다. 베버의 전기 이론에 의해 문제의 속도는 두 개의 전기 입자가 서로에게 아무런 힘을 미치지 않을 때 두 전기 입자의 상대 속도이다. 그것은 적어도 키르히호프처럼 가설적 명제를 경계하는 물리학자에게는 광학적 현상을 암시하지 않는다.[55] 키르히호프는 전

Elektricität in Drähten," *Ann.* 100 (1857): 193~217, in *Ges. Abh.*, 131~154; "Ueber die Bewegung der Elektricität in Leitern," *Ann.* 102 (1857): 529~544, in *Ges. Abh.*, 154~168.

[54] Kirchhoff, "Ueber die Bewegung der Elektricität in Drähten," 146~147; "Ueber die Bewegung der Elektricität in Leitern," 164.

[55] Rosenfeld, "The Velocity of Light," 1635, 1640은 빛과 전기 사이의 유비를 발전시

기 운동과 막대, 현, 열, 빛의 운동 사이에 형식적 유비를 인식했다. 키르히호프에게 모든 자연 현상은 궁극적으로 운동에서 일어나며 그와 같은 시대의 다른 이들이 입증했듯이 대부분의 종류의 운동을 기술하기에는 미분 방정식 몇 종류로 충분하다. 물리학의 다른 부문에서 수학적 및 숫자적 유사성은 흔히 발견되며 반드시 물리적 연관성을 의미하지는 않는다. 결국 키르히호프의 전기 운동의 법칙은 빛의 전기 이론에 대한 연구로 들어갔지만 그 분야는 다른 이들, 특히 로렌츠Ludwig Lorenz와 헬름홀츠의 연구 분야였다. 그들은 빛의 전기 이론을 키르히호프의 탄성 유비와는 다른 여러 이유에서 진지하게 생각했다.

키르히호프와 분젠: 스펙트럼(빛띠) 분석과 복사열 연구

1858년에 키르히호프는 새로운 연구 주제인 열의 역학적 이론으로 방향을 전환했다. 그는 이 이론을 기체의 흡수, 염의 용해, 황산과 물의 혼합물의 증발 같은 문제에 적용하면서 물리 화학에 중요한 이론적 방법을 발전시켰다.[56] 이런 새로운 연구에서 그는 종종 그의 동료 분젠의 연구를 참조했다. 곧 키르히호프는 분젠과 자신에게 화학에서 주된 연구 분야가 될 분야, 스펙트럼(빛띠) 분석의 개발에서 분젠과 협력했다. 그 주제에 관하여 그들은 1859년부터 출판하기 시작했다.

키는 데 키르히호프가 실패한 것을 그의 현상학 탓으로 돌린다. 키르히호프는 위험스러운 물리적 가설을 회피하므로 두 속도의 일치를 위한 물리적 기저를 예상하기 어려웠다는 것이다.

[56] Gustav Kirchhoff, "Ueber einen Satz der mechanischen Wärmetheorie und einige Anwendungen desselben," *Ann.* 103 (1858): 177~206; in *Ges. Abh.* 454~482. Pockels, "Kirchhoff," 250~251.

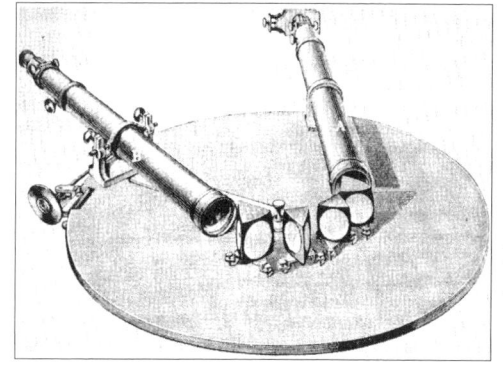
구스타프 키르히호프의 분광 장치. 뮌헨의 슈타인하일이 키르히호프를 위해 제작한 이 장치는 광선을 망원경 A, 네 개의 프리즘, 마지막으로 관찰하는 망원경 B로 통과시킨다.
Hermann von Helmholtz, *Populäre wissenschaftliche Vorträge*. Vol. 3 (Braunschweig, 1876)에서 재인쇄.

19세기 전반기에 불꽃에 화학적 물질을 넣어 프리즘을 통해 특징적인 색을 관찰하거나 그 물질로 만든 전극에서 만들어지는 전기 아크의 스펙트럼(빛띠)을 관찰함으로써 화학 물질을 인식하려는 노력이 이루어졌다. 얼마 동안 분젠은 색을 구별하는 데 도움을 줄 색을 넣은 유리나 용액을 써서 염의 불꽃을 연구했다. 1850년대에 그가 도입한 가스버너는 화학 분석에 대한 이 일반적인 접근법을 용이하게 해주었다. 뜨겁지만 밝지 않은 불꽃을 냄으로써 그것은 관찰하는 물질의 불꽃을 방해하지 않았다. 분젠은 이 문제에 관한 자신의 연구에 대해 키르히호프와 토론했다. 키르히호프는 불꽃의 색을 분리된 부분으로 나누는 프리즘 분석에 기초를 둔 방법으로 가는 길을 지시해주었다.

분젠의 버너와 망원경, 그리고 민감한 측정을 할 눈금을 갖춘, 프리즘으로 구성된 키르히호프의 정밀 스펙트럼(빛띠) 장치를 가지고 분젠과 키르히호프는 특색있는 스펙트럼(빛띠)의 원리를 그것이 이미 확립된 기체와 금속에서 염으로 확장했다. 그들은 체계적으로 알칼리 금속과 알칼리 토금속의 스펙트럼(빛띠)을 조사하여 그것들이 함유한 금속을 알아내었다. 그들은 주어진 금속의 스펙트럼(빛띠)에서 띄엄띄엄 떨어진 밝은 선의 위치는 금속이 염 속에서 어떻게 결합하고 있든, 불꽃이 얼마나 뜨겁

키르히호프와 동료들. 왼쪽에서 오른쪽으로, 키르히호프, 분젠, 로스코. 키르히호프와 분젠이 1862년에 잉글랜드의 로스코를 방문했을 때 촬영.
Roscoe, The Life and Experiences, 73에서 재인쇄.

든 항상 같다는 것을 발견했다. 그들은 의심의 여지 없는 민감성을 갖는 분석 화학을 위한 기술을 개발했고 분젠은 곧 그것으로 새로운 금속 원소 둘을 발견함으로써 그 기술의 유효성을 입증했다.[57]

1859년 말에 분젠은 그의 친구이자 동료인 화학자 로스코Henry Roscoe에게 편지를 썼다. "요즈음 나와 키르히호프는 우리를 잠들지 못하게 하는 공동 연구에 몰두하고 있다. 키르히호프가 놀라운, 전혀 기대하지 못한 발견을 했다. 그것은 그가 태양의 스펙트럼(빛띠)에 있는 검은 선의 원인을 찾아낸 것이었다.[58] (중략) 이 방법을 쓰면 우리가 반응물reagent을 통해 S, Cl 등을 결정하는 똑같은 확실성으로 태양과 항성의 물질 조성을 알아내게 된다. 지구상의 물질은 태양의 물질과 똑같은 정밀성을 가지고 이 방법에 의해 분해되고 식별될 수 있다."[59] 실험실에서 키르히

---

[57] 볼츠만에 따르면, 1857년에 얻은 키르히호프의 첫 번째 플린트 유리 프리즘은 프라운호퍼가 직접 갈아 만든 것이었다. Boltzmann, "Kirchhoff," 60. Gustav Kirchhoff and Robert Bunsen, "Chemische Analyse durch Spectralbeobachtungen," *Ann.* 110 (1860): 160~189; in *Ges. Abh.*, 598~625. 분젠은 오스트발트(Wilhelm Ostwald)에게 스펙트럼 분석을 발견한 역사를 이야기해 주었고 그것을 오스트발트는 *Chemische Analyse durch Spectralbeobachtungen vom G. Kirchhoff und R. Bunsen* (1860), vol. 72 of Ostwald's Klassiker der exakten Wissenschaften (Leipzig, 1895)을 편집한 것에 부록으로 실린 "Anmerkungen," 71~72에 보고했다. William McGucken, *Nineteenth-Century Spectroscopy* (Baltimore: Johns Hopkins University Press, 1969), 26~28, 34, 50. Daniel M. Siegel, "Balfour Stewart and Gustav Robert Kirchhoff: Two Independent Approaches to 'Kirchhoff's Radiation Law,' " *Isis* (1976): 565~600 중 568~569. Pockels, "Kirchhoff," 252~253.

[58] [역주] 분젠과 키르히호프의 공동 연구의 주된 내용인 스펙트럼 분석의 발견에 대해서 설명한다. 이 발견은 화학적으로 물질을 분석하던 것에서 물질을 분해하거나 화학 반응을 시키지 않고도 조성을 알 수 있는 길을 열어 놓음으로써 새로운 원수를 대거 발견하는 계기가 되고 천체의 조성, 원자의 내부 구조를 알 수 있는 길을 열어 놓아 화학과 물리학에 혁명을 일으켰다. 광학적 방법이 화학의 발전에 지대한 기여를 한 사례이다.

[59] Henry Roscoe, "Gedenkrede auf Bunsen," in *Gesammelte Abhandlungen von Robert Bunsen*, ed. Wilhelm Ostwald and M. Bodenstein (Leipzig: W. Engelmann,

프는 불꽃에서 관찰된 나트륨 스펙트럼(빛띠)에 나타나는 밝은 두 개의 인접한 선과 프라운호퍼가 태양 스펙트럼(빛띠)에서 측정한 어두운 D선들을 비교하는 과정에서 태양 스펙트럼(빛띠)의 어두운 선에 대한 그의 설명에 도달했다. 키르히호프가 태양빛과 나트륨 불꽃에서 나오는 빛을 동시에 스펙트럼(빛띠) 장지의 슬릿을 통과시켰을 때 그는 예상대로 D선들과 나트륨 선들이 일치하는 것을 확인했다. 그는 또한 광학 이론이 설명하지 못하는 다음과 같은 결과를 얻었다. 강한 태양빛에 대하여 끼워넣은 나트륨 불꽃은 D선들을 밝히지 않고 어두운 선을 훨씬 더 선명하게 만들어준다. 대조적으로 약한 태양빛이 있을 때에는 D선들이 밝게 나타난다. 이러한 관찰 결과에 크게 놀라서 그는 즉각적인 설명을 하지 못했다. 그러나 다음날 그는 스펙트럼(빛띠) 선들의 역전 현상 배후의 근본적 원리를 깨닫게 되었다. 발광체는 그것이 방출하는 같은 광선을 흡수한다. 특히 나트륨은 태양 스펙트럼(빛띠)에서 어두운 D선들과 같은 파장을 갖는 밝은 선들을 방출하는데 같은 파장의 빛을 흡수하여 태양 스펙트럼(빛띠)처럼 어두운 선들을 만들어낸다. 이러한 이해에서 키르히호프는 프라운호퍼 D선들이 태양의 비교적 차가운 대기 중의 나트륨 때문에 생긴다고 했다. 그것들이 더 뜨거운 태양의 핵의 연속 스펙트럼(빛띠)에서 바로 그런 파장의 빛들을 흡수하기 때문이다. 스펙트럼(빛띠) 선의 정확한 위치를 측정함으로써 철 같은 다른 지구상의 화학 원소들은 같은 추론을 써서 태양 대기 중에서 확인되었다.[60] 로스코가 1860년에 하이델

1904), 1: xv~lix 중 xxxiv.

[60] Ostwald, "Anmerkungen," 72. Siegel, "Balfour Stewart and Gustav Robert Kirchhoff," 570~571. Pockels, "Kirchhoff," 253~255. 그의 특징적인 조심성을 드러내며 키르히호프는 철의 스펙트럼의 알려진 60개의 선이 단지 우연에 의해서라면 프라운호퍼 선과 일치할 확률은 1조분의 1보다 작다고 계산했다. 그는 태양에서 철의 존재를 확인한 것은 자연 과학의 어떤 결론보다 더 정확하다고 결론지었

베르크 대학을 방문했을 때 그는 "그 연구가 한창 진행 중"임을 직접 보았다. 그는 "당시에 물리학 연구소로 쓰이고 있었던, 간선도로변에 있는 오래된 건물의 뒷방 중 하나에 설치된 키르히호프의 훌륭한 분광기를 들여다보았을 때, 철 스펙트럼(빛띠)과 태양 스펙트럼(빛띠)에 있는 어두운 프라운호퍼 선들이 일치하는 것을 보았다. 그는 그때 받은 강한 인상을 결코 잊지 못한다. 우리가 이 지구에 있다고 알고 있는 철이 태양 대기에 포함되어 있다는 증거는 즉시 확정적이라는 인상을 받았다."라고 회상했다.[61]

1860년대 초에 키르히호프는 "절반은 나처럼 화학자"인 그의 형제 오토Otto에게 편지를 써서 자신이 "열정적으로 화학에 몰두"했다고 말했다. "나는 태양처럼 대단한 것을 분석하기를 원해. 아마 나중에는 항성들도 분석하게 될 거야."[62] 다음 몇 년에 걸쳐서 그는 "태양 스펙트럼(빛띠) 그림"을 완성할 계획이었다. 그는 아주 열심히 그 프로젝트를 추진하여 이후 1860년에는 스펙트럼(빛띠)이 그의 눈을 너무 피로하게 해서 스펙트럼(빛띠) 관찰을 일시적으로 중단해야 했다.[63]

처음에 스펙트럼(빛띠) 분석은 주로 화학자와 천문학자들의 관심을 끌었으나 곧 물리학자들의 관심도 끌게 되었다. 물리학자들은 스펙트럼(빛띠) 분석을 그들의 연구에 사용했고 그들도 늘 물리학자들의 관심사였던 물리적 자연의 일관된 이해에 그것이 기여함을 인식했다. 포크트

다. Pockels, "Kirchhoff," 255.
[61] *The Life and Experiences of Sir Henry Enfield Roscoe, D. C. L., LL. D., F. R. S.* (London and New York: Macmillan, 1906), 69.
[62] 키르히호프가 형제 오토에게 보낸 편지, 1860년 5월 11일 자, Warburg, "Kirchhoff," 209에 인용.
[63] 키르히호프가 노이만에게 보낸 편지, 1860년 12월 18일 자, Neumann Papers, Göttingen UB, Ms. Dept.

Woldemar Voigt에 따르면, 그 분석 방법은 천체의 화학적 조성을 밝혀냄으로써 "우주의 통일성"을 드러내었다. 볼츠만은 "물리학, 화학, 천문학의 경계"에 속하는 스펙트럼(빛띠) 분석은 자연 과학의 주요 목표인 통일성을, "모든 곳에서 자연력의 통일성"을 인식시키는 데 기여했다고 말했다.[64]

키르히호프는 태양 대기의 화학적 조성에 대한 그의 논문이 나온 지 몇 주 후에 복사열에 대한 이론 논문 2편 중 첫 번째 편을 이어서 내놓았다. 그것들은 빛과 열을 내놓고 흡수하는 모든 물체에 적용되는 "일반 법칙"에 대한 증명을 담고 있었다. 그는 그것이 프라운호퍼 선에 대한 그의 설명의 "이론적 토대"라고 믿었다. 그의 증명의 출발점은 흡수능에 대한 열 복사 능력의 비가 같은 온도에서 모든 물체에 동일하다는 실험적으로 증명된 법칙이었다. 단 하나의 파장의 열 복사선을 방출하거나 흡수하는 물체를 상상함으로써 키르히호프는 "역학적 열 이론의 일반적인 기본 법칙"의 기저 위에서 다음의 법칙을 유도했다. 같은 파장의 열 복사선에 대하여 주어진 온도에서 흡수능에 대한 방출능의 비는 모든 물체에 대하여 동일하다.[65] 그 비는 오로지 파장과 온도의 함수이다.[66]

---

[64] McGucken, *Spectroscopy*, 35. Voigt, "Kirchhoff," 8. Boltzmann, "Kirchhoff," 4.

[65] [역주] 복사선을 흡수를 잘하는 물체가 복사도 잘한다는 일반적인 경험적 법칙을 정식화한 것이다. 이러한 현상을 가장 쉽게 이론화할 수 있는 대상은 흑체이고 흑체에서의 열 복사에 대한 이론적 및 실험적 연구가 20세기로 들어가면서 양자역학을 낳게 되었으므로 키르히호프의 연구는 그러한 물리학의 중요한 변혁을 위한 토대를 닦은 셈이다.

[66] Gustav Kirchhoff, "Ueber den Zusammenhang zwischen Emission und Absorption von Licht und Wärme," *Monatsber. preuss. Akad.* (1859), 783~787; in *Ges. Abh.*, 566~571, 중 567, 569~570. 키르히호프의 흡수와 방출에 대한 이해는 독자적으로 이루어졌고 거의 비슷한 시기에 스튜어트(Balfour Stewart)에 의해 우선권 논쟁을 불러일으켰다. Siegel, "Balfour Stewart and Gustav Robert Krichhoff." Gustav

10년 후에 베를린 과학 아카데미의 물리학자들과 수학자들은 스펙트럼(빛띠) 분석이 제공한 사실이 엄청나게 풍부하더라도 그것이 "이 단순한 물리 법칙만큼의 중요성"을 획득하지 못했다는 것에 동의했다.[67]

키르히호프는 곧 그의 법칙에 대한 또 하나의 더 엄밀한 증명을 출판했다. 그 당시의 흔한 가정대로 빛과 복사열은 파장만 다른 것으로 간주함으로써 그는 그 증명에서 광학적 흡수와 반사의 법칙들을 사용했다. 그는 역학적 열 이론의 법칙들에서 시작했다. 그는 "활력"vis viva 또는 운동 에너지를 열 복사선과 연결하고 그것들을 "열과 일의 등가의 법칙" 즉 역학적 열 이론의 첫 번째 기본 법칙에 종속시켰다. 한 물체가 열 복사선을 방출할 때 그것은 에테르에 열 복사선의 활력과 같은 열량을 잃는다. 역으로 물체가 열 복사선을 흡수할 때 그것은 열 복사선의 활력의 당량을 얻는다. 역학적 열 이론의 제2 근본 법칙, 즉 카르노의 정리가 키르히호프의 증명에서 열 평형에 대하여 논의하는 대목에서 등장했다. 이 법칙에 따라 주변과 평형을 이루고 있는 물체의 온도는, 만약 물체가 열을 잃거나 얻지 않는다면, 일정하게 유지되어 주어진 시간에 물체가 방출한 열 복사선의 활력은 그것이 흡수한 열 복사선의 활력과 동등해야 한다.[68]

키르히호프는 와서 부딪치는 모든 복사선을 흡수하는 "완벽하게 검은" 공동空洞을 상상했다. 그 공동 안에는 모든 복사선을 반사하는 "완벽

Kirchhoff, "Zur Geschichte der Spectral-Analyse und der Analyse der Sonnesntmosphäre," *Ann.* 118 (1863): 94~111; in *Ges. Abh.* 625~641.

[67] "Wahlvorschlag für Gustav Robert Kirchhoff (1824~1887) zum AM," 1870년 3월 10일 자, Kirsten and Körber, *Physiker über Physiker*, 77~79 중 79.

[68] Gustav Kirchhoff, "Ueber das Verhältniss zwischen dem Emissions*vermögen* und dem Absorptionsvermögen der Körper für Wärme und Licht," *Ann.* 109 (1860), 275~301; *Ges. Abh.*, 571~598 중 571~573.

한 거울"과 주어진 파장과 편광의 복사선에 대하여 "완벽하게 투과성을 갖지만" 다른 복사선에 대해서는 완벽하게 반사하는 판이 있다. 그의 법칙에 대한 키르히호프의 증명은 세 개의 이상적인 물체, 즉 완벽하게 검은 물체, 완벽하게 투명한 물체, 완벽하게 반사하는 물체를 "상상할 수 있다"는 가정에 의지했다. 이런 물체들이 실험실에서 실현 가능하지 않더라도 그것들은 머릿속에서는 상상이 가능하고 그것으로 충분하다. 왜냐하면 자연의 법칙은 실험실 속에서 물체와 과정을 실현할 수 있는 인공적 수단에 의존할 수 없기 때문이었다.[69]

그의 증명에서 키르히호프는 여러 쌍의 점들 사이의 기본 법칙과 물질의 구조에 대한 가설을 도입하지 않았다. 오히려 물체의 인위적 배열을 상상해서 그는 복사열과 열 평형에 있는 물질 사이의 활력의 교환을 분석했다. 그 결과는 수식상으로는 옴의 법칙처럼 단순한 법칙 $E/A=e$이었다. 그것은 어떤 물체의 흡수능 A에 대한 방출능 E의 비는 어떤 흑체에 대한 비 e와 같다고 한다. 다시 말해서 그 비는 모든 물체에 대하여 같아서 파장과 온도만의 함수이다.[70] 복사열과 빛의 동등성과 역학적 열 이론에서 키르히호프는 물질과 복사 사이 관계의 보편적 특성을 유도했다. 그것은 일반적인 원리들로부터 이론적으로 추론하는 물리학의 능력에 대한 증언이었다.

---

[69] Kirchhoff, "Ueber das Verhältniss," 573~574; Pockels, "Kirchhoff," 256~257.
[70] 키르히호프는 물체의 "방출능" E를 물체가 주어진 편광의 열 복사선을 통해 에테르에 전달하는 활력에 의해 정의했다. 파장 간격 λ에서 $\lambda+d\lambda$ 사이로 물체가 방출하는 복사선의 세기 또는 활력은 $Ed\lambda$이다. 그는 물체의 "흡수능" A를 입사한 복사선의 세기에 대한 흡수된 복사선의 세기의 비율로 정의했다. E 또는 A가 개별적으로 파장뿐 아니라 편광, 즉 방출과 흡수를 관찰하는 데 사용되는 슬릿의 기하학적 형태, 물체의 상태에도 의존하는 반면에 비 E/A는 주어진 온도에서 주어진 파장의 복사선에 대하여 모든 물체에서 같다. Kirchhoff, "Ueber das Verhältniss," 574, 592.

그의 법칙의 실험적 귀결로서 키르히호프는 속이 빈 불투명한 물체 안쪽의 열 복사선이 흑체에서 나오는 복사선과 같은 특성을 갖는다는 것을 보여주었다. 그것은 실제로 흑체를 근사적으로 흉내 내는 수단을 제공했다. 이런 종류의 흑체가 나중에 제작되었다. 'Hohlkörper'나 'Hohlraum'이라고 불리게 된 공동에서 작은 구멍을 통과해서 빠져나오는 복사는 흑체 복사의 특성이 있고 이러한 복사의 실험실 측정은 온도와 파장의 함수로 흑체의 흡수능에 대한 방출능의 비를 얻게 해준다. 이러한 복사의 법칙들은 물리학에서 "근본적인 중요성"을 갖는 것으로 인식되었다. 왜냐하면 키르히호프의 법칙이 모든 물체에 대하여 흡수능과 방출능의 비율을 결정하기 때문이었다.[71]

키르히호프는 그의 이름이 붙은 복사 법칙을 진술한 유일한 사람은 아니었지만 그것을 에너지 고찰에서 엄밀하게 유도한 최초의 사람이었다. 그는 과학적 보고서에 흩어진 다량의 정보에서 본질적인 부분을 인식했고 그것을 "이론적 증명과 체계적인 관찰을 통해 과학적 이론"으로 격상시켰다. 복사열에 대한 키르히호프의 연구는 그의 성향이 일련의 연구를 시작하는 것이 아니라 완수하는 것이라는 점에서 특징적이었다.[72]

쾨니히스베르거에 따르면 키르히호프는 항상 수학적 및 철학적 논의에 관여하는 데 열망이 있었다. 대조적으로 분젠은 "수학적 두뇌"는 아니었지만 합리적 분석 능력이 있었고 훌륭한 직관과 심미적 감각이 있었다. 분젠은 "감각 지각"을 통해 현상들을 파악하는 만큼 현상을 설명할 때 "정확한 지적 과정"을 그렇게 많이 쓰지는 않았다.[73] 지식과 능력을

---

[71] Kirchhoff, "Ueber das Verhältniss," 597~598. Pockels, "Kirchhoff," 257.
[72] 적어도 그것은 키르히호프의 성취가 다음 세대의 독일 이론 물리학자에게 나타난 모습이었다. Voigt, "Kirchhoff," 8~9.

써서 키르히호프와 분젠은 서로 보완했음을 화학자 호프만A. W. Hofmann 은 이렇게 평했다. "이 두 연구자의 경로가 만나게 된 것은 운명이었다. 물리 현상의 전 영역의 대가와 화학적 지식과 능력의 정상에 있는 사람의 긴밀한 협력을 통해서만 이들의 초기 연구 같은 결과를 내놓는 연구가 실현될 수 있었다. 지치지 않는 작업으로 그들은 개관하고 완성하고 확장하여 새로운 화학 분석의 체계를 만들어낸 것이다. 그러한 협력을 통해서만 가장 강력한 현미경보다도 훨씬 우수하여 이전의 모든 관찰을 벗어난 물질의 궤적을 가시화해줄 장치를 얻을 수 있었다."[74]

스펙트럼(빛띠) 분석에 대한 그들의 연구는 이후에 관심이 커가는 분야인 물리 화학에 대한 지원을 얻어내려고 논증할 때 인용되었다. 이러한 예 중 초기 사례는 1860년대에 라이프치히 대학의 철학부가 두 개의 화학 교수직 중 하나를 물리 화학 교수직으로 확보하려고 노력한 것이었다.

시간이 지나면서 자연 과학이 (내적 필요성의 결과로) 점차 가지를 치고 갈라지는 것을 보거나, 과학 연구자들이 상이한 과정을 따라가면서도 모두가 **단일한** 분야만을 연구하려고 하거나 얼마간은 **단일한** 분야의 현상에 대한 개관을 얻을 필요성 때문에 추동되는 모습을 보면 고통스럽고 불편한 느낌을 확실히 갖게 된다. 분열시키는 경향에 맞서 상반되는 경향, 즉 통일을 추구하려는 경향이 나타날 때, 즉 이러한 통일의 경향이 우리 시대의 가장 뛰어나고 가장 유명한

---

[73] 쾨니히스베르거는 키르히호프와 분젠에 대한 그의 인상을 로스코에게 말했다. "Gedenkrede auf Bunsen," lix.

[74] A. W. Hoffmann, "Gustav Kirchhoff," *Berichte der deutschen chemischen Gesellschaft*, vol. 20, pt. 2 (1887), 2771~2777 중 2774. 분젠과 키르히호프의 협동 연구에 관하여 분젠은 "물리학자가 아닌 화학자는 아무것도 아니다"라는 말을 들었다. Roscoe, "Gedenkrede auf Bunsen," lix.

자연 과학자 중에서 나타날 때 우리는 더욱 그것의 진가를 인정해야 한다.

그러한 통일의 노력은 현재 화학과 물리학의 영역에서 나타나고 있다. 분젠, 키르히호프, 클라우지우스, 코프Kopp, 그레이엄Graham, 프랭클랜드Frankland, 생 클레르 데빌St. Claire Deville, 베르텔로Berthelot 등의 부분적으로는 이론적이고 부분적으로는 실험적인 탐구를 통해서 지난 몇십 년간 화학과 물리학 사이의 경계에서 화학과 물리학 사이의 간극을 점차 메우고 두 영역을 더 고차원의 일반 과학으로 점차 융합하도록 운명지어진 듯한 활동이 꾸준히 증가해왔다. 이러한 융합 과학은 한 분야에서 모인 보배 덕에 다른 분야에도 똑같은 이익을 미치게 된다.[75]

키르히호프는 클라우지우스, 베버, 프란츠 노이만과 함께 물리 화학 교수직을 만들려는 이러한 계획을 따뜻하게 격려했다. 개인적 경험에서 키르히호프는 라이프치히 교수진에게 "물리학과 화학의 경계에 있는 영역의 연구는 두 과학에 최고의 중요성이 있다"는 점을 확신시킬 수 있었다.[76]

역학과 키르히호프

키르히호프에게는 스펙트럼(빛띠) 분석에서 드러난 것처럼 화학적 조

---

[75] 라이프치히 대학 철학부가 작센 문화 공교육부에 보낸 문서, 날짜 미상의 초고, 대략 1869년으로 추정. Wiedemann's Personalakte, Leipzig UA, PA 1060, Bl. 5~8.
[76] 그 철학부가 작센 문화부에 보낸 편지 초고에 삽입된, 키르히호프가 라이프치히 대학 철학부에 보낸 편지에서 인용. 1869년경.

성의 통일성보다 더 깊은 통일성이 우주에 있었다. 그것은 그가 1865년에 하이델베르크 대학의 총장 연설에서 설명했듯이 물리적 통일성, 또는 더 명확하게 말하면 역학적 통일성이었다. 그는 모든 자연의 과정이 변하지 않는 물질의 운동으로 이루어져 있고 자연의 이해에서 모든 진보는 이것을 확증한다고 주장함으로써 그의 분야인 자연 과학의 목표를 소개했다. 우리는 역학적 법칙에서 원리상으로 어떤 한때의 물질의 상태와 그것에 작용하는 모든 힘을 안다면 모든 미래의 시간에 대하여 물질의 상태를 결정할 수 있다. 키르히호프는 자연 과학의 최고의 목표는 그 임무를 수행할 조건들을 깨닫는 것, 즉 힘과 물질의 상태를 결정하는 것, 다시 말해 모든 자연 현상을 역학적 과정으로 환원하는 것이라고 말했다.[77] 키르히호프는 무지의 영역이 아직 많이 남아 있으므로 자연 과학이 이 목표를 실현하는 것은 아직 멀었다는 것을 시인했다. 그는 그런 무지의 영역들을 지목했다. 분자력에 대해서는 아직 아무런 이해가 없었고, 전기와 물체 사이의 힘, 열과 화학적 분해를 일으키는 힘, 물질의 분자 구조도 알지 못했고, 물론 무게가 있는 입자들과, 에테르와 전기 유체의 경우에는 무게 없는 입자들을 포함하는 모든 물질의 분포와 속도에 대한 이해가 없었다. 그러나 그는 과학자들이 이미 운동에 대한 이해를 통해서 자연에 대해서 많은 것을 알아냈다고 말했다. 자기와 열의 무게 없는 유체는 물리학에서 제거되고 운동으로 대체되었고 이제 전기 유체를 제거하는 논의가 전개되고 있었다. 이러한 발전에서 최근에 열을

---

[77] [역주] 1888년 이전까지만 해도 역학을 모든 물리학의 토대로 삼고 모든 물리적 현상을 역학으로 환원하려는 키르히호프와 같은 노력이 활발하게 전개되었고 상당한 성과도 내놓았다. 그러나 1888년 헤르츠가 맥스웰이 예측한 전자기파를 발견하면서 전자기학을 근간으로 삼아 모든 물리 현상을 환원하려는 노력이 활발하게 전개되면서 이전의 노력과 경쟁을 벌여 상당히 영향력을 행사하게 된다. 이러한 전자기학 세계관의 융성 속에서 현대 물리학은 태동했다.

운동의 한 양태mode로 이해하게 된 것은 특히 중요했다. 왜냐하면 열은 모든 현상에 개입하기 때문이었다. 이러한 인식은 열 복사선을 광선과 동일시하게 된 것을 포함하고 일반적으로 "자연의 어디에도 정지는 없다"는 것을 함축한다. 무기적 세계와 유기적 세계에서 똑같이 "역학으로의 환원이 성취되지 않은 한 진정한 이해는 성취되지 않는다." 키르히호프는 이러한 목표가 "결코 완전하게 성취되지는 않을 것이지만 그것 자체가 인식되었다는 사실만으로도 어떤 만족을 주며, 이 목표에 접근하면서 우리는 자연 현상에 몰두하여 얻게 되는 가장 큰 기쁨을 발견한다."[78]

그러니까 키르히호프에게 역학은 모든 자연 과학의 환원적 목표를 제공했다. 그 자신의 연구에서 그는 물리학의 여기저기에 역학적 원리를 적용했고 위에서 논의된 탄성체의 운동과 같은 어려운 역학적 문제를 연구했다. 하이델베르크 시절이 끝날 즈음에 그는 전혀 다른 분야인 유체의 운동에서 어려운 역학적 문제를 연구했다.

비록 키르히호프가 하이델베르크에서 교육과 연구로 많은 해를 보내고 베를린에서 그 후에 더 많은 해를 보냈지만 그의 가장 중요한 연구는 이미 성취된 뒤였다. 그것은 자연 세계를 완전히 과학적으로 이해할 수 있다는 이상을 향해 가는 여행의 정거장들인 물질, 전기, 에테르에 관련된 힘과 운동을 수학적·실험적으로 연구하는 것을 포함했다.

하이델베르크의 헬름홀츠: 생리학 연구

헬름홀츠는 힘의 보존에 관한 그의 주된 연구를 출간한 이듬해인

---

[78] Gustav Kirchhoff, *Ueber das Ziel der Naturwissenschaften* (Heidelberg, 1865). 24에서 인용.

1848년에 육군 군의관의 자리를 사직하고 처음에는 그의 친구인 생리학자 브뤼케의 자리를 이어 베를린 예술 아카데미의 해부학 선생이, 1년 후에는 쾨니히스베르크 대학의 생리학 및 일반 병리학 선생이 되었다. 그 당시와 여러 해가 지나서도 우선적으로 생리학과 해부학에 종사했지만 그는 마그누스 학파circle 안에서, 그리고 이후에는 베를린 물리학회에서 그를 브뤼케와 뒤부아레몽과 연결되게 해준 물리학에 대한 관심을 유지했다. 헬름홀츠는 1855년에 본 대학으로 옮겨서 생리학과 해부학을 가르쳤고 1858년에는 하이델베르크 대학으로 옮겨서 마지막으로 생리학을 가르쳤다. 생리학자로서의 전문가적 경력 내내 헬름홀츠는 상당한 양의 이론 및 실험 물리학을 연구했는데 보통은 생리학과 긴밀하게 연관된 주제들이었다.

헬름홀츠의 생리학 초기 연구는 주로 근육과 그것을 흥분시키는 신경을 다루었다. 그가 하이델베르크 대학으로 옮겼을 때 그의 주된 연구 주제는 감각과 지각이었다. 그는 인간의 눈을 광학 기구로서, 인간의 귀를 음향학 기구로서 연구했다. 그는 색혼합 이론과 조합음 이론을 완성했고, 특정 신경 섬유 에너지[79]의 생리학적 원리를 확장하여 색과 소리의 지각을 설명했다.

헬름홀츠는 그의 생리적 연구를 위하여 다양한 장치와 기구를 개선하거나 발명했는데 그중에 가장 가치 있는 것은 검안계였다. 뒤부아레몽은 검안계를 "천문학적 정밀성을 가진 기구"라고 평가했다. 검안계는 눈의

---

[79] [역주] 신경마다 전달할 수 있는 감각의 종류가 다르므로 시신경에 가해진 전기 자극은 시자극으로 뇌에서 지각되고 청신경에 가해진 전기 자극은 청자극으로 나타난다. 그러므로 동일한 자극이더라도 어떤 신경을 자극하느냐에 따라 감각 중추에 나타나는 자극은 달라진다는 것이다. 헬름홀츠의 스승이었던 베를린 대학의 요하네스 뮐러(Johannes Müller)가 기초를 놓았다.

안쪽의 상과 굴절면의 가변 곡률을 정확하게 측정하게 해주었다. 헬름홀츠는 기구 및 측정 방법과 함께 추론의 엄밀한 형태, 즉, 확실하게 수학적이고 물리학적인 형태를 생리학에 도입했다. 그의 논문들은 수리 물리학으로 뻗어나가는 일이 다반사였다. 그것은 이 분야에 조예가 있는 독자가 헬름홀츠처럼 그 주제를 보게 하는 데 도움을 주었다. 그 당시에 다른 생리학자들은 자신의 주제에 수리 물리학의 그런 철저한 지식을 들여온 적이 없었다.[80]

1860년대 중엽에 헬름홀츠는 그의 위대한 생리학 텍스트인 『음악 이론을 위한 생리학적 기초로서 음의 감각』Sensations of Tone as a Physiological Basis for the Theory of Music과 『생리 광학론』Treatise on Physiological Optics을 출간했다. 여기에는 헬름홀츠의 광범한 실험 및 이론 연구를 포함했으며 그 다수는 이전 저자들의 결론을 시험하기 위해 수행한 것이었다. 두 텍스트는 비슷하게 구성되어 있는데, 각각 세 부분으로 이루어져 있다. 1부는 인간의 귀나 눈의 물리학, 그와 관련된 해부학과 생리학을 포함하는 반면, 2부와 3부는 청감각이나 시감각, 청지각이나 시지각에 대한 연구를 포함한다. 어떠한 감각기관의 철저한 연구는 동시에 물리적이며, 생리적이며, 심리적이어야 한다고 헬름홀츠는 믿었다. 그가 쓴 두 텍스트 중에서 생리 음향학에 대한 것이 독자층이 더 넓은 것이었지만 그것도 "물리학자"가 연구하는 데 활용할 수학과 실험을 부록으로 포함하고 있었다.[81] 이 책들이 나온 후에도 헬름홀츠는 때때로 생리학에 대하여 논문

---

[80] L. Hermann, "Hermann von Helmholtz," *Schriften der Physikalisch-ökonomischen Gesellschaft zu Königsberg* 35 (1894), 63~73 중 67. Emil du Bois-Reymond, *Hermann von Helmholtz. Gedächtnissrede* (Leipzig, 1897), 29.

[81] Hermann von Helmholtz, *Die Lehre von den Tonempfindungen als physiologische Grundlage für die Theorie der Musik* (Braunschweig, 1863). 1877년에 나온 독일어 4판을 엘리스(A. J. Ellis)가 *Sensations of Tone as a Physiological Bais for the*

을 출판했으나 이때부터 그의 연구는 점차 물리학, 특히 이론 물리학이 중심이 되었다.[82] 헬름홀츠가 인용한 저자 중에 생리학자와 해부학자에 더해 물리학자가 많다는 것은 헬름홀츠가 한 생리학의 종류를 알려준다. 그가 인용한 세 명의 영국 물리학자를 언급해보면, 그는 영Thomas Young[83]의 색 지각 이론, 맥스웰James Clerk Maxwell의 색맹 이론, 스토크스G. G. Stokes[84]의 형광 이론을 가지고 연구했다.[85] 그는 리스팅의 눈 운동의 법칙을 광범하게 시험하고 사용했고 리스팅의 다른 연구, 가령 그의 "개략적 눈" 모형, 현미경의 확대에 대한 연구에 관해 논의했다.[86] 그는 스펙트럼

Theory of Music, 2d English ed. (London, 1885)로 번역했다. 생리 광학에 관한 헬름홀츠의 저작은 그가 1856년에 카르스텐(Gustav Karsten)의 *Allgemeine Encyclopaedie der Physik* (Leipzig, 1856~1863)에 기고문을 완성한 것에서 시작되었다. 헬름홀츠는 2부를 1860년에, 3부는 1866년에 완성했다. 그것은 *Handbuch der physiologischen Optik* (Leipzig, 1856~1857) 3권으로 나왔다. 독일어 3판, ed. A. Gullstrand, J. von Kries and W. Nagel (Hamburg and Leipzig: Voss, 1856~1863)이 사우설(C. P. Southall)에 의해 번역되어 *Treatise on Physiological Optics*, 3 vols. (Rochester: Optical Society of America, 1924~1925)로 나왔다.

[82] 이 진술은 보충이 필요하다. 헬름홀츠는 몇 번 그의 광지각에 대한 연구로 돌아갔고 나중에 전기 생리학에 대한 연구를 수행했으며 1870년대 초에 약간의 생리적 연구를 이끌었다.

[83] [역주] 영국의 의사, 과학자, 이집트학 학자인 영(1773~1829)은 빛의 파동설을 제시했고 이중 슬릿에 의한 빛의 간섭 실험에 성공했다. 삼색 색 수용기 이론을 제시하여 색 감각을 설명했으며 이집트 민중 문자를 처음으로 해독해 내기도 했다.

[84] [역주] 영국의 수학자이자 물리학자인 스토크스(1819~1903)는 수학에서 미분 방정식과 적분 방정식 이론에 큰 공헌을 했고, 물리학에서는 유체 동역학, 광학, 음향학에서 중요한 기여를 했다. 케임브리지 대학에서 물리학을 가르쳤고 많은 제자를 배출했다. 점성 유체 방정식인 나비에-스토크스 방정식의 수립에 중요한 기여를 했다.

[85] Helmholtz, *Treatise*, 2: 143~145; "Ueber Farbenblindheit," *Verhandlungen des naturhistorisch-medicinischen Vereins zu Heidelberg* 2 (1859): 1~3, in *Wiss. Abh.* 2: 346~349; "Ueber die Empfindlichkeit der menschlichen Netzhaut für die brechbarsten Strahlen des Sonnenlichtes," *Ann.* 94 (1855): 205~211 in *Wiss. Abh.* 2: 71~77.

[86] Hermann von Helmholtz, "Ueber die normalen Bewegungen des menschlichen

(빛띠) 선의 파장을 프라운호퍼가 측정한 값과 눈의 분산에 대한 프라운호퍼의 연구 결과를 사용했으며[87] 페흐너의 눈의 잔상 이론을 확증했다.[88] 리만이 예고한 귀의 고막과 이소골의 진동에 대한 그의 연구에서 그는 키르히호프가 제시한, 무한히 얇은 탄성 막대의 평형 조건을 사용했다.[89] 조합음에 대한 그의 연구에서 그는 옴의 법칙을 채택했는데 그에 따르면 귀는 공기의 주기적 운동을 단조화 진동, 즉 개별 음으로 분석한다.[90]

하이델베르크 대학에서 가르치면서 헬름홀츠는 이전처럼 생리학을 해부학이나 병리학과 결합할 필요 없이 생리학에만 집중할 수 있었다.[91] 생리학 연구소에는 그가 가르쳐야 할 학생 수에 충분한 실험실 공간이 없었으므로 그는 곧 새 연구소를 위한 계획에 착수했다. 그 연구소는 그 자신의 필요에 추가하여 32명의 학생과 연구자도 수용할 예정이었다. 1863년에 그는 새 연구소로 옮겼고 그것은 키르히호프의 연구소와 같은 건물인 프리드리히 동Friedrichsbau에 위치했다.[92]

Auges," *Archiv für Ophthalmologie* 9: 2 (1863): 153~188, in *Wiss. Abh.* 2: 360~419; *Treatise* 1: 94~96, 112; "Die theoretische Grenze für die Leitstungsfähigkeit der Mikroskope," *Ann.* Jubelband (1874): 557~584, in *Wiss. Abh.* 2: 185~212.

[87] Hermann von Helmholtz, "Ueber die Zusammensetzung von Spectralfarben," *Ann.* 94 (1855): 1~28, in *Wiss. Abh.* 2: 45~70; "Ueber die Empfindlichkeit der menschlichen Netzhaut."

[88] Helmholtz, *Handbuch der physiologischen Optik*, 3d ed., 2: 219~221.

[89] Hermann von Helmholtz, "Die Mechanik der Gehörknöchelchen und des Trommelfells," *Archiv für Physiologie* 1 (1868): 1~60, in *Wiss. Abh.* 2: 515~581.

[90] Hermann von Helmholtz, "Ueber Combinationstöne," *Ann.* 99 (1856): 497~540, in *Wiss. Abh.* 1: 263~302.

[91] Du Bois-Reymond, *Helmholtz*, 72.

[92] Koenigsberger, *Helmholtz*, 1: 318. "Universität Heidelberg. Neubau für naturwissenschaftliche Institute. I. Physiologisches Institut," 아마도 1859년. Bad.

헬름홀츠의 하이델베르크 대학 실험실에서는 헬름홀츠 자신과 다른 이들의 연구가 많이 출판되었다.[93] 쾨니히스베르크 대학에서처럼 하이델베르크 대학에서 헬름홀츠는 때때로 그의 실험실이 그의 연구와 연관이 있는 물리학 실험에 사용되는 것을 허락했다.[94] 그러나 헬름홀츠는 대부분 그의 실험실을 본래의 목적에 맞게 생리학을 위해 썼다. 거기에서 생리학 연구는 근육과는 별도로 눈을 다루었다. 그 연구는 1854년에 시작된 새로운 학술지인 《안과학 모음집》*Archiv für Ophthalmologie*에 발표되는 논문들을 통해 정기적으로 보고되었다. 그의 실험실 연구자들은 종종 외국에서 왔고 단기간만 머물렀다. 가령, 그중의 한 명은, "천재적인 생리학자이며 적응 이론의 전문가"인 헬름홀츠에게 조언을 얻고 하이델베르크 실험실에서 연구할 허락을 얻으려고 헬름홀츠에게 지원서를 내기 전에, 그의 고향 키예프에서 실험을 수행한 적이 있었다. 그는 실험실에 받아들여지자 헬름홀츠와 조수가 보는 앞에서 실험을 반복했다.[95] 보통

GLA, 235/352.

[93] "Verzeichniss der Arbeiten, die aus Helmholtz Laboratorium hervorgegangen und publicirt sind," in "Anlage" to Lipschitz, 초고, 날짜 미상 [1868], in Plücker Personalakte, Bonn UA. 헬름홀츠의 하이델베르크 실험실에서 연구하는 13명의 연구자가 출판한 이 목록은 불완전할 수 있으나 현재 논의의 목적으로는 적합하다.

[94] 쾨니히스베르크 대학에서 헬름홀츠는 그의 생리학 연구소와 수정(quartz) 장치를 에셀바흐(Ernst Esselbach)의 권한 안에 두었다. "Eine Wellenmessung im Spectrum jenseits des Violetts," *Ann.* 98 (1856): 513~546. 하이델베르크 대학에서 피오트로프스키(Gustav von Piotrowski)는 자신과 헬름홀츠의 연구를 출판하려고 유체 동역학 실험을 했다. "Ueber Reibung tropfbarer Flüssigkeiten," *Sitzungsber. österreichische Akad.* 40 (1860): 607, in *Wiss. Abh.* 1: 172~222. 심화된 유체 동역학 실험들이 하이델베르크 생리학 실험실에서 헬름홀츠가 보고한 대로 슈클라레프스키(Alexis Schklarewsky)에 의해 수행되었다. "Zur Theorie der stationären Ströme in reibenden Flüssigkeiten" (1868), *Verhandlungen des naturhistorisch-medicinischen Vereins zu Heidelberg* 5 (1871): 1~7 in *Wiss. Abh.* 1: 223~230.

[95] D. von Trautvetter, "Ueber dem Nerv der Accomodation," *Archiv für*

실험실에서 수행된 연구는 가령, 망막의 형광, 각막의 곡률, 색맹, 눈의 적응과 같이 헬름홀츠가 수행하고 있거나 수행한 적이 있는 주제에 관련되어 있었다. 사용된 방법은 보통 헬름홀츠의 것이었다. "헬름홀츠 교수의 제안으로"라는 문구가 실험실의 출판물에 자주 등장하는 것은 그가 실험실을 운영한 방식을 알려준다. 거의 모두가 자신의 연구를 헬름홀츠의 연구와 연관시켰다. 가령, 한 연구자는 "영의 이론을 한 번 더 지지하려는" 의도로 그의 실험을 수행했는데, 그 이론은 이미 헬름홀츠가 멋지게 완성해 놓은 상태였다.[96] 헬름홀츠의 실험실에서 나온 출판물들은 실험에 관련된 것이었고 헬름홀츠 자신의 출판물에서는 특징적으로 나타나는, 강한 이론적 전개와 수리 물리학의 언어는 결여되어 있었다.

헬름홀츠의 물리 연구

1859년에 시작하여 일련의 물리학 실험이 헬름홀츠의 제안으로 헬름홀츠의 생리학 실험실에서 피오트로프스키 Gustav von Piotrowski에 의해 수행되었다. 그 실험들은 액체를 담은 용기의 단단한 벽에서 액체의 마찰을 다루었다. 그것의 수학적 이론은 헬름홀츠가 푸아송, 나비에 Navier, 스토크스가 만든 방정식의 도움으로 작성한 적이 있었다. 헬름홀츠는 마찰 효과를 포함하는 유체 동역학 기본 방정식을 얻으려 했다. 그가 성공한다면, "유체 운동의 모든 특수 문제가 수학적 문제로 환원될 것"이라고 그는 친구 루트비히에게 말했다. 헬름홀츠와 피오트로프스키는 그들의

Ophthalmologie 12: 1 (1866), 95~149 중 131~132.
[96] Rudolph Schelske, "Zur Farbenempfindung," *Archiv für Ophthalmologie* 9: 2 (1863), 39~62 중 49.

공동 출판물에서 액체들이 만날 때 생기는 마찰은 그것의 운동 형태에 충분히 영향을 미치므로 기술적인 문제들이나 "생리학 탐구"에서 무시될 수 없다고 관측했다.[97]
 같은 해에 헬름홀츠는 물의 소용돌이 운동에 대한 순수하게 이론적인 연구를 출판한 직이 있었다. 그 논문에서 그는 마찰 효과를 정의하고 그것을 측정하는 어려움에 대해 논의했다. 그는 그 원인을 마찰을 경험하는 물의 운동 형태에 대한 무지로 돌렸다. 여기에서 그는 마찰을 직접 연구하지 않고 운동을 연구했는데 그중에 속도 퍼텐셜이 존재하지 않는 마찰 운동을 하나의 예로 들었다. 그런 운동의 가정은 유체 동역학 연구에서 흔치 않았다.[98] 그는 물 입자가 "소용돌이"라고 그가 명명한 운동의 형태인 회전을 하고 있다면 속도 퍼텐셜이 존재하지 않는다고 판단했다. 이 운동에 대하여 그는 물질의 보존 법칙과 유사한 소용돌이 보존 법칙을 유도했고 그것은 (다른 이들에게) 원자가 연속적인 에테르에서 소용돌이를 써서 표현될 수 있다는 것을 암시했다. 이 연구의 과정에서 헬름홀츠는 액체의 소용돌이 운동과 전류의 전자기 작용 사이에 있는 "놀라운 유비"를 알게 되었다. 그 유비는 이러한 새로운 형태의 운동을 상상할 수 있게 해주었고 그것을 분석하면서 헬름홀츠는 "자기 입자 또는 전류"에 대해서 말했으며, 자기 입자 또는 전류에 대한 친숙한 식들을 소용돌이 운동을 기술하는 친숙하지 않은 수학적 함수들에 첨부했다.[99]

---

[97] Helmholtz and Piotrowski, "Ueber Reibung," 172. 헬름홀츠가 루트비히에게 보낸 편지, 1859년 6월 13일 자, Koenigsberger, *Helmholtz*, 1: 343에 인용.
[98] Hermann von Helmholtz, "Ueber Integrale der hydrodynamischen Gleichungen welche den Wirbelbewegungen entsprechen," *Journ. f. d. reine u. angewandte Math.* 55 (1858): 25~55, in *Wiss. Abh.* 1: 101~134.
[99] 만약 각각의 물 입자의 속도 성분들을 어떤 함수의 미분 계수로 쓸 수 있다면, 그 함수를 "속도 퍼텐셜"이라고 부른다. Helmholtz, "Ueber Integrale," 103~104에

헬름홀츠는 1859년에 순수하게 이론적인 논문에서 유사한 유비를 사용했다. 이 논문에서 그는 유체 동역학이 아니라 음향학을 다루었고 그것은 직접 그의 생리 음향학과 관계가 있었다. 여기에서 그는 개관 또는 오르간 파이프에서 공기의 운동, 속도 퍼텐셜을 가정할 수 있는 종류의 운동을 다루었다. 다니엘 베르누이Daniel Bernoulli와 오일러Euler 이후에 푸아송이나 다른 이들이 그것을 연구한 적이 있었지만 그 이론에 주된 진보가 없었다고 헬름홀츠는 말했다. 그 이론은 관 깊숙이에서 발생한 평면 음파가 자유 공간으로 진출하는 것을 취급하는 부분에서 계속 불완전했다. 헬름홀츠는 이전의 연구자들처럼 열린 끝에서 공기의 상태에 대해 가정을 할 필요도 없이 그 문제에 대한 완전한 해를 제시했다. 그의 분석은 전기 퍼텐셜 함수와 동등한 수학 함수를 도입했는데 그 함수는 그가 전기 이론에서 잘 알려진 결과를 음향학적 문제에 적용할 수 있게 해주었다. 유비를 써서 그는 점전하electric mass-point들을 소리의 흥분점들에, 전기 퍼텐셜을 공기의 속도 퍼텐셜에 연결할 수 있었다.[100] 1850년대 말에 유체 동역학과 음향학에 관한 이 두 편의 논문들은 어려운 기술적 문제들을 해결하고 유비를 풍부하게 포함하고 있었기에, 키르히호프의 견해로는 수리 물리학에 끼친 헬름홀츠의 가장 중요한 기여에 속했다. 헬름홀츠는 그러한 연구 결과들을 생리학자로 고용되어 있는 동안에 내놓았다.[101]

서 인용. Albert Wangerin, "Anmerkungen," in his edition of *Zwei hydrodynamische Abhandlungen von H. v. Helmholtz*, vol. 79 of Ostwald's Klassiker der exakten Wissenschaften (Leipzig, 1896), 53, 55. Volkmann, "Helmholtz," 74~75.

[100] Hermann von Helmholtz, "Theorie der Luftschwingungen in Röhren mit offenen Enden," *Journ. f. d. reine u. angewandte Math.* 57 (1860): 1~72 in *Wiss. Abh.* 1: 303~382.

[101] Koenigsberger, *Helmholtz*, 1: 312. 오르간 파이프의 연구처럼 음향학적 연구는 헬

오르간 파이프의 음향학적 이론을 완성하고 그것을 실험과 비교할 때 헬름홀츠는 가장 두드러진 비대칭성이 제거되는 것에 만족했다. 그러나 그 일치가 여전히 불완전했으므로 그는 복잡한 마찰 인자를 도입함으로써 다시 그것을 개선했다.[102] 1860년경에 일련의 연구에서 헬름홀츠는 다양한 종류의 악기가 내는 음을 연구했다. 목관 악기 또는 리드 파이프는 그러한 종류 중 하나였다. 그는 베버가 리드 파이프의 역학을 적절하게 설명한 최초의 인물임을 주목했지만 베버는 그의 연구를 금속 리드에 제한했고 헬름홀츠는 클라리넷이나 오보에 리드, 사람의 입술처럼 더 가벼운 재료로 만들어진 리드의 음의 수학적 법칙을 전개했다.[103] 다음에 그는 우리가 보았듯이 오르간 파이프를 조사했고 바이올린과 사람의 목소리를 조사했다. 헬름홀츠의 생리학 연구는 그에게 음향학과 광학뿐

름홀츠에게 물리학의 다른 분야에 대한 함의가 있어서 유체 운동의 또 하나의 문제에 대한 해결을 암시했고 그것은 1868년에 출판되었다. 같은 미분 방정식들이 유체의 내부 운동, 전류, 열전도를 지배하지만 구멍에서 유출되는 유체는 전기나 열과는 다르게 행동한다. 그는 날카로운 칼날 주위를 흐르는 유체는 끊어지고 그 운동은 불연속적임을 보였다. 다시 고도로 수학적인 이 연구는 물리학뿐 아니라 "함수 이론에 큰 이익"을 주었다. Helmholtz, "Ueber discountinuirliche Flüssigkeits-Bewegungen," *Monatsber. preuss. Akad.* (1868), 215~228, in *Wiss. Abh.* 1: 146~157. Leo Koenigsberger, "The Investigations of Hermann von Helmholtz on the Fundamental Principles of Mathematics and Mechanics," *Annual Report of the ⋯ Smithsonian Institution ⋯ to July, 1896, 1898*, 93~124 중 106~107. 헬름홀츠의 1868년 논문은 하이델베르크 대학의 동료들이 수행한 관련된 연구의 또 하나의 예를 제공한다. 1869년에 키르히호프는 비압축성 유체에서 정적 흐름에 관한 논문을 출판했고 그는 그것의 직접적인 토대를 헬름홀츠의 논문에 두었다. Gustav Kirchhoff, "Zur Theorie freier Flüssigkeitsstrahlen," *Journ. f. d. reine u. angewandte Math.* 70 (1869): 289~298 in *Ges. Abh.* 416~427.

[102] Hermann von Helmholtz, "Ueber dem Einfluss der Reibung in der Luft auf die Schallbewegung," *Verhandlungen des naturhistorisch-medicinischen Vereins zu Heidelberg* 3 (1863): 16~20, in *Wiss. Abh.* 1: 283~287.

[103] Hermann von Helmholtz, "Zur Theorie der Zungenpfeifen," *Ann.* 114 (1861): 321~327, in *Wiss. Abh.* 1: 388~394.

아니라 전기학 문제도 제기했다. 1869년에 그는 친구 루트비히에게 "현재 나는 다시 방전의 시간과 전파에 관련된 전기 연구를 하고 있다네. 생리학 연구와 문제들을 통해 그것에 흥미를 갖게 되었다네."[104]라고 썼다.

생리학은 헬름홀츠를 또 다른 방향, 즉 물리학을 넘어서 수학으로 이끌었다. 1860년대 말에 그는 리만이 이미 그보다 앞서 그와 같은 결론에 도달했다는 것을 모른 채 기하학의 공리들에 관해 출판했다. 헬름홀츠는 그의 기하학 논문의 시작 부분에 "시계視界, field of vision에서 공간 지각에 대한 나의 연구는 공간에 대한 일반적인 인지의 기원과 본성에 대한 연구를 수행하는 계기가 되었다."라고 설명했다. 그는 우리의 공간 직관이, 구면 또는 유사 구면 기하학의 정리들 대신에 유클리드 기하학의 공리들과 일치하는 것으로 보이는 것은 경험의 결과라고 주장했다. 즉, 그 일치는 경험적인 것이지 사고의 필연성이 아니라는 것이다. 그는 진정한 의미를 얻기 위해서 기하학의 공리들은 우리가 공간 측정을 하는 컴퍼스 같은 고체의 역학적 특성과 연결되어야 한다고 설명했다. 결과적으로 우리 직관의 기하학을 기술하는 명제들의 체계는 우리가 정당화 없이 "형태와 실재 사이의 미리 성립된 조화"를 가정하지 않는다면, 칸트의 "초월적 직관 형태"로 간주될 수 없다고 결론지었다.[105]

---

[104] 헬름홀츠가 루트비히에게 보낸 편지는 Koenigsberger, *Helmholtz*, 2: 162에 인용되어 있다.

[105] Hermann von Helmholtz, "Ueber die Thatsachen, die der Geometrie zu Grunde liegen," *Gött. Nachr.* (1868), 193~221, in *Wiss. Abh.* 2: 618~639 중 618. 이 주제에 대한 간단한 출판물은 더 일찍 1866년에 나왔다. *Wiss. Abh.* 2: 610~617. 헬름홀츠가 하이델베르크에서 1870년에 한 대중 강의 "Ueber den Ursprung und die Bedeutung der geometrieschen Axiome"는 아트킨슨(E. Atkinson)이 번역하고 칼(R. Kahl)이 개정하여 다음과 같이 나왔다. "The Origin and Meaning of Geometriec Axioms (I)," in *Selected Writings*, 246~265 중 265.

헬름홀츠가 생리 광학을 연구하다가 관심을 두게 된 기하학에 대한 그의 연구는 그의 저작 모음에서 "인식론"이라는 제목 아래에 포함되었다. 그의 학생 헤르츠Heinrich Hertz[106]는 헬름홀츠에게 있어서 감각의 생리학적 연구의 인식론적 의미를 이렇게 정리했다. "우리의 의식 안에서 우리는 우리 내부에 개념과 아이디어의 지적 세계를 발견한다. 우리의 의식 밖에는 실재하는 존재들의 차갑고 낯선 세계가 놓여 있다. 둘 사이에는 감각이라는 좁은 경계선이 펼쳐져 있다." 헬름홀츠의 탐구 주제인 그 경계선은 "모든 자연 지식의 가능성과 정당성 문제를 다루는 데 본질적이다."[107]

과학 간의 관계에 대한 헬름홀츠의 견해

헬름홀츠는 그의 『음의 감각』에서 많은 자연적 친화점에 의해 서로 가까워졌지만 여전히 실제로 구분되어 존재하는 두 과학의 영역(곧, 한쪽에 **물리 및 생리 음향학**과 다른 쪽에 **음악 과학**과 **미학**의 영역)을 연결

---

[106] [역주] 독일의 물리학자 헤르츠(1857~1894)는 드레스덴, 뮌헨, 베를린 대학에서 공부했고 베를린에서는 헬름홀츠와 키르히호프에게 배웠다. 1880년에 박사학위를 받았고 1883년에 킬 대학 이론 물리학 교수가 되기 전까지 헬름홀츠에게 배웠다. 카를스루에 대학에서 1888년에 맥스웰이 예견한 전자기파를 검출함으로써 맥스웰 이론을 결정적으로 확증했다. 이로써 전파통신의 실용화가 임박하게 되었다. 그는 헬름홀츠에게 배울 때부터 탁월한 실험 연구자의 자질을 발휘했다. 주파수의 단위 헤르츠는 그의 공적을 기리려고 이름 붙인 것이다.

[107] Heinrich Hertz, "Hermann von Helmholtz," *Münchener Allgemeine Zeitung*, 1891년 8월 31일 자의 부록, in Hertz, *Miscellaneous Papers*, trans. D. E. Jones and G. A. Schott (London, 1896), 332~340 중 335, 337. 헬름홀츠는 양쪽 세계에 각각 속하는 것을 명쾌하게 구분했다. 즉, 물리적 생리적 접근에 열려 있는 것과 심리학과 철학에 속하는 것을 구분했다. Turner, "The Ohm-Seebeck Dispute," 18~21.

했다.[108] 스펙트럼(빛띠) 분석에 대한 문제과 키르히호프의 연구처럼 최근에 "우리 대학에서 시작된" 이 연구는 1862년에 하이델베르크 대학의 총장 대리로서 헬름홀츠의 연설 주제를 예시했다. 그 연설은 과학 간의 "상호관계"와 "긴밀한 협력"을 논의했다. 상호관계와 긴밀한 협력을 육성하는 일이 "대학의 중요한 기능"이었다. 상이한 과학들이 결과에 이르는 방법이 다르더라도 그 과학들은 모두 "세계에 대한 지성의 지배를 확립하는 하나의 공통 목표"가 있다고 헬름홀츠는 말했다.[109]

---

[108] Helmholtz, *Sensations of Tone*, 1.
[109] Hermann von Helmholtz, "Ueber das Verhältniss der Naturwissenschaften zur Gesammtheit der Wissenschaften," 총장 대리 연설, 1862년 11월 22일 자. 영역본, "The Relation of the Natural Sciences to Science in General," by R. Kahl, ed., *Selected Writings*, 122~143 중 122~123, 142~143.

참고문헌

미출판 원전

A. Schweiz. Sch., Zurich: Archiv des Schweizerischen Schulrates, ETH Zürich
Bad. GLA: Badisches Generallandesarchiv Karlsruhe
Bay. HSTA: Bayerisches Hauptstaatsarchiv, München
Bay. STB: Bayerische Staatsbibliothek München
Bonn UA: Archiv der Rheinischen Friedrch-Wilhelms-Universität Bonn
Bonn UB: Universitätsbibliothek Bonn
Breslau UB: Biblioteka Uniwersytec ka Wrocław (Breslau)
DM: Bibliothek des Deutschen Museums, München
Erlangen UA: Universitäts-Archiv der Friedrich-Alexander- Universität Erlangen
Erlangen UB: Universitätsbibliothek Erlangen-Nürnberg
ETHB: Bibliothek der ETH Zürich
Freiburg SA: Stadtarchiv der Stadt Freiburg im Breisgau
Freiburg UB: Universitäts-Bibliothek Freiburg i. Br
Giessen UA: Universitätsarchiv Justus Liebig- Universität Giessen
Göttingen UA: Archiv der Georg-August- Universität Göttingen
Graz UA: Archiv der Universität in Graz
Heidelberg UA: Universitätsarchiv der Ruprecht-Karls-Universität Heidelberg
Heidelberg UB: Universitätsbibliothek Heidelberg
HSTA, Stuttgart: Württembergisches Hauptstaatsarchiv Stuttgart
Jena UA: Universitätsarchiv der Friedrich- Schiller- Universität Jena
LA Schleswig-Holstein: Landesarchiv Schleswig-Holstein, Schleswig
Leipzig UA: Archiv der Karl-Marx- Universität Leipzig
Leipzig UB: Universitätsbibliothek der Karl-Marx-Universität Leipzig
Munich UA: Archiv der Ludwig-Maximilians-Universität München
Münster UA: Universität-Archiv der Westfälischen Wilhelms-Universität Münster

N.-W. HSTA: Nordrhein-Westfälisches Hauptstaatsarchiv Düsseldorf
Öster. STA: Österreichisches Staatsarchiv, Wien
STA K Zurich: Staatsarchiv des Kantons Zürich
STA, Ludwigsburg: Staatsarchiv Ludwigsburg
STA, Marburg: Hessisches Staatsarchiv Marburg
STPK: Staatsbibliothek preussischer Kulturesitz, Berlin
Tübingen UA: Universitätsarchiv Eberhard-Karls-Universität Tübingen
Tübingen UB: Universitätsbibliothek Tübingen
Würzburg UA: Archiv der Universität Würzburg

동독에서는 국가 아카이브들을 참고할 허락을 받지 못했다. 운 좋게도 거기에 소장된, 물리학에 관련된 많은 부분을 다른 문서에서 알 수 있었고, 어떤 경우에는 접근가능한 컬렉션에 그 사본들이 있었다.

출판된 출전

과학 논문은 각주에 제시했고 그 수가 많으므로 이 참고문헌에 다시 제시하지 않는다. 대학과 다른 학교에 대한 저작들은 베를린, 괴팅겐 등 위치에 따라 배열되어 있다.

Aachener Bezirksverein deutscher Ingenieure. "Adolf Wüllner." *Zs. D. Vereins deutsch. Ingenieure* 52 (1908): 1741~1742.

Abbe, Ernst. "Gedächtnisrede zur Feier des 50jährigen Besthens der optischen Werkstätte." In *Gesammelte Abhandlungen*, vol. 3, 60~95. Jena: Fischer, 1906.

Allgemeine deutsche Biographie. Vols. 1~56. 1875~1912. Reprint. Leipzig: Dunker und Humblot, 1967~1971. (*ADB*)

Assmann, Richard, et al. "Vollendung des 50. Jahrganges der 'Fortschritte.'" *Fortschritte der Physik des Aethers im Jahre 1894 50*, pt. 2 (1896): i~xi.

Auerbach, Felix. "Ernst Abbe." *Phys. Zs.* 6 (1905): 65~66.

_____. *Ernst Abbe, sein Leben, sein Wirken, seine Persönlichkeit.* Leipzig: Akademische Verlagsgesellschaft, 1918.

_____. *The Zeiss Works and the Carl Zeiss Foundation in Jena: Their Scientific, Technical and Sociological Development and Importance.* Translated by R. Kanthack from the 5th German edition, 1925. London: Foyle, n.d.

August, Ernst Ferdinand. *Zwei Abhandlungen physialischen und mathematischen Inhalts* ⋯ Berlin, 1829.

August, F. "Ernst Ferdinand August." In "Litterarischer Bericht CCIV," *Archiv d. Mach. u. Physik* 51 (1870): 1~5.

Baerwald, Hans. "Karl Schering." *Phys. Zs.* 26 (1925): 633~635.

Band, William. *Introduction to Mathematical Physics.* Princeton: Van Nostrand, 1959.

Baretin, W. "Johann Christian Poggendorff." *Ann.* 160 (1877): v~xxiv.

_____. "Ein Rückblick." *Ann.*, Jubelband (1874): ix~xiv.

Bauernfeind, Karl Max. "Ohm: Georg Simon." *ADB* 24 (1970): 187~203.

Baumgarten, Fritz. *Freiburg im Breisgau.* Berlin: Wedekind. 1907.

Baumgartner, Andress von, and Andress von Ettingshausen. *Die Naturlehre nach ihrem gegenwärtigen Zustande mit Rücksicht auf mathematische Begründung.* 6th ed. Vienna, 1839.

Becherer, Gerhard. "Die Geschichte der Entwicklung des Physikalischen Instituts der Universität Rostock." *Wiss. Zs. d. U. Rostock, Math-Naturwiss.* 16 (1967): 825~830.

Beer, August. *Einleitung in die höhere Optik.* Braunschweig, 1853.

Benzenberg, J. F. *Ueber die Daltonsche Theorie.* Düsseldorf, 1830.

Berkson, William. *Fields of Force: The Development of a World View from Faraday to Einstein.* New York: Wiley, 1974.

Berlin. Berlinisches Gymnasium zum grauen Kloster. "Jahresbericht des Berlinischen Gymnasiums zum grauen Kloster von Ostern 1840 bis Ostern 1841." In *De dialectorum linguae syriacae reliquiis,* by Ferdinand Larsow. Berlin, 1841.

_____. Julius Heidemann를 보라.

Berlin. Cöllnisches Real-Gymnasium. E. F. August's annual program for 1830~1831. In *Ueber die Naturgeschichte des Kreuzsteins*, by Friedrih Köhler. Berlin, 1831.

Berlin. Friedrichs-Gymnasium auf dem Werder. *Programm ··· des Friedrichs-Gymnasium auf dem Werder, 1833*. Berlin, 1833.

Berlin. K. Französisches Gymnasium. *Festschrift zur Feier des 200jährigen Bestehens des königlichen Französischen Gymnasiums*. Edited by the director and teachers. Berlin, 1890.

_____. *Programme d'invitation á l'examen public du Collége Royal Français*. Berlin, 1858.

Berlin. K. Wilhelms-Gymnasium. *K. Wilhelms-Gymnasium in Berlin. VI. Jahresbericht*. Berlin, 1866.

Berlin. Technical University. *Die Technische Hochschule zu Berlin 1799~1924. Festschrift*. Berlin: Georg Stilke, 1925.

Berlin, University. *Forschen und Wirken, Festschrift zur 150-Jahr-Feier der Humboldt-Universität zu.Berlin 1810~1960*. Vol. 1. Berlin: VEB Deutscher Verlag der Wis-Senschaften, 1960.

_____. *Idee und Wirklichkeit einer Universität. Dokumente zur Geschichte der Friedrich-Wilhelms-Universität zu Berlin*. Edited by Wilhelms Weischedel. Berlin: Walter de Gruyter, 1960.

_____. *Index Lectionum*. Berlin, n. d.

_____. Kurt-R. Biermann, Ilse Jahn, Rudolf Köpke, Max Lenz를 보라.

Bernhardt, Wilhelm. *Dr. Ernst Chladni, der Akustiker*, Wittenberg, 1856.

Bessel, F. W. *Populäre Vorlesungen über wissenschaftliche Gegenstände*. Edited by H. C. Schumacher. Hamburg, 1848.

Bezold, Friedrich von. *Geschichte der Rheinischen Friedrich-Wilhelms-Universität von der Gründung bis zum Jahr 1870*. Bonn: A. Marcus und E. Weber, 1920.

Bezold, Wilhelms von."Gedächtnissrede auf August Kundt." *Verh. phys. Ges.* 13(1894): 61~80.

Biermann, Kurt-R. "Humoldt, Alexander von." *DSB* 6 (1972): 549~555.

_____. *Die Mathematik und ihre Dozenten an der Berliner Universität 1810~1920. Stationen auf dem Wege eines mathematischen Zentrums von Weltgeltung*. Berlin: Akademie-Verlag. 1973.

Biermer, M. "Die Grossherzoglich Hessische Ludwigs-Universität zu Giessen." In *Das Unterrichtswesen im Deutschen Reich*, edited by Wilhelm Lexis, vol. 1, 562~574.

Biot, Jean Baptiste. *Lehrbuch der Experimental-Physik, oder Erfahrungs-Naturlehre*. 3d ed. Translated by Gustav Translated by Gustav Theodor Fechner. 4 vols. Leipzig, 1824~1825.

Blackmore, John T. *Emst Mach. His Work, Life, and Influence*. Berkeley, Los Angeies, and London: University of California Press, 1972.

Böhm, Walter. "Stefan, Joseph." *DSB* 13 (1976): 10~11.

Boltzmann, Ludwig. "Eugen von Lommel." *Jahresber. d. Deutsch. Math.-Vereinigung* 8 (1900): 47~53.

_____. *Gustav Robert Kirchoff*. Leipzig, 1888. Reprinted in Populäre Schriften, 51~75.

_____. "Joseph Stefan." Rede gehalten bei der Enthüllung des Stefan-Denkmals am 8. Dez. 1895. In *Populäre Schriften*, 92~103.

_____. *Populäre Schriften*, Leipzig: J. A. Barth, 1905.

_____. *Wissenschaftliche Abhandlungen*. Edited by Fritz Hasenöhrl. 3 vols. Leipzig: J. A. Barth, 1909. Reprint. New York: Chelsea, 1968.

Bonn. University. *Geschichte der Rheinischen Friedrich-Wilhelm-Universität zu Bonn am Rhein* Edited by A. Dyroff. Vol. 2, *Institute und Seminare*, 1818~1933. Bonn: F. Cohen, 1933.

_____. *150 Jahre Rheinische Friedrich-Wilhelms-Universität zu Bonn 1818~1968. Bonner Gelehrte. Beiträge zur Geschichte der Wissenschaften in Bonn. Mathematik und Naturwissenschaften*. Bonn: H. Bouvier, Ludwig Röhrscheid, 1970.

_____. *Vorlesungen auf der Königlich Preussischen Rhein-Universität Bonn*.

_____. Friedrich von Bezold를 보라.

Bonnell. E., and H. Kim. "Preussen. Die höheren Schulen." In *Encyklopädie des gesamten Erziehungs- und Unterrichtswesens*, edited by K. A. Schmid, vol. 6, 180 ff. Leipzig, 1885.

Borscheid, Peter. *Naturwissenschaft, Staat und Industrie in Baden (1848~1914)*. Vol. 17 of Industrielle Welt, Schriftenreihe des Arbeitskreises für modern Sozialgeschichte, edited by Werner Conze. Stuttgart: Ernst Klett, 1976.

Brandes, Heinrich Wilhelm. "Mathematik." In *Johann Samuel Traugott Gehler's Physikalisches Wörteruch*, vol. 6, pt. 2, 1473~1485. Leipzig, 1836.

_____. *Vorlesungen über die Naturlehre zur Belehrung dener, denen es an Mathematischen Vorkenntnissen fehlt*. 3 vols. Leipzig, 1830~1832.

Braun, Ferdinand. "Hermann. Georg Quincke." *Ann.* 15 (1904): I~viii.

Brendel, Martin. "Über die astronomischen Arbeiten von Gauss." Third treatise in vol. 11, pt. 2 of Carl Friedrich Gauss's Werke. Berlin and Göttingen: Springer, 1929.

Breslau. University. *Festschrift zur Feier des hundertjährigen Bestehens der Universität Breslau*. Pt. 2, *Geschichte der Fächer, Institute und Amter der Universität Breslau 1811~1911*. Edited by Georg Kaufmann.Breslau: F. Hirt, 1911.

Broda, Engelbert. *Ludwig Boltzmann. Mensch, Physiker, Philosoph*. Vienna: F. Deuticke, 1955.

Brüche, E. "Aus der Vergangenheit der Physikalischen Gesellschaft." *Phys. Bl.* 16 (1960): 499~505, 616~621; 17 (1961): 27~33, 120~127, 225~232, 400~410.

_____. "Ernst Abbe und sein Werk." *Phys. Bl.* 21 (1965): 261~269.

Bruhas, Karl. "Brandes: Heinrich Wilhelm." *ADB* 3 (1967): 242~243.

_____. "Gerling: Christian Ludwig." *ADB* 9 (1968): 26~29.

_____, ed. *Alexander von Humboldt. Eine wissenschaftliche Biographie.* 3 vols. Leipzig, 1872.

Brush, Stephen G. "Boltzmann, Ludwig," *DSB* 2(1970): 260~268.

_____. "Irreversibility and Indeterminism: Fourier to Heisenberg." *Journ.*

Hist. of Ideas 37 (1976): 603~630.

_____. *The Kind of Motion We Call Heat: A History Of The Kinetic Theory of Gases in the 19th Century.* Vol. I, *Physics and the Atomists.* Vol. 2, *Satistical Physics and Irreversible Processes.* Vol. 6 of Studies of Satistical Mechanics, Amsterdam and New York: North-Holland, 1976.

_____. *Kinetic Theory.* Vol. I, *The Nature of Gases and Heat.* Vol. 2, *Irreversible Processes.* The Commonwealth and International Library; Selected Reading in Physics. Oxford and New York: Pergamon, 1965~1966.

_____. "Randomness and Irreversibility." *Arch. Hist. Ex. Sci.* 12 (1974): 1~88.

_____. "The Wave Theory of Heat." *Brit. Journ. Sci.* 5 (1970): 145~167.

Buchheim, Gisela. "Zur Geschichte der Elektrodynamik: Briefe Ludwig Boltzmanns an Hermann von Helmholtz." *NTM* 5(1968): 125~131.

Buff, Heinrich. *Grundzüge der ExperimentalPhysik mit Rücksicht auf Chemie und Pharmacie, zum Gebrauche bei Vorlesungen und zum Selbstunterrichte.* Heidelberg, 1843.

Bunsen, Robert. *Gesammelte Abhandlungen von Robert Bunsen.* Edited by Wilhelm Ostwald and M. Bodenstein. Vol. 1. Leipzig: W. Engeelmann, 1904.

_____. Gustav Kirchhoff를 보라.

Caneva, Kenneth L. "From Galvanism to Electrodynamics: The Transformation of German Physics and Its Social Context." *HSPS* 9 (1978): 63~159.

Cantor, G. N., and M. J. S. Hodge, eds. *Conceptions of Ether: Studies in the History of Ether Theories 1740~1900.* Cambridge: Cambridge University Press, 1981.

Cantor, Moritz. "August: Ernst Ferdinand." *ADB* 1 (1967): 683~684.

_____. "Pfaff: Johann Friedrich." *ADB* 25 (1887): 592~593.

_____. "Richrlot: Friedrich Julius." *ADB* 28 (1970): 432~433.

_____. "Snell: Karl." *ADB* 34 (1892): 507.

_____. "Stahl: Konrad Dietrich Martin." *ADB* 35 (1893): 402~403.

Carus, C. G. *Lebenserinnerungen und Denkwürdigkeiten, nach der zweibändigen Originalausgabe von 1865/66.* Edited by Elmar Jansen. 2 vols. Weimar: Kiepenheuer, 1966.

Cawood, John. "Terrestrial Magnetism and the Development of Internation Collaboration in the Early Nineteenth Century. *Annals of Science* 34 (1977): 551~587.

Clausius, Rudolph. *Abhandlungen über die mechanische Wärmetheorie. Erste Abtheilung.* Braunschweig, 1864.

──────. *Die mechanische Wärmetheorie.* 2d rev. and completed ed. Of *Abhandlungen über die mechanische Wärmetheorie.* Vol. I. Second title page reads *Entwickelung der Theorie, soweit sie sich aus den beiden Hauptsätzen ableiten last, nebst Anwendungen.* Braunschweig, 1876. Vol. 2, *Die mechanische Behandlung der Electricität.* Second title page reads *Anwendung der mechanischen Wärmetheorie zu Grunde liegenden Principien auf die Electricität.* Braunschweig, 1879.

──────. *Die potentialfunction und das Potential. Ein Beitrag zur mathematischen Physik.* Leipzig, 1859.

──────. *Über das Wesen der Wärme, verglichen mit Licht und Schall.* Zurich, 1857.

Clebsch, Alfred. "Zum Gedächtniss an Julius Plücker." In *Julius Plückers Gesammelie mathematische Abhandlungen,* edited by A. Schoenfies, vol. 1, ix~xxxv. Leipzig, 1895.

Conrad, Johannes. *Das Universitätsstudium in Deutschland während der letzten 50 Jahre. Statische Untersuchungen unter besonderer Berücksichtigung Preussens.* Jena, 1884.

Craig, Gordon. *Germany,* 1866~1945. New York: Oxford University Press, 1978.

Daub, Edward E. "Atomism and Thermodynamics." *Isis* 58 (1967): 293~303.

──────. "Clausius, Rudolf." *DSB* 3 (1971): 303~311.

──────. "Entropy and Dissipation." *HSPS* 2 (1970): 321~354.

──────. "Probability and Thermodynamics: The Reduction of the Second

Law." *Isis* 60 (1969): 318~330.

_____. "Rudolf Clausius and the Nineteenth Century Theory of Heat." Ph. D. diss., University of Wisconsin-Madison, 1966.

Dedekind, Richard. "Bernhard Riemann's Lebenslauf." In *Bernhard Riemann's gesammelte mathematische Werke*, 507~526.

Degen, Heinz. "Die Gründungsgeschichte der Gesrllschaft deutscher Natürforscherund Arzte." *Naturwiss. Rundschau* 8 (1955): 421~427, 472~480.

Des Coudres, Theodor. "Ludwig Boltzmann." *Verh sächs. Ges. Wiss.* 85 (1906): 615~627.

Deutscher Universitäts-Kalender. Or Deutsches Hochschulverzeichnis; Lehrköper, Vorlesungen und Forschungeinrichtungen, Berlin, 1872~1901. Leipzig, 1902~.

Dickerhof, Harald. "Aufbruch in München." In *Ludwig-Mäximilians-Universität, Ingolstadt, Landshut, München*, 1472~1972, 215~250.

Dictionary of Scientific Biography. Edited by Charles Coulston Gillispie. 15 vols. New York: Scribner's, 1970~1978. (*DSB*)

Dirichlet, Gustav Lejeune. *G. Lejeune Dirichlet's Werke*. Edited by L. Kronecker and L. Fuchs. 2 vols. Berlin, 1889~1897.

_____. *Vorlesungen über die im umgekehrten Verhältniss des Quadrats der Entfernung wirkenden Kräfte*. Edited by F. Grube. Leipzig,, 1876.

Dove, Alfred. "Alexander von Humboldt auf der Höhe seiner Jahre (Berlin 1827~1859)." In *Alexander von Humboldt*, edited by Karl Bruhns, vol. 2, 93~189.

_____. "Dove: Heinrich Wilhelm." *ADB* 48 (1971): 51~69.

Dove, Heinrich Wilhelm. *Darstellung der Farbenlehre und optische Studien*. Berlin, 1853.

_____."Ueber Maass und Messen." In *Programm ··· des Friedrichs-Gymnasium auf dem Werder*. Berlin, 1833.

Dove, Heinrich Wilhelm, and Ludwig Moser, eds. *Repertorium der Physik*. Vol. 1. Berlin, 1837.

Drake, Stillman. *Galileo at Work*. Chicago: University of Chicago Press, 1978.

Drobisch, Moritz Wilhelm. *Philologie und Mathematik als Gegenstände des Gymnasialunterrichts betrachtet, mit besonderer Beziehung auf Sachsens Gelehrtenschulen*. Leipzig, 1832.

Drude, Paul. "Wilhelm Gottlieb Hankel." *Verh. sächs. Ges. Wiss.* 51 (1899): lxvii~lxxvi.

Du Bois-Reymond, Emil. *Hermann von Helmholtz: Gedächtnissrede*. Leipzig, 1897.

Dugas, René. *A History of Mechanics*. Translated by J. R. Maddox. New York: Central Book, 1955.

_____. *La théorie physique au sens de Boltzmann et ses Prolongements moderns*. Neuchâel-Suisse: Griffon, 1959.

Dunnington, Guy Waldo. *Carl Friedrich Gauss, Titan of Science; A Study of His Life and Work*. New York: Exposition Press, 1955.

Ebert, H. "Die Gründer der Physikalischen Gesellschaft zu Berlin." *Phys. Bl.* 6 (1971): 247~254.

Ebert, Hermann. *Hermann von Helmholtz*. Stuttgart: Wissenschaftliche Verlagsgesellschaft, 1949.

Eggeling. "Fries: Jakob Friedrich." *ADB* 8 (1967): 73~81.

Eggert, Hermann. "Universitäten." In *Handbuch der Architektur*, pt. 4, sect. 6, no. 2aI, 54~111.

Einstein, Albert. "Emil Warburg als Forscher." *Naturwiss.* 10 (1922): 824~828.

_____. *Ideas and Opinions*. New York: Dell, 1973.

_____."Maxwell's Influence on the Development of the Conception of Physical Reality," 1931. In *Ideas and Opinions*, 259~263.

Elkana, Yehuda. "Helmholtz.' 'Kraft': An Illustration of Concepts in Flux." *HSPS* 2 (1970): 263~298.

Engel, Friedrich. *Grassmanns Leben*. Vol. 3, pt. 2 of *Hermann Grassmanns gesammelte mathematische und physikalische Werke*. Leipzig: B. G. Teubner, 1911.

Erlangen. University. Theodor Kolde를 보라.

Erman, Wilhelm. "Paul Erman. Ein Berliner Gelehrtenleben 1764~1851." In *Schriften des Vereins für die Geschichte Berlins* 53 (1927): 1~264.

"Ernst Abbe (1840~1905). The Origin of a Great Optical Industry." *Nature*, no. 3664 (20 Jan. 1940): 89~91.

Ernst Mach. *Physicist and Philosopher*. Vol. 6 of Boston Studies in the Edited Philosophy of Science. Edited by R. S. Cohen and R. J. Seeger. Dordrecht-Holland: Reidel, 1970.

Ettingshausen, Andreas von. *Anfangsgründe der Physik*. Vienna, 1844.

_____. Andreas von Baumgartner를 보라.

Eulenburg, Franz. *Der akademische Nachwuchs; Untersuchung über die Lage und die Aufgaben der Extraordinarien und Privadozenten*. Leipzig: B. G. Teubner, 1908.

_____. "Die Frequenz der deutschen Universitäten." *Abh. Sächs. Ges. Wiss*. 24, pt. 2 (1904): 1~323.

Fechner, Gustav Theodor. Elementar-Lehrbuch des Elektromagnetismus, nebst Beschreibung der hauptsächlichsten elektromagnetischen Apparate. Leipzig, 1830.

_____. Maassbestimmungen über die galvanische Kette. Leipzig, 1831.

_____. Repertorium der Experimentalphysik, enthaltend eine vollständige Zusammenstellung der neuen Forschritte dieser Wisenschaft. Vol. 3. Leipzig, 1832.

_____. *Ueber die Physikalische und Philosophische Atomenlehre*. 2d rev. ed. Leipzig. 1864.

Ferber, Christian von. *Die Entwicklung des Lehrkörpers der deutschen Universitäten und Hochschulen 1864~1954*. Göttingen: Vandenhoeck und Ruprecht, 1956.

Fischer, Ernst Gottfried. *Lehrbuch der mechanischen Naturlehre*, 3d ed. 2 vols. Berlin and Leipzig, 1826~1827.

Fischer, Kuno. *Erinnerungen an Moritz Seebeck, wirkl. Geheimerath und Curator der Universität Jena, nebst einem Anhange: Goethe und Thomas Seebeck*. Heidelberg, 1886.

Fölie, F. "R. Clausius. Sa vie, ses travaux et leur portée metaphysique." *Revue des questions scientifiques* 27 (1890): 419~487.

Francis, W. J. Tyndall를 보라.

Franck, James. "Emil Warburg zum Gedächtnis." *Naturwiss.* 19 (1931): 993~997.

Franckfurt am Main. Physical Society. *Jahresbericht des Physikalischen Vereins zu Franckfurt am Main.* Franckfurt am Main, 1831~.

Fraunhofer, Joseph (von). *Joseph von Fraunhofer's Gesammelte Schriften.* Edited by Eugen Lommel. Munich, 1888.

Freiburg i. Br. *Freiburg und seine Universität. Festschrift der Stadt Freiburg im Breisgau zur Fünfhhundertiahrfeier der Albert- Ludwigs-Universität.* Edited by Maximilian Kollofrath and Franz Schneller. Freiburg i. Br.: n. p., 1957.

Freiburg. University. *Aus der Geschichte der Naturwissenschaften an der Universität Freiburg i. Br.* Edited by Eduard Zentgraf. Freiburg i. Br.: Albert, 1957.

_____. *Statuten des Seminars für Mathematik und Natuewissenschaften an der Universität zu Freiburg. Im Breisgau.* Freiburg i. Br., 1846.

_____. *Die Universität Freiburg seit dem Regierungsantritt Seiner Königlichen Hoheit des Grossherzogs Friedrich von Baden.* Freiburg i. Br. And Tübingen, 1881.

_____. Fritz Baumgarten을 보라.

Frey-Wyssling, A., and Elsi Häusermann. *Geschichte der Abteilung für Naturwissenschaften an der Eidgenössischen Technischen Hochschule in Zürich 1855~1955.* [Zurich], 1958.

Frick. Joseph. *Die Physikalische Technik, oder Anleitung zur Anstellung von Physikalischen Versuchen und zur Herstellung von Physikalischen Apparaten mit möglichst einfachen Mitteln.* 2d rev. ed. Braunschweig, 1856.

Fricke, Robert. "Die allgemeinen Abteilungen." In *Das Unterricgtswesen im Deutschen Reich,* edited by Wilhelm Lexis, vol. 4, pt. 1, 49~62.

Fries, Jakob Friedrich. *Entwurf des Systems der theoretischen Physik; zum*

Gebrauche bey seinen Vorlesungen. Heidelberg, 1813.

_____. *Die mathematische Naturphilosophie nach philosophischer Methode bearbeitet. Ein Versuch*. Heidelberg, 1822.

Frommel, Emil. *Johann Christian Poggendorff*. Berlin, 1877.

Füchtbauer, Heinrich von. *Georg Simon Ohm; ein Forscher wächst aus seiner Väter Art*. 2d ed. Bonn: Ferdinand Dümmler; 1947.

Galle, A. "Über die geodätischen Arbeiten von Gauss." First treatise in vol. 11, pt. 2 of Carl Friedrich Gauss's *Werke*. Berlin and Göttingen: Springer, 1924.

Garber, Elizabeth Wolfe. "Clausius and Maxwell's Kinetic. Theory of Gases." *HSPS* 2 (1970): 299~319.

_____. "Maxwell, Clausius and Gibbs: Aspects of the Development of Kinetic Theory and Thermodynamics." Ph. D. diss., Case Institute of Technology, 1966.

_____. "Rudolf Clausius' Work in Meteorological Optics." *Rete* 2 (1975): 323~337.

Gauss, Carl Friedrich. *Allgemeine Lehrsätze in Beziehung auf die im verkehrten Verhältnisse des Quadrats der Entfernung wirkenden Anziehungs- und Abstossungs-Kräfte* (1840). Edited by Albert Wangerin. Vol. 2 of Ostwald's Klassiker der exakten Wissenschaften. Leipzig, 1889.

_____. *Die Intensität der erdmagnetischen Kraft auf absolutes Maass zurückgeführt* (1832). Edited by Ernst Dorn. Vol. 53 of Ostwald's Klassiker der exakten Wissenschaften. Leipzig, 1894.

_____. *Werke*. Vol. 5. Edited by Königliche Gesellschaft der Wissenschaften zu Göttingen. N. p., 1877. Vol. 11, pt. 2, *Abhandlungen über Gauss' Wissenschaftliche Tätigkeit auf den Gebieten der Geodäsie, Physik und Astronmie*, edited by Gesellschaft der Wissenschaften zu Göttingen. Berlin and Göttingen: Springer, 1924~1929.

_____. Alexander von Humboldt을 보라.

Gebhardt, Willy. "Die Geeschichte der Physikalischen Institute der Universität Halle." *Wiss. Zs. d. Martin-Luther-U. Halle-Wittenberg, Math-Naturwiss.* 10 (1961): 851~859.

Gehlhoff, Georg. "E. Warburg als Lehrer." *Zs. f. techn. Physik* 3 (1922): 186~192.

Gericke, Helmuth, *Zur Geschichte der Mathematik an der Universität Freiburg i. Br.* Freiburg i. Br.: Albert, 1955.

Gericke, Helmuth, and Hellfried Uebele. "Philipp Ludwig von Seidel und Gustav Bauer, zwei Erneuerer der Mathematik in München." In *Die Ludwig-Maximilians-Universität in ihren Fakultäten* 1: 390~399.

Gerling, Christian Ludwig. *Christian Ludwig Gerling an Carl Friedrich Gauss. Sechzig bisher unveröffentlichte Briefe.* Edited by T. Gerardy. Göttingen: Vandenhoeck und Ruprecht, 1964.

──────. *Nachricht von dem mathematisch-physicalischen Institute der Universität Marburg.* Marburg, 1848.

German Physical Society. Fiftieth anniversary issue. *Verh. phys. Ges.* 15 (1896): 1~40.

──────. Foreword. *Die Fortschritte der Physik im Jahre* 1845 1 (1847).

Gibbs, Josiah Willard. "Rudolf Julius Emanuel Clausius." *Proc. Am. Acad.* 16 (1889): 458~465.

Giese, Gerhardt. *Quellen zur deutschen Schulgeschichte seit 1800.* Vol. 15 of Quellensammlung zur Kulturgeschichte, edited by Wilhelm Treue. Göttingen: Musterschmidt-Verlag, 1961.

Giessen. University. *Ludwigs-Universität, Justus Liebig-Hochschule, 1607~1957. Festschrift zur 350- Jahrfeier.* Giessen, 1957.

──────. *Statuten des physikalischen Seminars an der Grossherzoglichen Landes-Universität zu Giessen.* N. p., 1862.

──────. *Die Universität Giessen von 1607 bis 1907. Beiträge zu ihrer Geschichte. Festschrift zu dritten Jahrhundertfeier.* Edited by Universität Giessen. Vol. 1. Giessen: A. Töpelmann, 1907.

──────. M. Biermer와 Wilhelm Lorey를 보라.

Gilbert, L. W. "Vorrede." *Ann.* 1 (1799).

Goethe, Johann Wolfgang (von). *Goethes Gespräche mit J. P. Eckemann.* Edited by Franz Deibel. Vol. 1. Leipzig: Insel-Verlag, 1908.

──────. *Goethes Sämtliche Werke.* Jubiläums-Augbabe. Vol. 30, *Annalen.*

Stuttgart and Berlin: J. G. Teubner, 1906.

_____. *Neue Mittheilungen aus Johann Wolfgang von Goethe's handschriftlichem Nachlass.* Vols. 1~2, *Goethe's Naturwissenschaftliche Correspondenz (1812~1832).* Edited by F. T. Bratanek. Leipzig, 1874.

Göttingen. University. *Die physikalischen Institute der Universität Göttingen.* Edited by Göttingen Vereinigung zur Förderung der angewandten Physik und Mathematik. Leipzig and Berlin: B. G. Teubner, 1906.

_____. "Statuten des mathematisch-physikalischen Seminars zu Göttingen." *Gött. Nachr.*, 1850, 75~79.

_____. *Statuten des mathematisch-physikalischen Seminars zu Göttingen.* Göttingen, 1886.

_____. Johann Stephan Pütter를 보라.

Goldstein, Eugen. "Aus vergangenen Tagen der Berliner Physikalischen Gesellschaft." *Naturwiss.* 13(1925): 39~45.

Gollwitzer, Heinz. "Altenstein, Karl Sigmund Franz Frhr. Vom Stein zum." *Neue deutsche Biographie* 1 (1953): 216~217.

Grailich, Josef. *Krystallograpisch-optische Untersuchungen.* Vienna and Olmüz, 1858.

"Grailich, Josef." *Österreichisches Biographisches Lexikon 1815~1950* 2 (1959): 46~47.

Grassmann, Hermann. *Hermann Grassmanns gesammelte mathematische und Physikalische Werke.* Edited by Friedrich Engel. 3 vols. in 6. Leipzig: B. G. Teubner, 1894~1911.

Gregory, Frederick. *Scientific Materialism in Nineteenth Century Germany.* Dordrecht and Boston: Reidel, 1977.

Greifswald. University. *Festschrift zur 500-Jahrfeier der Universität Greifswald.* Vol. 2. Greifswald: Universität, 1956.

Gren, F. A. C. Foreword. *Journal der Physik* 1 (1790).

Gross, Edward. *Work and Society.* New York: Thomas Y. Crowell, 1967.

Grüneisen, Eduard. "Emil Warburg zum achtzigsten Geburtstage." *Naturwiss.* 14 (1926): 203~207.

Gümbel, von. "Schmid: Ernst Erhard." *ADB* 31 (1970): 659~661.
Günther. "Mayer: Johann Tobias." *ADB* 31 (1885): 116~118.
Günther, Siegmund. "Ein Rückblick auf die Anfänge des technischen Schulwesens in Bayern." In *Darstellungen aus der Geschichte der Technik, der Industrie und Landwirtschaft in Bayern*, edited by the Munich Technical University, 1~16.
Guggenbühl, Gottfried. "Geschichte der Eidgenössischen Technischen Hochschule in Zürich." In *Eidgenössische Technische Hochschule 1855~1955*, 3~260.
Guttstadt, Albert, ed. *Die naturwissenschaftlichen und medicinischen Staatsanstalten Berlins. Festschrift für die 59. Versammlung deutscher naturforscher und Aerzte*. Berlin, 1886.
Häusermann, Elsi. A. Frey-Wyssling를 보라.
Halle. University. *Bibliographie der Universitätsschriften von Halle-Wittenberg 1817~1885*. Edited by W. Suchier. Berlin: Deutscher Verlag der Wissenschaften, 1953.
_____. *450 Jahre Martin-Luther-Universität Halle-Wittenberg*. Vol. 2. [Halle, 1953?]
_____. *Vorläufiges Reglement für das Seminar für Mathematik und die gesammten Naturwissenschaften auf der Universität Halle-Wittenberg*. Halle, 1840.
_____. Willy Gebhardt와 Wilhelm Schrader를 보라.
Handbuch der Architektur. Pt. 4, *Entwerfen, Anlage und Einrichtung der Gebäude*. Sect. 6, *Gebäude für Erziehung, Wissenschaft und Kunst*. No. 2a, *Hochschulen, zugehörige und verwandte wissenschaftliche Institute*. I. *Hochschulen im allgemeinen, Universitäten und Technische Hochschulen, Naturwissenschaftliche Institute*. Edited by H. Eggert, C. Junk, C. Körner, and E. Schmitt. 2d. Stuttgart: A. Kröner, 1905.
Handbuch der bayerischen Geschichte. Vol. 4, *Das neue Bayern 1800~1970*. Edited by Max Spindler. Pt. 2. Munich: C. H. Beck, 1975.
Hankel, Wilhelm. *Grundriss der Physik*. Stuttgart, 1848.

Harig, G., ed. *Bedeutende Gelehrte in Leipzig*. Vol. 2. Leipzig: Karl-Marx-Universität, 1965.

Harman, P. M. *Energy, Force, and Matter: The Conceptual Development of Nineteenth-Century Physics*. Camridge: Camridge University Press, 1982.

_____. *Metaphysics and Natural Philosophy: The Problem of Substance in Classical Physics*. Brighton: Harvester Press, 1982.

Harnack, Adolf, ed. *Geschichte der Königlich preussishen Akademie der Wissenschaften zu Berlin*. 3 vols. Berlin: Reichsdruckerei, 1900.

Heidelberg. University. *Anzeige der Vorlesungen ⋯ auf der Grossherzoglich Badischen Ruprecht- Carolinischen Universität, zu Heidelberg ⋯* Heidelberg.

_____. *Heidelberger Professoren aus dem 19. Jahrhundert. Festschrift der Universität zur Zentenarfeier ihrer Erneuerung durh Karl Friedrich*. Vol. 2. Heidelberg: C. Winter, 1903.

_____. *Ruperto-Carola. Sonderband. Aus der Geschichte der Universität Heidelberg und ihrer Fakultäten*. Edited by G. Hinz. Heidelberg: Brausdruck, 1961.

_____. *Die Ruprecht-Karl-Universität Heidelberg*. Edited by G. Hinz. Berlin and Basel: Länderdienst, 1965.

_____. *Zusammenstellung der Vorlesungen, welche vom Sommerhalbjahr 1804 bis 1886 auf der Grossherzoglich Badischen Ruprecht- Karls-Universität zu Heidelberg angekündigt worden sind*.

_____. Reinhard Riese와 Georg Weber를 보라.

Heidemann, Julius. *Geschichte des Grauen Klosters zu Berlin*, 1874.

Heidemann, P. M. "Conversion of Forces and the Conservation of Energy." *Centaurus* 18 (1974): 147~161.

_____. "Helmholtz and Kant: The Metaphysical Foundations of Über die Erhaltung der Kraft." *Stud. Hist. Phil. Sci.* 5 (1974): 205~238.

_____. "Mayer's Concept of 'Force': The 'Axis' of a New Science of physics." *HSPS* 7 (1976): 277~296.

Heinrichs, Joseph. "Ohm im mathematisch-naturwissenschaftlichen

Gedankenkreis seiner Zeit." In *Georg Simon Ohm als Lehrer und Forscher in Köln 1817 bis 1826*, edited by Kölnischer Geschichtsverin, 254~270.

Heller, Karl Daniel. *Emst Mach: Wegbereiter der modernen physik*. Vienna and New York: Springer, 1964.

Helm, Georg. "Oskar Schlömilh." *Zs. f. Math. u. Phys.* 46 (1901): 1~7.

Helmholtz, Anna von. *Anna von Helmholtz, Ein Lebensbild in Briefen*. Edited by Ellen von Siemens- Helmholtz, Vol. 1. Berlin: Verlag für Kulturpolitik, 1929.

Helmholtz, Hermann (von). "Autobiographical Sketch." In *Popular Lectures on Scientific Subiects*, vol. 2, 266~291.

_____. *Epistemological Writings*. Edited by Paul Hertz and Moritz Schlick. Translated by M. F. Lowe. Vol. 37 of Boston Studies in the Philosophy of Science. Dordrecht and Boston: Reidel, 1977.

_____. "Gustav Magnus. In Memoriam." In *Popular Lectures on Scientific Subiects*, 1~25.

_____. "Gustav Wiedemann." *Ann.* 50 (1893): iii~xi.

_____. *Handbuch der physiologischen Optik*. 3 vols. Leipzig, 1856~1867. Translated as *Treatise on Physiological Optics* and edited by J. C. P. Southall from the 3d German ed. of 1909, edited by A. Gullstrand, J. von Kries, and W. Nagel, 3 vols. Rochester: Optical Society of America, 1924~1925.

_____. *Die Lehre von den Tonempfindungen, als Physiologische Grundlage für die Theorie der Musik*. Braunschweig, 1863. Translated as *Sensations of Tone as a Physiological Basis for the Theory of Music* by A, J. Ellis from the 4th German ed. of 1877. 2d English ed. London, 1885.

_____. *Popular Lectures on Scientific Subiects*, Translated by E. Atkinson. London. 1881. New ed. in 2 vols. London: Longmans, Green, 1908~1912.

_____. *Selected Writings of Hermann von Helmholtz*, Edited by R. Kahl. Middletown, Conn.: Wesleyan University Press, 1971.

_____. *Ueber die Erhalting der Kraft, eine Physikalische Ahandlung.*

Berlin, 1847.

_____. Vorlesungen über theretische Physik. Vol. 1, pt. 1, *Einleitung zu den Vorlesungen über theretische Physik*. Edited by Arthur König and Carl Runge. Leipzig: J. A. Barth, 1903.

_____. *Wissenschaftliche Ahandlungen*. 3 vols. Leipzig, 1882~1895.

_____. "Zur Erinnerung an Rudolf Clausius." *Verh. phys. Ges.* 8 (1889): 1~7.

_____. *Zwei hydrodynamische Abhandlungen von H. v. Helmholtz,*. Vol. 79 of Ostwald's Klassiker der exakten Wissenschaften Leipzig, 1896.

Helmholtz, Robert, "A Memoir of Gustav Robert Kirchhoff." Translated by J. de Perott. *Annual Report of the ··· Smithsonian Institution ··· to July, 1889, 1890*, 527~540.

Hensel, Sebastian. *The Mendelsshn Family (1729~1847). From Letters and Journals*. Translated by C. Klingemann. 2d rev. ed. New York, 1882.

Hermann, Armin. "Physiker und Physik-anno 1845." *Phys. Bl.* 21 (1965): 399~405.

Hermann. L. "Hermann von Helmholtz." *Schriften der Physikalish-ökonomischen Gesellschaft zu Königserg* 35 (1894): 63~73.

Hertz, Heimrich. "Hermann von Helmholtz." In Supplement to *Münchener Allgemeine Zeitung*, 31 Aug. 1891. Reprinted and Translated by D. E. Jones and G, A. Schott. London. 1896.

Hess, W. "Lichtenberg: Georg Christoph." *ADB* 18(1883): 537~538.

Heunisch, A. J. V. *Das Grossherzoghum Baden, historisch-geographisch-statistisch-topographisch beschrieben.* Heidelberg, 1857.

Heydweiller, Adolf. "Friedrich Kohlrausch." In Friedrich Kohlrausch's *Gesammelte Abhandlungen*, vol. 2, xxxv~lxviii.

_____. "Johann Wilhelm Hittorf." *Phys. Zs.* 16 (1915): 161~179.

Hiebert, Erwin N. "Ernst Mach." *DSB* 8 (1973): 595~607.

_____. "The Genesis of Mach's Early Views on Atomism." In *Ernst Mach Physicist and Philosopher*, 79~106.

Hildebrandt, Friedrich. *Anfangsgründe der dynamischen Naturlehre.* N. p.

[Erlangen], 1807.

Hodge, M. J. S. G. N. Cantor를 보라.

Hölder, O. "Carl Neumann." *Verh. sächs. Ges. Wiss.* 77 (1925): 154~180.

Hofmann, A. W. "Gustav Kirchhoff." *Berichte der deutschen chemischen Gesrllschaft*, vol. 20, pt. 2 (1887): 2771~2777.

_____. "Magnus: Heinrich Gustav." *ADB* 20 (1970): 77~90.

Holborn, Hajo. *A History of Modern Germany, 1840~1945.* New York: Alfred A. Knopf, 1969.

Hoppe, Edmund. *Geschichte der Elektrizität.* Leipzig, 1884.

Hoppe, Günter. "Goethes Ansichten über Meteorite und sein Verhältnis zu dem Physiker Chladni." *Goethe Jahrbuch* 95 (1978): 227~240.

Humboldt, Alexander von. *Briefe zwischen A. v. Humboldt und Gauss. Zum hundertjährigen Geburtstage von Gauss am 30. April 1877.* Edited by Karl Bruhns. Leipzig, 1877.

Jacobi, C. G. J.: and M. H. Jacobi. *Briefwechsel zwischen C. G. J. Jacob und M. H. Jacobi.* Edited by W. Ahrens. Leipzig: B. G. Teubner, 1907.

Jaeckel, Barbara, and Wolfang Paul. "Die Entwicklung der Physik in Bonn 1818~1968." In *150 Jahre Rheinische Friedrich-Wilhelms-Universität zu Bonn 1818~1968*, 91~100.

Jäger, Cajetan. "Wucherer, Gustav Friedrich." In *Literärisches Freiburg i. Br.*, 200~207. Freiburg i. Br., 1839.

Jäger, Gustav. "Der Physiker Ludwig Boltzmann." *Monatshefte für Mathermatik und Physik* 18 (1907): 3~7.

Jahn, Ilse. "Über die Einwirkung Alexander von Humboldts auf die Entwicklung der Naturwissenschaften an der Berliner Universität." *Wiss. Zs. d. Humboldt-U. Berlin, Math-Naturwiss.* 21 (1972): 131~144

Jahnke, H. N., and M. Otte, eds. *Epistemological and Social Problems of the Sciences in the Early Nineteenth Century.* Dordrecht: Reidel, 1981.

Jeismann, Karl-Ernst. *Das preussische Gymnasium in Staat und Gesellschaft. Die Entstehung des Gymnasiums als Schule des Staates und der Gebildeten, 1787~1817.* Vol. 15 of Industrielle Welt, Schriftenreihe des

Arbeitskreises für moderne Sozialgeshichte, edited by Werner Conze. Stuttgart: Ernst Klett, 1974.

Jena. University. *Beiträge zur Geschichte der Mathematisch-Naturwissenschaftlichen Fakultät der Friedrich-Schiller-Universität Jena anlässlich der 400-Jahr-Feier.* Jena: G. Fischer, 1959.

_____. *Geschichte der Universität Jena 1548/1958. Festgabe zum vierhundertjährigen Universitätsjubiläum.* 2 vols. Jena: G. Fischer, 1958.

Jenkins, Reese V. "Fraunhofer, Joseph." *DSB* 5 (1972): 142~144.

Johann Samuel Traugott Gehler's Physikalisches Wörterbuch. Edited by Heinrich Wilhelm Brandes, L. Gmelin, J. C. Horner, Georg Wilhelm Muncke, C. H. Pfaff, J. J. von Littrow, and K. L. von Littrow, 11 vols. in 22. Leipzig, 1825~1845.

Jolly, Philipp. *Ueber die Physik der Molecularkräfte. Rede in der öffentlichen Sitzung der Königl. Akademie der Wissenschaften am 28. März 1857.* Munich, 1857.

Jungnickel, Christa. "The Royal Saxon Society of Sciences: A Study of Nineteenth Century German Science." Ph. D. diss., Johns Hopkins University, 1978.

Junk, Carl. Physikalische Institute." In *Handbuch der Architektur*, pt. 4, sect. 6, no. 2al, 164~236.

K. "Reich: Ferdinand." *ADB* 27 (1967): 607~611.

_____. "Riess: Peter Theophil." *ADB* 28 (1970): 584~586.

_____. "Schweigger: Johann Salomo Christoph." *ADB* 33 (1891): 335~339.

_____. "Seebeck: Ludwig Friedrich Wilhelm August." *ADB* 33 (1971): 559~560.

Kalähne, Alfred. "Dem Andenken an Georg Quincke." *Phys. Zs.* 25 (1924): 649~659.

Karlsruhe. Technical University. *Festgabe zum Jubiläum der vierzigjährigen Regierung Seiner Königlichen Hoheit des Grossherzogs Friedrich von Baden.* Karlsruhe, 1892.

Karsten, Gustav, ed. *Allgemeine Encyclopaedie der Physik*. Leipzig, 1856~1863.
Kastner, Carl Friedrich August Theodor. *Die Physik*. Pt. 1. Rostock, 1829.
Kastner, Carl Wilhelm Gottlob. *Grundriss der ExperimentalPhysik*. 2 vols. Heidelberg, 1810. 2d rev. ed. 1820~1821.

―――――. *Grundzüge der Physik und Chemie zum Gebrauch für höhere Lehransyalten und zum Selbstunterricht für Gewerbtreibende und Freunde der Naturwissenschaft*. Bonn, 1821. 2d ed. in 2 vols. 1832~1833.

Kelbg, Günter, and Wolf Dietrich Kraeft. "Die Entwicklung der theoretischen Physik in Rostock." *Wiss. Zs. d. U. Rostock.* 16 (1967): 839~847.

Kiel. University,. *Geschichte der Christian-Albrechts-Universität Kiel, 1665~1965. Vol. 6, Geschichte der Mathematik, der Naturwissenschaften. Und der Landwirtschaftswissenschaften*. Edited by Karl Jordan. Neumünster: Wachholtz, 1968.

―――――. Charlotte Schmidt-Schönbeck를 보라.

Kirchhoff, Gustav. *Gesammelte Abhandlungen*. Leipzig, 1882. *Nachtrag*. Edited by Ludwig Boltzmann. Leipzig, 1891.

―――――. *Ueber das Ziel der Naturwissenschaften*. Heidelberg, 1865.

Kirchhoff, Gustav., and Robert Bunsen. *Chemische Analyse durch Spectralbeobachtungen von G. Kirchhoff und R. Bunsen* (1860). Vol. 72 of Ostwald's Klassiker der exakten wissenschaften. Edited by Wilhelm Ostwald. Leipzig, 1895.

Kirn, H. E. Bonnell을 보라.

Kirsten, Christa, and Hans-Günther Körber, eds. *Physiker über Physiker*. Berlin: Akademie-Verlag, 1975.

Kirsten, Adolf. "Meyer, Oskar Emil." *Biographisches Jahrbuch und Deutscher Nekrolog* 14 (1912): 157~160.

Klein, Felix. "Ernst Schering." *Jahresber. d. Deutsch. Math-Vereinigung* 6 (1899): 25~27.

―――――. *Vorlesungen über die Entwicklung der Mathematik im 19. Jahrhundert*. Pt. 1 edited by R. Courant and O. Neugebauer. Pt. 2, *Die Grundbegriffe der Invariantentheorie und ihr Eindringen in die mathematische Physik*, edited by R. Courant and St. Cohn-Vossen. Reprint. New York: Chelsea, 1967.

Klein, Martin J. "Gibbs on Clausius, *HSPS* I (1969): 127~149.

_____. "Mechanical Explanation at the End of the Nineteenth Century." *Centaurus* 17 (1972): 58~82.

_____. Paul Ehrenfest. Vol. 1, *The Making of a Theoretical Physicist*. Amsterdam and London: North-Holland, 1970.

Klemm, Friedrich. "Fischer, Ernst Gottfried." *Neue deutsche Biographie* 5 (1961): 182~183.

Kline, Morris. *Mathematical Thought from Ancient to Modern Times*. New York: Oxford University Press, 1972.

Klüpfel, Karl. Die *Universität Tübingen in ihrer Vergangenheit und Gegenwart dargestellt*. Leipzig, 1877.

Knott, Robert. "Hankel: Wilhelm Gottlieb." *ADB* 49 (1967): 757~759.

_____. "Knoblauch: Karl Hermann." *ADB* 51 (1971): 256~258.

_____. 'Steinheil: Karl August." *ADB* 35 (1893): 720~724.

_____. "Weber: Wilhelm Eduard." *ADB* 41 (1967): 358~361.

Kölnischer Geschichtsverein, ed. *Georg Simon Ohm als Lehrer und Forscher in Köln 1817 bis 1826*. Festschrift zur 150. Wiederkehr seines Geburtstages. Köln: J. P. Bachem, n. d. [1939].

König, Walter. "Georg Hermann Quinckes Leben und Schaffen." *Naturwiss.* 12 (1924): 621~627.

Königsberg. University. Frans Prutz를 보라.

Koenigsberger, Leo. *Carl Gustav Jacob Jacobi*. Leipzig: B. G. Teubner, 1904.

_____. *Hermann von Helmholtz*. 3 vols. Braunschweig: F. Vieweg, 1902~1903.

_____. "The Investigations of Hermann von Helmholtz. On the Fundamental Principles of Mathematics and Mechanics." *Annual Report of the* ··· *Smithsonian Institution* ··· *to July*, 1896, 1898, 93~124.

_____. *Mein Leben*. Heidelberg: Carl Winters, 1919.

Köpke, Rudolf. *Die Gründung der Königlichen- Wilhelm-Universität zu Berlin*.

Berlin. 1860.

Körber, Hans-Günther. "'Hankel, Wilhelm Gottlieb." *DSB* 6 (1972): 96~97.

_____. Christa Kirsten를 보라.

Körner, Carl. "Technische Hochschulen." *Handbuch der Architektur*, pt. 4, sect. 6, no. 2al, 112~160.

Kohlrausch, Friedrich. *Gesammelte Abhandlungen.* Edited by Wilhelm Hallwachs, Adolf Heydweiller, Karl Strecker, and Otto Wiener. 2 vols. Leipzig: J. A. Barth, 1910~1911.

_____. "Gustav Wiedemann. Nachruf." In *Gesammelte Abhandlungen*, vol. 2, 1064~1076.

_____. Wilhelm v. Beetz. Nekrolog." In *Gesammelte Abhandlungen*, vol. 2, 1048~1061.

Kolde, Theodor. *Die Universität Erlangen unter dem Hause Wittelsbach, 1810~1910.* Erlangen and Leipzig: A. Deichert, 1910.

Konen, Heinrich. "Das Physikalische Institution." In *Geschichte der Rheinischen Friedrich- Wilhelm- Universität zu Bonn am Rheim*, vol 2, 345~355.

Kraeft, Wolf Dietrich. Günter Kelbg를 보라.

Krause, Martin. "Oscar Schlömilch." *Verh. sächs. Ges. Wiss.* 53 (1901): 509~520.

Kuhn, Thomas S. "Energy Conservation as an Example of Simultaneous Discovery." In *Critical Problems in the History of Science*, edited by M. Clagett, 321~356. Madison: University of Wisconsin Press, 1959. Reprinted in *The Essential Tension*, 66~104.

_____. *The Essential Tension: Selected Studies in Scientific Tradition and Change.* Chicago: University of Chicago Press, 1977.

_____. "The Function of Measurement in Modern Physical Science." In *Quantification*, edited by Harry Woolf, 31~63. New York: Bobbs-Merrill, 1961.

_____. "Mathematical versus Experimental Traditions in the Development of Physical Science." *Joural of Interdisciplinary History* 7 (1976): 1~31. Reprinted in *The Essential Tension*, 31~65.

Kummer, E. E. "Gedächtnissrede auf Gustav Peter Lejeune Dirichlet." In *G.*

Lejeune Dirichlet's Werke, vol. 2, 311~344.

Kuntze, Johannes Emil. *Gustav Theodor Fechner, Dr. Mises; ein deutsches Gelehrtenleben.* Leipzig, 1892.

L., von. "Müller: Johann Heinrich Jakob." *ADB* 22 (1970): 633~634.

Lamont, Johannes. "Rede zur Feier des hohen Geburtsfestes Sr. Majesät des Könies Maximilian II. Von Bayern" including obituaries of Thaddäus Siber and G. S. Ohm. *Gelehrte Anzeigen der k. bayerischen Akademie der wissenschaften, Historische Class* 40 (1855): cols. 25~34.

Lampa, Anton. "Ludwig Boltzmann." *Biographisches Jahrbuch und Deuyscher Nekrolog* 11 (1908): 96~104.

Lampe, Hermann. *Die Entwicklung und Differenzierung von Fachabteilungen auf den Versammlungen von 1828 bis 1913* .Vol 2 of Schriftenreihe zur Geschichte der Versammlungen deutscher Naturforscher und Arzte. Hildesheim: Gerstenberg, 1975.

_____. Die *Vorträge der allgemeinen Sitzungen auf der 1.-85. Versammlung 1822~1913.* Vol. 1 of Schriftenreihe zur Geschichte der Versammlungen deutscher Naturforscher und Ärzte. Hildesheim: Gerstenberg, 1972.

Lang, Victor von. Obituary of Ludwig Boltzmann. *Almanach österreichische Akad.* 57 (1907): 307~309.

Lasswitz, Kurd. *Gustav Theodor Fechner.* 2d rev. ed. Stuttgart: F. Frommann, 1902.

Laue, Max (von). "Über Hermann von Helmholtz." In *Forschen und Wirken. Festschrift ··· Humboldt-Universität zu Berlin*, vol. 1, 359~366.

Lehmann, Otto, ed. *Dr. J. Fricks Physikalische Technik; oder, Anleitung zu Experimentalvorträgen sowie zur Selbstherstellung einfacher Demonstrationsapparate.* 7th rev. ed. 2 vols. In 4. Braunschweig: F. Vieweg, 1904~1909.

_____. "Geschichte des Physikalischen Instituts der technischen Hochschule Karlsruhe." In Festgabe by the Karlsruhe Technical University, 207~265.

_____. "Vorrede." In *Dr. J. Fricks Physikalische Technik.* vol. 1. pt. 1, v~xx.
Leipzig. University, *Festschrift zur Feier des 500jährigen Bestehens der Universität Leipzig*, Vol. 4, *Die Instituts und Seminare der Philosophischen Fakultät*. Pt. 2, *Die mathematisch- naturwissenschaftenliche Sektion.* Leipzig; S. Hirzel, 1909.
_____. *Die Universität Leipzig, 1409~1909. Gedenkblätter zum 30. Juli 1909.* Leipzig: Press-Ausschuss der Jubiläums-Kommission, 1909.
_____. *Verzeichniss der ··· auf der Universität Leipzig zu haltenden Vorlesungen.* Leipzig.
_____. Otto Wiener를 보라.
Lemaine, Gerard, Roy Michael Mulkay, and Peter Weingart, eds. *Perspectives on the Emergence of Scientific Disciplines.* The Hague: Mouton, 1976.
Lenz, Max. *Geschichte der Königlichen Friedrich-Wilhelms-Universität zu Berlin.* 4 vols. in 5. Halle a. d. S.: Buchhandlung des Waisenhauses, 1910~1918.
Lexis, Wilhelm, ed. *Die Reform des höheren Schulwesens in Preussen.* Halle a.d.S.: Buchhandlung des Waisenhauses, 1902.
_____, ed. *Das Unterrichtswesen im Deutschen Reich*. Vol. 1. *Die Universitäten im Deutschen Reich.* Berlin: A. Asher, 1904.
Liebmann, Heinrich. "Zur Erinnerung an Carl Neumann." *Jahresber. d. Deutsch. Math.-Vereinigung* 36 (1927): 174~178.
"Life and Labors of Henry Gustavus Magnus." *Annual Report of the ··· Smithsonian Institution for the Year 1870*, 1872, 223~230.
Listing, J. B. "Zum Anderken an A. von Ettingshausen." *Gött. Nachr.*, 1878, 516.
Littrow, K. L. von. "Versuch." In *Johann Samuel Traugott Gehler's Physikalisches Wörterbuch*, vol. 9, pt. 3, 1813~1857. Leipzig, 1840.
Lommel, Eugen. "Chladni: Ernst Florens Friedrich." *ADB* 4 (1968): 124~126.
_____. "Erman: Paul." *ADB* 6 (1968): 229~230.
_____. "Vorrede und Einleitung." In G. S. Ohm's *Gesammelte*

Abhandlungen, v~xviii.

Lorentz, H. A. "Ludwig Boltzmann." *Verh. phys. Ges.* 9 (1907): 206~238. Reprinted in *Collected Papers*, vol. 9, 359~391. The Hague: M. Nijhoff, 1934~1939.

Lorey, Wilhelm. "Paul Drude und Ludwig Boltzmann." *Abhandlungen der Naturforschenden Gesellschaft zu Görlitz* 25 (1907): 217~222.

_____. "Die Physik an der Universität Giessen im 19. Jahrhundert." *Nachrichten der Giessener Hochschulgesellschaft* 15 (1941): 80~132.

_____. *Das Studium der Mathematik an den deutschen Universitäten seit Anfang des 19. Jahrhunderts*. Leipzig and Berlin: B. G. Teubner, 1916.

Losch, P. "Melde, Franz Emil." *Biographisches Jahrbuch und Deutscher Nekrolog* 6 (1901): 338~340.

Lüdicke, Reinhard. *Die Preussischen Kultusminister und ihre Beamten im ersten Jahrhundert des Ministeriums*, 1817~1917. Stuttgart: J. G. Cotta, 1918.

Lummer, Otto. "Physik." In *Festschrift ··· Breslau*, vol. 2, 440~448.

McCormmach, Russell. *Night Thoughts of a Classical Physicist*. Cambridge, Mass,: Harvard University Press, 1982.

McGucken, William. *Nineteenth-Century Spectroscopy*. Baltimore: Johns Hopkins University Press, 1969

McGuire, J. E. "Forces, Powers, Aethers and Fields." *Boston Studies in the Philosophy of Science* 14 (1974): 119~159.

McKnight, John L. "Laboratory Notebooks of G. S. Ohm: A Case Study in Experimental Method." *Am. J. Phys.* 35 (1967): 110~114.

Macleod, Roy. Gerard Lemaine을 보라.

McRae, Robert J. "Ritter, Johann Wilhelm:" *DSB* 11 (1975): 473~475.

Manegold, Karl-Heinz. "Eine École Polytechnique in Berlin." *Technikgeschichte* 33 (1966): 182~196.

_____. *Universität, Technische Hochschule und Industrie*. Vol. 16 of Schriften zur Wirtschafts-und. Sozialgeschichte, edited by W. Fischer. Berlin: Duncker und Humblot, 1970.

Marburg. University. *Catalogus professorum academiae Marburgensis; die akademischen Lehrer der Philipps-Universität in Marburg von 1527 bis 1910.* Edited by F. Gundlach. Marburg: Elwert, 1927.

──────────. *Die Philipps-Universität zu Marburg 1527~1927.* Edited by H. Hermelink and S. A. Kaehler. Marburg: Elwert, 1927.

Maxwell, James Clerk. "Hermann Ludwig Ferdinand Helmholtz." *Nature* 15 (1877): 389~391.

Mayer, Johann Tobias. *Anfangsgründe der Naturlehre zum Behuf der Vorlesungen über die Experimental-Physik.* 2d rev. ed. Göttingen, 1805. 3d rev. ed. 1812. 4th rev. ed. 1820. 7th rev. ed. 1827.

Merz, John Theodore. *A History of European Thought in the Nineteenth Century.* 4 vols. 1904~1912. Reprint. New York: Dover, 1965.

Minkowski, Hermann. *Gesammelte Abhandlungen* Edited by David Hilbert. 2 vols. Lepzig and Berlin: B. G. Teubner, 1911.

──────────. "Peter Gustav Lejeune Dirichlet und seine Bedeutung für die heutige Mathematik." In Minkowski's *Gesammelte Abhandlungen*, vol. 2, 447~461.

Mohl, Robert von. *Lebens-Erinnerungen.* Vol. 1. Stuttgart and Leipzig: Deutsche Verlags-Anstalt, 1902.

Moser, Ludwig. Heinrich Wilhelm Dove를 보라.

Müller, J. A. von. "Das Physikalisch-metronomische Institut." In *Die Wissenschaftlichen Anstalten der Ludwig-Maximilians- Universität zu München*, 278~279.

Müller, Johann. *Bericht über die neuesten Fortschritte der Physik. In ihrem Zusammenhange dargestellt.* 2 vols. Braunschweig, 1849.

──────────. *Grundriss der Physik und Meteorologie. Für Lyceen, Gymnasien, Gewerbe- und Realschulen, sowie zum Selbstunterrichte.* 5th rev. ed. Braunschweig, 1856.

Mulkay, Michael. Gerard Lemaine를 보라.

Muncke, Georg Wilhelm. "Beobachtung." In *Johann Samuel Traugott Gehler's Physikalisches Wörterbuch*, vol. 1, pt. 2, 884~912.

_____. "Physik." In *Johann Samuel Traugott Gehler's Physikalisches Wörterbuch*, vol. 7, pt. 1, 493~573.

_____. *System der atomistischen Physik nach den neuesten Erfahrungen und Versuchen*. Hannover, 1809.

Munich Technical University, ed. *Darstellungen aus der Geschichte der Technik, der Industrie und Landwirtschaft in Bayern*. Munich: R. Oldenbourg, 1906.

Munich. University. *Die Ludwig-Maximilians-Universität in ihren Fakultäten*. Vol. 1. Edited by L. Boehm and J. Spörl. Berlin: Duncker und Humblot, 1972.

_____. *Ludwig-Maximilians-Universität, Ingolstadt, Landshut, München, 1472~1972*. Edited by L. Boehm and J. Spörl. Berlin: Duncker und Humblot, 1972.

_____. *Die wissenschaftlichen Anstalten der Ludwig-Maximilians-Universität zu München*. Edited by Karl Alexander von Müller. Munich: R. Oldenbourg und Dr. C. Woif, 1926.

_____. Clara Wallenreiter를 보라.

Nernst, Walther. "Rudolf Clausius 1822~1888." In *150 Jahre Rheinische Friedrich-Wilhelms-Universität zu Bonn 1818~1968*, 101~109.

Neuerer, Karl. *Das höhere Lehramt in Bayern im 19. Jahrhundert*. Berlin: Duncker und Humblot, 1978.

Neumann, Carl. *Der gegenwärtige Standpunct der mathematischen Physik*. Tübingen, 1865.

_____. "Worte zum Gedächtniss an Wilhelm Hankel." *Verh. sächs. Ges. Wiss*. 51 (1899): lxii~lxvi.

Neumann, Franz. *Franz Neumanns Gesammelte Werke*. Edited by his students. 3 vols. Leipzig: B. G. Teubner, 1906~1928.

_____. *Die mathematischen Gesetze der inducirten elekrischen Ströme*, 1845. Edited by Carl Neumann. Vol. 10 of Ostwald's Klassiker der exakten wissenschaften. Leipzig. 1889.

_____. *Vorlesungen über mathematische Physik, gehalten an der*

Universität Königsberg. Edited by his students. Leipzig, 1881~1894. 개별 권은 다음과 같다. *Einleitung in die theoretische Physik*. Edited by Carl Pape. Leipzig, 1883. *Vorlesungen über die Theorie der Capillarität*. Edited by Albert Wangerin. Leipzig, 1894. *Vorlesungen über die theorie der Elasticität der festen Körper und des Lichtäthers*. Edited by Oskar Emil Meyer. Leipzig, 1885. *Vorlesungen über die Theorie des Magnetismus, namentlich über die Theorie der magnetischen Induktion*. Edited by Carl Neumann. Leipzig, 1881. *Vorlesungen über Theorie des Potentials und der Kugelfunctionen*. Edited by Carl Neumann. Leipzig, 1887. *Vorlesungen über elektrische Ströme*. Edited by Karl Von der Mühll. Leipzig, 1884. *Vorlesungen über theoretische Optik*. Edited by Ernst Dorn. Leipzig, 1885.

Neumann, Luise. *Franz Neumann, Erinnerungsblätter von seiner Tochter*. 2d ed. Tübingen: J. C. B. Mohr (P. Siebeck), 1907.

Obituary of Heinrich Wilhelm Brandes. *Neuer Nekrolog der Deutschen* 12, pt. I (1834): 396~398.

Obituary of L. W. Gilbert. *Ann.* 76(1824): 468~469.

Obituary of L. W. Gilbert. *Neuer Nekrolog der Deutshen* 2 (1825): 483~493.

Obituary of Hermann von Helmholtz. *Nature* 50 (1894): 479~480.

Obituary of Eduard Ketteler. *Leopoldina* 37 (1901): 35~36.

Obituary of Franz Melde. *Leopoldina* 37 (1901): 46~47.

Oersted, Hans Christian. *Correspondance de H. C. Örsted avec divers savants*. Edited by M. C. Harding. 2 vols. Copenhagen: H. Aschehoug,.1920.

Österreichisches Biographisches Lexikon 1815~1950. Graz and Cologne: H. Böhlaus, 1959.

Ohm, Georg Simon. *Aus Georg Simon Ohms handschriftlichem Nachlass. Briefe, Urkunden und Dokumente*. Edited by Ludwig Hartmann. Munich: Bayerland-Verlag, 1927.

_____. *Beiträge zur Molecular-Physik*. Vol. 1, *Grundriss der analytischen Geometrie im Raume am schiefwinkligen Coordinatensysteme*. Nuremberg, 1849.

_____. *Die galvanische Kette, mathematisch bearbeitet.* Berlin, 1827. Reprinted in Ohm's *Gesammelte Abhandlungen*, 61~186.

_____. *Gesammelte Abhandlungen.* Edited by Eugen Lommel. Leipzig, 1892.

_____. *Grundzüge der Physik als Compendium zu seinen Vorlesungen.* Nuremberg, 1854.

Olbers, Wilhelm. *Wilhelm Olbers, sein Leben und seine Werke.* Vol. 2, *Briefwechsel zwischen Olbers und Gauss.* Pt. 2. Edited by C. Schilling. Berlin: J. Springer, 1909.

Olesko, Kathryn Mary. "The Emergence of Theoretical Physics in Germany: Franz Neumann and the Königsberg School of Physics, 1830~1890." Ph. D. diss., Cornell University, 1980.

Oppenheim, A. "Heinrich Gustav Magnus." *Nature* 2 (1870): 143~145.

Ostwald, Wilhelm. "Gustav Wiedemann." *Verh. sächs. Ges. Wiss.* 51 (1899): lxxvii~lxxxiii.

Otte, M. H. N. Jahnke를 보라.

Paalzow, Adolph, "Stiftungsfeier am 4. Januar 1896." *Verh. phys. Ges.* 15 (1896): 36~37.

Parrot, Georg Friedrich. *Grundriss der theoretischen Physik zum Gebrauche für Vorlesungen.* 3 parts. Riga and Leipzig, 1809~1815.

Paschen, Friedrich. "Gedächtnisrede des Hrn. Paschen auf Emil Warburg." *Sitzungsber. preuss. Akad., Phil.-Hist. Kl.*, pt. 1 (1932), cxv~cxxiii.

Paul, Wolfgang. Barbara Jaeckel을 보라.

Paulsen, Friedrich. *Die deutschen Universitäten und das Universitätsstudium.* Berlin: A. Asher, 1902.

Perron, Oskar, Constantin Carathéodory, and Heinrich Tietze. "Das Mathematische Seminar." In *Die wissenschaftlichen Anstalten ··· zu München*, 206.

Pfaff, C. H. *Der Elektro-Magnetismus, eine historisch-Kritische Darstellung der bisherigen Entdeckungen auf dem Gebiete desselben, nebst eigenthümlichen Versuchen.* Hamburg, 1824.

——————. *Revision der Lehre vom Galvano-Voltaismus, mit besonderer Rücksicht auf Faraday's, De la Rive's, Becquerels, Karstens u. a. neueste Arbeiten über diesen Gegenstand.* Altona, 1837.

Pfaff, Johann Friedrich. *Sammlung von Briefen gewechselt zwischen Johann Friedrich Pfaff und Herzog Carl von Würtemberg, F. Bouterwek, A. v. Humboldt, A. G. Kästner, und Anderen.* Edited by Carl Pfaff. Leipzig, 1853.

Pfannenstiel, Max, ed. *Kleines Quellenbuch zur Geschichte der Gesellschaft Deutscher Naturforscher und Ärzte.* Berlin, Göttingen, and Heidelberg: Springer, 1958.

Philippovich, Eugen von. *Der badische Staatshaushalt in den Jahren 1868~1889.* Freiburg i. Br., 1889.

Pisko, F. J. "Andreas Freiherr v. Baumgartner." *Archiv d. Math. u. physik* 45 (1866): 1~13.

Planck, Max. "Helmholtz's Leistungen auf dem Gebiete der theoretischen Physik." *ADB* 51 (1906): 470~472. Reprinted in *Physikalische Abhandlungen und Vorträge,* 3: 321~323.

——————. "Das Institut für theoretische Physik." In *Geschichte der Universität zu Berlin,* edited by Max Lenz, vol. 3, 276~278.

——————. *Physikalische Abhandlungen und Vorträge.* 3 vols. Braunschweig: F. Vieweg, 1958.

Plücker, Julius. *Gesammelte physikalische Abhandlungen.* Edited by Friedrich Pockels. Leipzig, 1896.

Pockels, Friedrich. "Gustav Robert Kirchhoff." In *Heidelberger Professoren aus dem 19. Jahrhundert,* vol. 2, 243~263.

Poggendorff, Johann Christian. Foreword. *Ann.* 1 (1824): v~viii.

——————. *J. C. Poggendorff's biographisch-literarisches Handwörterbuch zur Geschichte der exacten Wissenschaften.* Leipzig, 1863~.

——————. "Meine Rede zur Jubelfeier am 28. Februar 1874." In *Johann Christian Poggendorff* by Emil Frommel, 68~72.

——————. "Oeffentliche Anerkennung der Ohm'schen Theorie in England."

Ann. 55 (1842): 178~180.

Poten, Bernhard. *Geschichte des Militär-Erziehungs- und Bildungswesens in den Landen deutscher Zunge.* Vol. 4, *Preussen.* Vol. 17 of Monumenta Germaniae Paedagogica. Schulordnungen, Schulbücher und pädagogische Miscellaneen aus den Landen deutscher Zunge, edited by K. Kehrbach. Berlin, 1896.

Pringsheim, Peter. "Gustav Magnus." *Naturwiss.* 13 (1925): 49~52.

Prutz, Hans. *Die Königliche Albertus-Universität zu Königsberg i. Pr. Im neunzehnten Jahrhundert. Zur Feier ihres 350jährigen Bestehens.* Königsberg, 1894.

Pütter, Johann Stephan. *Versuch einer academischen Gelehrten-Geschichte von der Georg-Augustus-Universität zu Göttingen.* Pt. 3, 1788~1820. Hannover, 1820.

Quintus Icilius, Gustav von. *Experimental-Physik. Ein Leitfaden bei Vorträgen.* Hannover, 1855.

R., D. "Jolly: Philipp Johann Gustav von." *ADB* 55 (1971): 807~810.

Reich, Ferdinand. *Leitfaden zu den Vorlesungen über Physik an der Bergakademie zu Freiberg.* 2d ed. 2 vols. Freiberg, 1852~1853.

Reindl, Maria. *Lehre und Forschung in Mathematik und Naturwissenschaften, insbesondere Astronomie, an der Universität Würzburg von der Gründung bis zum Beginn des 20. Jahrhunderts.* Neustadt an der Aisch: Degener, 1966.

Reinganum, Max. "Clausius: Rudolf Julius Emanuel." *ADB* 55 (1971): 720~729.

Riecke, Eduard. "Plücker's Physikalische Arbeiten." In Julius Plücker's *Gesammelte Physikalische Abhandlungen,* xi~xviii.

_____. "Rudolf Clausius." *Abh. Ges. Wiss. Göttingen* 35 (1888): appendix, 1~39.

_____. "Wilhelm Weber." *Abh. Ges. Wiss. Göttingen* 38 (1892): 1~44.

Riemann, Bernhard. *Bernhard Riemann's gesammelte mathematische Werke. Nachträge.* Edited by M. Noether and W. Wirtinger. Leipzig: B. G. Teubner, 1902.

_____. *Bernhard Riemann's gesammelte mathematische Werke und wissenschaftlicher Nachlass.* Edited by Heinrich Weber, with the collaboration of Richard Dedekind. Leipzig, 1876.

_____. *Partielle Differentialgleichungen und deren Anwendung auf Physikalische Fregen.* Edited by Karl Hattendorff. Braunschweig, 1869.

_____. *Schwere, Elektricität und Magnetismus, nach den Vorlesungen von Bernhard Riemann.* Edited by Karl Hattendorff. Hannover, 1876.

Riese, Reinhard. *Die Hochschule auf dem Wege zum wissenschaftlichen Grossbetrieb. Die Universität Heidelberg und das badische Hochschulwesen 1860~1914.* Vol. 19 of Industrielle Welt, Schriftenreihe des Arbeitskreises für modern Sozialgeschichte, edited by Werner Conze. Stuttgart: Ernst Klett, 1977.

Riewe, K. H. *120 Jahre Deutsche Physikalische Gesellschaft.* N. p., 1965.

Rönne, Ludwig von. *Das Unterrichts-Wesen des Preussischen Staates.* Vol. 2, *Die höhern Schuden und die Universitäten des Preussischen Staates.* Berlin, 1855.

Röntgen, W. C. *Zur Geschichte der Physik an der Universität Würzburg.* Festrede. Würzburg, 1894.

Ronge, Grete. "Die Züricher Jahre des Physikers Rudolf Clausius." *Gesnerus* 12 (1955): 73~108.

Roscoe, Henry. "Gedenkrede auf Bunsen." In *Gesammelte Abhandlungen von Robert Bunsen,* vol. I, xv~lix.

_____. *The Life and Experiences of Sir Henry Enfield Roscoe, D. C. L., LL. D., F. R. S.* London and New York: Macmillan, 1906.

Rosenberg, Charles E. "Toward an Ecology of Knowledge: On Discipline, Context and History." In *The Organization of Knowledge in Modern America 1860~1920,* edited by A. Oleson and J. Voss, 440~455. Baltimore: Johns Hopkins University Press. 1979.

Rosenberger, Ferdinand. *Die Geschichte der Physik.* Vol. 3, *Geschichte der Physik in den letzten hundert Jahren.* Braunschweig, 1890. Reprint. Hildesheim: G. Olms, 1965.

Rosenfeld, Leon. "Kirchhoff, Gustav Robert." *DSB* 7 (1973): 379~383.

_____. "The Velocity of Light and the Evolution of Electrodynamics." *Nuovo Cimento*, supplement to vol. 4 (1957): 1630~1669.

Rostock. University. Günter Kelbg를 보라.

Roth, Günter D. *Joseph von Fraunhofer, Handwerker-Forscher-Akademiemitglied 1787~1826*. Vol. 39 of Grosse Naturforscher, edited by Heinz Degen. Stuttgart: Wissenschaftliche Verlagsgesellschaft, 1976.

Rubens, Heinrich. "Das Physikalische Institut. In *Geschichte der ⋯ Universität zu Berlin*, edited by Max Lenz, vol. 3, 278~296.

Salié, Hans. "Carl Neumann." In *Bedeutende Gelehrte in Leipzig*, edited by G. Harig, vol. 2, 13~23.

Schachenmeier, R. A. Schleiermacher를 보라.

Schacher, Susan G. 'Bunsen; Robert Wilhelm Eberhard." *DSB* 2 (1970): 586~590.

Schaefer, Clemens. "Über Gauss' physikalische Arbeiten (Magnetismus, Elektrodynamik, Optik)." Second treatise in vol. 11, pt. 2 of Carl Friedrich Gauss's *Werke*. Berlin and Göttingen: Springer, 1929.

Schagrin, Morton L. "Resistance to Ohm's Law." *Am. J. Phys.* 31 (1963): 536~547.

Scheel, Karl. "Die literarischen Hilfsmittel der Physik." *Naturwiss.* 16 (1925): 45~48.

Schering, Ernst. "Bernhard Riemann zum Gedächtniss." *Gött. Nachr.*, 1867, 305~314.

Schiff, Julius. "J. S. C. Schweigger und sein Briefwechsel mit Goethe." *Naturwiss.* 13 (1925): 555~559.

Schimank, Hans. "Beiträge zur Lebensgeschichte von E. F. F. Chladni," *Sudhoffs Archiv* 37 (1953): 370~376.

Schleiermacher, A., and R. Schachenmeier. "Otto Lehmann." *Phys. Zs.* 24 (1923): 289~291.

Schmidt, Georg Gottlieb. *Handbuch der Naturlerhre zum Gebrauche für Vorlesungen*. 2d rev. ed. Giessen, 1813.

Schmidt, Gerhard C. "Eilhard Wiedemann." *Phys. Zs.* 29 (1928) 185~190.

───────. "Wilhelm Hittorf." *Phys. Bl.* 4 (1948): 64~68.
Schmidt, Karl. "Carl Hermann Knoblauch." *Leopoldina* 31 (1895): 116~122.
Schmidt, Rainer. "Landshut zwischen Aufklärung und Romantik." In *Ludwig-Maximilians-Universität, Ingolstadt, Landshut, München, 1472~1972*, 195~214.
Schmidt-Ott, Friedrich. *Erlebtes und Erstrebtes, 1860~1950.* Wiesbaden: Franz Steiner, 1952.
Schmidt-Schönbeck, Charlotte. *300 Jahre Physik und Astronomie an der Kieler Universität.* Kiel: F. Hirt, 1965.
Schmitt, Eduard. "Hochschulen im allgemeinen." In *Handbuch der Architektur*, pt. 4, sect. 6, no. 2al, 4~53.
Schneider, Ivo. "Rudolph Clausius' Beitrag zur Einführung wahrscheinlichkeitstheoretischer Methoden in die Physik der Gase nach 1856." *Arch. Hist. Ex. Sci.* 14 (1975): 237~261.
Schrader, "Wilhelm. *Geschichte der Friedrichs-Universität zu Halle.* 2 vols. Berlin, 1894.
Schulze, F. A. "Wilhelm Feussner." *Phys. Zs.* 31 (1930): 513~514.
Schulze, Friedrichs. *B. G. Teubner 1811~1911. Geschichte der Firma in deren Auftrag.* Leipzig, 1911.
Schulze, O. F. A. "Zur Geschichte des Physikalischen Instituts." In *Die Philipps-Universität zu Marburg 1527~1927*, 756~763.
Schuster, Arthur. *The Progress of Physics During 33 Years (1875~1908).* Cambridge: Cambridge University Press, 1911.
Schwalbe, B. "Nachruf auf G. Karsten." *Verh. phys. Ges.* 2 (1900): 147~159.
Seifert, Karl-Friedrich. "Frankenheim, Moritz Ludwig." *Neue deutsche Biographie* 5 (1961): 350.
Siegel, Daniel M. "Balfour Stewart and Gustav Robert Kirchhoff: Two Independent Approaches to Kirchhoff's Radiation Law.'" *Isis* 67 (1976): 565~600.
Siemens, Werner von. *Personal Recollections.* Translated by W. C. Coupland. New York, 1893.

Snell, Karl. *Lehrbuch der Geometric*. Leipzig, 1841.

_____. *Philosophische Betrachtungen der Natur*. Dresden, 1839.

Sommerfeld, Arnold. "Oskar Emil Meyer." *Sitzungsber. Bay. Akad.* 39 (1909): 17.

Stähelin, Christoph. "Wilhelm Weber in seiner allgemeinen Bedeutung für die Entwicklung und die Fortschritte der messenden und experimentirenden Naturforschung." In *Principien einer elektrodynamischen Theorie der Materie* by J. C. F. Zöllner, vol. 1. xcix~cxxiv.

Stefan, Joseph. Obituary of Andreas von Ettingshausen. In *Almanach österreichische Akad.* 28 (1878): 154~159.

Stevens, E. H. "The Heidelberg Physical Laboratory." *Nature* 65 (1902): 587~590.

Sticker, Bernhard. "Benzenberg, Johann Friedrich." *DSB 1* (1970): 615~616

Stieda, L. "Seebeck, Thomas Johann." *ADB* 33 (1971): 564~565.

Sturm, Rudolf. "Mathematik." In *Festschrift* ··· *Breslau*, vol. 2, 434~440.

Süss, Eduard. Obituary of Joseph Stefan. *Almanach österreichische Akad.* 43 (1893): 252~257.

Täschner, Constantin. "Ferdinand Reich, 1799~1884. Ein Beitrag zur Freiberger Gelehrten- und Akademiegeschichte." *Mitteilungen des Freiberger Altertumsvereins*, no. 51 (1916): 23~59.

Tammann, G. "Wilhelm Hittorf." *Gött. Nachr.*, 1915, 74~78.

Taylor, Richard, ed. *Scientific Memoirs, Selected from the Transactions of Foreign Academies of Science and Learned Societies, and from Foreign Journals*. 5 vols. London, 1837~1852. Reprint. New York: Johnson, 1966.

Todhunter, Isaac. *A History of the Theory of Elasticity and of the Strength of Materials from Galilei to the Present Time*. Vol. 2, *Saint-Venant to Lord Kelvin*. Pt. 2. Cambridge, 1893.

Truesdell, C. "History of Classical Mechanics, Part II, the 19th and 20th Centuries." *Naturwiss.* 63 (1976): 119~130.

Tübingen. University. *Festgabe zum 25: Regierungs-Jubiläum seiner Majestät des Königs, Karl von Württemberg*. Tübingen, 1889.

_____. *Quellen zur Gründungsgeschichte der Naturwissenschaftlichen Fakultät in Tübingen 1859~1863*. Edited by Wolf von Engelhardt and Hansmartin Decker-Hauff. Tübingen: J. C. B. Mohr (Paul Siebeck), 1963.

_____. Karl Klüpfel를 보라.

Turner, R. Steven. "The Growth of Professorial Research in Prussia, 1818 to 1848 — Gauses and Context." *HSPS* 3 (1971): 137~182.

_____. "Helmholtz, Hermann von." *DSB* 6 (1972): 241~253.

_____. "The Ohm-Seebeck Dispute, Herman von Helmholtz, and the Origins of Physiological Acoustics." *Brit. Journ. Hist. Sci.* 10 (1977): 1~24.

Tyndall, J., and W. Francis, eds. *Scientific Memoirs, Natural Philosophy*. London, 1853. Reprint. New York: Johnson, 1966.

Uebele, Hellfried. Helmuth Gericke를 보라.

"Universitätsnachrichten. Leipzig." *Leipziger Repertorium* 1 (1843): 223~224.

Varrentrapp, Conrad. *Johannes Schulze und das höhere Preussische Unterrichtswesen in seiner Zeit*. Leipzig, 1889.

Vienna. University. *Geschichte der Wiener Universität von 1848 bis 1898*. Edited by the Akademischer Senat der Wiener Universität. Vienna, 1898.

Voigt, Woldemar. "Ludwig Boltzmann." *Gött. Nachr.*, 1907, 69~82.

_____. *Physikalische Forschung und Lehre in Deutschland während der Letzten hundert Jahre. Festrede im Namen der Georg-August-Universität zur Jahresfeier der Universität am 5. Juni 1912*. Göttingen, 1912.

_____. "Zum Gedächtniss von G. Kirchhoff." *Abh. Ges. Wiss.* Göttingen 35 (1888): 3~10.

_____. "Zum Erinnerung an F. E. Neumann, gestorben am 23. Mai 1895 zu Königsberg i/Pr." *Gött. Nachr.*, 1895, 248~265. Reprinted as "Gedächtnissrede auf Franz Neumann" in *Franz Neumanns Gesammelte Werke*, vol. 1, 3~19.

Voit, C. "August Kundt." *Sitzungsber. bay. Akad.* 25 (1895): 177~179.

_____. "Eugen v. Lommel." *Sitzungsber. bay. Akad.* 30 (1900): 324~339.

_____. "Philipp Johann Gustav von Jolly." *Sitzungsber. bay. Akad.* 15 (1885): 119~136.

_____. "Wilhelm von Beetz." *Sitzungsber. bay. Akad.* 16 (1886): 10~31.

Volkmann, H. "Ernst Abbe and His Work." *Applied Optics* 5 (1966): 1720~1731.

Volkmann, Paul. "Franz Neumann als Experimentator." *Phys. Zs.* 11 (1910): 932~937.

_____. *Franz Neumann. 11. September 1798, 23. Mai 1895.* Leipzig, 1896.

_____. "Hermann von Helmholtz," *Schriften der Physikalisch-ökonomischen Gesellschaft zu Königsberg* 35 (1894): 73~81.

Wagner, Rudolf. *Taschenbuch der Physik.* Leipzig, 1851

Wagner, Rudolph. "Schriften über Universitäten. Dritter Artikel." *Gelehrte Anzeigen* 3 (1836): cols. 993~997, 1001~1006, 1013~1016.

Wallenreiter, Clara. *Die Vermögensverwaltung der. Universität Landshut-München: Ein Beitrag zur Geschichte des bayerischen Hochschultyps vom 18. Zum 20. Jahrhundert.* Berlin: Duncker und Humblot, 1971.

Wangerin, Albert, *Franz Neumann und sein Wirken als Forscher und Lehrer.* Braunschweig: F. Vieweg, 1907.

Warburg, Emil. "Das Physikalische Institut." In *Die Universität Freiburg*, 91~96.

_____. "Zur Erinnerung an Gustav Kirchhoff." *Naturwiss.* 13 (1925): 205~212.

_____. "Zur Geschichte der Physikalischen Gesellschaft." *Naturwiss.* 13 (1925): 35~39.

Weber, E. H., and Wilhelm Weber. *Wellenlehre auf Experimente gegründet oder über die Wellen tropfbarer Flüssigkeiten mit Anwendung auf die Schall- Und Lichtwellen.* Leipzig, 1825.

Weber, Eduard. Wilhelm Weber를 보라.

Weber, Georg. *Heidelberger Erinnerungen, am Vorabend der fünften Säkularfeier der Universität.* Stuttgart, 1886.

Weber, Heinrich. *Die partiellen Differential-Gleichungen der mathematischen Physik. Nach Riemann's Vorlesungen.* 4th rev. ed. 2 vols. Braunschweig:

F. Vieweg, 1900~1901.
Weber, Heinrich. *Wilhelm Weber. Eine Lebensskizze.* Breslau, 1893.
Weber, Leonhard. "Gustav Karsten." *Schriften d. Naturwiss. Vereins f. Schleswig-Holstein* 12 (1901): 63~68.
Weber, Wilhelm. "Lebensbild E. F.F. Chladni's." In *Wilhelm Weber's Werke*, vol. 1, 168~197.
_____. *Wilhelm Weber's, Werke.* Edited by Königliche Gesellschaft der Wissenschaften zu Göttingen. Vol. 1, *Akustik, Mechanik, Optik und Wärmelehre.* Edited by Woldemar Voigt. Berlin, 1892. Vol. 2, *Magnetismus.* Edited by Eduard Riecke. Berlin, 1892. Vol. 3, *Galvanismus und Elektrodynamik, erster Theil.* Edited by Heinrich Weber. Berlin, 1893. Vol. 4, *Galvanismus und Elektrodynamik, zweiter Theil.* Edited by Heinrich Weber. Berlin, 1894. Vol. 5, with E. H. Weber, *Wellenlehre auf Experimente gegründet oder über die Wellen tropfbarer Flüssigkeiten mit Anwendung auf die Schall- und Lichtwellen.* Edited by Eduard Riecke. Berlin, 1893.
_____. E. H. Weber를 보라.
Weber, Wilhelm, and Eduard Weber. *Mechanik der menschlichen Gehwerkzeuge.* Göttingen, 1836.
Weiner, K. L. "Otto Lehmann, 1855~1922." In *Geschichte der Mikroskopie*, edited by H. Freund and A. Berg, vol. 3, 261~271. Frankfurt a. M.: Umschau, 1966. Weingart, Peter. Gerard Lemaine를 보라.
Weis, E. "Bayerns Beitrag zur Wissenschaftsentwicklung im 19. und 20. Jahrhundert." In *Handbuch der bayerischen Geschichte*, vol. 4, pt. 2, 1034~1088.
Whittaker, Edmund. *A History of the Theories of Aether and Electricity.* Vol. 1. *The Classical Theories.* Vol. 2, *The Modern Theories, 1900~1926.* Reprint. New York: Harper and Brothers, 1960.
Wiedemann, Gustav. *Ein Erinnerungsblatt.* Leipzig, 1893.
_____. "Hermann von Helmholtz' wissenschaftliche Abhandlungen." In *Helmholtz' Wissenschaftliche Abhandlungen*, vol. 3; xi~xxxvi.

_____. "Stiftungsfeier am 4. Januar 1896." *Verh. phys. Ges.* 15 (1896): 32~36.

_____. "Vorwort." *Ann.* 39 (1890): 처음에 번호가 매겨지지 않은 쪽들.

Wiederkehr, K. H. *Wilhelm Eduard Weber. Erforscher der Wellenbewegung und der Elektrizität 1804~1891.* Vol. 32 of Grosse Naturforscher. Stuttgart: wissenschaftliche Verlagsgesellschaft, 1967.

Wien, Wilhelm. "Helmholtz' als Physiker." *Naturwiss.* 9 (1921): 694~699.

_____. "Das physikalische Institut und Physikalische Seminar." In *Die wissenschaftlichen Anstalten ⋯ zu München*, 207~211.

Wiener, Otto. "Das neue physikalische Institut der Universität Leipzig und Geschichtliches." *Phys. Zs.* 7 (1906): 1~14.

Wilde, Heinrich Emil. *Geschichte der Optik, vom Ursprunge dieser wissenschaft bis auf die gegenwärtige Zeit.* Pt. 1. Berlin, 1838.

Wise, M. Norton. "German Concepts of Force, Energy, and the Electromagnetic Ether: 1845~1880." In *Conceptions of Ether: Studies in the History of Ether Theories 1740~1900*, edited by G. N. Cantor and M. J. S. Hodge, 269~307.

Wissner, Adolf. "Franz: Johann Carl Rudolph." *Neue deutsche Biographie* 5 (1961): 376~377.

Wolkenhauer, W. "Karsten, Gustav." *Biographisches Jahrbuch und Deutscher Nekrolog* 5 (1900): 76~78.

Woodruff, A. E. "Action at a Distance in Nineteenth Century Electrodynamics." *Isis* 53 (1962): 439~459.

_____. "The Contributions of Hermann von "Helmholtz to Electrodynamics." *Isis* 59 (1968): 300~311.

Württemberg, Statistisches Landesamt, *Statistik der Universität Tübingen.* Edited by the K. Statistisch Topographisches Bureau. Stuttgart, 1877.

Würzburg. University. *Verzeichniss der Vorlesungen welche an der Königlich-Bayerischen Julius-Maximilans-Universität zu Würzburg ⋯ gehalten warden. Würzburg*, n.d.

_____. Maria Reindl와 W. C. Röntgen를 보라.

Wundt, Wilhelm. "Zur Erinnerung an Gustav Theodor Fechner." *Philosophische Studien* 4 (1888): 471~478.

Ziegenfuss, Werner. Helmholtz, Hermann von." In *Philosophischen-Lexikon*, vol. 1, 498~501. Berlin: de Gruyter, 1949.

Zöllner, J. C. F. *Erklärung der universellen Gravitation aus den statischen Wirkungen der Elektricität und die allgemeine Bedeutung des Weber'schen Gesetzes. Mit Beiträgen von Wilhelm Weber.* 2d ed. Leipzig, 1886.

──────. *Principien einer elektrodynamischen Theorie der Materie.* Vol. 1, *Abhandlungen zur atomistischen Theorie der Elektrodynamik*, Leipzig, 1886.

Zurich. ETH. *Eidgenössische Technische Hochschule 1855~1955.* Zurich: Buchverlag der Neuen Zürcher Zeitung, 1955.

──────. *Festschrift zur Feier des fünfzigjährigen Bestehenss des Eidg. Polytechnikums.* Pt. 1, *Geschichte der Gründung des Eidg. Polytechnikums mit einer Übersicht seiner Entwicklung 1855~1905* by Wilhelm Oechsli. Frauenfeld: Huber, 1905.

──────. *100 Jahre Eidgenössische Technische Hochschule. Sonderheft der Schweizerischen Hochschulzeitung* 28 (1955).

──────. A Frey-Wyssling를 보라.

Zwerger, Franz. *Geschichte der realistischen Lehranstalten in Bayern.* Vol. 53 of *Monumenta Germaniae Paedagogica.* Berlin: Weidmannsche Buchhandlung, 1914.

해제

독일 이론 물리학 수립의 대서사시

『자연에 대한 온전한 이해: 이론 물리학, 옴에서 아인슈타인까지』 *Intellectual Mastery of Nature: Theoretical Physics from Ohm to Einstein*를 집필한 융니켈 Christa Jungnickel과 맥코마크 Russell McCormmach는 부부 과학사학자로서 이 걸출한 연대기로 명성을 얻었다. 융니켈은 독일에서 태어나 독일에서 교육받았고 19세기 독일의 과학 기관에 많은 관심을 두었다. 그녀는 남편과 함께 『캐번디시』*Cavendish*[1]를 저술했고 이 책을 보완하여 3년 뒤에는 『캐번디시: 실험실 생활』*Cavendish: The Experimental Life*[2]을 출간했다. 그녀의 남편이자 이 책의 공동 저자인 맥코마크는 1969년부터 1979년까지 과학사 학술지인 《물리 과학 역사 연구》*Historical Studies of Physical Sciences*의 편집을 맡아 꼼꼼함과 박식함으로 이 학술지를 세계 최고의 과학사 학술지로 만들었다. 그는 아내와 집필한 책 말고도 과학사 연구서와 논문들을 다수 출판했다. 특히 과학 인명사전 *Dictionary of Scientific Biography*[3]의 "헨

---

[1] [역주] Christa Jungnickel and Russell McCormmach, *Cavendish* (Diane Pub Co., 1996).
[2] [역주] Christa Jungnickel and Russell McCormmach, *Cavendish: The Experimental Life* (Bucknell University Press, 1999).
[3] [역주] Charles C. Gillispie, ed. *Dictionary of Scientific Biography*, 16 vols. (New York: Charles Scribner's Sons, 1971~1980).

리 캐번디시"Henry Cavendish 항목과 《미국 철학회보》Proceedings of the American Philosophical Society에 낸 논문「캐번디시, 지구의 무게를 재다」Mr. Cavendish Weighs the World[4]에서 캐번디시에 대한 깊은 이해를 보여주었다. 또한 아내 융니켈과 함께 출판한 캐번디시에 대한 책들과 이후에 추가된 연구를 담은 『사색적 진실: 헨리 캐번디시, 자연철학, 현대 이론과학의 발흥』Speculative Truth: Henry Cavendish, Natural Philosophy, and the Rise of Modern Theoretical Science[5]을 내놓아 캐번디시 전문가로서 확고한 위상을 얻었다. 또한 독특한 접근법을 적용한 역사 소설 『어떤 고전 물리학자의 한밤중의 생각들』Night Thoughts of a Classical Physicist[6]을 집필하기도 했다. 이 책은 가상의 독일 물리학자인 야콥Victor Jacob을 등장시켜 1918년을 배경으로 한 독일 물리학계의 실상을 아카이브의 기록을 토대로 제시한 소설이다. 문학성의 결여로 비판을 받기도 했지만 역사적 자료에 근거한 역사 소설의 집필을 시도했다는 점에서 주목할 만하다. 이 두 저자가 이룩한 가장 탁월한 업적은, 그들에게 미국 과학사 학회의 파이저 상Pfizer Award을 안겨준 『자연에 대한 온전한 이해』Intellectual Mastery of Nature(1986)이다. 저명한 과학사학자 버크왈드Jed Buchwald는 이 책이 당시까지 사용되지 않은 1차 사료를 사용함으로써 생생한 역사를 보여주어 물리학사에서 가장 빼어난 저작 중에 들었다고 평가했다.

물리학사에서 길이 빛나는 탁월한 성과들이 수립된 시기를 들여다보

---

[4] [역주] Russell McCormmach, "Mr. Cavendish Weighs the World," *Proceedings of the American Philosophical Society* 142 (September, 1998) 3: 355~366.

[5] [역주] Russell McCormmach, *Speculative Truth: Henry Cavendish, Natural Philosophy, and the Rise of Modern Theoretical Science* (Oxford University Press, 2004).

[6] [역주] Russell McCormmach, *Night Thoughts of a Classical Physicist* (Harvard University Press, 1982)

면서 이 책의 저자들은 특히 이론 물리학이 실험 물리학과 분리되어 별도의 연구 분야로 정립되는 과정을 추적했다. 어떤 과학 분야도 이론과 실험이 분리되어 추구되는 독특한 발전이 이루어진 사례가 없었기에, 저자들은 이러한 독특한 과정이 어떻게 진행되었는지, 과학의 내용, 인물, 제도, 기관에 대한 방대한 자료를 바탕으로 폭넓고 꼼꼼하게 살폈다. 수백 명의 등장인물과 수백 가지 사건을 다룸으로써 삼국지만큼이나 복잡하고 다양한 이야기 속에 당시 물리학자들이 처한 상황을 생생하고 상세한 장면으로 재현해 놓았다. 이 모든 것이, 독일 전역에 흩어져 있는, 당시까지 연구된 적이 없는 원자료들을 바탕으로 새롭게 구성되었다는 점에서 이 연구서의 가치가 높이 평가되었다.

1800년부터 1925년까지 독일에서 이론 물리학의 형성 과정을 추적한 이 저술은 125년의 기간을 4기로 구분한다. 1기는 1800년부터 1830년까지로 준비기에 해당한다. 정치적 격동을 겪은 후 독일 대학들이 정비되고, 독일보다 앞선 프랑스 물리학이 수입되고, 이러한 배경에서 성장한 물리학자들이 독일 내에서 교수 자리를 얻게 된다. 2기는 1830년부터 1870년까지로 물리학의 성장기에 해당한다. 물리학의 가능성이 과학적으로나 제도적으로나 널리 인식되고 물리 교육과 연구의 틀이 잡히는 시기이다. 3기는 1870년부터 1900년까지로 이론 물리학의 분리기라고 볼 수 있다. 그것은 1871년에 키르히호프 Gustav Kirchhoff가 베를린 대학의 이론 물리학 교수로 임명되는 사건으로 상징화된다. 물리학은 정립된 분야가 되어 확고한 위상을 대학 내에서 얻은 한편 이론 물리학이 교육과 연구에서 전문화된 분야가 되었다. 이론 물리학과 실험 물리학의 분리가 일어난 것을 확실히 볼 수 있는 시기이다. 4기는 20세기 시작부터 1925년까지로 이론 물리학의 융성기라고 할 수 있다. 아인슈타인 Albert Einstein과 플랑크를 비롯하여 양자론과 원자론을 전개한 이론 물리학자들에 의해 독일 물리학이 최고의 명성을 얻을 뿐 아니라 현대 물리학의 변혁을 선도한다. 1권은 1기와 2기, 2권은 3기와 4기를 다루도록 구성되어 있다.

이 책의 1권은 19세기 초 독일 물리학의 상황에 대한 서술로 시작한다. 독일은 분열된 군소 국가의 집합체에 불과했고 경쟁국인 프랑스나 영국보다 전반적으로 뒤처져 있었으며, 이러한 상황에서 프랑스와의 경쟁에서 이기기 위한 노력을 기울였다. 그러한 노력의 일환으로 대학이 개혁되고 물리학 또한 새로운 교육 목표를 달성하려는 노력, 즉 관료와 과학 교사, 약사, 의사 등의 엘리트를 양성하려는 노력에 힘을 보탰다. 이러한 목표를 달성하기 위해 독일의 물리학자들이 선진 프랑스의 실험적, 수학적 연구를 적극적으로 수용하는 과정을 묘사하면서 저자들은 옴G. S. Ohm과 베버Wilhelm Weber, 노이만Franz Neumann의 경력과 실험 물리학 및 이론 물리학에서의 성취를 추적한다. 독일의 여러 대학에서 새로운 학생 실험실 교육 체제가 등장했고, 물리 기구실이 발전하여 물리학 연구소가 수립되었으며, 물리 세미나를 통해 실험 물리학뿐 아니라 수리 물리학에서도 체계적인 교육이 정착되어 갔다. 그럼에도 수리 물리학의 교육적 가치는 널리 공유되지 않았기에, 이론 물리학 부교수 자리의 창출을 통하여 서서히 그 위상의 고양과 영역의 확장이 추구되었다. 저자들은 이와 더불어 학회와 학술지를 만들고 유지하면서 물리학이 제도적으로 정착되고 고전 물리학의 주요 이론들이 형성되는 과정을 보여준다. 1870년경이 되면 독일 물리학, 특히 이론 물리학은 오늘날과 유사한 제도적 형태를 갖추게 되고 지적으로도 물리적 세계에 대한 고전적인 묘사가 정교화되기에 이른다.

2권에서는 1870년 이후 이론 물리학의 제도적 정착과 성숙의 시기를 다룬다. 《물리학 연보》와 같은 학술지에서 이론 물리학의 위상과 수준은 헬름홀츠나 이후에 플랑크Max Planck와 같은 탁월한 이론 물리학자들의 편집 자문을 통하여 더욱 높아졌다. 베를린 대학의 이론 물리학 정교수 자리나 괴팅겐 대학의 이론 물리학 연구소 창설과 같은 제도 개선이 선도적으로 이루어지면서 이론 물리학은 독일 대학 내에서 부교수 자리의 수를 늘리고 정교수 자리를 창출할 뿐 아니라 유명한 이론 물리학 연구소도 잇따라 창설하며 실험 물리학에 비견될 만한 위상과 중요성을 확보했다. 이렇듯 독일 물리학이 역학, 광학, 열역학, 전자기학 등의 분야에서 실험적 발전과 이론적 발전의 병행으로 더욱 영향력과 수준을 높여가면서, 이 모든 하위 분야를 하나로 아우르는 일반론적 체계를 구축하려는 이론적 노력이 출현했다. 이 과정에서 역학을 모든 물리학의 기초와 중심으로 삼으려는 관점을 전도시켜 맥스웰의 전자기학의 기초 위에 모든 물리학을 세우려는 시도가 출현하기도 했다. 이러한 이론적 노력의 기초 위에서 20세기 초에 양자역학과 상대성 이론이라는 현대 물리학의 치적이 독일어권을 중심으로 달성될 수 있었다.

이 책을 집필하기 위해 저자들은 이 책에서 다루는 모든 독일어권 대학을 방문하고 물리학 연구소, 실험실 및 그 대학에서 근무한 과학자들의 관련 기록을 철저히 검토했다. 저자들은 이러한 철저한 사료 연구 결과를 직접적이고 선언적인 문장 스타일로 19세기부터 20세기 초 독일 물리학의 연대기로 엮어내었다. 이 책을 통해서 저자들은 이전에 물리학사에서 간과된 과학 외적 요인들이 과학 지식의 형성과 과학 연구 및 교육에 미치는 복잡한 연관 관계를 드러냄으로써 과학사 서술의 새로운 지평을 열었다. 이 책의 주된 주장은 물리학의 실행과 내용이 대학의 조직 체계에 의해 영향을 받았다는 것이다. 저자들은 서술된 125년 동안 이론 물리학이 교육과 연구를 위한 독립된 분야로 발전하게 되었음을 주장했는데 그것은 독일의 특수 상황에서 비롯된 것이었다. 그들의 목표는 과학적 작업과 제도적 배경이 통합된 설명을 제시하는 것이었는데 그러한 목적은 성공적으로 달성되었다.

이러한 시기를 다루면서 우선으로 살펴본 장소는 독일의 대학과 고등 기술학교였고 그중에서도 물리학 연구소가 관심의 초점이었다. 이 책의 주된 등장인물은 이러한 기관을 이끌어간 물리학 정교수 및 부교수들이다. 모든 이야기의 전개는 이 물리학자들이 어떻게 특정한 자리에 임용되고 어떻게 교육과 연구를 수행하고 어떻게 다른 곳으로 옮기게 되었는가가 핵심을 이룬다. 이러한 논의를 중심으로 다루었다는 것은 다른 사회적 요인들, 가령, 정치적, 경제적, 문화적 요인은 주된 논의에서 벗어나 있다는 것이다. 이것이 이 저술이 갖는 뚜렷한 특색이며 이는 저자들의 독특한 역사관을 반영한다. 결국 외적 접근법을 쓰는 것 같지만 물리학자들이 독특한 배경에서 어떠한 실험과 어떠한 이론을 어떠한 방법을 써서 전개했는가를 다룸으로써 내적 접근법에도 균형을 맞춘다. 그럼에도 과학의 내용을 본격적으로 분석하는 데 초점을 맞추지는 않으며 기관과 직접 관련된 사항이 아니라면 외적 요인에 대해서는 거의 무관심하다. 이러한 독특한 태도는 이후의 과학사에서 좀처럼 찾아보기 어려운 독특한 연구 방법으로 남아 있다.

물론 내적 접근과 외적 접근은 동시에 구분 없이 추구되어야 한다는 생각이 이 선구적인 저작이 나온 이후에 더욱 보편적인 힘을 얻게 되었고, 이 책의 시도가 그러한 경향에 기여한 바가 크다고 할 수 있겠으나, 그러한 경향을 이 책에서만 독보적으로 채택한 것은 아니었다. 이 책이 나올 즈음에는 이미 내적 접근과 외적 접근이 배타적이어서는 안 된다는 데에 과학사학자들 사이에 폭넓은 공감대가 형성되어 있었다. 코이레 Alexandre Koyré의 과학 혁명 연구에서는 내적 접근법만을,[7] 포먼Paul Forman 의 「바이마르 문화, 인과율, 양자역학」[8]에서는 외적 접근법만을 사용함으로써 온전한 설명을 할 수 없었다는 데 공감했다. 그러한 조화로운 접근법이 어떠한 모습으로 하나의 연구에서 나타날 수 있는가를 예시해 주었다는 점에서, 이 책은 하나의 모범 사례를 보여준 것이었다. 그러나 이 책이 나왔을 즈음에 예견된 것처럼 비슷한 방식의 연구가 비슷한 시기에 프랑스나, 영국, 미국 등의 다른 지역을 배경으로 이루어질 수 있겠다는 바람은 아직 제대로 성취되지 못했다. 이 책이 나온 지 30년이 다 되어 가지만 이 책이 이룩한 방대한 작업을 비슷하게라도 성취하는 다른 연구는 나오지 않고 있다. 이 책에 전개된 것처럼 국가 규모에서 어떤 과학 전문 분야의 '전기'라고 할 수 있는 서술을 성공적으로 수행하는 것은 좀처럼 흉내 내기 어려운 과업임을 세월이 입증한 셈이다.

1980년대와 1990년대에 과학사학계를 크게 추동한 것은 과학사회학으로부터 몰아친 구성주의였다. 구성주의는 과학의 내용에 비과학적 요소들이 미치는 영향을 다양한 방면에서 보여주었는데, 그 요소들은 사회적 인자뿐만 아니라 실험실 내의 기구를 포함하여 과학자들의 과학 활동에 영향을 미치는 다양한 인자의 형태로 다면적으로 나타났다. 그런 점에서 이 책은 이러한 경향과는 다소 유사하면서도 거리를 두는 연구로서 그 자체의 의미를 갖게 되었다. 고용 환경이 과학 활동, 과학 방법론과 과학의 내용에 미치는 영향처럼 그동안 살펴보지 못했던 측면을 들여다

---

[7] [역주] Alexandre Koyré, *Galileo Studies* (1939) (trans. John Mepham; Atlantic Highlands, N.J.: Humanities Press, 1978); *The Astronomical Revolution* (trans. R. E. W. Maddison; Ithaca, N.Y.: Cornell Univ. Press: 1973) *From the Closed World to the Infinite Universe* (Baltimore: Johns Hopkins University Press, 1957) 등이 대표적이다.

[8] [역주] Forman, Paul. "Weimar Culture, Causality, and Quantum Theory: Adaptation by German Physicists and Mathematicians to a Hostile Environment," *Historical Studies in the Physical Sciences* 3 (1971), 1~115.

본 것이 바로 이 책의 특징이다. 그렇지만 이 책은 그러한 고용 환경이 과학의 내용을 구성한다는 주장까지 할 정도로 급진적이지는 않다. 그런 점에서 구성주의와는 어느 정도의 거리를 둔 관점에서 대안적인 과학사 방법론을 제시하는 입장을 취했다고 볼 수 있다.

이후에 물리학사에서 전개된 바대로 과학의 내용과 과학 외적 요소의 영향을 독특한 시각으로 살펴보는, 주목받는 저작인 갤리슨Peter Galison의 『이미지와 논리』*Image and Logic*에도 이 책은 영향을 주었다. 갤리슨 자신이 고백했듯이 사회학과 인류학에서 많은 영향을 받아 독특한 시각으로 현대 물리학사를 조망한 이 저작은 다양한 전통이 접촉하는 "교역 지대"trading zone에서 이루어지는 독특한 커뮤니케이션에 관심을 집중했다. 각기 상이한 전통이 접촉할 때 피진이나 크레올이 만들어져 의사소통이 이루어지는 과정을 밝혀 과학에 대한 이해의 폭을 더욱 넓혔다. 이러한 저술에 이 책『자연에 대한 온전한 이해』가 직접적인 영향을 미쳤다고 말하기는 어려워도, 이 성공적인 저술이 과학 활동에 교육적, 제도적 요인이 미치는 영향을 어떻게 다루어야 할지 지침을 제공했다는 점을 인정할 수 있을 것이다.

두 권으로 되어 있는 이 책의 첫 권 제목은 "수학의 횃불"이다. 이는 옴의 연구를 특성화하는 말로 처음 나타나 2권의 마지막 장에 아인슈타인에 대한 논의에서 다시 언급됨으로써 이 책 전체를 관통하는 중요한 주제이다. 이론 물리학 전체를 관통하는 중요한 방법상의 혁신으로서 수학의 횃불은 자연을 온전히 이해하는 강력한 무기로서 지속적으로 기여했다.[9] 실험 결과를 대수식으로 표현하는 방식으로부터, 연역적 추론

---

[9] [역주] "수학의 횃불"이라는 용어는 19세기 독일 이론 물리학의 형성 과정에서 이루어진 "수학화"라는 독특한 혁신을 지칭하는 용어로 사용된다. Salvo D'Agostino, *A History of the Ideas of Theoretical Physics: Essays on the*

과정을 거쳐서 수식을 찾아내는 방식, 미분 방정식의 수립과 풀이로부터 식을 찾는 수리 해석학적 방법, 연산자의 사용과 비유클리드 기하학의 도입에 이르기까지, 이론 물리학은 다양한 수학적 도움을 얻었는데, 이는 '수학화'라는 개념으로 표현된다. 100년이 넘도록 이론 물리학은 실험 물리학에 비하여 그 독립된 지위를 획득하지 못하다가 마지막 시기에 도달해서야 제도적으로 독립된 대학의 교수직과 독립된 연구소를 확보함으로써 안정적인 독립적 지위를 누리게 되었다. 옴의 연구에서 물리학의 새로운 방법으로서 등장한 수학적 탐구 방식은 우여곡절을 거치면서 점차 그 영역을 확장해 나갔고 19세기 독일 물리학 성과의 주된 내용을 점차 차지하게 되었다.

이 책이 이론 물리학의 형성 과정이 독일어권에서 일어났다는 것을 말하고자 한 것은 아니다. 19세기와 20세기 초에 걸쳐서 이론 물리학이 독립된 연구분야이자 교육 분야로서 정립되는 과정은 독일어권 밖인 프랑스와 영국에서도 일어났다. 프랑스에서 앙페르André-Marie Ampère의 전자기학이 만들어지고, 영국에서 윌리엄 톰슨William Thomson에 의해 열역학이 수립되고, 맥스웰James Clerk Maxwell에 의해 전자기학이 수립되는 과정은 물리학사에서 뺄 수 없는 중요한 이론적 발전이었다. 또한 프랑스, 영국, 아일랜드 출신의 수학자들, 가령 푸아송Siméon-Denis Poisson, 코시Augustin Louis Cauchy, 그린George Green, 스토크스G. G. Stokes, 해밀턴William Rowan Hamilton 등이 이론 물리학의 토대가 될 수학적 도구들을 개발함으로써 이론 물리학의 기초를 놓은 것도 중요하다. 이런 국가에서 일어난 이러한 변화들이 독일에서 뒤이어 변화가 일어나는 데 지대한 영향을 미쳤다. 그렇지만 비중 면에서 본다면 독일어권에서 일어난 변화가 중심

Nineteenth and Twentieth Century Physics (Dordrecht: Kluwer, 2000).

이었다는 것을 부인할 수는 없다. 그 정도로 19세기 후반에 독일 물리학은 세계 최고 수준이었고 상당수의 혁신적 발전이 독일어권에서 일어난 것이다. 그런 점에서 이 책의 논의가 독일어권에 한정되어 있음에도 그 논의하는 바가 지극히 중요하다고 판단할 수 있다.

이 책을 잘 이해하기 위해서는 이 책의 배경이 되는 독일의 사회 정치적 변혁에 대한 사전 이해가 필요하다. 1806년에 나폴레옹 전쟁에서 프로이센이 패한 후 1818년까지, 대학 개혁은 학문주의 Wissenschaftideologie 에 따라 진행되었다. 이는 도덕성과 미적 감각을 갖춘 전인적 인간의 양성을 위하여 빌둥 Bildung을 갖추도록 돕기 위한 개혁이었다. 1809년에 베를린 대학이 설립되고 1818년에 본 대학이 설립되면서 이러한 이상이 구현될 길이 열렸다. 그러나 훔볼트의 시대는 1819년 종식되고 프로이센 대학에 카를스바트 선언문[10]에 따른 검열과 억압 조치가 내려졌다. 이는, 부정적 측면과 함께, 정부의 행정력이 대학에 직접 미치는 결과를 가져왔다. 대학 교원의 임용에서 정부의 권한이 강화되면서 임용 요건으로서 전문 분야에서의 기여도가 중시되기 시작했다. 이로부터 연구는 교수로 임용되는 데 중요한 조건으로 새롭게 주목되기 시작했다. 1848년 3월에 정치적 소요가 발생하기 전까지 "3월 이전" Vormärz 시대는 연구가 대학 내에서 정착되는 중요한 시기였다. 국가 간의 치열한 경쟁 속에서 독일 대학의 독특한 체제가 형성되었는데, 1870년 독일이 통일되면서 프로이센을 중심으로 하는 체제가 성립되었다. 독일 대학 제도는 이전보다 좀

---

[10] [역주] 여러 영방국가 장관들이 보헤미아의 카를스바트(지금의 카를로비바리)에서 열린 회의에서 발표한 일련의 결의안(1819. 8. 6~31). 빈 체제를 주도하던 오스트리아 재상 메테르니히가 주도하였다. 주요 내용은 급진주의자들의 취업 제한, 학생회(Burschenschaften) 및 체육협회의 해산, 대학에 감시자 파견, 출판물을 엄격하게 검열할 것 등으로, 빈 체제에 반대하는 음모를 탄압할 것을 결의하였다.

더 차별성이 줄어들어 균일한 속성을 띠게 되었다. 1887년에 제국 물리기술 연구소Physikalisch-Technische Reichsanstalt의 성립은 물리학이 갖게 된 균질성의 축이 되었다. 이로써 실제적인 응용보다 순수 과학을 지향하고 이론과 실험을 긴밀하게 연관시키는 경향이 물리학을 지배했다. 그렇지만 기본적으로 제국 안에서 국가 간의 경쟁이 지속되면서 대학에서 더 좋은 물리학자를 유치하고 더 낳은 연구 성과를 내놓으려는 경쟁 또한 계속되었다.

우리가 애초에 왜 이론 물리학에 관심을 두게 되었는가를 따져보면 이 분야의 발전이 인류의 삶에 끼친 깊은 영향력 때문이다. 그런 점에서 이러한 논의 자체가 의미가 있다는 것을 이해하기 위해서는 이론적 발전에 대한 이해가 선행되어야 한다. 그러한 연구가 기존에 충분히 나와 있기에 이 책에서는 그러한 측면들이 배경 설명처럼 피상적으로 다루어져서, 19세기 독일 이론 물리학의 발전을 이해하고자 하는 대중적 관심사를 충족하기에는 부족한 측면이 있다. 이런 점을 보완하려고 역주에서 핵심적인 설명을 덧붙이기도 했지만, 일관된 설명이 미흡한 점을 고려하여 여기에서 19세기 물리학의 주요 발전을 정리하는 것이 이 책을 충실하게 이해하고자 하는 독자에게 도움이 될 것이다.

19세기 초 물리학의 발전은 전자기학에서의 중요한 혁신에서 비롯된다. 그 혁신은 1800년부터 사용되기 시작한 볼타 전지를 통해 연구자들이 전류를 손에 넣은 것이었다. 전지는 그 이전까지 정전기로만 취급되던 전기를 일정하고 지속적인 세기를 갖는 흐름으로 다룰 수 있게 해주었고, 이로써 전기에 대한 연구자들의 취급 능력이 현격하게 높아졌다. 이 덕분에 독일에서는 전류와 전기 저항과 전압의 관계에 대한 옴Georg Ohm의 정식화가 이루어졌고, 전류 주위에 자기장이 형성된다는 외르스테드Hans Christian Oersted의 발견에 힘입어 프랑스에서는 전류의 자기 작용을 정식화한 앙페르의 연구가 나왔다. 이어진 영국의 패러데이Michael Faraday의 연구는 전기를 가지고 수행할 수 있는 모든 실험을 연구의 목록에 올렸다. 그중에서 전류에 의한 자기 유도 법칙의 발견과 자기장의 변화에 의한 전류의 유도 실현은 이후 발전기와 전동기의 개선을 통해 전기 산업의 기초가 되었다. 이론적 측면에서 패러데이는 대륙의 전기학자들과 유리된 상태에서 독창적인 연속체 관념에 입각하여 역선과 장의 개념을 통해 전기 자기 현상의 이해를 도모했고 이는 이후 맥스웰에 의해 수학화되어 맥스웰 방정식의 수립과 전자기파의 예견으로 이어졌다. 한편 독일에서는 베버Wilhelm Weber와 노이만Franz Neumann 등에 의해 전기 동역학의 수학화가 진행되었는데, 원격 작용에 토대를 두고 전기 현상을 이해했다는 점에서 이들은 영국의 접근 방식과 차별화되었다. 헬름홀츠는 이러한 대륙의 전자기학과 맥스웰이 수립한 영국의 전자기학을 접목해 이해하려는 시도를 했다. 이러한 노력의 연장선에서 헬름홀츠의 제자인 헤르츠Heinrich Hertz는 1888년에 전자기파를 검출해 냄으로써 맥스웰의 접근법의 우수성을 여실히 입증해 내었고 이후 무선통신이 발전할 토대를 놓았다.

1840년대 에너지 보존 법칙의 수립과 엔트로피라는 개념의 정립, 그리고 열역학 제2법칙의 성립 과정은 물리학사에서 매우 중요한 사건이었다. 에너지 보존 법칙의 발견은 동시 발견의 예로 주로 거론되는바 영국의 줄James Prescott Joule, 독일의 생리학자 마이어Julius Robert Mayer, 독일의 물리학자 헬름홀츠 등이 독립적으로 유사한 결론에 도달했다고 인정을 받는다. 헬름홀츠는 사실상 생리학적인 연구를 통해 에너지 보존 법칙을 착안하게 되었는데, 이 법칙을 정립하는 데 수학적인 접근을 추구함으로써, 수학화가 이론 물리학적 성과로서 중요하게 인식되게 된다. 영국에서 줄이 열기관의 효율을 높이려는 실용적인 목적에서 연구를 수행한 반면, 헬름홀츠는 동물의 열 발생을 생리화학적으로 연구하면서 유사한 결론에 도달했다. 에너지 보존 법칙은, 여러 종류의 변환 과정에 모두 적용되는 변하지 않는 통일적인 원리를 추구했다는 점에서, 낭만주의적 사조로서 독일 지식인을 사로잡고 있었던 자연철학주의 Naturphilosophie의 영향을 받았다고 알려져 있다.

열역학 제2법칙의 발견도 역시 열기관의 열효율에 대한 문제를 고찰하면서 나왔다. 자연 상태에서 열은 고열원에서 저열원으로 흐르며 열효율은 두 열원의 온도 차에만 관계되고 작용물질과는 무관하다는 사실에서, 에너지의 자연적 흐름의 방향성, 즉 에너지 낭비의 경향이 있음이 인지되었다. 영국의 윌리엄 톰슨 William Thomson이 이 개념을 천착하는 동안 독일의 클라우지우스 Rudolf Gottlieb Clausius는 이러한 경향을 수학적으로 정량화하기 위한 이론적 고찰을 거듭한 끝에 엔트로피라는 개념을 창시하고 엔트로피 증가의 경향이라는 말로 열역학 제2법칙을 수립하는 데 성공했다. 오스트리아의 볼츠만 Ludwig Boltzmann은 클라우지우스의 엔트로피 개념에 통계역학적으로 접근하여 상태의 수의 증가라는 개념에 의거해 엔트로피를 새롭게 정의했다. 이는 통계역학이라는 새로운 접근법의 수립과 병행하여 이루어졌다. 맥스웰은 다수의 입자가 모여 있는 기체의 운동을 다루면서 속도 분포에 대한 이론적 논의를 통계적 접근법을 써서 성공적으로 제시한 데 비해, 볼츠만은 여기에 시간의 차원을 넣어서 이러한 분포가 어떻게 바뀌어 갈 수 있는지를 논의함으로써 열역학 제2법칙에 이르게 되었다.

19세기 물리학의 큰 특징은 일반 이론을 추구하는 경향이었으며, 그러한 과정에서 이론 물리학은 중심적인 역할을 했다. 그중에서도 역학 위에 물리학을 세우고자 하는 움직임이 광범하게 일어났다. 많은 물리학자가 열역학을 역학적으로 설명하고자 시도했으며, 이러한 과정에서 통계역학이라는 새로운 시각의 물리학이 창출되었다. 처음에는 전자기학을 역학적으로 설명하고자 시도했으나 결국에 맥스웰의 전자기학이 자체로서 서게 되었고 그 엄밀성의 확보는 확고하여 역학조차도 전자기학으로 환원하려는 시도를 하는 이들이 상당히 많았다. 이러한 흐름에서 선두에 섰던 이가 네덜란드의 물리학자 로렌츠H. A. Lorentz로, 물질 내부의 구성물로 전하를 띤 입자인 전자를 가정함으로써 전기 역학적 접근으로 물체의 변형을 다루어, 로렌츠 변환식을 얻기에 이르렀는데 이것은 나중에 아인슈타인이 고속으로 움직이는 물체에 대하여 상대론적으로 얻은 것과 일치했다.

20세기 초 독일 물리학의 탁월한 공헌은 양자역학과 상대성 이론의 창안에 있었다. 양자 개념은 1900년에 플랑크가 흑체 복사를 설명하는 식을 만들면서 도입한 가정에서 시작되었다. 빛이 띄엄띄엄 떨어진 에너지 양자를 갖는다는 생각은 근본적으로 새로운 사고였기에 그 의미에 대한 많은 논의가 이어졌고, 1908년에 아인슈타인의 광양자(빛양자) 이론을 통해 광전 효과를 성공적으로 설명함으로써 그 함의가 더욱 확장되었다. 1913년에 보어의 수소 모형에 도입된 불연속적 준위의 가정에서 분광학적 측정값으로 제시된 발머 계열에 대한 일관된 설명을 통해 양자 개념은 원자 물리학에 도입되었다. 조머펠트Arnold Sommerfeld는 타원 궤도를 전자에 부여함으로써 측정치와 더욱 일치되는 양자 모형을 만들어 내었고 하이젠베르크는 행렬을 사용하는 새로운 수학적 방법을 통해 양자역학을 체계적으로 수립했다. 한편 슈뢰딩거는 운동 방정식을 사용하는 더 전통적인 방법으로 미시적 세계를 기술하려 시도했고, 이것이 하이젠베르크의 행렬 역학과 일치된 결과를 낸다는 것이 알려짐으로써 양자역학은 더욱 완결된 형식을 얻게 되었다. 보른Max Born은 양자역학의 상태함수의 제곱이 확률 밀도 함수로서 특정한 위치에서 입자가 발견될 확률을 나타낸다는 것을 발견하여, 파동함수란 곧 존재 확률의 파동이라는 이해를 낳게 되었다. 이는 이후 보어에 의해 정교화된 양자역학에 대한 코펜하겐 해석의 기초였다.

아인슈타인의 상대성 이론은 맥스웰의 전자기 이론에서 출발했다. 도선 주위에서 자기장이 움직이는 경우와 자기장에 대하여 도선이 움직이는 경우에서, 맥스웰의 이론에 따라 대칭적인 해석이 가능하도록 하려는 노력에서 아인슈타인은 역학의 변혁을 요구했다. 이는 광속 불변과 상대성 원리라는 공준postulate에서 출발하여 등속으로 운동하는 좌표계에 논의를 한정했기에 특수 상대성 이론이라고 불렸다. 이것이 근본적으로 시공간의 변혁을 함축한다는 것은 한때 아인슈타인의 스승이었던 수학자 민코프스키Hermann Minkowski의 해석에 의해 분명해졌고, 플랑크의 적극적인 도움으로 특수 상대성 이론은 이후 많은 추가 연구를 촉발시켰다. 아인슈타인은 속도가 변하는 좌표계 사이의 상대성을 다루는 일반 상대성 이론을 중력 이론과 연관해 전개했고, 이를 위해 필요한 수학적 도구인 텐서를 활용하기 위하여 수학자 그로스만Marcel Grossmann의 도움을 받았다. 그렇게 하여 1915년에 수립된 일반 상대성 이론은 다양한 예측을 내어 놓았고 그중에서 태양에 의한 별빛의 굴절(꺾임)의 예측은 1919년에 영국의 천문학자인 에딩턴Arthur Eddington의 팀에 의해 검증됨으로써 세계적인 명성을 아인슈타인에게 안겨주었다.

이 책의 약점이자 장점은, 제도적 측면에 초점이 맞추어져 있어 개념적 발전의 흐름을 상세히 살피지는 않는다는 점이다. 실제로 과학사에서 오랫동안 관심의 초점이 된 것은 이러한 개념의 역사였다. 과학의 흐름을 새로운 개념의 출현과 발전 과정으로 읽었던 것이다. 그러다가 1990년대에 들어와 실행practice으로 과학을 보고자 하는 새로운 조류가 생겨났다. 과학은 단지 머릿속에서만 일어나는 과정이 아니라 사람의 몸과 관련된 활동이기도 하다는 인식이 이러한 흐름을 이끌었다. 이러한 조류는 한편으로는 관찰과 실험이라는 실행적 측면에 대한 역사가들의 관심을 증폭시켰고 또 한편으로는 과학이라는 실행의 배경이 되는 제도적 측면에 대한 관심으로 나타났다. 이러한 맥락에서 이 책은 대학의 교수직과 연구소, 그리고 학술지에 초점을 맞추어 이론 물리학의 전개 과정을 살펴보았다. 이전까지 탐구된 적이 없었던 1차 자료들을 분석함으로써 이전에 세상에 알려지지 않았던 새로운 측면을 찾아내 이론 물리학의 역사에 새로운 내용을 더했다. 그런 점에서 이 책은 신기원을 이루었고 이후의 과학사 연구 방향에 중요한 영향을 미쳤다. 제도적 측면을 이 책의 방식으로 탐구하는 데 모범이 된 것이다.

그런 점에서 과학사를 연구하고자 하는 학생이나 연구자는 이 책을 통하여 과학의 제도적 측면을 살피는 좋은 실례를 배울 수 있다. 물론 과학자들을 비롯하여 관심 있는 일반 독자는 이 책을 통하여 과학이라는 것이 어떤 배경에서 자라나고 어떠한 상호 작용을 통하여 육성될 수 있는지를 발견할 수 있다. 물론 현대 물리학의 형성 과정에서 결정적으로 기여한 유명한 독일 물리학자들의 생생한 삶의 이야기와 난관들을 실감나게 살필 기회와 적지 않은 재미도 가져다줄 것이다.

■ 찾아보기

[인명 찾아보기]

가우스(Gauss, Carl Friedrich) 1, 43, 96, 205, 229
갈릴레오(Galilei, Galileo) 16
게를링(Gerling, C. L.) 140
그라일리히(Grailich, Joseph) 67, 76
그로스만(Grossmann, Marcel) 30
나비에(Navier, C. L. M. H.) 263
노빌리(Nobili) 15
노이만(Neumann, Carl) 2, 22, 24, 25, 26, 27, 28, 29, 30, 90
노이만(Neumann, Franz) 55, 176, 226, 255
뇌렌베르크(Nörrenberg, J. G. C.) 89
뉴턴(Newton, Isaac) 8
데데킨트(Dedekind, Richard) 40
데슈반덴(Deschwanden, J. W. von) 39
도베(Dove, Heinrich Wilhelm) 7, 151, 154, 161, 226
도플러(Doppler, Christian) 66, 69
두마스(Dumas, Wilhelm) 159
뒤부아레몽(du Bois-Reymond, Paul) 174
디리클레(Dirichlet, Peter Gustav Lejeune) 1, 6
디스터벡(Diesterweg, W. A.) 125
라그랑주(Lagrange, Joseph-Louis) 4, 21

라디케(Radicke, Gustav) 127
라이틀링어(Reitlinger, Edmund) 71
라이헨바흐(Reichenbach, Georg) 191, 192, 197
라플라스(Laplace, P. S.) 4, 125
랑(Lang, Victor von) 68
로렌츠(Lorenz, Ludwig) 244
로멜(Lommel, Eugen) 104, 217
로스코(Roscoe, Henry) 247
로이쉬(Reusch, Eduard) 89, 90, 124
뢴트겐(Röntgen, W. C.) 108
루트비히(Ludwig, Carl) 68, 263
륌코르프(Rühmkorff, H. D.) 57
리만(Riemann, Bernhard) 1, 9, 10, 11, 12, 13, 14, 15, 16, 17, 18, 19, 20, 21, 22, 267
리비히(Liebig, Justus) 94, 96
리스(Riess, Peter) 166
리스팅(Listing, J. B.) 260
린데(Linde, Carl) 42
립시츠(Lipschitz, Rudolph) 121, 131
링크(Link, H. F.) 167
마그누스(Magnus, Gustav) 85, 132, 140, 162, 170, 183
마르바흐(Marbach, Hermann) 116

마이어(Meyer, O. E.) 115, 123, 175, 176, 177
마흐(Mach, Ernst) 68, 73, 76, 77
맥스웰(Maxwell, James Clerk) 52, 75, 78, 81, 260
메르츠(Merz, Siegmund) 197
멜데(Melde, Franz) 134, 135
멜로니(Melloni, Macedonio) 57, 61
모저(Moser, Ludwig) 7, 170
몰(Mohl, Robert von) 85
무손(Mousson, Albrecht) 34, 41, 59, 60, 61, 62, 63
뭉케(Muncke, Georg Wilhelm) 223, 224
뮌초프(Münchow, K. D. von) 125, 126
밀러(Müller, Johann) 99, 100, 135, 213
민코프스키(Minkowski, Hermann) 30
바우에른파인트(Bauernfeind, Carl Max) 209
반게린(Wangerin, Albert) 178
발터스하우젠(Waltershausen, W. Sartorius von) 40
베르누이(Bernoulli, Daniel) 265
베르텔로(Berthelot, P. E. M.) 255
베버(Weber, Wilhelm) 3, 21, 24, 36, 40, 85, 96, 135, 226, 228, 255
베어(Beer, August) 129
베촐트(Bezold, Wilhelm von) 183
베츠(Beetz, Wilhelm) 104, 106, 163
보이트(Beuth, C. P. W.) 164
본(Bohn, Johann Konrad) 141

볼츠만(Boltzmann, Ludwig) 32, 64, 69, 75, 78, 79, 80, 82, 83, 84, 242, 250
부이발로(Buys-Ballot, C. H. D.) 50
부프(Buff, Heinrich) 94, 96, 141
부허러(Wucherer, G. F.) 98
분젠(Bunsen, Robert) 101, 221, 227, 230, 231, 233, 245, 247
뷜너(Wüllner, Adolph) 128, 131, 134, 175, 217
비데만(Wiedemann, Gustav) 143, 155, 157, 166, 171, 172
비숍(Bischoff, Theodor) 220
빌데(Wilde, Emil) 151
빌트(Wild, Heinrich) 236
빌트(Wildt, J. C. D.) 106
생브낭(Saint-Venant, A. J. C. Barré de) 240
셰링(Schering, Ernst) 40
셸링(Schelling, Friedrich Wilhelm Joseph) 168
수비치(Subič, Simon) 78
슈네틀라게(Snethlage, Bernhard Moritz) 152
슈뢰터(Schröter, H. E.) 120, 122
슈바이거(Schweigger, J. S. C.) 118
슈타이너(Steiner, Jacob) 5
슈타인하일(Steinheil, Carl August) 198, 202, 203, 204, 205, 206, 207, 208, 212, 216, 218
슈탈(Stahl, K. D. M.) 186, 200, 201

슈테른(Stern, Moritz) 9
슈테판(Stefan, Joseph) 66, 73, 75, 77
슐체(Schulze, Franz) 92
슐체(Schulze, Johannes) 153
스토크스(Stokes, G. G.) 260
아베(Abbe, Ernst) 198
아벨(Abel, Karl von) 216
아벨(Abel, Niels Henrik) 6
아우구스트(August, Ernst Ferdinand) 152, 155
아이젠로어(Eisenlohr, Wilhelm) 37
아이젠슈타인(Eisenstein, Ferdinand Gotthold) 9
아인슈타인(Einstein, Albert) 64
아인슈타인(Einstein, Gotthold) 6
알렉산더(Alexander, Heinrich) 213
알텐슈타인(Altenstein, Karl von) 148
야코비(Jacobi, Carl Gustav Jacob) 4, 6
에렌베르크(Ehrenberg, Christian Gottfried) 167
에르만(Erman, Paul) 150, 164
에팅스하우젠(Ettingshausen, Andreas von) 64, 70, 71, 77, 226
영(Young, Thomas) 260
옐린(Yelin, Julius Konrad) 201
오일러(Euler, Leonhard) 4, 265
오잔(Osann, G. W.) 102, 105
올스하우젠(Olshausen) 122
옴(Ohm, Georg Simon) 185, 186, 189, 210, 211, 212, 213, 214
와트(Watt, James) 61

외팅어(Öttinger, Ludwig) 99
요아힘스탈(Joachimsthal, Ferdinand) 120
욜리(Jolly, Philipp) 121, 135, 214, 215, 217, 218, 221, 225, 226, 230
우취나이더(Utzschneider, Joseph) 191
자이델(Seidel, Ludwig) 198, 216
제벡(Seebeck, August) 154, 157, 189
졸드너(Soldner, Johann Georg) 194
지버(Siber, Thaddaeus) 201, 208, 209, 211, 212
차미너(Zamminer, F. G. K.) 141
최프리츠(Zöppritz, Karl) 142
카레(Carré, Edouard) 61
카르노(Carnot, Nicolas-Leonard-Sadi) 251
카르스텐(Karsten, Gustav) 92, 93, 152, 166, 169, 172, 173
카르스텐(Karsten, Hermann) 92
카스트너(Kastner, C. W. G.) 104, 125
캠츠(Kämtz, L. F.) 118, 119
케른(Kern) 35
케텔러(Ketteler, Eduard) 131, 132, 173
코르넬리우스(Cornelius, C. S.) 119
코시(Cauchy, Augustin-Louis) 43, 129, 240
콜라우시(Kohlrausch, Friedrich) 64
콜라우시(Kohlrausch, Rudolph) 12, 14, 34, 35, 36, 45, 104
쾨니히스베르거(Koenigsberger, Leo) 233, 235

쿤첵(Kunzek, August) 65
쿤트(Kundt, August) 64, 108, 173, 179, 183, 184
크노블라우흐(Knoblauch, Hermann) 119, 135, 154, 166, 171, 172
크뢰니히(Krönig, August) 48
크빙케(Quincke, Georg) 106, 175, 179, 180, 181
클라드니(Chladni, E. F. F.) 241
클라우지우스(Clausius, Rudolph) 20, 27, 39, 40, 41, 42, 44, 46, 47, 49, 50, 51, 52, 53, 54, 55, 56, 57, 59, 60, 61, 62, 63, 80, 107, 109, 145, 154, 163, 177, 255
클렙쉬(Clebsch, Alfred) 179
키르히호프(Kirchhoff, Gustav) 38, 55, 107, 116, 122, 132, 135, 138, 144, 166, 180, 221, 229, 231, 233, 234, 236, 237, 238, 239, 240, 241, 242, 243, 245, 247, 249, 250, 251, 252, 253, 255, 257
투르테(Turte, Karl Daniel) 162
틸베르크(Tillberg, G. S.) 112, 113
파일리치(Feilitzsch, Ottokar von) 112, 113
파페(Pape, Carl) 175, 176, 177
팔초프(Paalzow, Adolf) 174
패러데이(Faraday, Michael) 61, 169
페셀(Fessel, Friedrich) 61
페츠발(Petzval, Joseph) 66

포겐도르프(Poggendorff, Johann Christian) 38
포이스너(Feussner, Wilhelm) 146
포크트(Voigt, Woldemar) 249
폴(Pohl, Georg Friedrich) 115
푸리에(Fourier, Jean-Baptiste-Joseph) 5, 71
푸아송(Poisson, Simon Denis) 20, 125, 240, 263
프라운호퍼(Fraunhofer, Joseph) 190, 192, 193, 194, 195, 196, 198, 248, 261
프란츠(Franz, Rudolph) 174
프랑켄하임(Frankenheim, Moritz) 115, 120
플뤼커(Plücker, Julius) 99, 125, 126, 132, 133, 143
피셔(Fischer, Ernst Gottfried) 150
피오트로프스키(Piotrowski, Gustav von) 263
하겐(Hagen, Robert) 155
하이네(Heine, Eduard) 129
하이흔스(Huygens, Christiaan) 83
항켈(Hankel, Wilhelm) 88, 118
해밀턴(Hamilton, W. R.) 26, 81
헤르바르트(Herbart, Johann Friedrich) 10
헤르츠(Hertz, Heinrich) 268
헤르터(Herter, Franz) 156
헬름홀츠(Helmholtz, Hermann von) 44, 45, 55, 144, 145, 171, 183, 184,

188, 257, 259, 260, 261, 262, 263, 264, 266, 268
호프만(Hofmann, A. W.) 254
훔볼트(Humboldt, Alexander von) 5
휘트스톤(Wheatstone, Charles) 57
히토르프(Hittorf, Wilhelm) 127
힐베르트(Hilbert, David) 30

[용어 찾아보기]

ㄱ

가감저항기 59
간섭 43, 132, 210
갈바노미터 58
갈바노플라스틱스 42
갈바니 172
강당 95
건축학 34
검안계 258
격자(살창) 196
결정 76
결정 물리학 158
결정학 67
경계 조건 240
경위의 193
경제학 91
경험 168
곡률 263
공간 24, 267
공동 251
공학 34
광물학 29, 101, 156
광선 182

광학 28, 42, 157, 160, 204
괴팅겐 2, 86, 106, 203
괴팅겐 과학회 3
괴팅겐 대학 21
교수 자격 심사 12
군사학교 91, 149
굴절 43
그라이프스발트 86, 97, 113
그라이프스발트 대학 111
그라츠 74, 83, 84
그리스어 156
근육 262
기관 48
기관차 207
기구 물리학 204
기구 컬렉션 97
기구실 84
기센 86, 94
기술 물리학 32, 44, 46
기술학교 149, 178
기전력 236, 243
기체 49, 68, 77
기하학 11

길이　37
김나지움　65, 159

ㄴ

나트륨　248
내삽　121
뉘른베르크　186, 188
뉘른베르크 종합기술학교　187

ㄷ

다게레오타이프　207
다름슈타트　94
대학교수　200
도선　59
동전기　172, 187
드레스덴　91
드레스덴 종합기술학교　158
D선　248

ㄹ

라이프치히　86
라이프치히 대학　23, 24, 87, 110, 254
라틴어　156
란츠후트　199
레이던병　14
렌즈　192
루스토크　86
루트비히 1세　199
르뇨　58
리드 파이프　266

ㅁ

마르부르크　86, 134
마르부르크 대학　124, 133, 146
막시밀리안 1세　199
망원경　37, 58
멘델스존　5
모세관(실관)　125, 182
모세관력　24
무게　37, 47
무질서　52
무한급수　7, 188
물리 화학　220
물리학　29
물리학 연구소　56, 124, 139
≪물리학 연보≫　53, 153, 157, 159
『물리학의 보고』　7
≪물리학의 진보≫　173, 178
물질　257
뮌헨　86, 186, 190, 196, 200, 205, 206, 211, 219
뮌헨 대학　201, 202
미분　45
미적분학　156

ㅂ

바덴　225, 231
바르부르크　175
바이에른　86, 185, 186, 187
바이에른 아카데미　197
박사학위　69, 70, 140
반사　43

찾아보기 | 333

방전   127
방정식   8, 68
방출능   250, 252
버너   245
법학   136
베네딕트보이에른   191
베를린   56, 83, 86, 148, 157, 164,
　　　　173, 175, 184
베를린 김나지움   150, 151, 159, 160
베를린 대학   149, 169, 180
베를린 물리학회   93, 163
변분 원리   80
보겐하우젠   206
복굴절(두번꺾임)   43, 170
복사 법칙   253
복사선   252
복사열   134
복소 변수   11
본   106, 109
본 대학   124, 130
부교수   16, 39, 142
분광기   61
분광학   127
분극   182
분자   47
분자 역학   77
분자력   256
불꽃   245
뷔르츠부르크   63, 103, 105, 107
브레슬라우   5, 116, 117, 119
브레슬라우 대학   230

비가역 과정   80
비색수차 렌즈   192
비열   50, 58
빈   69
빈 과학 아카데미   76
빛   28

ㅅ

사강사   15
사관학교   160
산업학교   164, 165
삼각급수   11
상미분 방정식   17
색맹   263
생리 광학   268
생리 음향학   259, 265
석면   102
세계 공간   13
세미나   99, 142, 234
소용돌이   264
속도   28
수리 물리학   8, 36, 123, 139, 140,
　　　　143, 197, 241
수리 해석학   7
수은   182
수학   2, 29
슈투트가르트   33
스펙트럼(빛띠)   61, 231, 247, 248,
　　　　250, 254, 255, 269
시간   24, 37
식물학   100

신학 136
실습 57
실업 김나지움 155
실험 물리학 84, 108
실험실 138, 234

ㅇ

아비투어 156
아우크스부르크 186
아카데미 199
아헨 132
에너지 보존 원리 22
에를랑엔 97, 203
에테르 14, 18, 48, 76, 256, 257
엔트로피 80
역학 22, 160, 257
연구소 71
연합포병공병학교 160, 162
열 5, 48, 60, 79
열 평형 12
열전도율 37
열전류 236
열전지 61
열철학 168
염소 51
영방국가 85
예나 86
오르간 파이프 266
오스트리아 70
온도 250
온도계 37, 59

요아힘스탈 김나지움 151, 152
용액 215
운동 방정식 240
원자 77, 79
유도 59
유리 192
유비 243
유선 236
유클리드 기하학 267
육군 사관학교 161
음향학 42, 43, 204
응용수학 162
의학부 87, 105
의학생 89
이론 물리학 239
이론 물리학자 30
이상 기체 50
인류의 친구들 협회 167
인문학 136
잉글랜드 75

ㅈ

자기 18, 127
자기력 37
자연 과학 136
작용 적분 26
작용구 51
잔상 261
저항 236
적분 45
전기 18, 182, 237, 257

전기 기술 73
전기 동역학 19, 43
전류 181
정교수 40, 74, 110
정수역학 156
제쿤다 149
조합음 258
종합군사학교 5, 160
좌표 17
중등학교 10
중력 8, 18, 24
증기 82
지구 48
지구 물리학 220
지자기 관측소 63
직업학교 165

ㅊ

척도 222
천문학 2, 3, 29, 89, 204
천문학자 2, 249
천체 물리학 220
철학 168
철학부 40, 65, 98, 215, 226
취리히 15, 40, 47
취리히 연방 종합기술학교 37, 41, 45

ㅋ

카를스루에 33
카셀 34

칸톤 학교 62
칼로릭 82
콜로키엄 66
쾨니히스베르크 38
쾨니히스베르크 대학 176
쾰른 실업 김나지움 153
크노벨스도르프 저택 169
크로노스코프 101
키예프 262
킬 86, 92

ㅌ

타원 함수 179
탄성 42, 237, 238
탄성 막대 239
탄성력 24
탄성체 257
탄성판 239
태양 247
통계 81
통계 역학 82
투자율 61
튀빙겐 86
튀빙겐 대학 90, 95

ㅍ

파동 182
파장 250
퍼텐셜 7, 20, 23, 55, 243
퍼텐셜 이론 31
편광 42, 43, 182, 252

편미분 19
편미분 방정식 12, 31, 130, 142
평균 속도 49
평균 자유 경로 50
포펠스도르프 128
푸리에 급수 188, 189
프라운호퍼 선 193
프라이부르크 대학 97
프란체스코파 수도원 부설
　　김나지움 153, 158
프랑스 127
프로이센 109, 110, 111, 114, 127,
　　148, 159, 185
프로이센 과학 아카데미 132
프로이센 문화부 146
프리드리히 김나지움 153, 154
프리드리히-빌헬름 김나지움 151
프리마 149

ㅎ

하노버 91
하이델베르크 38, 83, 106, 107, 214,
　　224, 227, 228, 231, 233, 235,
　　261
하이델베르크 대학 221, 222, 225
하이델베르크 물리학 연구소 223
할레 109
할레 대학 118
해부학 258
해산 53
해석 역학 43
헬리오스타트 195
현미경 37
화학 29
활력 80, 251
회절(에돌이) 42, 195
흡수능 250, 252

지은이

융니켈(Christa Jungnickel)과 맥코마크(Russell McCormmach)는 부부 과학사학자로서 『자연에 대한 온전한 이해』(Intellectual Mastery of Nature, 1986)로 미국 과학사학회의 파이저 상(Pfizer Award)을 수상하였다.

크리스타 융니켈(Christa Jungnickel)

융니켈은 독일에서 태어나 독일에서 교육받았고 19세기 독일의 과학 기관에 대해서 많은 연구를 하였다. 남편과 함께 『캐번디시』(Cavendish, 1996)를 저술하였고 이 책을 보완하여 3년 뒤에는 『캐번디시: 실험실 생활』(Cavendish: The Experimental Life, 1999)을 출간하였다.

러셀 맥코마크(Russell McCormmach)

맥코마크는 1969년부터 1979년까지 과학사 학술지인 ≪물리 과학 역사 연구≫(Historical Studies of Physical Sciences)를 편집하였고 길리스피(Charles C. Gillispie)의 과학 인명사전 (Dictionary of Scientific Biography, 1971~1980) 중 "헨리 캐번디시"(Henry Cavendish) 항목을 집필, ≪미국 철학회보≫(Proceedings of the American Philosophical Society)에 낸 논문 "캐번디시 지구의 무게를 재다"(Mr. Cavendish Weighs the World, 1998), 연구서 『사색적 진실: 헨리 캐번디시, 자연철학, 현대 이론 과학의 발흥』(Speculative Truth: Henry Cavendish, Natural Philosophy, and the Rise of Modern Theoretical Science, 2004)을 내놓아 캐번디시 전문가로서 확고한 위상을 얻었다. 역사 소설 『어떤 고전 물리학자의 한밤중의 생각들』(Night Thoughts of a Classical Physicist, 1982)을 집필하기도 하였다.

옮긴이 구자현

1966년 서울에서 태어나 서울대학교 물리학과를 졸업하고 같은 대학 대학원에서 서양 과학사로 박사학위를 받았다. 현재 영산대학교 자유전공학부 교수로 재직하고 있다. 2007년에 한국과학사학회 논문상을 수상했으며 2010년에 "개인의 총체적 쾌감인 행복을 위한 사회적 조건"으로 제1회 한국창의연구논문상 장려상(한국연구재단)을 수상했다. 또한 논문 "기구의 용도와 형태: 레일리의 음향학 실험의 공명기와 소리굽쇠"로 2010년에 교과부 선정 「연구개발사업 기초 연구 우수성과」(교과부 장관상)와 2012년에 한국연구재단 선정 「인문사회 기초학문육성 10년 대표성과」로 선정되었다. 국제적으로는 과학 분야에서 교육자, 번역가, 저자로서의 우수한 업적을 인정받아 세계 3대 인명정보기관인 마르퀴즈 후즈후(Marquis Who's Who), 국제인명센터(International Biographic Centre), 미국인명연구소(American Biographical Institute)에서 편찬하는 다수의 인명사전에 2009년부터 연속으로 등재되었다. 주요 저서로는 『레일리의 음향학 연구의 성격과 성과』, 『레일리의 수력학 전기학 연구』, 『쉬운 과학사』, 『앨프레드 메이어와 19세기 미국 음향학의 발전』, 『공생적 조화: 19세기 영국의 음악 과학』, 『음악과 과학의 만남: 역사적 조망』, Landmark Writings in Western Mathematics, 1640~1940(공저)가 있으며 주요 논문으로는 Annals of Science에 게재된 "British Acoustics and Its Transformation from the 1860s to the 1910s," "Uses and Forms of Instruments: Resonator and Tuning Fork in Rayleigh's Acoustical Experiments," "Alfred M. Mayer and Acoustics in the Nineteenth-Century America"가 있다.